中国石油高技能人才培训丛书

维修电工技师培训教程

中国石油天然气集团公司人事部 编

石油工业出版社

内容提要

本书为《中国石油高技能人才培训丛书》中的一本,讲述了维修电工常用的新型仪器仪表,供电回路中电气设备的选择、典型电气设备控制电路、电动机及电气设备故障诊断方法、单片机、可编程控制器、变频器的应用,并结合实例对电源设备、电气防雷防爆技术及电气节能技术进行了介绍。

本书主要用于维修电工技师的培训,也可供工程技术人员参考。

图书在版编目(CIP)数据

维修电工技师培训教程/中国石油天然气集团公司人事部编.
北京:石油工业出版社,2012.7
中国石油高技能人才培训丛书
ISBN 978—7—5021—9100—9

Ⅰ. 维⋯
Ⅱ. 中⋯
Ⅲ. 电工—维修—技术培训—教材
Ⅳ. TM07

中国版本图书馆 CIP 数据核字(2012)第 112780 号

出版发行:石油工业出版社
　　　　(北京安定门外安华里 2 区 1 号 100011)
　　　　网　址:www.petropub.com
　　　　编辑部:(010)64523582　图书营销中心:(010)64523633
经　销:全国新华书店
印　刷:北京中石油彩色印刷有限责任公司

2012 年 7 月第 1 版 2024 年 11 月第 2 次印刷
787×1092 毫米　开本:1/16　印张:25
字数:640 千字
定价:60.00 元
(如出现印装质量问题,我社图书营销中心负责调换)
版权所有,翻印必究

《中国石油高技能人才培训丛书》编委会

主　　任：单昆基

副 主 任：任一村

执行主任：丁传峰

委　　员：(按姓氏笔画排序)

王子云　左洪波　吕凤军　刘　勇　刘德如

杨　锋　杨静芬　李世效　李建军　李孟洲

李钟磬　李保民　李超英　李禄松　何　波

张建国　陈宝全　尚全民　周宝银　徐进学

高　强　高丽丽　职丽枫　崔贵维　韩贵金

傅敬强　霍　良

前 言

为加快高技能人才知识更新,提升高技能人才职业素养、专业知识水平和解决生产实际问题的能力,进一步发挥高端带动作用,在总结"十一五"技师、高级技师跨企业、跨区域开展脱产集中培训的基础上,中国石油天然气集团公司人事部依托承担集团公司技师培训项目的培训机构,组织专家力量,历时一年多时间,将教学讲义、专家讲座、现场经验及学员技术交流成果资料加以系统整理、归纳、提炼,开发出首批15个职业(工种)高技能人才培训系列教材,由石油工业出版社陆续出版。

本套教材在内容选择上,突出新知识、新技术、新材料、新工艺等"四新"技术介绍,重视工艺原理、操作规程、核心技术、关键技能、故障处理、典型案例、系统集成技术、相关专业联系等方面的知识和技能,以及综合技能与创新能力的知识介绍,力求体现"特、深,专、实"的特点,追求理论知识体系的通俗易懂和工作实践经验的总结提炼。

本套教材是集团公司加快适用于高技能人才现代培训技术和特色教材开发的有益尝试,适合于已取得技师、高级技师职业资格的人员自学提高、研修培训、传承技艺使用,也适合后备高技能人才超前储备知识使用,同时,也为现场技术人员和培训机构提供了一套实践参考用书。

《维修电工技师培训教程》由大庆油田电力职业技术培训中心组织编写,陈育民、黄圣明、乔莉任主编,参加编写的人员有于宝水、王霞、朱敏、林忠信、王玉民、任传柱、关月萍、曲胜男、李晶娜、高楠、刘冬冬、邸勇、和利庆、杨晓红,参加审定的人员有中国石油勘探与生产分公司吕家滨、辽河油田公司梁海龙、大港油田公司王普军、辽阳石化公司殷钟、独山子石化公司闻健、刘国栋等。

由于编者水平有限,书中错误、疏漏之处在所难免,请广大读者提出宝贵意见。

编者
2011年10月

目　录

第一章　常用新型仪器仪表 …………………………………………………………… (1)
第一节　万用表 …………………………………………………………………………… (1)
第二节　绝缘电阻测试仪及耐压测试仪 ………………………………………………… (10)
第三节　接地电阻及直流电阻测试仪 …………………………………………………… (26)
第四节　元器件测试仪 …………………………………………………………………… (34)
第五节　电缆故障测试仪器 ……………………………………………………………… (42)

第二章　电气设备的选择 ………………………………………………………………… (46)
第一节　供电回路中高压设备选择 ……………………………………………………… (46)
第二节　供电回路中低压设备选择 ……………………………………………………… (60)

第三章　典型电气设备控制电路 ………………………………………………………… (78)
第一节　星—三角启动控制电路 ………………………………………………………… (78)
第二节　顺序启动电路 …………………………………………………………………… (87)
第三节　多速异步电动机的控制电路 …………………………………………………… (91)
第四节　加热装置控制电路 ……………………………………………………………… (95)

第四章　电动机及电气设备故障诊断方法 …………………………………………… (101)
第一节　电气设备故障诊断方法与技巧 ……………………………………………… (101)
第二节　电动机常见故障 ……………………………………………………………… (129)
第三节　电动机常见故障处理实例 …………………………………………………… (134)
第四节　电动机运行中的维护 ………………………………………………………… (146)
第五节　特种电动机简介 ……………………………………………………………… (154)

第五章　单片机应用技术 ……………………………………………………………… (164)
第一节　单片机概述 …………………………………………………………………… (164)
第二节　单片机系统案例——多功能数字钟 ………………………………………… (182)
第三节　AT89C51 单片机应用基础 …………………………………………………… (194)
第四节　单片机抗干扰技术 …………………………………………………………… (208)

第六章　可编程序控制器的应用 ……………………………………………………… (221)
第一节　PLC 的概述 …………………………………………………………………… (221)
第二节　西门子 LOGO 功能介绍及应用范例 ………………………………………… (224)
第三节　S7－300 基本介绍 …………………………………………………………… (235)
第四节　S7－300 的软件环境 ………………………………………………………… (243)
第五节　S7－300 日常检查与维护 …………………………………………………… (256)
第六节　三菱 FX2N 微型控制器功能介绍及应用实例 ……………………………… (261)

第七章　变频器的应用 ………………………………………………………………… (268)
第一节　变频器基础知识 ……………………………………………………………… (268)

第二节 变频器常用参数 …………………………………………（272）
第三节 变频器主要故障及处理 …………………………………（277）
第四节 变频器的选用及使用技巧 ………………………………（283）
第五节 常用变频器型号介绍 ……………………………………（290）
第八章 电源设备 ……………………………………………………（323）
第一节 小型发电机 ………………………………………………（323）
第二节 不间断电源系统（UPS） …………………………………（330）
第三节 直流电源 …………………………………………………（338）
第九章 电气防雷防爆技术 …………………………………………（342）
第一节 防雷 ………………………………………………………（342）
第二节 防静电 ……………………………………………………（353）
第三节 防爆电器 …………………………………………………（358）
第十章 电气节能技术 ………………………………………………（373）
第一节 电气节能概述 ……………………………………………（373）
第二节 电力系统功率因数补偿 …………………………………（374）
第三节 节能设备 …………………………………………………（376）
第四节 谐波污染防治 ……………………………………………（380）
附录 新能源技术简介 ………………………………………………（385）
参考文献 ……………………………………………………………（394）

第一章 常用新型仪器仪表

第一节 万 用 表

一、1030 型笔式万用表

1030 型笔式万用表是一款数字万用表,可测量交流/直流电压、电阻、电容、频率/占空比。另外还具有导通测试与二极管测试功能。

1030 型笔式万用表具有以下特性:双模制表体,易于单手操作的功能开关钮;笔灯可对测试物进行照明;液晶显示器的强背光灯,适于昏暗环境操作;REL 功能可比较差异值;自动关机功能;数据保留功能;所有量程包括欧姆挡都有过载保护(电压高于 600V);测试引线可缠绕在后备仓中;触针可由独特的防护罩保护,使用安全。

(一)性能规格

1030 型笔式万用表性能参数见表 1-1。

表 1-1 1030 型笔式万用表性能参数(保证温度与湿度:23±5℃,45%~85%相对湿度[①])

功能	量程	精确度	最大输入电压
交流自动量程[②]	4V	±1.3% rdg ±5dgt(50/60Hz) ±1.7% rdg ±5dgt(~400Hz)	直流 600V, 交流 600V_{rms}
交流自动量程[②]	40V	±1.3% rdg ±5dgt(50/60Hz) ±1.7% rdg ±5dgt(~400Hz)	直流 600V, 交流 600V_{rms}
交流自动量程[②]	400V	±1.6% rdg ±5dgt(50/60Hz) ±2.0% rdg ±5dgt(~400Hz)	直流 600V, 交流 600V_{rms}
交流自动量程[②]	600V	±1.6% rdg ±5dgt(50/60Hz) ±2.0% rdg ±5dgt(~400Hz)	直流 600V, 交流 600V_{rms}
直流自动量程[②]	400mV	±0.8% rdg ±5dgt	直流 600V, 交流 600V_{rms}
直流自动量程[②]	4V	±0.8% rdg ±5dgt	直流 600V, 交流 600V_{rms}
直流自动量程[②]	40V	±0.8% rdg ±5dgt	直流 600V, 交流 600V_{rms}
直流自动量程[②]	400V	±0.8% rdg ±5dgt	直流 600V, 交流 600V_{rms}
直流自动量程[②]	600V	±1.0% rdg ±5dgt	直流 600V, 交流 600V_{rms}
欧姆挡自动量程	400Ω	±1.0% rdg ±5dgt	直流 600V, 交流 600V_{rms}
欧姆挡自动量程	4kΩ	±1.0% rdg ±5dgt	直流 600V, 交流 600V_{rms}
欧姆挡自动量程	40kΩ	±1.0% rdg ±5dgt	直流 600V, 交流 600V_{rms}
欧姆挡自动量程	400kΩ	±1.0% rdg ±5dgt	直流 600V, 交流 600V_{rms}
欧姆挡自动量程	4MΩ	±1.0% rdg ±5dgt	直流 600V, 交流 600V_{rms}
欧姆挡自动量程	40MΩ	±2.5% rdg ±5dgt	直流 600V, 交流 600V_{rms}

续表

功能	量程	精度	最大输入电压
二极管测试/导通测试	二极管测试	测试电压:大约 0.3~0.5V	直流 600V, 交流 600V$_{rms}$
	导通测试	阻值小于或等于 120Ω 会发蜂鸣声	
电容自动量程	50nF	±3.5% rdg ±10dgt	
	500nF	±3.5% rdg ±5dgt	
	5μF		
	50μF		
	100μF	±4.5% rdg ±5dgt	
频率自动量程	5Hz	±0.1% rdg ±5dgt 可测量的输入:≥1.5V$_{rms}$	
	50Hz		
	500Hz		
	5kHz		
	50kHz		
	200kHz		
占空比(脉宽/脉冲周期)	0.1%~99.9%	±2.5% rdg ±5dgt(保证精确度 10kHz)	

注:rdg 是"reading"的缩写,它表示一个测量的显示值;dgt 是"digit"的缩写,它表示显示值的最右边的一位数。

① 除了欧姆挡的 40MΩ 挡。

② 在电压功能挡,按下 SELECT 键可取消自动量程功能,如再次测量电压,将功能开关重新转到 OFF 挡,然后再设置到电压功能。

(二)一般性能

(1)显示:液晶显示(最大 3999)/单位/标志。

(2)超量程显示:超出测量范围会显示"OL"(除了交流/直流 600V 量程)。

(3)导通测试、二极管测试、占空量程为单量程,可自动切换到量程≥4000;自动切换到量程≤360。

(4)量程开关:全自动量程。

(5)采样速度:2 次每秒。

(6)功能:OFF/交流/直流/Ω/电容。

(7)按键:HOLD/Hz/DUTY/ ⊢⊣ /·))/RELΔ(直流电压和电容量程)。

(三)电气特性

(1)温度与湿度范围(保证精度):23℃ ±5℃;相对湿度:≤85%。

(2)电源电压范围(保证精度):3.4V 直到显示 **BATT** 标志。

(3)绝缘电阻:≥10MΩ/直流 1000V。

(4)耐压:交流 5.55kV$_{rms}$,正弦波(50/60Hz)。

(5)过载保护:720V(交流/直流)每 10s,电压功能挡(过电压保护)600V(交流/直流)每 10s,所有量程挡。

(6)额定电源电压:直流 3.0V。

(7)额定功率:大约 4mV·A(电池电压为 3.0V)。

(8)最大额定功率:大约 30mV·A(当开灯时)。

(9)导连续操作时间:大约 80h(直流电压测量);大约 15h(交流测量,灯亮 10s,灭 20s,如此重复)。

(四)仪表结构

1030 型笔式万用表结构如图 1-1 所示。

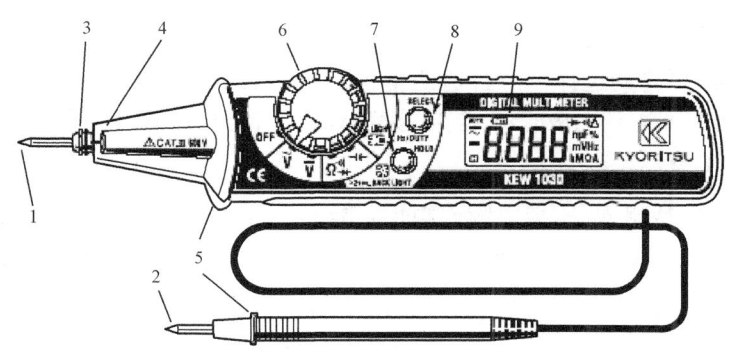

图 1-1 1030 型笔式万用表结构

1—触针;2—测试引线;3—防护罩;4—笔灯;5—防护环;6—功能开关;7—HOLD 键;8—SELECT 键;9—液晶显示

(1)触针:输入端(+),红色。

(2)测试引线:输入端(-),黑色,接到负极(-)或地。

(3)防护罩:保护触针。

(4)功能开关:

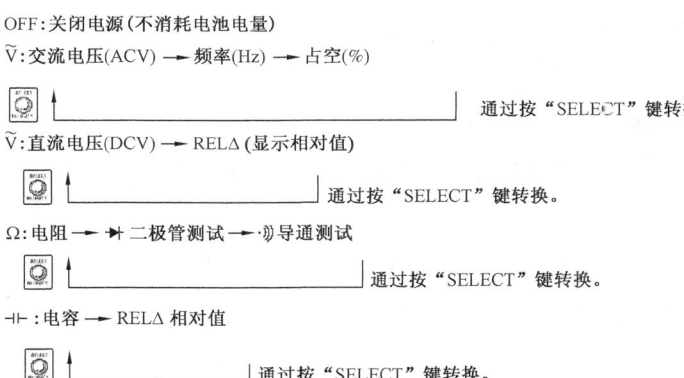

LIGHT:打开笔灯,首先将功能开关转到这个位置,然后再转到任何需要的功能位置,这样笔灯就打开了,并可照明被测物。

(5)HOLD 键:保留显示值;打开液晶显示器背光灯(按住该键至少 2s)。

(6)SELECT 键:转换到测量模式;启动/取消相对功能(只对于直流电压/电容)。

(7)液晶显示:

(五)功能

1. 自动量程(AUTO)

根据输入信号,可自动选择一个合适的量程。当开启这个功能时,显示器中会显示"AU-TO"标志。这个功能不适于二极管测试、导通测试、占空比测量,并且不显示"AUTO"标志。

2. 保持功能(H)

显示器中可保留被测值(不适于频率测量)当按下 HOLD 键,显示器中会显示"H"标志,这时即可保留测量值。再次按下此键或将功能开关转到其他挡,可取消保持功能。

3. 相对功能(Δ)

测试直流电压或电容时,显示器可显示测量值(相对值)之间的差异,当按下 HOLD 键后,显示器中会显示"Δ"标志。然后,显示器中会显示存储值与测量值之间的差异。再次按下此键或将功能开关转到其他挡,可取消相对功能。

4. 自动关机功能

当功能开关从 OFF 挡转到其他挡,30min 后,仪表可自动关机。再次按下 HOLD 键或将功能开关转到其他挡,可恢复到自动关机状态。

5. 超量程显示

当测量值超过最大显示量程,显示器中会显示"OL"标志,(在交流/直流挡不会有此显示),当启动保持功能后,不会有此显示。

6. 电量警告(BATT)

当电池电压低于 2.4V ± 0.2V,液晶显示器中将会显示"BATT"标志。

7. 笔灯

将功能开关转到"LIGHT"位置,打开笔灯,转动开关到合适的功能位置(开关位置在"LIGHT"位置时,无法进行测量)将开关转到 OFF 位置,关闭笔灯。

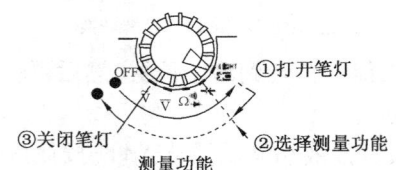

8. 液晶显示器背光灯

除了 OFF 挡,在任何位置按住 HOLD 键至少 2s,液晶显示器背光灯就会打开,再次按住这个键至少两秒或将开关转到 OFF 挡,就可关闭背光灯。

注意:笔灯和液晶显示器背光灯不会自动关闭。当打开/关闭液晶显示器背光灯,液晶显示器中会显示"🇭"标志,并且保持功能被激活。按下 HOLD 键一段时间后可取消此功能,并进行下一个测量。

(六)测量

1. 交流电压、频率和占空比测量

(1)将功能开关转到"Ṽ"挡。

(2)为了测量交流电压,将触头与测试引线接到交流电路上。

 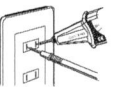 

(3)按下 SELECT 键,并选择频率量程进行频率测量。这时,显示器中会显示"Hz"单位。

(4)按下 SELECT 键,并选择占空比量程进行占空比测量(脉宽/脉冲周期)。这时,显示器中会显示"%"单位。

注意:

① 在交流电压功能挡,移去输入后,显示器中可能会保持显示值;

② 将测试引线(负端)接在被测电路的接地端,如果被测电路没有接地端,可接在任一适当的位置;

③ 测量频率和占空比时,可测量的最小输入约为 $1.5V_{rms}$。

2. 测量直流电压

(1)将量程开关转到 $\overline{V}$ 位置。

(2)将触头接在被测设备的正极(+),将测试引线接在被测设备的负极(-)。当测试引线接到正极端,显示器会显示"-"标志。

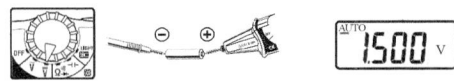

(3)按下 SELECT 键显示一个 REL 值。按下这个键并存储初始测量值,然后,显示器中会显示存储值与测量值之间的差异。当开启这个功能时,自动量程功能将不起作用,保持初始选择量程。相对值允许在以下测量范围:

测量范围:此量程的满刻度——存储值可通过再次按下这个键或将功能开关旋转到其他挡,取消 REL 相对功能。

下面的测量可通过按下 SELECT 键来实现。

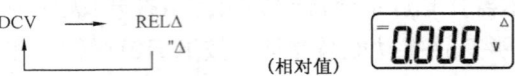

显示器中显示"Δ"标志。

3. 电阻测量、二极管导通测量

(1) 将开关旋转到欧姆（Ω）挡。
(2) 将触头与测试引线接在被测设备上。

(3) 按下 SELECT 键进行二极管测试。将触头与被测引线接在被测设备上，当确认显示如下所示时，则二极管良好。

下面的测量可通过按下 SELECT 键来实现。

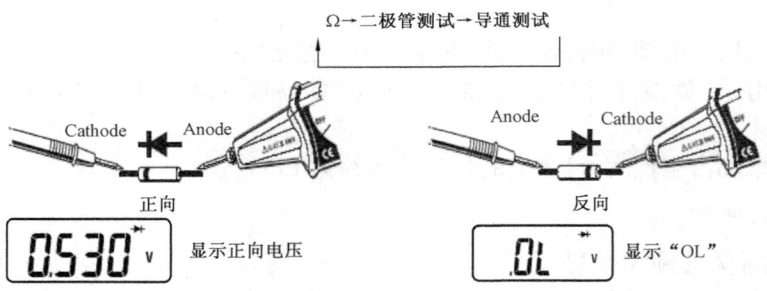

为防止个人触电事故或损坏仪表，务必注意以下事项：
① 最大额定测试电压为交流/直流 600V，不要进行超量程测量；
② 测量中，不要转动功能开关；
③ 移去底壳时，不要进行测量；
④ 不要将手指放在仪表和测试引线上；
⑤ 测量时，当心不要将被测线路与仪表或测试引线的金属部分短路；
⑥ 不要用此仪表在高压电路上进行电阻测量、二极管测试、导通测试或电容测量。
注意：当二极管正向电压超出 0.3～1.5V 范围，不可进行测量。

(4) 按下 SELECT 键进行导通测试。将触头与测试引线接在被测设备上，导通良好时，会发出蜂鸣声（≤120Ω），显示器会显示 400Ω 以内的电阻值。
注意：短接测试引线触头，显示值可能不是"0"，这是由于测试引线本身固有的电阻值，并非测量失败。

4. 电容测量

(1)将量程开关转到 ⊣⊢ 位置。

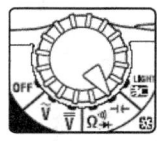

(2)在用测试引线接到被测设备前,按下 SELECT 键,使显示值为 0。

按下 SELECT 键使显示值为 0。

(3)将触头与被测引线接在被测设备上。

注意:测量时间长短取决于被测电容大小($<4\mu F$,2s;$<40\mu F$,7s;$<100\mu F$,15s)。

二、2001 叉型数字万用表

2001 叉型数字万用表具有开口式钳头,便于在狭小、密集的电路排或者配电柜中从容应对故障排查。

(一)特点

(1)使用钳形传感器可进行 60AMODEL2000/100AMODEL2001 的 AC/DC 电流测量。
(2)采用探棒型钳形传感器便于在狭小处或电线密集处测量。
(3)无需打开钳口即可进行电流测量。
(4)蜂鸣导通检测。
(5)固定数据的数据保留功能。
(6)满刻度 3400 计数的条形图显示屏。
(7)便利的收纳用耐冲击皮套。

(二)仪器结构

2001 叉型数字万用表结构如图 1-2 所示。

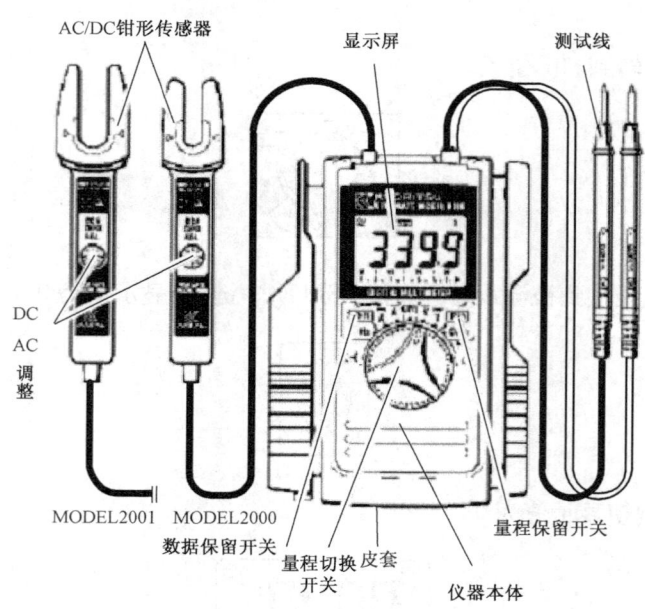

图 1-2 2001 叉型数字万用表结构

(三)测量准备

1. 检查电压电池

将量程开关设置为"OFF"以外的位置,如果显示清晰且未显示"BATT"标志,表示电池状态良好。

注意:量程开关在 OFF 以外位置时可能有不显示的情况,此时自动关机功能处于启动状态中,只需操作量程开关或数据保留开关即可。若仍然没有显示则可能电池耗尽,请更换电池。

2. 确认是否处于所需量程

请确认数据保留功能未启动。若量程错误则无法获得所需测量结果。

3. 测试线的收纳

将测试线收纳于仪器皮套中,可在确认显示屏的同时进行测量。

(四)测量

1. 电流测量

(1)为避免触电,不能在 AC/DC600V(对地电压 AC/DC300V)以上电路中测量。

(2)测试线连接在被测物上时请勿测量电流。

(3)测试期间不要打开电池盖。

(4)使用传感器时请避免冲击、振动或施加大力。

(5)MODEL2000 的被测导体直径 6mm,MODEL2001 的被测导体直径 10mm。

(6)直流电流测量如图 1-3 所示。

第一章 常用新型仪器仪表

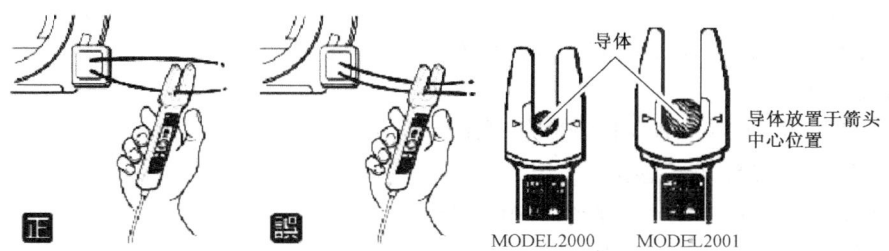

图1-3 直流电流测量方法

① 把量程开关设置到"--- A"位置(LCD上部显示"DC"和"AUTO")。

② 旋转传感器上的0调整器,将仪器本体上的显示调整为0(若不调零,结果可能产生误差)。

③ 将传感器夹住一根被测导体,使之位于箭头中心位置(非中心位置可能产生误差),显示测量值。

注意:钳形电流从显示部流向里侧时,读数为正,反之则读数为负。

(7)交流电流测量:

① 将量程开关设置到"∩ A"位置(LCD上部显示"AC"和"AUTO")。

② 将传感器夹住一根被测导体,使之位于箭头中心位置(非中心位置可能产生误差),显示测量值。

注意:测量交流电流时,无需进行0调整,电流方向也无妨。

2. 电压测量

(1)为避免触电,不能在AC/DC600V(对地电压AC/DC300V)以上电路中测量。

(2)测试期间不要打开电池盖。

(3)直流电压测量:

① 将量程开关设置到"--- A"位置(LCD上部显示"DC"和"AUTO")。

② 将红色测试笔连接被测回路的+极,黑色测试笔连接-极,显示测量值。测试线连接逆反时,显示屏显示"-"。

(4)交流电压测量:

① 将量程开关设置到"∩ A"位置(LCD上部显示"AC"和"AUTO")。

② 被测回路连接测试线,显示测量值。

3. 电阻测量

(1)将量程开关设置到"Ω/))"位置。

(2)此时,确认OVER显示,将测试线短路后检查蜂鸣器的鸣叫且显示读数为零。

(3)将测试线连接被测电阻的两端,显示测定电阻值,约30Ω以下时发出蜂鸣声。

注意:即使测试线短路,显示值可能不一定为0,这是测试线自身电阻所致。测试线打开时,显示屏上显示"OL"。340Ω量程时,显示屏左侧显示"))"。

4. 频率测量

(1)将量程开关设置到"Hz"位置。

(2)电流频率测量:夹住一根被测导体,使之位于传感器的箭头中心位置,显示测量值。

(3)电压频率测量:将测试线连接被测回路,显示测量值。

(4)注意事项:

① 为避免触电,不能在 AC/DC600V(对地电压 AC/DC300V)以上电路中测量。

② 测试期间不要打开电池盖。

③ 测试线连接在被测物上时请勿测量电流。

④ 电流频率测量范围在 0~10kHz,MODEL2000 的最小输入值为 16A,MODEL2001 的最小输入值为 10A;电压频率测量范围在 0~300kHz,最小可输入值为 10V。

测量频率时,切勿将传感器和测试线同时连接在被测物上,如图 1-4 所示。

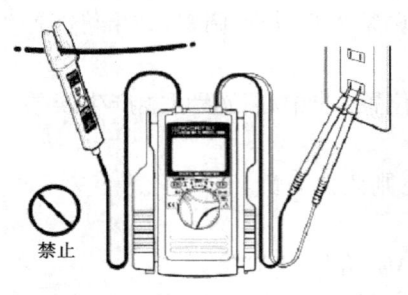

图 1-4 测试线连接在被测物上时请勿测量电流

(五)其他功能

(1)自动关机功能。

(2)保持数据功能。将测量值锁定在屏幕上,按 1 次数据保持开关保留当前测量值,即使输入其他数据仍保留此测量值。LCD 上的"AUTO"标志消失,显示"H"和"▣"标记。如需解除保持功能请再按一次数据保持开关。

(3)保持量程功能

初始状态为自动量程设置(LCD 上显示"AUTO"标志),按下量程保持开关后可手动设置所需量程("▣"代替"AUTO"标志)。

每按一次量程保持开关可切换不同量程。如需返回自动量程设置,按下量程保持开关约 1s 或将量程开关设置为其他量程即可。

第二节 绝缘电阻测试仪及耐压测试仪

一、高压绝缘电阻测试仪

(一)技术规格

(1)绝缘电阻测试技术参数见表 1-2。

表 1-2 绝缘电阻测试技术参数

额定电压	500V	1000V	2500V	5000V
测量范围	0.0~99.9MΩ 100~999MΩ	0.0~99.9MΩ 100~999MΩ 1.00~1.99GΩ	0.0~99.9MΩ 100~999MΩ 1.00~9.99GΩ 10.0~99.9GΩ	0.0~99.9MΩ 100~999MΩ 1.00~9.99GΩ 10.0~99.9GΩ 100~1000GΩ

续表

额定电压	500V	1000V	2500V	5000V
开路电压	DC500V +30%,-0%	DC1000V +20%,-0%	DC2500V +20%,-0%	DC5000V +20%,-0%
定格测定电流	0.5MΩ 负荷时 1~1.2mA	1MΩ 负荷时 1~1.2mA	2.5MΩ 负荷时 1~1.2mA	5MΩ 负荷时 1~1.2mA
短路电流	约 1.3mA			
精确度	±5% rdg ±3% dgt/ ±20%（100GΩ 以上）			

注：电压监视器（绝缘电阻量程）30~600V（分辨率10V），此模式适用于确认被测物中充电电荷的放电状态。测量时，将监视器中显示的测量电压值作为标准使用。请注意外部施加交流电压时显示的数据并非正确值。

(2) 电压测试技术参数见表 1-3。

表 1-3 电压测试技术参数

电压类型	直流电压	交流电压
测量范围	±30~±600V	30~600V（50/60Hz）
分辨率	1V	
精确度	±2% rdg ±3dgt	

（二）仪器结构

(1) 高压绝缘电阻测试仪结构如图 1-5 所示。

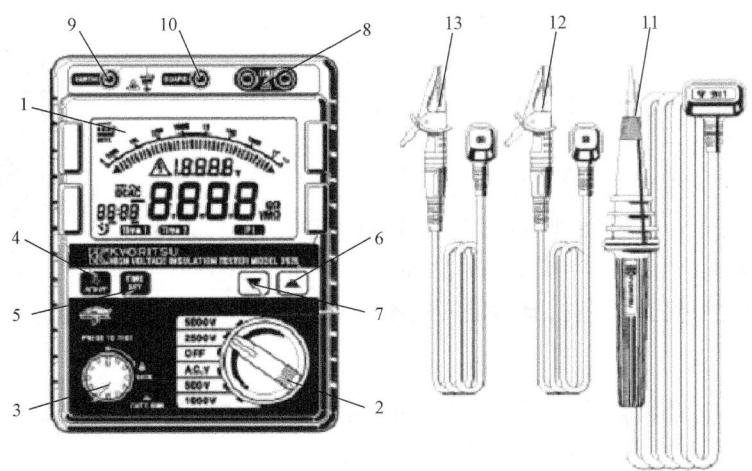

图 1-5 高压绝缘电阻测试仪结构

1—液晶屏显示；2—量程选择开关；3—测试按钮；4—背光按钮；5—定时器按钮；6—▲按钮；7—▼按钮；
8—端口；9—接地端口；10—保护端口；11—测试线（红）；12—接地线（黑）13—保护线（绿色）

(2) LCD 显示如图 1-6 所示。

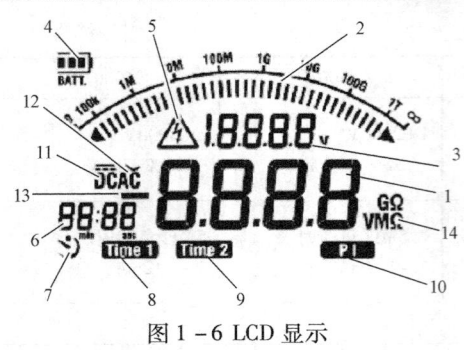

图1-6 LCD显示

1—绝缘电阻;2—条形图;3—电压;4—电池标志;
5—低电量警告;6—定时器显示;7—定时器标记;
8—定时器1标记;9—定时器2标记;10—PI标记;
11—直流;12—交流;13—负显示;14—单位

(三)测量前的准备

1. 检查电池电压

(1)量程范围开关切换至"OFF"外的任何位置。

(2)显示屏左上的电池标记为 ▭ 时,表示电池量剩余不多,请更换新电池后继续测量。此状态中并不影响精确度;电池标记为 ▭ 时,电池电压在操作电压下限以下,不能保证精确度。

2. 连接测试线

将测试线稳固插入仪器端口,测试线(红色)连接到测试端口,接地线(黑色)连接到接地端口和保护线(绿色)连接到保护端口。

(四)测量

1. 断电确认(电压测量)

将电压量程开关设置到"AC·V"位置可测量电压。测量时,无需按测试按钮。仪器装备有AC/DC自检电路,直流电压。测量中,测试线(红)为正电压时,显示"+"标志,必须关闭断路器。

(1)接地线(黑)连接被测回路的接地端,测试线(红)连接测试端口,如图1-7图。

(2)确认液晶屏上电压显示为"0V",若不是"0V"标志,则被测回路中存在电压,需再次检查被测回路中的断路器是否关闭。

2. 绝缘电阻测量

(1)确认被测回路电压良好,将量程开关切换到需要的绝缘电阻范围。

(2)接地线(黑)连接回路接地端。

(3)测试线(红)头部接触被测电路,按下测试按钮。测量中,间歇地发出蜂鸣声音(500V除外)。

(4)LCD显示测量值,测量后显示值固定不变。

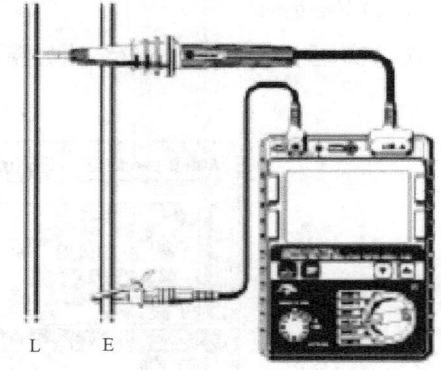

图1-7 正确接线图

3. 连续测量

连续进行绝缘电阻测量时,按下测试键并向右旋转,可锁定测试键进行连续测量。测试完成后,将测试键向左旋转恢复到原来位置。

4. 定时器测量功能

选择定时器测量功能可自动进行设定时间里的测量。

(1)绝缘电阻量程时,按TIMESET按钮,选择定时测量模式,LCD下部显示"TIME1"标记。

(2)用上下键可设定时间:

设定时间初始值:01:00。

设定范围:00:10～59:30。

1min 以下 10s 一挡;1min 以上 30s 一挡。延长时间按"向上"键,缩短时间按"向下"键。

(3)TIME1 状态中按下测试键(测量中 TIME1 标志闪烁)。

(4)设定的时间内自动结束测量,显示绝缘电阻值。

5. 极化指数测量(设置任何时间)

任意 2 点时间里可自动测量电阻值比率。

(1)绝缘电阻量程时,按 TIMESET 按钮,显示 TIME1 标记的状态中按上下键设定 TIME1。

设定时间初始值:01:00。

设定范围:00:10～59:30。

1min 以下 10s 一挡;1min 以上 30s 一挡。

(2)设置 TIME1 后,再按 TIMESET 按钮,在显示 TIME2 标记的状态中按上下键设定 TIME2。

设定时间初始值:10:00。

设定范围:00:20～60:00。

1min 以下:10s 一挡;1min 以上 30s 一挡。

(3)TIME2 状态中按下测试键。测量中,设定 TIME1 为 1min,TIME2 为 10min 时,PI 标志点亮。除此以外的设定时间 PI 标志均闪烁。测量中 TIME1 时间内 TIME1 标志闪烁,超过 TIME1 时间后,TIME1 标志消失,TIME2 标志闪烁。

(4)TIME2 测量结束后,将自动显示"TIME2 时的绝缘阻抗÷TIME1 时的绝缘阻抗"的比率。按上下键可在"TIME2 时的绝缘阻抗"和"TIME1 时的绝缘阻抗"中切换。通常,设定 TIME1 为 1min,TIME2 为 10min 时可测量极化指数,如图 1-8 所示。

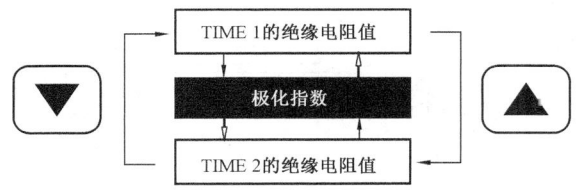

图 1-8 测量极化指数

极化指数测量技术参数见表 1-4。

极化指数 =(测量 3～10min 后的绝缘电阻值)÷(测量 30s～1min 后的绝缘电阻值)

表 1-4 极化指数测量技术参数

极化指数	4 以上	4～2	2.0～1.0	1.0 以下
标准	最好	好	警告	坏

6. 测量端口的电压特性

测量端口的电压特性如图 1-9 所示。

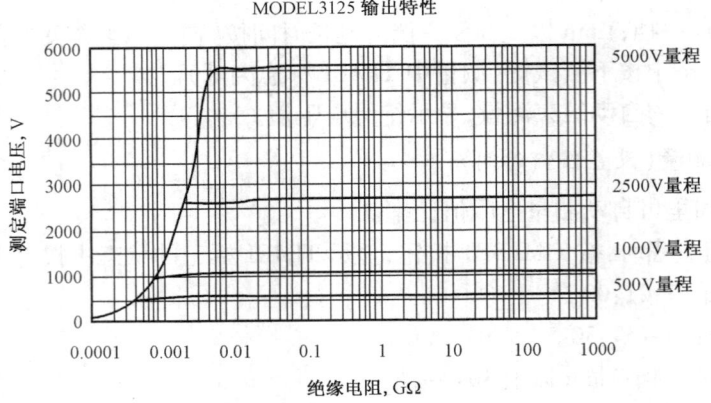

图 1-9 电压特性

7. 保护线的使用

测量电缆的绝缘电阻时,覆盖表面的泄漏电流通过绝缘体内部与电流汇合,造成绝缘电阻值误差的产生。为避免此种现象的发生,使用保护线(任何导电性裸线)将泄漏电流流经部分卷起来,连接到保护端口后,泄漏电流不流过指示计。此方法仅仅测量绝缘体的体积电阻,如图 1-10 所示。

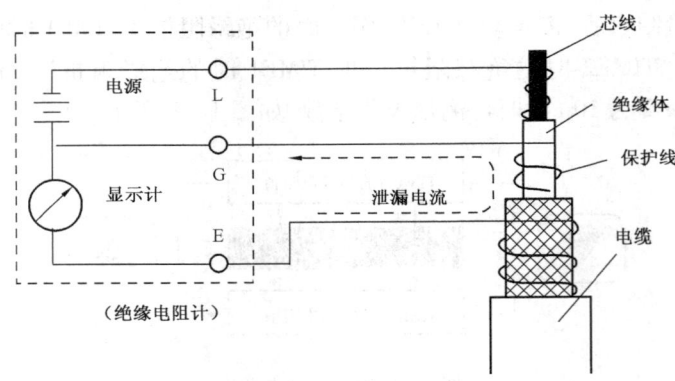

图 1-10 测试线的连接

8. 背光功能

适用于昏暗地点或夜间工作。量程开关在除"OFF"以外任何位置时按背光按钮,背光灯点亮后 40s 自动熄灭。

9. 自动关机功能

测试开关等操作完成后 10min 自动切断电源。定时测量时,测量完成后约 10min 切断电源。需要启动时将量程开关设置为 OFF 后再次调节至所需量程即可。

二、CS9918N 系列匝间绝缘耐压测试仪

(一)安全规定

该测试仪所产生的电压和电流足以造成人员伤害或触电,为防上意外伤害或死亡发生,在搬移和使用仪器时,请务必先观察清楚,然后再运行。

(二)测试工作平台

1. 工作台位置

工作台的位置选定必须安排在一般人员非必经的场所,使非工作人员远离工作台。如果因生产线的安排而无法做到时,必须将工作台与其他设施隔开并特别标明"高压测试工作区"。如果高压测试工作台与其他工作台非常靠近时,必须特别注意安全,以防触电。在高压测试时,必须标明"危险!正在高压测试,非工作人员请勿靠近"。

2. 输入电源

耐压测试仪必须有良好的接地。耐压测试仪的后面板上有一接地端,请将此接地端子与大地接触良好。耐压测试仪必须有单独的开关,把此开关安装于特别明显的位置并标明其功用,一旦有紧急事故发生,可以立即关闭电源,以便处理故障。

耐压测试仪输入电源为交流电源,电源范围为交流(AC)220V(±10%),电源频率为50Hz,在该电源范围内如电源不稳定则有可能造成耐压测试仪异常动作或损坏测试仪内部元件。

3. 工作测试台

在进行耐压测试时,仪器必须放在非导电材料的工作台上,操作人员和待测物之间不得使用任何导电材料。操作人员的位置不得有跨越待测物去操作或调整耐压测试仪的现象。

4. 操作人员

测试仪在错误的操作或触电时,足以造成人员伤亡,因此必须由训练合格的人员使用和操作。操作人员不得穿有金属装饰的衣服或配戴金属的饰物,如手表等。测试仪绝对不能让有心脏病或配戴心率调整器的人员操作。

5. 安全要点

非合格的操作人员和不相关的人员应远离高压测试区。随时保持高压测试区在安全和有秩序的状态。

在高压测试进行中绝对不碰触测试物件或任何与待测物有连接的物件。万一发生任何问题,请立即关闭高压输出和输入电源。

(三)测试仪简介

随着马达和变压器、电感线圈、继电器线包等绕线产品向高品质化、高性能化方向发展,对检测设备也提出了更高的性能要求。该仪器采用电脑自动存储标准样品波形的各种测试参数(面积、面积差、频率、电晕)与被测件自动比较,进行判别是否符合标准样品的要求。与传统

的示波管图形观测比较方法相比,该测试仪可更精确、更直观地测试产品的微小品质变化。各种电机、变压器及电感线圈的生产厂家在产品出厂前都必须进行产品质量检查,用施加高压脉冲来检查产品的匝间绝缘是公认的有效的检查手段,该仪器用微型单片机系统把线圈的匝间绝缘各参数用高精度的数字技术和计算机处理,再用直观易懂的实际波形显示判断,自动化程度高,操作简单,一般生产线上的人员都能掌握和操作该仪器。该仪器具有自动调整峰值电压,采样频率可根据样品设定,适用的电源电压范围宽,可检测的线圈种类多等优点。

该仪器对波形的测试判定如下所述。

1. 目测判定

首先是在显示屏上显示波形库中的标准波形,随后将测工件的波形重叠上去,通过这个画面,直接比较标准波形与被测波形的差异,由操作者主观判定。

2. 波形面积比较的判定

在 X 轴即时间轴的范围内任选一区间,对这一区间内波形的包容面积进行计量,并与标准波形包容面积进行比较(对被测线圈内的能量损失敏感),如图 1 – 11 所示。

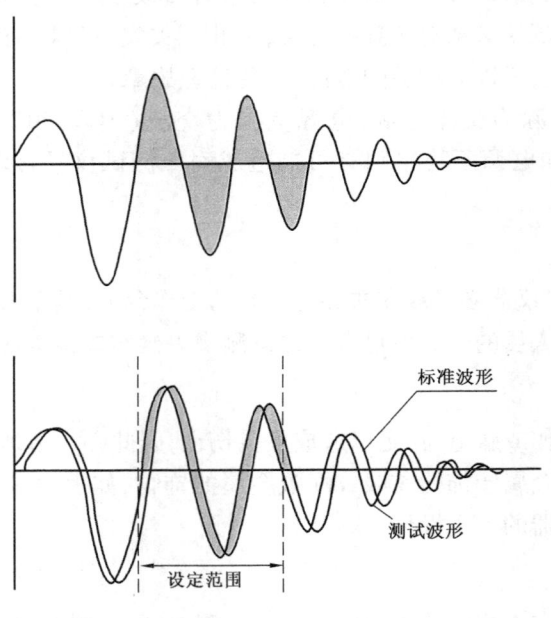

图 1 – 11 波形面积比较的判定

3. 波形面积差比较的判定

将标准波形包容面积与被测波形包容面积之间不重叠的部分进行测量,计算并进行判定。

4. 波形频率比较的判定

判定电感线圈在电容器上放电的周期(自由振荡)。

5. 波形的电晕量测量

电感线圈在施加高压时,本身(拉弧)对空气的放电情况测量。

6. 面板说明

前面板及说明如图 1－12 所示。后面板及说明如图 1－13 所示。

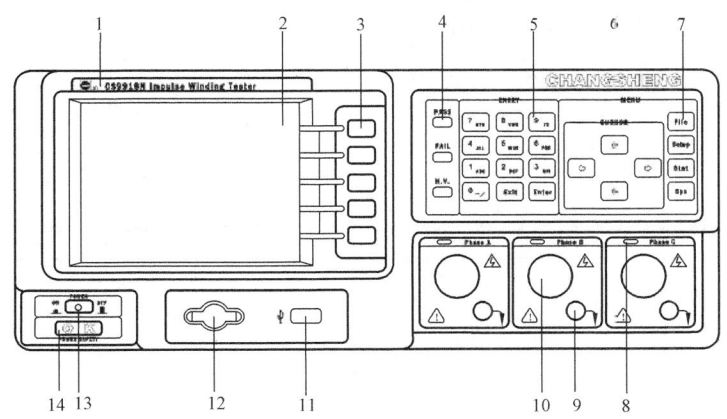

序号	名称	说明
1	型号标牌	对 9918N 系列型号标识
2	LCD 液晶显示屏	320＊240 点阵型液晶显示器,显示测试波形和各种参数
3	屏幕键	对不同操作界面的自定义按键
4	指示灯	显示测试和采样的状态指示灯
5	数字键	用于输入数字和字符
6	方向键	用于控制反白条在液晶屏设置项之间的移动
7	快捷键	用于直接进入设置的快捷键
8	相线指示灯	用于指示当前系统所处在的相线
9	测试返回端口	用于夹接测试物的地线返回端口
10	高压测试端	高压输出端
11	USB 扩展端口	用于 USB 通信(选购件)
12	启动键	用于开始测试
13	电源开关(POWER)	～220V
14	电源安全指示灯	用于检测电源是否安全可靠

图 1－12 前面板及说明

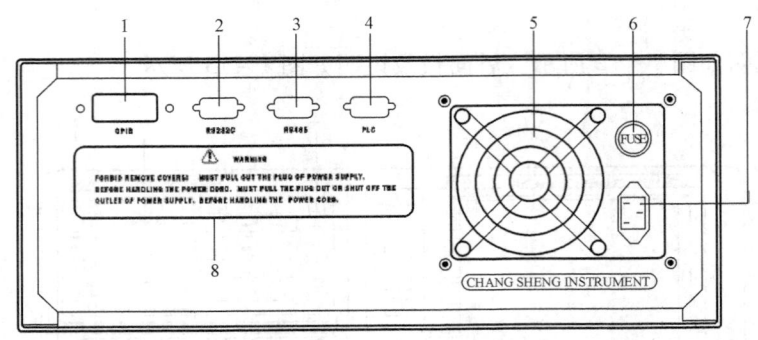

序号	名称	说明
1	GPIB 接口	选配
2	RS232 串行接口	选配
3	RS485 接口	选配
4	PLC 接口	
5	风扇窗	排热口
6	熔断丝	用于保护仪器,220V/1A
7	三线单相电源插座	用于连接交流电源
8	铭牌	记录生产日期、型号、批号、生产厂家等

图 1-13 后面板及说明

7. 操作说明

操作流程如图 1-14 所示。

(1) 开机界面。

接通电源,打电源开关,进入画面,如图 1-15 所示。

进入系统进行检验,检测完之后将会提醒按任意键的标志,用户按任意键之后,将(如果用户事先设置为不自检,将不进入上一画面)直接进入检测界面,如图 1-16 所示。

在主界面下仪器只对按键中的快捷键[File][Setup][Stat][Sys]和启动测试键有效。

① 快捷键群组:

[File]文件管理设定;

[Setup]波形采样设定;

[Stat]结果统计查看;

[Sys]系统功能设定。

② 控制按键:

文字键(ENTRY):用以输入字母和数计,包括 0-9,A-Z,/方向键(CUSOR):用以光标移动,包括[←][↑][→][↓];

[Enter]确认键;

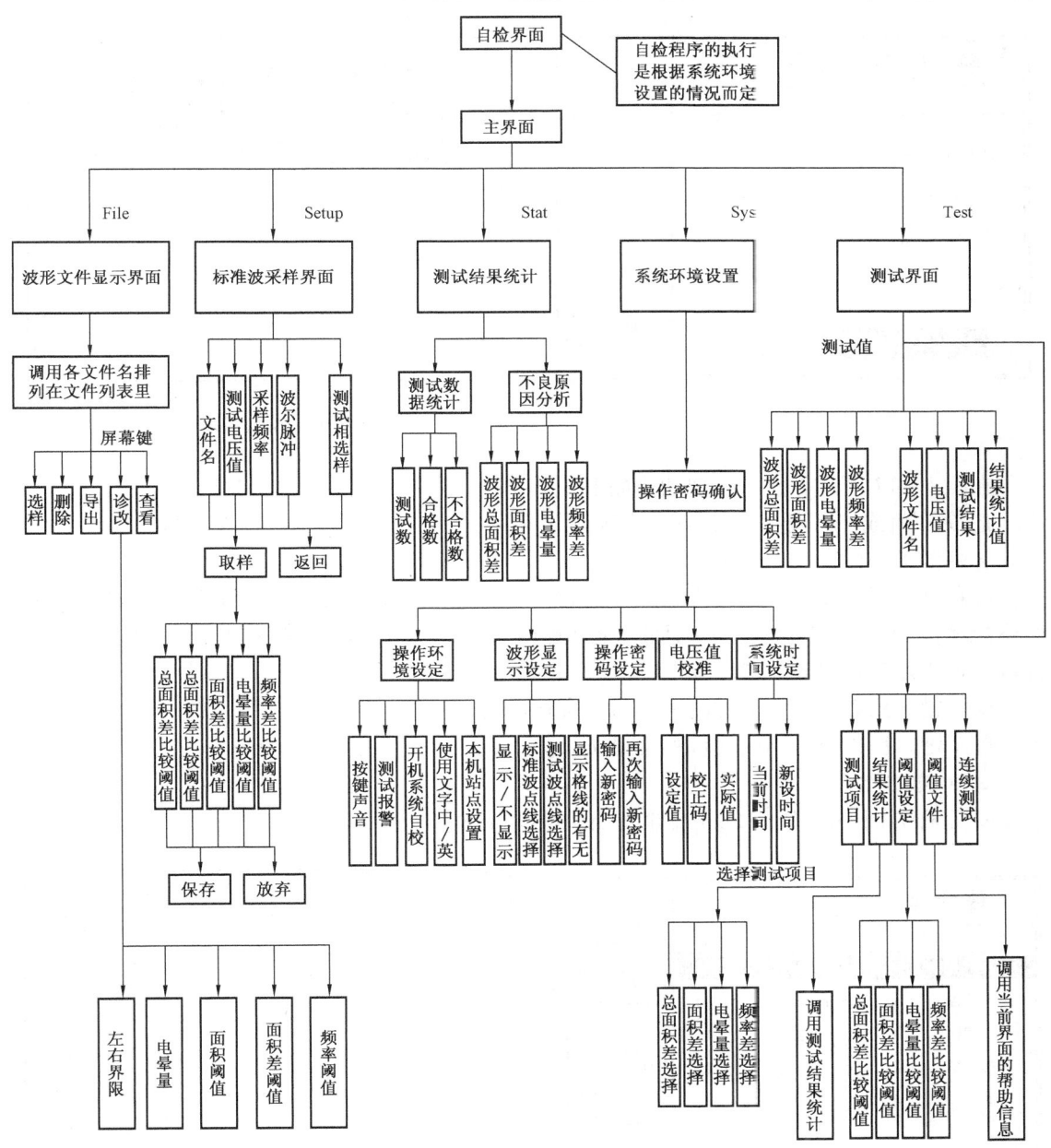

图 1-14 操作流程

[Exit] 使系统跳离目前状态并回到前一状态；
[Stat] 开始测试键；
5个屏幕键：自定义按键。
(2) 系统功能设置模式。
① 文件管理：提供操作目录便于用户管理，其功能操作如下：
按下 [File] 键，显示如图 1-17 所示。

图1-15 开机界面　　　　　　　　图1-16 检测界面

在图1-17所示界面下实现功能如下：
请以[↑]或[↓]键选择所需要的项目；
屏幕键1用以选择测试项目；
屏幕键2用以删除当前文件，如果您想删除全部文件，请先按数字键3，再按屏幕键2，这时系统将提示您是否全部删除对话框，全部删除请按[Enter]键，否则按[Exit]键删除当前文件输入密码之后按[Enter]键；
屏幕键3用以对当前文件的采样参数进行修改；
屏幕键5用以查看当前文件的结果统计。
② 采样功能：
a. 采样界面一。按下[Setup]键，显示如图1-18所示。

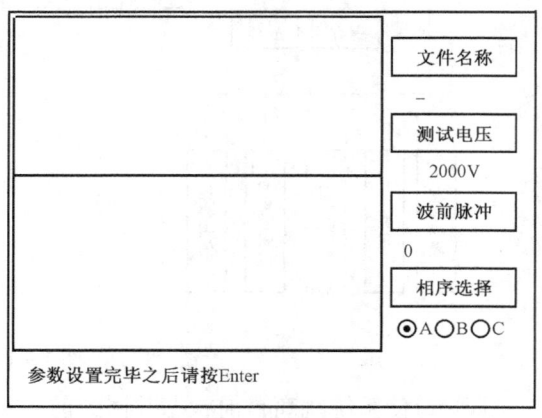

图1-17 文件管理　　　　　　　　图1-18 采样界面一

在图1-18所示界面下实现功能如下：
屏幕键1用以文件名设置；
屏幕键2用以测试电压设定；

屏幕键 3 用以波前脉冲设定；

屏幕键 4 用以顺序选择。

把所有要设的参数设置完之后按下[Enter]键,文件名必须要设置之后,才可进入下一个画面。

b. 采样界面二,如图 1-19 所示。在此界面下默认为采样频率设置。

在图 1-19 所示界面下实现功能如下：

屏幕键 1 用于设置采样频率,先按下屏幕键 1,然后通过方向键[←]或[→]对采样频率的挡位进行增大或减小,同时进行该挡位下的波形采样,采样挡位为 0～11 级,最高采样率 40MHz；

屏幕键 2 用于对波形的软件缩放,先按下屏幕键 2,然后通过方向键[←]或[→]改变缩放系数,波形随之缩放,缩放级数为 8 级；

屏幕键 3 是对电晕量进行设置,先按下屏幕键 3,这时此按键下将出现光标,然后通过数字键设定电晕量最大值；

屏幕键 4 是对电晕量界限设定,注意此项设置必须是电晕量选定之后,才允许对此项设置,先通过屏幕键 4"左"或"右",然后通过左或右键对比较范围(最小为 60,小于此范围将不能移动)进行设定(虚线表示设置的比较范围)；

屏幕键 5 是返回上一界面。

在对各项参数满意之后,按下[Enter]进入下一步参数设定。

c. 采样界面三,如图 1-20 所示。在此界面下默认为面积设置。

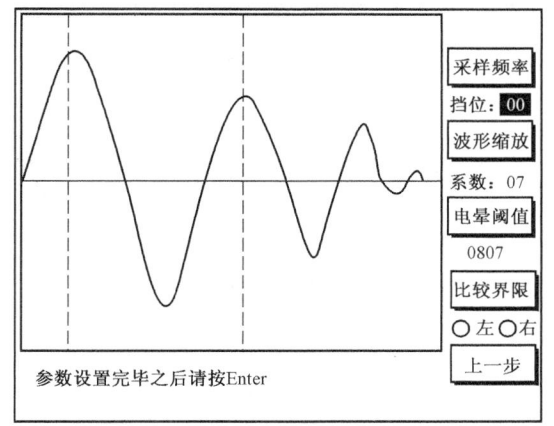 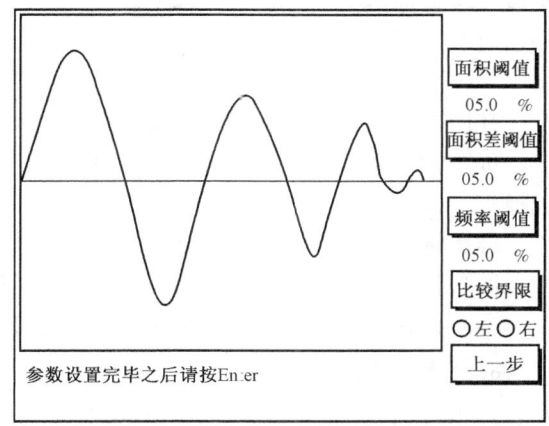

图 1-19 采样界面二　　　　　　　　图 1-20 采样界面三

在图 1-20 所示界面下实现功能如下：

屏幕键 1 是对面积阈值的设置,先按下屏幕键 1,然后通过数字键和左右键对波形面积阈值进行设定；

屏幕键 2 是对面积差阈值的设置,先按下屏幕键 2,然后通过数字键和左右键对波形面积阈值进行设定；

屏幕键 3 是对频率阈值的设置,先按下屏幕键 3,然后通过数字键和左右键对波形面积阈值进行设定；

屏幕 4 是对以上各项参数的比较范围进行设置,在此项设置时光标在哪个位置就表示对哪个比较范围进行设定,需要对哪一项设置,先按下此项所对应屏幕键,再通过屏幕键 4 选择"左"或"右",然后通过左或右键移动来设定比较范围;

屏幕键 5 是返回上一界面。

在对以上各项参数设定满意之后,按下[Enter]将对各项参数进行保存。

d. 结果统计功能,按下[Stat]键显示如下:

有文件选择时,显示如图 1-21 所示。

在没有文件选择时,显示如图 1-22 所示。

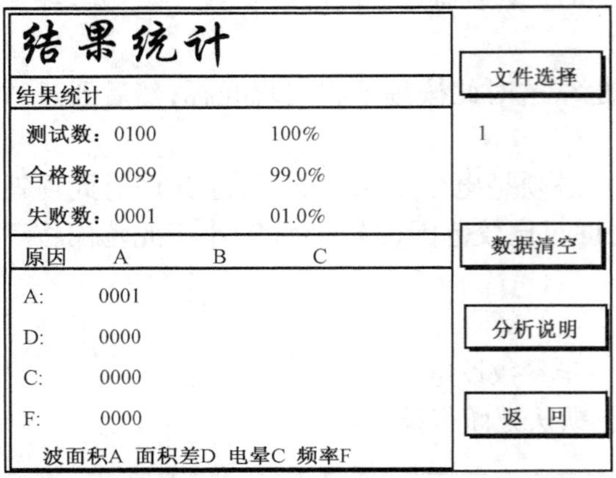

图 1-21 结果统计功能(有文件选择时) 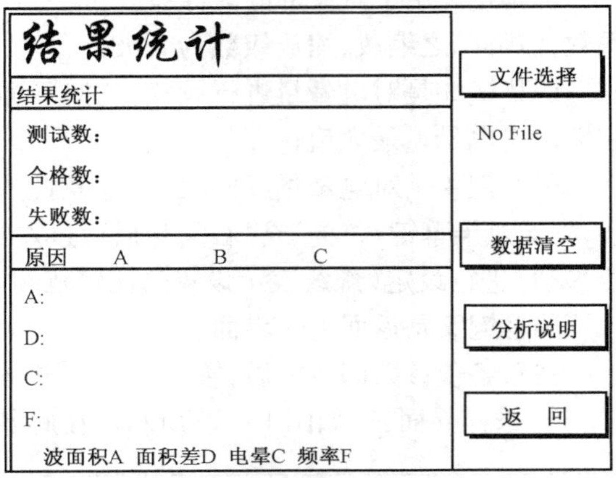　　图 1-22 结果统计功能(在没有文件选择时)

在图 1-22 所示界面下实现功能如下:

屏幕键 1 用于对文件选择,按下屏幕键 1,将显示如图 1-22 所示界面,进行文件项目选择;

屏幕键 3 用于对选择项目进行结果统计数据清空。

屏幕键 4 用于帮助分析失败原因,按下屏幕键 4,显示如图 1-23 所示界面;

屏幕键 5 是跳离目前状态并回到前一状态。

8. 系统环境设定功能

按下[Sys]键显示如图 1-24 所示界面。

在图 1-24 所示界面下实现功能如下:

输入密码之后(出厂密码是 111111,如果您设置密码忘记了,可同时按下屏幕第一和第三键解密,密码为出厂密码)按下[Enter],将显示如图 1-25 所示界面。

在图 1-25 所示界面下实现功能如下:

屏幕键 1 用以操作环境设定,按下屏幕键 1 显示如图 1-26 所示界面;

屏幕键 2 用以图形显示设定,按下屏幕键 2 显示如图 1-27 所示界面;

屏幕键 3 用以系统操作密码设定,按下屏幕键 3 显示如图 1-28、图 1-29 所示界面;

屏幕键 4 用以高压自校准设定,按下屏幕键 4 显示如图 1-30 所示界面;

屏幕键 5 用以对系统时间设定,按下屏幕键 5 显示如图 1-31 所示界面。

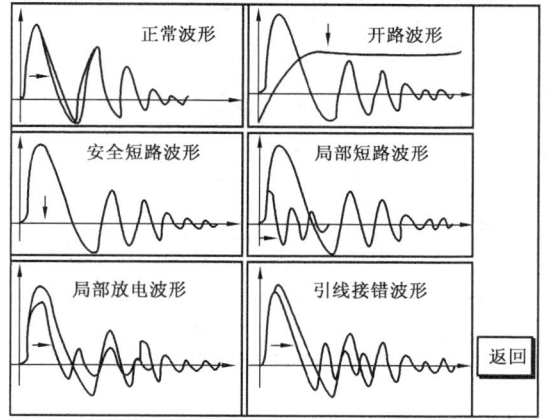

图1-23 文件项目

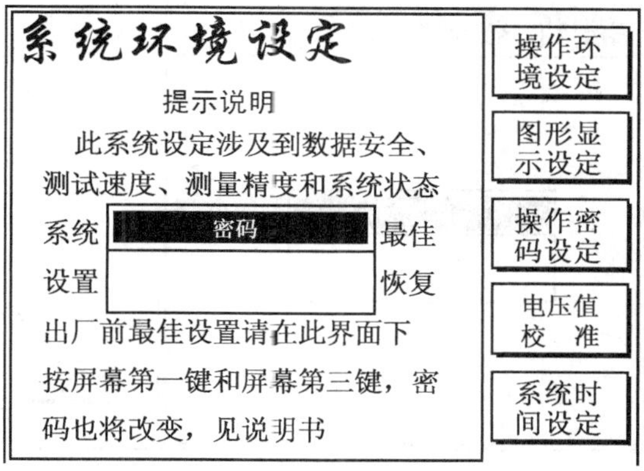

图1-24 系统环境设定功能

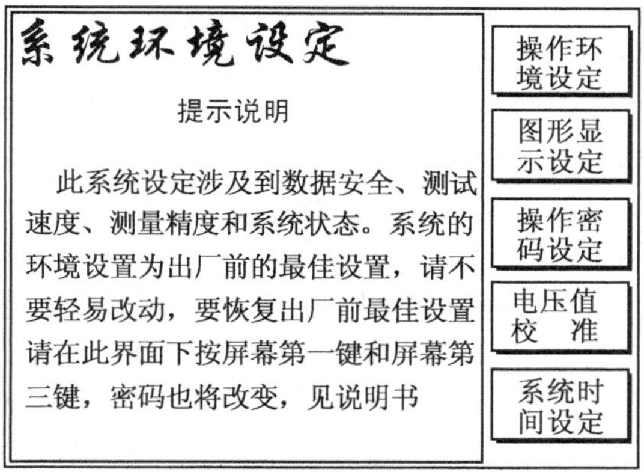

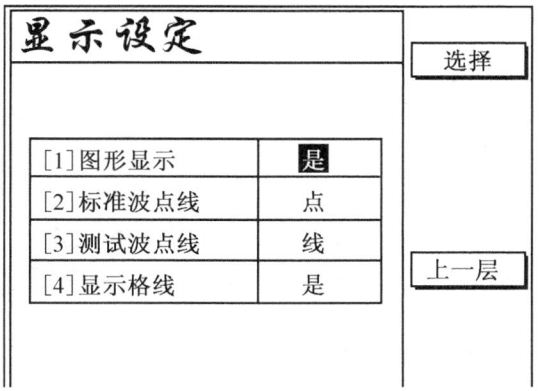

图1-25 系统环境设定

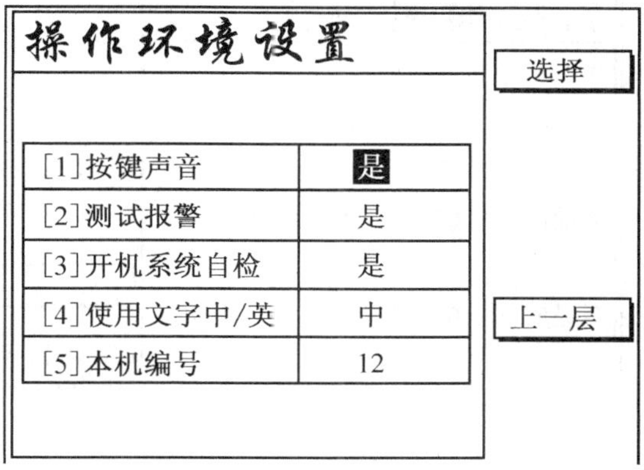

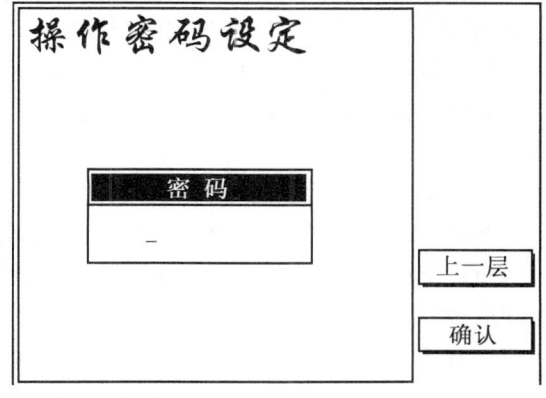

图1-25 操作环境设定

图1-27 显示设定

图1-28 输入密码

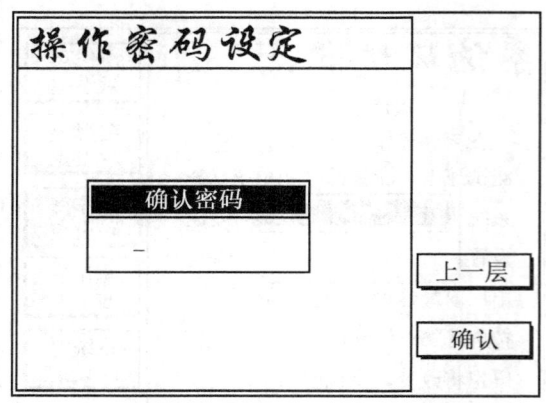

图1-29 操作密码设定　　　　　图1-30 电压值校准

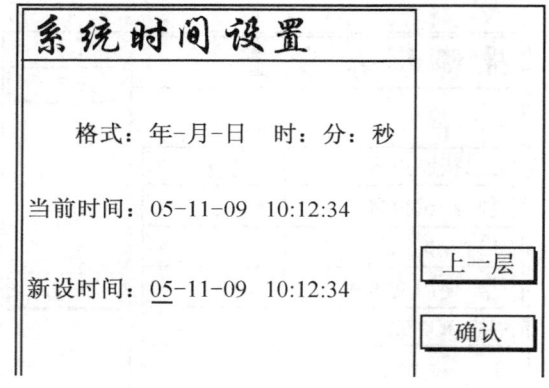

图1-31 系统时间设定

在图1-26所示界面下实现功能如下：

前四项的每一项前面的标号代表每一项的快捷键，先通过上下方向键选择要设置的项，然后通过数字快捷键或屏幕键一对所选择项进行设定；

屏幕键4是跳离此界面，返回上一层界面，这时仍保持原来状态；

第五项设置是先通过上下方向键选择此项以后，通过数字键对此项进行设置；

对以上设置满意后按下[Enter]保存设置的状态，如果不想保存通过[Exit]取消已设置的状态。

在图1-27所示界面下实现功能如下：

每一项前面的标号代表每一项的快捷键，先通过上下方向键选择要设置的项，然后通过数字快捷键或屏幕键1对所选择项进行设定；

屏幕键4是跳离此界面，返回上一层界面，这时仍保持原来状态；

对以上设置满意后按下[Enter]保存设置的状态，如果不想保存通过[Exit]取消已设置的状态。

在图1-28所示界面下实现功能如下：

在此界面下是对系统进行保护而设置的密码，设置通过数字键和方向键进行密码设定；

对以上设置满意后按下[Enter]保存设置的状态，将显示如图1-29所示界面，如果不想保存通过[Exit]取消已设置的密码，这时返回的是主界面；

屏幕键4是跳离此界面，返回上一层界面，这时仍保持原来状态。

在图1-29所示界面下实现功能如下：

在界面下是对系统进行保护而设置的密码，设置通过数字键和方向键进行密码验证设定，

是为确保密码设置的准确性;

这次输入的密码和第一次一样时,按下[Enter]保存设置的密码,这时系统密码将改变为新设的密码,否则将显示如图1-29所示界面,提示您重新输入确认密码,如果不想保存通过[Exit]取消已设置的密码,这时返回的是主界面;

屏幕键4是跳离此界面,返回上一层界面,这时仍保持原来状态。

在图1-30所示界面下实现功能如下:

在此界面下是进行高压校准的,先通过上下方向键选择要校准挡,然后通过屏幕键1和屏幕键2对所选挡进行校准;

在每挡电压实际值满意后,按下屏幕键5或按下[Enter]保存校准码;

通过屏幕键4或[Exit]都可以是取消校准操作,返回主界面。

在图1-31所示界面下实现功能如下:

在此界面下是对系统时间的设定,通过数字键和左右方向键对系统时间进行设定;

屏幕键4是跳离此界面,返回上一层界面,这时仍保持原来状态;

对系统时间设定好之后按下屏幕键5或[Enter]键对系统时间调整、保存;

在此界面下,要想退出系统设置,按下[Exit]键返回主界面。

9. 测试功能

按下[Start]键显示如图1-32所示界面。

在图1-32所示界面下实现功能如下:

屏幕键1用以选择测试文件的,按下屏幕键1将显示如图1-32所示界面;

屏幕键2用以选择测试项目的,按下屏幕键2显示如图1-33所示界面;

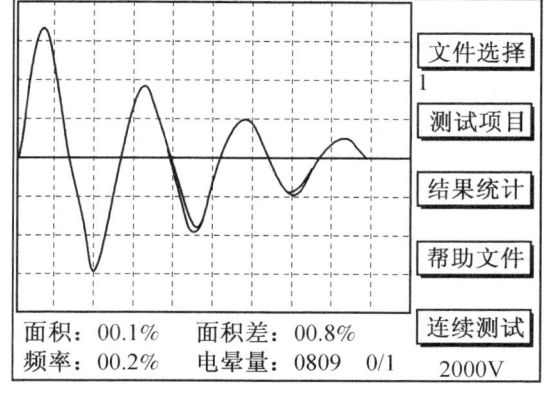

图1-32 测试功能　　　　　　　　图1-33 测试项目设定

屏幕键3用以查看测试结果的,按下屏幕键3显示如图1-21所示界面;

屏幕键4用以分析失败原因的,按下屏幕键4显示如图1-23所示界面;

屏幕键5用以实现连续测试的,按下屏幕键5仪器进入连续测试状态,如按下以上4个屏幕键将停止测试进入相应界面,实现相应的功能,在测试过程中发现波形不对时,可以通过[Exit]键,清楚看到失败波形形状;

要想退出此界面,在单次测试时,按一次[Exit]便可以退出此界面,如果在连续测试状态下时,按两次[Exit]便可以退出此界面。

在图1-33所示界面下实现功能如下:

先通过上下方向键选择要设置的项目,然后通过屏幕键1和屏幕键2设置测试还是不测试;

屏幕键5是退出此界面,返回测试界面;

先通过上下方向键选择要设置的项目,然后通过屏幕键1和屏幕键2设置测试还是不测试;

屏幕键5是退出此界面,返回测试界面。

10. 通信协议

PLC接口接线如图1-34所示。

(1)TEST控制:控制开关接在PIN1和PIN3之间。

(2)正在测试信号输出:PIN2和PIN5之间。

(3)测试失败信号:PIN6和PIN7之间。

(4)测试合格信号:PIN8和PIN9之间。

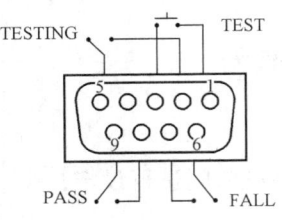

图1-34 PLC接口

第三节 接地电阻及直流电阻测试仪

一、BY2581型直流电阻速测仪

变压器绕组的直流电阻测试是变压器在交接、大修和改变分接开关后,必不可少的试验项目。在通常情况下,用传统的方法(电桥法和压降法)测量变压器绕组以及大功率电感设备的直流电阻是一项费时费工的工作。

BY2581型直流电阻速测仪具有测量迅速、体积小巧、使用方便、测量精度高等特点。自检和自动校准功能降低了仪器使用和维护的难度,仪器可选择自动或手动操作,是测量变压器绕组以及大功率电感设备直流电阻的理想设备。

(一)面板结构

面板基本上可分为三个主要部分:输出部分、显示和键盘控制部分、打印部分。

1. 输出部分

如图1-35所示,输出部分包括四个接线柱。其中外侧的两只接线柱为恒流源输出,测试电流即通过它送到待测的电阻或变压器。内侧的两只接线柱是测试电压的输入,该机即通过它来读取待测电阻上的电压值。

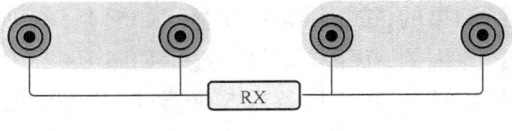

图1-35 接线柱

2. 显示和键盘控制部分

该仪器的显示器是一个 128×64 点阵液晶显示器，如图 1-36 所示，电阻的测量值以及操作信息均通过它显示。显示器分为四个区：最上层显示仪器的型号；其次显示当前量程：0.02Ω；0.2Ω；2Ω；20Ω；200Ω；2kΩ；20kΩ；AUTO（自动）；中间最大的显示区显示测量的电阻值；最下层显示仪器按键功能提示（因工作状态不同，显示的汉字不同，按键的功能也不同）。

左下侧是整机复位按键，当仪器出现死机或严重干扰时，按下复位键重新回到仪器的初始状态；仪器在此之前所存储的数据将不会丢失。中间有四个按键（因工作状态不同，显示的汉字不同，按键的功能也不同）。它的右下侧有对比度调节孔，用以调节液晶显示器的对比度。键盘控制部分如图 1-37 所示。

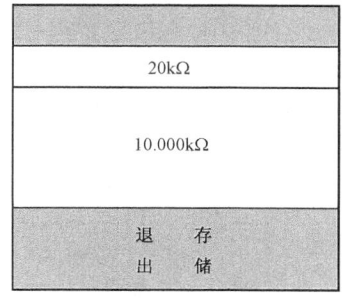

图 1-36 显示

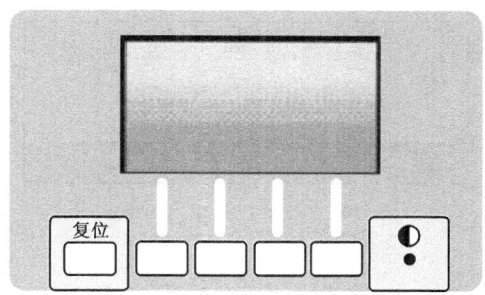

图 1-37 键盘

3. 打印部分

这款仪器提供的是 40 行微型面板式打印机，使用寿命长、打印速度快、更换打印纸和色带容易，不需要其他维护和保养。整机电源接通后打印机右下角指示灯亮，表示打印机处于待机状态，测试完毕后根据显示提示按下打印键就可打印出数据，如图 1-38 所示。

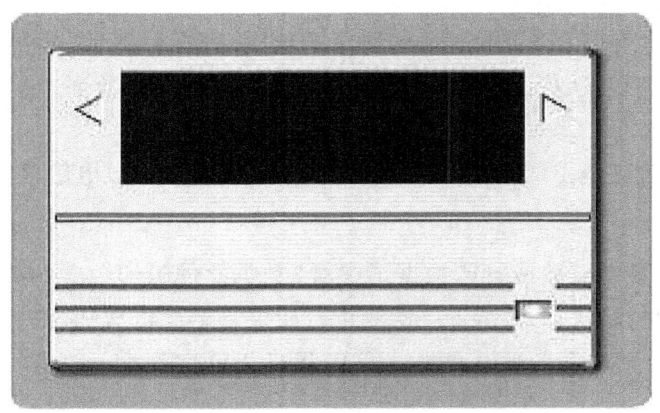

图 1-38 打印输出口

(二)使用操作方法

1. 测试前的准备

连接好电源线,并打开电源开关,这时仪器会执行开机自检,同时显示器会显示"系统正在自检请稍候",自检完成后则显示如图1-39所示信息。

2. 开始测量

测量时按图1-40所示接线。

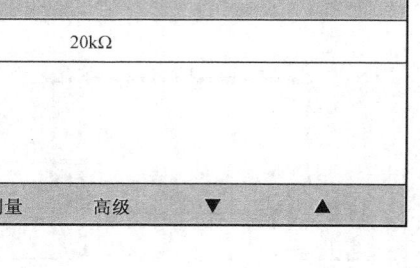

图1-39 自检完成后显示信息

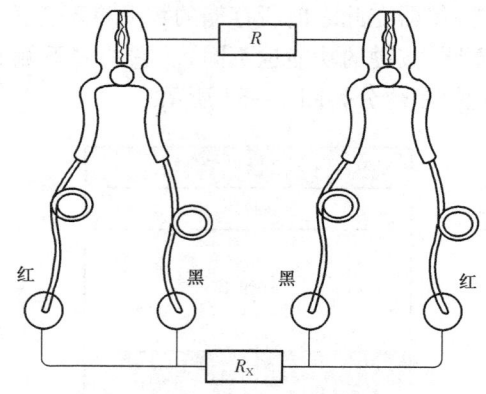

图1-40 接线

当确认待测电阻和仪器已连接好后,根据被测电阻的大小,按屏幕显示的"▼""▲"对应按键切换合适的量程。当待测电阻值未知时您也可以连续按"▲"键,显示器显示"AUTO",由仪器自动选择最合适的量程。但在测量电感性负载时,不推荐使用自动换量程功能。手动选择量程可以加快测量速度,因为仪器不需要时间选择最合适的量程。按"测量"键后即开始测试,屏幕提示"正在测量请稍候"后,屏幕中间的显示区显示测量的电阻值。待读数稳定后读取数值,按"存储"键将存储测量数据,以供打印。

如果出现所测电阻超出当前量程所能测量的范围,则屏幕提示"超量程",此时可通过按"退出"键向高量程挡切换,待读数稳定,即可读取电阻值和存储数据。按"测量"键后屏幕显示值如图1-41所示。

此时按"退出"键则退出测量,如测试的是感性负载,将显示放电信息。

3. 结束测量

测量结束后(需要存储数或打印数据请参看"数据存储打印"),可按"退出"键。该仪器即关闭输出,并返回初始状态,等待下一次测量。如果是感性负载则会进入放电状态,此时屏幕上显示放电信息。放电完毕后返回测量菜单,等待下一次测量。放电时间根据被试品电感量的大小而定。

4. 数据存储打印

该仪器具有打印测量数据的功能。

在测量时,待读数稳定后,按"存储"键后,当时显示值被储存在仪器内部存储器上(掉电或复位时数据都不丢失),此时仪器还在继续测量,如继续按"存储"键将存储第二个数据。当已存储了 255 个数据时,如果继续按"存储"键则屏幕提示以下信息:"存储区已满,无法存储",这时需要清除存储区。

(三)校准

当按下"高级"对应按键则显示如图 1-42 所示信息。

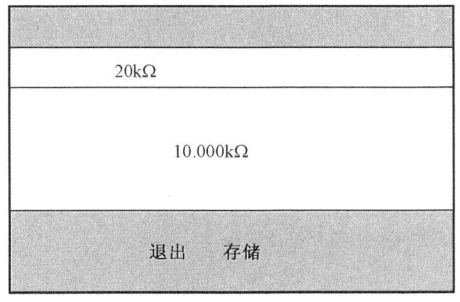

图 1-41 显示值

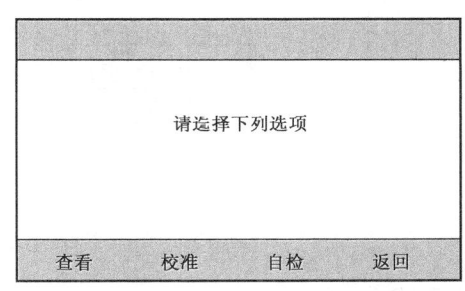

图 1-42 选项

按下"校准"键出现如图 1-43 所示信息。

根据屏幕提示,按图 1-44 所示接入标准中值电阻。

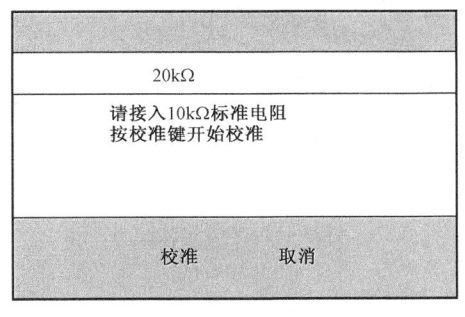

图 1-43 校准

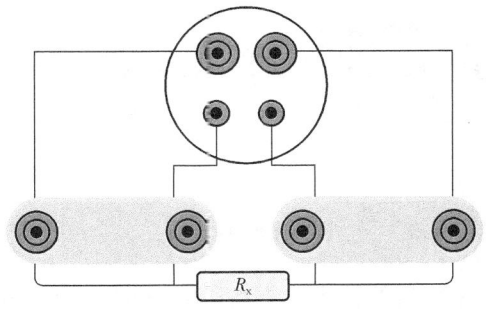

图 1-44 接线提示

按"校准"键将校准 20kΩ 挡,校准完后自动换到下一挡 2kΩ 的校准。根据屏幕提示接入标准 1kΩ 电阻,按"校准"键校准 2kΩ 挡,校准完后自动换到下一挡,一共校准七挡。如按"取消"键此挡将不校准,跳到下一挡准备校准。

二、回路电阻测试仪

(一)仪表结构

仪表结构如图 1-45 所示。

仪表附有测试线,如图 1-46 所示。

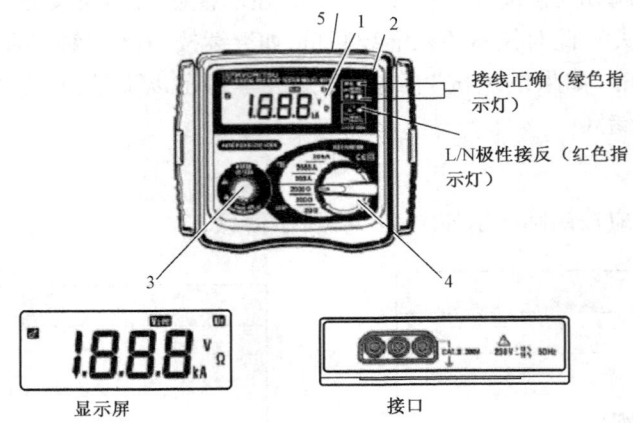

图 1-45 仪表结构

1—液晶显示屏;2—接线状态指示灯;3—测试键;4—量程开关;5—接口

(二)操作说明

1. 初步检查(测量前检查)

(1)连接测试线,如图 1-47 所示,将测试线插头接上仪表。

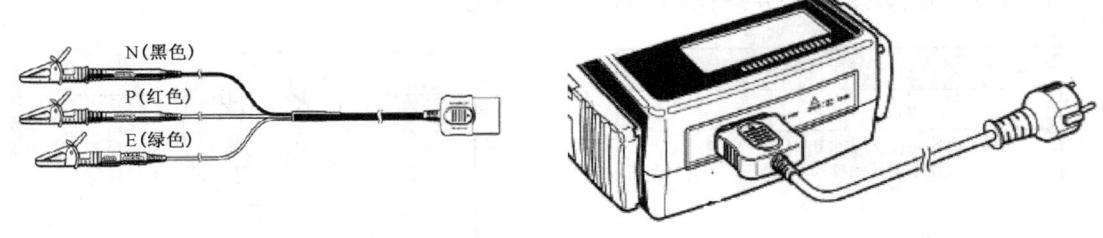

图 1-46 测试线   图 1-47 连接测试线

(2)接线检查。在按下测试键前,依照如下程序检查指示灯状态:
P—E 绿色指示灯亮,P—N 绿色指示灯亮,红色指示灯不亮。

(3)电压测量。当仪表首次接入电路中,屏上每隔 1s 更新显示 P—N 电压,这种状态在按下测试键后将会消除。若电压不正常或非预期值,不要进行测量。

2. 回路阻抗测量

(1)将仪表设置到 200Ω 或 2000Ω 量程。如果设置在 20Ω 量程挡的话,有可能测量时会产生轻微的火花。

(2)将仪表接上测试线。

(3)将电源接头插在被测电路插座上。

(4)如果出现不正常情况,停止测量,检查接线。

(5)必要的话检查电源电压。

(6)按下测试键后,屏上将显示回路阻抗值,并显示单位,测量结束后,仪表会发出"嘟嘟"声。使用尽可能低的量程挡会得到更佳的测量结果。

3. 预期短路电流测量

(1)将仪表设置在20kA量程挡。

(2)仪表接上测试线。

(3)将插头接在被测线路插座上。

(4)如果不正常,停止测量,检查接线。

(5)按下测试键后,屏上将显示预期电路电流值,并显示单位,持续显示3s后,显示交流电压值。

测试完成后,仪表会发出蜂鸣声,使用尽可能低的量程挡会得到更佳的测量结果。

三、DER2571B型接地电阻测试仪

该仪器适于测量各种接地装置的接地电阻和地电压,还可以测量土壤电阻率及低阻导体的电阻值。

(一)技术指标

1. 接地电阻测量(适于土壤电阻率、导体电阻值的测量)

测量范围:0~19.99Ω;20.0~199.9Ω;200~1999Ω。

测试电流:5mA(0~19.99)Ω;0.5mA(20.0~199.9)Ω;0.05mA(200~19.99)Ω。

基本误差:≤±(5%+2d)。

地电压引入的测量误差:≤±2% AC50Hz≤5V。

辅助电阻引起的误差:

电压极辅助接地电阻 R_P≤50kΩ;

电流极辅助接地电阻 R_C≤1kΩ(量程0~19.99Ω内)和 R_C≤10kΩ(量程20.0~199.9Ω;200~1999Ω内)时引入的测量误差:≤±2%。

2. 地电压测量

测量范围:0~19.99V。

准确度:≤±(5%+2d)。

(二)使用方法

1. 电池的检查及更换

仪表在接通电源工作时,若显示屏显示"⊟⊞"欠压符号,表示电池电量不足,应更换新电池。

2. 地电压测量

测试时仅将E′、P′两探针用测试线接至仪表C2、P2两测试孔,选择开关置AC·V位,按一下电源按钮ON—OFF,显示屏即显示地电压值。测试完毕,按一下电源按钮ON—OFF,关闭电源。

3. 接地电阻的测量

以被测接地极为 E′ 起点,使电位探针 P′ 和电流探针 C′ 三者在一条直线上,间距为 20m。

4. 导体电阻的测量

导体电阻的测量如图 1-48 所示。

将 C_1、P_1 和 C_2、P_2 分别短接,然后将被测导体接在 C_1、P_1 和 C_2、P_2 之间,选择适当量程,按一下测试按钮,显示屏即显示被测导体的电阻值。

四、4102A-H 型接地电阻测试仪

4102A-H 型接地电阻测试仪如图 1-49 所示。该表是用来测定配电线,屋内配线,机电设备等的接地阻抗测试器。此外,还有测量接地电压用的交流电压挡可使用。

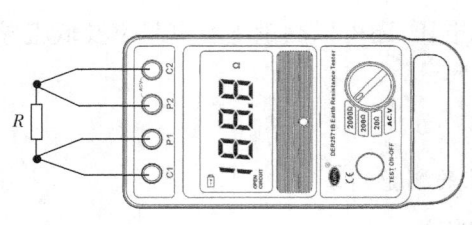

图 1-48 导体电阻的测量

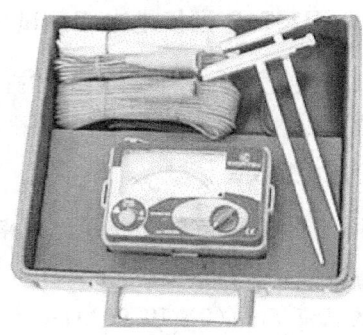

图 1-49 4102A-H 型接地电阻测试仪

(一)仪器结构

仪器结构如图 1-50 所示。

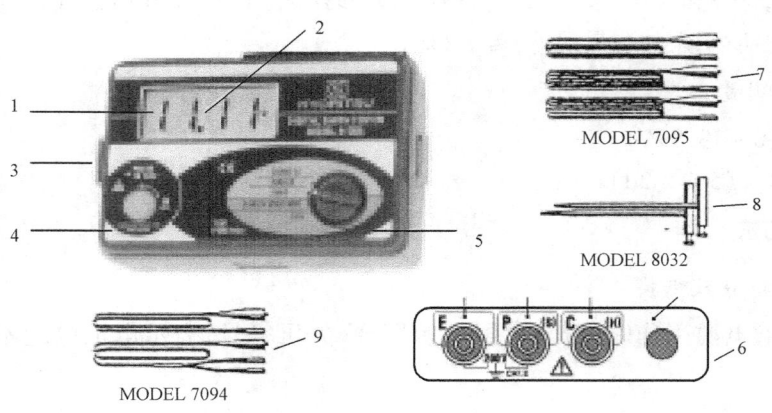

图 1-50 4102A-H 型接地电阻测试仪结构
1—LCD 显示屏幕;2—电池更换标志;3—测试 LED 指示灯(绿色);4—测试按键;
5—测试量程选择钮;6—测试端子;7—测试线;8—辅助接地棒;9—简易测试线

(二)准备测试

1. 电池电压检查

打开仪器,如果显示屏幕没有显示电池符号,则表示目前电力充足,如果显示屏闪烁或出现电池更换标志时,则需更换电池。

2. 测试线连接

测量前确认测试线插头已经完全插入测试端,连接不紧密将导致测量结果出现误差。

(三)测试方法

测量接地电阻时,E—C 或 E—P 的端子间会产生最大 50V 的交流电压,请勿接触测试导线以免触电。

1. 常规接地电阻测量法

(1)测试线的连接。

按图 1-51 所示接线将辅助接地棒 P 及 C 以被测接地物间隔 5～10m 处打入地下,连接绿色线至仪器端子 E,黄色导线至端子 P 及红色导线至端子 C。

注:请将辅助接地棒插在含水量高的土地上,遇干地,矽地或含碎石地时,须加水以保持接地棒打入处的潮湿。

遇水泥地时将接地棒平放加水,并将湿毛巾等覆于接地棒上再测量。

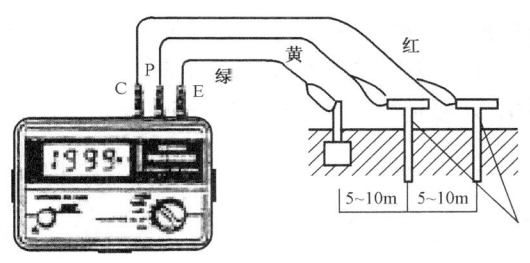

图 1-51 常规接地电阻测量

(2)接地电压的测量。

先将量程选择开关换至接地电压 EARTHVOLTAGE 挡。此时,显示屏若显示一电压值,则表示系统中有接地电压存在,确认此电压值必须在 10V 以下,如果此电压值在 10V 以上,则接地电阻的测量值可能会产生误差,此时先将被测接地体的设备断电,使接地电压下降后再进行测量。

(3)接地电阻的测量。

首先从 2000Ω 挡开始,按下"测定"(PRESSTEST)键,LED 将会点亮,表示在测试中。若显示值过小,再依 200Ω、20Ω 挡的顺序切换,此时的显示值即为被测接地电阻值。

如果显示"…"则表示辅助接地棒 C 的辅助接地阻抗太大,此时检查各接线是否松开,或在辅助接地棒周围增加土地湿度来减小接地阻抗。

注意:接线时确保连线各自分开,在测试导线互相缠绕,接虚的状态下测试,将会产生相互感应,影响读数;辅助接地阻抗太大,显示值将产生误差,应确保将辅动接地棒 P、C 打入潮湿的土地中。

2. 简易接地电阻测量法

此测量法是为了无法打辅助接地棒的场合所使用的便利测试法。在此测量法中,用一个现有的接地阻抗很小的接地电极,如金属水管。商用电力系统的共同接地以及建筑物的接地替代辅助接地捧 C 及 P,可使用简易测试线 7094 取代测试导线 7095。

(1)测试线的连接。

按照图 1-52 方式接线。如果不是使用该仪器所附简易测试线 7094 时,请将 C 端子和 P 端子短路。

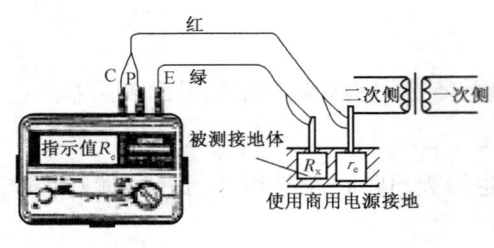

图 1-52 简易接地电阻测量

(2)接地电压的测量。

先将量程选择开关换至接地电压 EARTH-VOLTAGE。此时,显示屏若显示一电压值,表示系统中有接地电压存在,确认此电压值必须在 10V 以下,如果此电压值在 10V 以上,则接地电阻的测量值可能会产生误差,此时先将被测接地体的设备断电,使接地电压下降后再进行测量。

(3)接地电阻的测量。

先选 2000Ω 挡开始按下"测定"钮(PRESSTOTEST),LED 亮表示正在测量中,显示值太小时再换至 200Ω、20Ω 挡进行测量。此时所显示的值即是测地体的接地电阻值。

注意:测量电流约为 2mA,即使是接有漏电断路器,也不会使断路器动作。真正的接地电阻值 R_x 经以下公式计算:

$$R_x = R_e - r_e$$

式中 r_e ——商用电力系统等共同接地端的接地电阻,kΩ;

R_e ——仪器接地电阻读值,kΩ。

第四节 元器件测试仪

一、SYLC-Ⅱ型漏电保护器测试仪

(一)产品概述

SYLC-Ⅱ型漏电保护器测试仪是检测漏电保护器的动作电流和动作时间的专用仪器。漏电电流和漏电动作时间采用数码显示。其结构小巧,携带方便,操作简单,特别适用于低压电网的安全管理人员和漏电保护器产品维修人员的使用。

(二)主要功能

(1)检测漏电保护器的漏电动作电流。

(2)检测漏电保护器的漏电动作时间。

(三)主要技术参数

(1)工作电源:交流 220V,50Hz。

(2)漏电电流调节范围:0~500mA。

(3)漏电动作时间检测范围:0~9999ms。

(四)面板功能介绍

SYLC-Ⅱ型漏电保护器测试仪面板功能如图1-53所示。

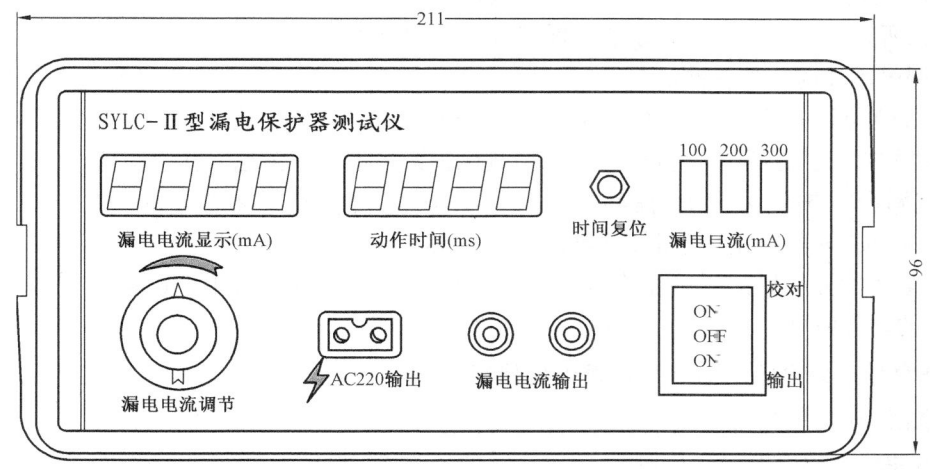

图1-53 面板功能

(1)漏电电流显示:在"校对"和"输出"时显示剩余电流的大小。

(2)动作时间:显示电流存在的时间,也就是在从漏电电流产生到漏电电流因电路断开而撤销的时间。

(3)时间复位:当记时需要从零开始时,按一下按钮,时间显示为零,下一次记时从零开始。

(4)漏电电流(mA):可以选择不同值的漏电电流,当需要的测试电流较大时,每按一个按钮,电流即可增加大约该按钮面板所标称的值。

(5)漏电电流调节:可以对电流进行微调,调节范围0~100mA。

(6)AC220V输出:提供AC220V电源,作为被测漏电保护器测试时的工作电源。但操作者必须小心谨慎,防止触电和短路(被测漏电保护器的工作电源也可从其他电源处直接获取,但其电压必须符合漏电保护器的工作电压)。

(7)漏电电流输出:通过两个输出插座可以输出0~500mA的电流。

(8)"输出"和"校对"开关:当开关打在"校对"时,"漏电电流输出"无输出,电流内部短接,"漏电电流显示"显示其内部产生的漏电流。当开关打在"OFF"时,电流线路被断开;当开关打在"输出"时,只要外部电流线路接通,即可产生电流输出。

(五)使用方法

1. 开关类漏电保护器的检测

(1)漏电动作电流的检测。

① 将测试台的工作电源接好,再把漏电保护开关的工作电源接好(可以用测试台面板的输出电源,也可用其他交流220V的电源),并将漏电开关的一个导电臂接入"漏电电流输出"回路,合上开关,使其处于工作状态。

② 将"校对"和"输出"开关打在"输出"位置,确定待测漏电保护器的电流动作范围,选择合适的漏电电流挡位。如想调节出漏电电流为 150mA 电流,则应先按下 100mA 挡,然后将漏电电流调节旋钮从小到大进行调节,"漏电电流显示"显示电流的大小,漏电开关动作时"漏电电流显示"所显示的电流值就是该漏电保护开关的漏电动作电流。

(2) 漏电动作时间的检测。

① 按检测漏电动作电流的方法将漏电保护开关和测试台连接好,再将"输出"和"校对"开关打在"校对"位置,调节电流值为待测漏电保护开关的额定漏电动作电流值。

② 把漏电保护开关合上,使其处于工作状态,再将"校对"和"输出"开关打在中间的"OFF"位置,按"时间显示"按钮使其复位为"0",然后将"校对"和"输出"开关打在"输出"位置,此时,被测的漏电保护开关应动作,"时间显示"所显示的时间即为该漏电保护器的在该漏电电流下的动作时间。

2. 漏电脉冲继电器类的漏电保护器的检测

(1) 漏电动作电流的检测。

① 脉冲漏电动作电流的检测:

a. 将漏电脉冲继电器的工作电源连接好,再把"漏电电流输出"的连接导线单匝穿过该被测漏电保护器的剩余电流互感器;

b. 将"校对"和"输出"开关打在"校对",合上漏电保护器的电源开关使其处于工作状态,调节电流为该漏电保护器的额定脉冲不动作电流(即额定脉冲动作电流的一半),然后将"校对"和"输出"开关打向"输出",此时该漏电保护器应不动作;

c. 将电流调节在该漏电保护器的额定脉冲漏电动作电流值上,该漏电保护器应动作跳闸,如有重合闸功能的,则在 20 ~ 60s 内能自动重合闸。

② 漏电动作电流的检测:

a. 将漏电脉冲继电器的工作电源连接好,再把"漏电电流输出"的连接导线单匝穿过该被测漏电保护器的剩余电流互感器。

b. 将"校对"和"输出"开关打在"输出",合上漏电保护器的电源开关使其处于工作状态,从小到大调节电流直到该漏电保护器跳闸动作为止,此时"漏电电流显示"所显示的电流值即为该漏电保护器的漏电动作值。

③ 漏电脉冲继电器的在线检测:

将漏电电流输出线单匝穿过在线工作继电器的剩余电流互感(最好把线路的负荷断开),重复上面①、② 检测,即可检测该漏电脉冲继电器的脉冲漏电动作电流和漏电动作电流。

(2) 脉冲漏电动作时间的检测。

将漏电保护器的工作电源连接好,再将"漏电电流输出"的连线穿过剩余电流互感器,然后通过继电器的工作触点(常开)(节能型漏电脉冲继电器通过连接接触器的常开触点)接好。这样可以对通过触点的漏电电流的时间来检测漏电动作时间。将"校对"和"输出"开关打向"校对",调节电流为继电器的额定脉冲电流动作值,再将开关打向"OFF",并且将"时间显示"复零,再将"校对"和"复位"开关打向"输出",这时继电器动作,"时间显示"的时间就是漏电脉冲继电器的在该漏电电流时的动作时间。

3. 无脉冲功能的漏电继电器的检测

(1)漏电动作电流的检测。

① 将该继电器的工作电源接好,再将"漏电电流输出"的连接导线单匝穿过该继电器的剩余电流互感器。

② 接通该漏电继电器的工作电源,使其处于工作状态,将"校对"和"输出"开关打在"输出"位置,从小到大调节输出电流,直到该漏电继电器动作。此时的"漏电电流显示"的显示电流值就是该漏电继电器的动作电流值。

(2)漏电动作时间的检测。

① 将该继电器的工作电源接好,再将"漏电电流输出"的连接导线单匝穿过该继电器的剩余电流互感器。

② 接通该漏电继电器的工作电源,使其处于工作状态,将"校对"和"输出"开关打在"校对"位置,调节漏电电流为该漏电继电器的额定动作电流。再将"校对"和"输出"开关打在中间的"OFF"位置,并将"时间显示"复位。然后把"校对"和"输出"开关打在"输出",此时漏电继电器动作。"时间显示"所显示的时间即为该漏电继电器在此漏电电流下的动作时间。

(六)注意事项

(1)本测试仪在使用和携带的过程中,要注意防潮,以免内部元件受潮而损坏。

(2)测试仪面板上带有交流 220V 电源输出,在使用时要注意安全,以防操作不当出现触电事故。

(3)测试仪为专业人员使用仪器,必须在掌握其使用方法后方可使用。

(4)漏电电流显示和时间显示应定期进行校验。

二、THNET – SPD – I 型电涌保护器检测仪

(一)电涌保护器检测仪概述

THNET – SPD – I 型电涌保护器检测仪是专用于检测电涌保护器(SPD)中使用的限压型电涌保护器件(压敏电阻器、氧化锌避雷器、稳压管、TVS 管)和开关型电涌保护器件(气体放电管、空气间隙放电器)的直流伏安特性的测试仪器。电涌保护器(SPD)电气性能测试方法的设计标准符合 TB/T2311—2008《铁路信号设备用浪涌保安器》的规定。防雷元件的电气性能测试方法的设计标准符合 IEC61643《低压电涌保护装置 第一部分 性能要求及试验方法》中的相关规定。

THNET – SPD – I 型电涌保护器检测仪采用高性能十六位单片机作为主要控制器件,具有 LED 数字显示。采用自动闭环调节控制方式,真正实现在恒流状态下测量压敏电阻的电压和在真正的恒压状态下测量压敏电阻的漏电流。十六位单片机的运算精度能充分保证系统测量结果的精度。该仪器具有技术先进、测试准确、操作简单等特点。

电涌保护器件性能检测试验通常包括低压试验和高压试验。低压试验主要用于检测电涌保护器件的重要直流电气参数,高压试验用于检测电涌保护器件的雷电防护性能。THNET – SPD – I 型电涌保护器检测仪主要用于检测电涌保护器件的重要直流电气参数。

(二)防雷元件的直流电气参数测试

1. 防雷元件的直流电气参数测试内容

(1)放电管:直流放电电压值。

(2)压敏电阻器:直流标称导通电压 U_n(或 U_{1mA})值和 $0.75U_{1mA}$ 电压下的漏电流值。

(3)TVS 管(瞬态二极管):直流起始动作电压值。

(4)固体放电管(防雷晶闸管):直流起始动作电压值。

(5)限压型电涌保护器:直流标称导通电压 U_{1mA} 值和 $0.75U_{1mA}$ 电压激励时的漏电流值。

(6)开关型防雷保护器:在 100V/s 上升速率的斜波直流电压激励条件下的直流击穿电压值。

2. 注意事项

(1)测试过程有高压产生,测试者切勿用手接触测试元件。

(2)测试过程启动后,测量结果未显示之前,测试人员请勿离开测试现场,以防测试异常时,仪器较长时间输出高压,烧坏仪器和造成人员伤害。

(3)测试启动后,连续高压输出时间不得超过 21s。

(4)严格禁止在非"放电管测试"状态下,启动测试放电管的操作,防止测试仪不正确使用而造成仪器损坏。

(三)电涌保护器检测仪主要技术指标

1. 压敏电阻测量精度

(1)压敏电阻起始动作电压 U_{1mA} 值的测量范围:0～2000V。

(2)$0.75U_{1mA}$ 情况下的漏电流测量范围:0～120μA。

(3)电压测量误差:$(U<200V)\leqslant \pm 2\%$ $(U>200V)\leqslant \pm 1\% \times 1mA$;电流测量误差:$\leqslant \pm 5‰$;漏电流测量误差:$\leqslant \pm 3\mu A$。

(4)测量结果显示方式:数字显示方式,500V 以下电压值显示到小数点后一位,500V 以上电压值显示到个位,漏电流值显示到小数点后一位,在测试方式下,测试过程结束后,高压输出自动关断,U_{1mA} 值和漏电流值交替显示,在校验方式下,高压输出连续,必须使用"系统复位"按钮关断,固定显示 U_{1mA} 值或漏电流值。

2. TVS 管(瞬态二极管)的测量精度

(1)电压测量范围:0～500V。

(2)电压测量误差:$(U<200V)\leqslant \pm 2\%$ $(U>200V)\leqslant \pm 1\%$。

测量结果显示方式:测试过程结束后,高压输出自动关断,显示瞬态二极管击穿电压测量值,显示到小数点后一位。

(3)放电管和固体放电管的测量精度:

① 直流点火电压测量范围:30～2000V。

② 电压测量误差:$(U<200V)\leqslant \pm 2\%$ $(U>200V)\leqslant \pm 1\%$。

③ 电压上升速度:100V/s。

④ 测量结果显示方式:测试过程结束后,高压输出自动关断,显示直流点火电压测量值,

500V以下显示到小数点后一位,500V以上显示到个位。

(4) 高压泄放时间:高压泄放时间不大于5s。

(5) 工作电压及功率:采用AC220V作为工作电压,功耗不大于16W。

(6) 工作环境温度及湿度:

使用环境温度0~75℃;使用环境相对湿度不大于90%RH。

(7) 外形尺寸及质量:仪器外形197mm×175mm×70mm。

仪器质量:1.2kg。

(四) 常用的直流电气参数测试方法

1. 压敏电阻器的测试

压敏电阻器标称导通电压 U_{1mA} 的测试如图1-54所示。

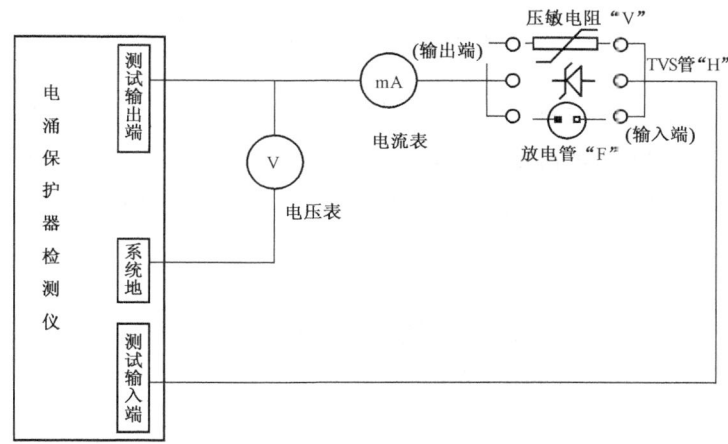

图1-54 压敏电阻器的测试接线

标称导通电压参数的测试主要用于确定压敏电阻(MOV)的正常工作电压和考核其品质的优劣。标称导通电压定义为:在被测样品的两端,施加恒定直流1mA电流的状态下,被测试样品的两端子间的电压值。

压敏电阻漏电流参数的测试是用于考核压敏电阻(MOV)长期运行品质的重要参数。其定义为:在施加75%的标称导通电压的状态下,流过压敏电阻的电流值。在实际运用中,选择压敏电阻作电涌保护器时要特别重视其漏电流在进行完通流容量试验后的稳定性,同时要保证其漏电流不能大于20uA。

一般压敏电阻的标称导通电压(U_n)和漏电流用THNET-SPD-Ⅰ型电涌保护器检测仪的"Y"挡可以测量。每次测试的连续激励时间不得超过5s。

2. 放电管的测试

放电管直流放电电压值和固体放电管(防雷晶闸管)的直流起始动作电压值的测试如图1-55所示。在放电管的两个电极间,施加慢升速直流电压(一般月100V/s速率上升),使放电管发生击穿时刻的电压值或固体放电管进入工作状态的电压值,也称为"直流点火电压",用THNET-SPD-Ⅰ型电涌保护器检测仪的"F"挡可以测量。

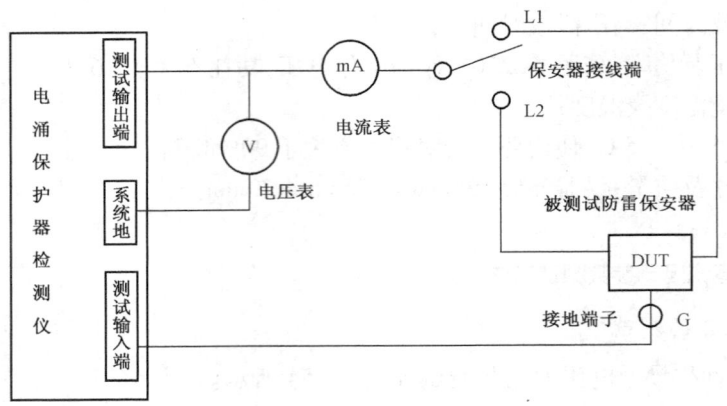

图 1-55 放电管的测试

3. TVS 管(瞬态二极管)的测试

在 TVS 管或固体放电管的两个电极间,施加缓慢上升的直流电压,TVS 管进入工作状态的电压值用 THNET-SPD-Ⅰ型电涌保护器检测仪的"H"挡可以测量。

电涌保护器的直流参数测试方法:

(1) 外观检查。

电涌保护器的部件、走线、紧固件及整体结构要布局合理、层次清楚、无松动、无锈蚀、保护器的外壳和标牌要清晰、表面平整、无划痕。

(2) 电气性能及各项功能检查。

测试环境要求:环境温度 15~35℃,相对湿度 10%~75%,大气压 6~106kPa。

(3) 电涌保护器标称导通电压 U_{1mA} 值、漏电流值的测试。

标称导通电压 U_{1mA} 值、$0.75U_{1mA}$ 电压下的漏电流值的测试是针对压敏电阻(MOV)型的电涌保护器(也称为限压型电涌保护器)的测试。标称导通电压参数的测试原理是:无论接入何种型号的压敏电阻型电涌保护器,其测试回路中始终保持 1mA 恒流状态,而此时压敏电阻测试仪面板上所显示的电压值(压敏电阻型电涌保护器端子间的电压)即为标称导通电压。在测试回路中始终保持 75% U_{1mA} 恒压状态,而此时流过压敏电阻型电涌保护器的电流称为漏电流,用 THNET-SPD-Ⅰ型电涌保护器检测仪的"Y"挡可以测量。每次测试的连续激励时间不得超过 5s。

测试电路接线方式如图 1-56 和图 1-57 所示。

(4) 开关型电涌保护器的直流击穿电压值的测试。

开关型电涌保护器的直流击穿电压值的定义:用一种上升速率缓慢(100V/s)的斜角波直流电压激励开关型电涌保护器的两端,目的是为了确定开关型电涌保护器的直流电压击穿值,该参数的值也是确定开关型电涌保护器正常工作电压的主要依据,用 THNET-SPD-Ⅰ型电涌保护器检测仪的"F"挡可以测量。测试电路如图 1-57 所示。

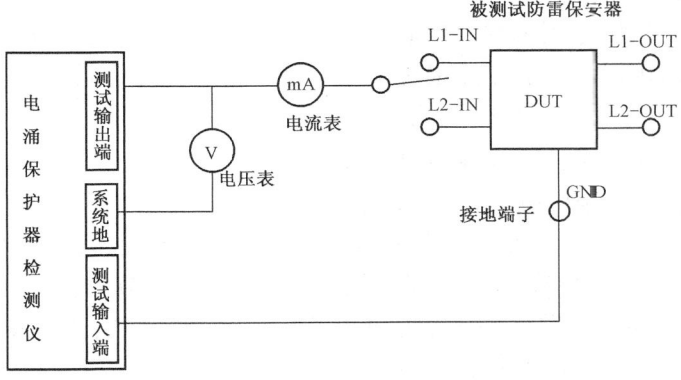

图1-56 串联型电源防雷保安器标称导通电压 U_n,漏电流测试接线示意图

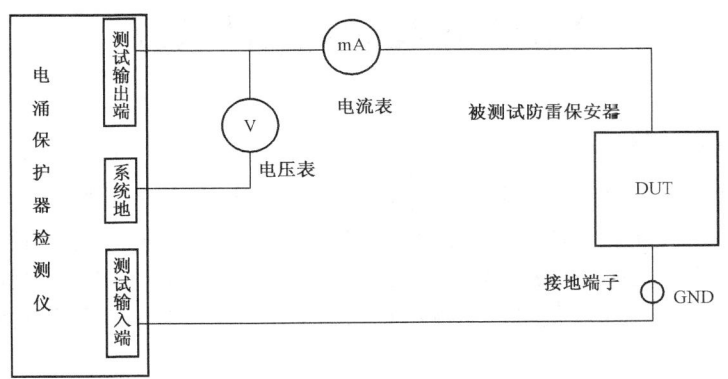

图1-57 开关型电源防雷保安器直流击穿电压测试接线示意图

(五)仪器使用方法

1. 测量方式在非校验方式时的使用方法

(1)将电源线插入AC220V插座上,将测试线插入面板上插孔中,注意红线进"输出"孔,黑线进"输入"孔,保证测量线焊接牢靠。打开仪器机箱后的电源开关,仪器显示闪动的提示符。采用压敏电阻测试方式时,显示闪动的"Y"符号;采用TVS管测试方式时,显示闪动的"H"符号;采用放电管测试方式时,显示闪动的"F"符号。显示符号闪动表示仪器正常,处于测试等待状态,显示符号不闪动,表示仪器有问题,按动仪器面板上按"系统复位"按钮,使仪器恢复提示符闪动状态。如果提示符闪动状态无法恢复,关断仪器电源,将仪器送修。

(2)将被测试元件夹在测试线两端,确保元件已夹好后,按动"测试启动"按钮,显示"-"提示符,测试过程开始。此时有高压产生,测试人员不得用手触摸测试元件。

(3)测试过程结束后,高压自动关断,显示测量数据,并交替显示"电压值"和"电流值"两种数据。

(4)测量结果长期保持,如需测试同样类型的元件,在更换被测元件后,按动"测试启动"健。如需测试不同样类型的元件,请先改变"测试方式"的选择,然后用"系统复位"按钮改变显示的提示符后,按动"测试启动"按钮。

(5)仪器使用过程中,如果测试过程出现不正常现象,应立即使用"系统复位"按钮,中断测试。复位后应出现闪动的提示符,如提示符不闪动,可能仪器有故障,应立即关断电源,保护仪器,测试间歇时间较长时,也应关断电源。

2. 测量方式选定在"校验"方式时的使用方法

本测试方式只对压敏电阻测试有效,使用步骤与上述相同。

将测试的元件夹在测试线的两端,确保元件接触状态良好,按动"测试启动"按钮,显示"-"提示符,U_{1mA}电压测试过程开始,显示U_{1mA}电压值。此时有连续高压产生,再次按动"测试启动"按钮后,转入漏电流测试过程,显示漏电流测试值,此时仍有连续高压产生,在这种测试方式下,高压启动后,不能自动关断,只能用按动"系统复位"按钮方式关断高压。

每一压敏电阻U_{1mA}测试时,连续施加高压的时间不得超过5s。

第五节 电缆故障测试仪器

一、路径信号测试仪

路径信号发生器与接收器主要用于地埋电缆的走向确定,是电缆故障测试中不可缺少的辅助手段。对于一些电缆资料不全或者路径不清的电缆,在电缆故障精确定点前必须明确知道电缆的走向和埋深,否则就无法正确地进行电缆故障精测。因此,对于资料不全或走向不明的电缆在经测前需要利用路径信号发生器和接收器对电缆的走向和深度进行精测。

(一)技术指标

1. 发射机 YM2030A

发射频率:15625Hz。

发射方式:连续/断续。

耦合方式:直接连接。

测试距离:单端测长大于3km。

测试精度:全长范围内绝对误差±0.3m。

输出功率:50W。

显示方式:指针表头。

过流保护:有。

使用温度: -10~55℃,保存温度: -20~85℃,相对湿度: <85%。

电源:交流220V±(10%×220)V。

2. 接收机 YM2030B

接收频率:15625Hz。

灵敏度:60DB。

信号分辨率:0.3M。

输出形式:0.5W扬声器。

信号强度指示:表头。
电源指示:表头。
电源:1.5VUM-3AA(5号)电池4节。
使用温度:-10~55℃。
保存温度:-20~85℃。
相对湿度:<85%。

(二)面板

(1)YM2030A面板如图1-58所示。

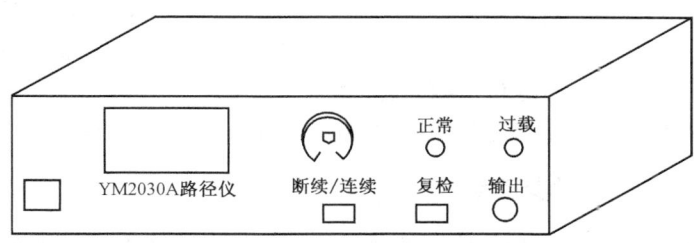

图1-58 YM2030A面板

(2)YM2030B面板如图1-59所示。

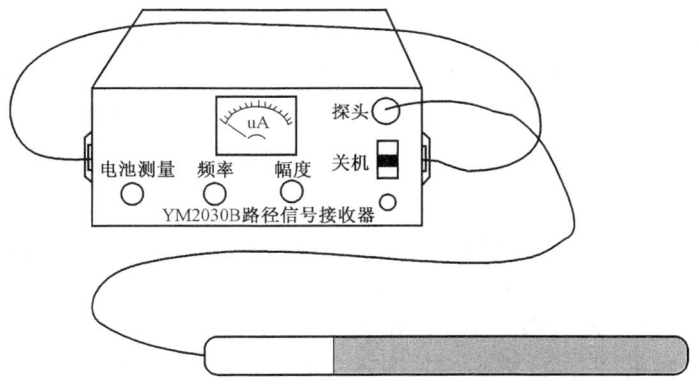

图1-59 YM2030B面板

(三)使用方法

(1)线缆的连接如图1-60所示。

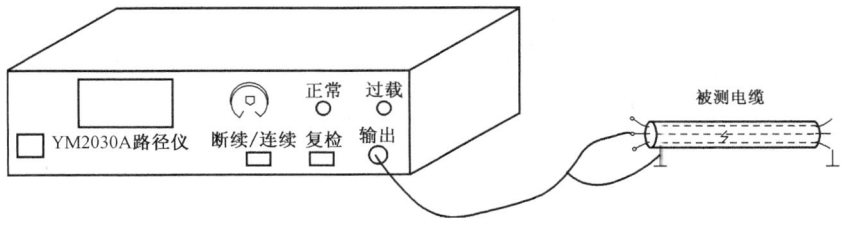

图1-60 线缆的连接

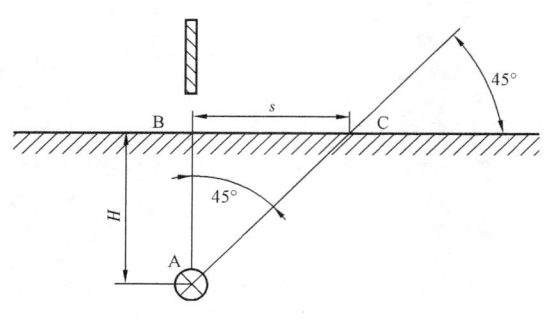

图 1-61 电缆测深原理示意图

(2) 信号分布及使用方法。

当对线缆施加高频信号时,在线缆的周围将建立起一个与所加信号频率相同的电磁场,并向线缆的周围扩散。利用接收探头接收线缆周围的电磁场,根据电磁场分布的信号强度和大小就可判断出地埋线缆的位置所在,如图 1-61 所示。

(3) 注意事项:

① 为保证仪器的信号能正常发射,线缆的终端屏蔽层必须可靠的接地;

② 接收探棒应垂直于地面进行接收,否则效果不好;

③ 接收器长期不用时应将内部电池取出,以免电解液流出损坏仪器。

二、YM2033 高抗噪声同步定点仪

YM2033 同步接收定点仪是根据实际测试状态而研制的最新的电缆故障定点设备。在设计上采用最新电子器件和最新电路滤波电路设计,大大加强了系统的抗干扰能力,并将系统的灵敏度提高 10db,可更有效地侦听地下电缆的放电地震波,音量控制采用新型数字式调节装置,从而彻底消除了普通电位器的电噪声的信号。

采用声波接收与电测波接收分体式设计,彻底消除了电缆放电所产生的高频电磁信号对声波回路的干扰,使用户在实际测量中可准确地判断地下电缆放电所产生的地震波,消除了由于电磁波干扰的而产生的误判现象,特别是对放电声不明显的交联电缆和电缆沟道电力电缆具有独到的测试效果。

(一) 测量原理

测量电缆故障时向故障电缆施加一直流高压,当故障点发生击穿时,在故障点上将产生强大的放电现象,并且产生地震波和电磁波。利用高灵敏度接收装置接收故障点所发生的地震波和电磁波就可正确地判断故障点发生的位置。

同步定点法;同步定点法是利用仪器同时接受电力电缆放电过程中所产生的电磁波,电磁波经放大处理后送至显示器,而声波则经放大、滤波、驱动,送至耳机,可以使操作者将声波信号与显示器上的电磁波信号相对照,两者的"同步性"有助于将声波信号与干扰信号区分开来。

定点时的高压放电装置的接线如图 1-62 所示。

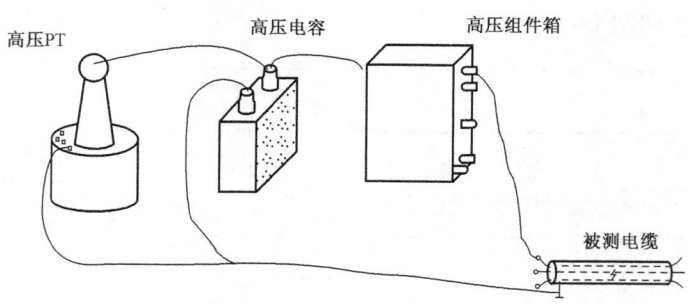

图 1-62 高压放电装置的接线

图 1-62 中高压 PT 应选用容量大于 3kV·A 的高压冲击变压器。储能电容器应根据电缆的长度进行选取,一般取每千米电缆用 2μF 电容即可,并注意电容的耐压值应大于所加电压的最大值,一般可取 2μF30kV 的电容器。

定点时应将开关拨到合适的位置,调节音量从小到大,沿电缆的走向利用声波探头进行探测,仔细聆听地面传来的声音,并通过电磁接收器上的指示,判断电缆是否放电和放电的节奏。当聆听到电缆的放电声时,应即时调整音量,判断声音的大小和方向,并根据电磁接收器的指示判断电缆的故障点。正确的使用该方法可精确判断电缆故障点,其误差可在 0.2m 之内。

(二)操作说明

电池电压检测:打开电源开关,指示灯显示稳定的红色,则电池电压正常工作,如果出现红灯闪动则说明电池电压不足,需更换电池。

电池安装:定点仪地震波接收部分电池为 5 号 1.5V 锰锌电池或碱性电池 4 节,安装在手柄中,安装时应注意电池的极性,电池的正极性应向下安装。

地震波接收器用于接收电力电缆在放电过程中所产生的地面震动信号,通过电子线路放大,送入耳机,通过声音的大小来精确确定电缆故障的精确位置。

当地面结构为软土层时,应将探头改为针型探头,以便于插入土壤层,可靠地接收来自地下的地震波信号。

当地面结构为硬质结构(水泥地面、沥青地面、硬土层)时,接收探头应采用平面三爪探头。

电磁信号接收器用于接收故障电缆在放电过程中所产生的电磁信号,通过电磁信号的强弱和有无,以确定故障电缆是否放电,粗略判断电缆的走向。

使用时打开电源,按下电池检测按钮 BAT,电表指示应 8V 以上,如在 8V 以下则说明机内电池电力不足,需更换电池。

当横向沿放电电缆行进时,可观察到表头随着电缆的放电进行摆动,根据强度大小,可判断电缆的走向和估计电缆的埋深。

一般情况下,应将地震波接收器和电接收器配合使用,在电缆的故障点附近,用地震波接收器沿故障电缆逐点侦听,并注意观察电磁接收器的电缆放电信号。

当电磁接收器收到电缆放电的电磁信号时,地震波接收器也同时收到地震波信号时,可判断故障点应在附近,此时应减小音量,在有地震波的范围内仔细侦听,找到声音最大的点即为电缆故障点。

(三)使用注意事项

该仪器为精密电子设备,非专业人员不得擅自拆卸。

该仪器的下半部分具有良好的防水能力,但仪器的正面防水能力较弱,故在使用中应注意防水和防雨。

当长期不用时应将仪器内部的电池取出,以免由于电池损坏而造成仪器内部出现问题。

第二章 电气设备的选择

第一节 供电回路中高压设备选择

一、变压器的选择

选择变压器时,要对负载的大小、性质做深入的了解,然后按照设备功率的确定方法,选择适当的容量,避免不必要的资源浪费。在满足同样的负载要求的前提下,变压器的容量和台数也可以有多种不同的组合形式,选择不同的连接组别。因此,选择变压器时,要同时考虑变压器的容量、台数及连接组别。

(一)变电所主变压器台数的选择

变电所主变压器的选择对投资的影响很大。台数多就需要较多的开关设备,使结构复杂,消耗的材料多并增加维护管理工作。所以选择主变压器台数时应考虑下述原则。

1. 根据负荷性质选择

当变电所有大量一二级负荷时,宜装设两台主变压器,但变电所如能另外取得足够容量的备用电源时,也可以装设一台主变压器。

2. 考虑经济运行方式

当季节性负荷变化较大,宜于采取经济运行方式时,可装设两台主变压器。

3. 对三级负荷的考虑

三级负荷变电所一般只装一台主变压器,但集中负荷较大时,可装设两台主变压器。

4. 考虑今后的发展

根据负荷发展远景,当前只用一台主变压器,但应按以后装设两台主变压器来设计。

(二)主变压器容量选择

1. 装设一台主变压器

主变压器容量 S_T(设计时可近似地认为是其额定容量 $S_{N.T}$)应满足变电所全部用电设备计算负荷 S_{30} 的需要,即

$$S_T \geq S_{30} \qquad (2-1)$$

2. 装设两台变压器

装有两台变压器的变电所,每台主变压器的容量应满足至少 $60\% S_{30}$ 的需要,并应满足全部一二级负荷 $S_{30(I+II)}$ 的需要,即

$$S_T \geq 0.6 S_{30} \quad (2-2)$$

$$S_T \geq S_{30(\text{I}+\text{II})} \quad (2-3)$$

3. 适当考虑负载的发展

应适当考虑今后 5~10 年电力负载的增长,留有一定的余地,同时要考虑到变压器的正常过负荷能力。

(三)配电变压器连接组别选择

1. 宜于选用 Dyn11 连接组别的情况

(1)由单相负荷引起三相四线制系统中性线电流超过变压器低压绕组额定电流 25% 的情况。

(2)供电系统中存在较大时"谐波源",三次及以上高次谐波电流比较突出的情况。

(3)需要增大单相短路电流值,以确保低压单相接地短路保护的灵敏度。

2. 宜于选用 Yyn0 连接组别的情况

(1)三相负荷基本平衡,其低压中性线电流不致超过低压绕组额定电流 25% 的情况。

(2)供电系统中高次谐波电流不突出的情况。

(3)低压单相接地短路保护的动作灵敏度达到要求的情况。

3. 宜于选用 Yzn11 连接组别

在多雷区及易遭雷击的土壤电阻率较高的山区宜于采用 Yzn11 连接的防雷变压器。

变电所主变压器台数、容量及连接组别的最后确定,应结合变电所主接线方案的选择,对几个较合理的方案做技术经济比较,择优而定。

二、高压断路器的选择

高压断路器能在有负荷的情况下接通和断开电路。在供电系统中发生短路故障时,能迅速切断短路电流,应按装置种类、构造形式、额定电压、额定电流、断路电流或断路容量等来选择,然后做短路时动稳定和热稳定校验。

(一)按额定电压及频率选择

断路器应按电网的电压及频率选择,且

$$U_e \geq U_g \quad (2-4)$$

式中 U_e——断路器额定电压,kV;

U_e——断路器的工作电压,即电网额定电压,kV。

(二)按额定电流选择

断路器应按额定电流选择,即

$$I_e \geq I_g \quad (2-5)$$

式中 I_e——断路器额定电流,A;

I_e——断路器的最大工作电流(有效值),A。

(三)按额定断路器电流或断流容量选择

要求系统在断路器处的最大短路电流应小于断路器允许断流值,并应留有裕度。

$$I_{dn} \geqslant I''(\text{或} I_{0.2}), S_{dn} \geqslant S''(\text{或} S_{0.2}) \tag{2-6}$$

$$S'' = \sqrt{3} U_p I_z = \frac{S_j}{X_\Sigma^*} \tag{2-7}$$

式中 I_{dn}、S_{dn}——断路器在额定电压下的断路电流和断流容量,kA、MV·A,可由产品目录查得;

I''(或$I_{0.2}$)——安装地点发生三相短路时的次暂态短路电流(或0.2s短路电流),kA;

S''(或$S_{0.2}$)——三相短路容量,(MV·A);

U_p——电流I_z所在电压级的平均额定电压,kV;

I_z——三相短路电流周期分量有效值,kA;

S_j——基准容量,MV·A;

X_Σ^*——电抗标幺值。

当断路器安装在低于额定电压的电路中时,其断流容量按下式计算

$$S_{dn(U)} = S_{dn} \frac{U}{U_e} \tag{2-8}$$

(四)按短路电流的动稳定校验

按短路电流的动稳定校验,即对断路器极限通过电流能力的校验。所谓极限通过电流能力,是指有电流力学作用所限制的电流值,由峰值和有效值两项确定。前者是后者的1.7倍。此项规定由制造厂给出,称为动稳定(极限)。

如按峰值校验,有

$$i_{gf} \geqslant i_{ch} \tag{2-9}$$

式中 i_{gf}——断路器极限通过电流峰值,kA;

I_{ch}——短路冲击电流,kA。

(五)按短路电流的热稳定校验

按短路电流的热稳定校验,是对断路器热稳定电流的校验。所谓热稳定电流,是指对短时间故障电流通过开关导体发热所做的限制。其值由制造厂提供,一般给出1s、5s和10s的电流量。很多开关的1s热稳定电流值与动稳定值相同。校验公式为

$$I_t \geqslant I \sqrt{\frac{t_j}{t}}$$

或

$$I_t^2 t \geqslant I_\infty^2 = t \tag{2-10}$$

式中 I_t——断路器在t_s内的热稳定电流,kA;

I_∞——断路器可能通过的最大稳态短路电流,kA;

t_j——短路电流作用的假想时间,s;
t——热稳定电流允许的作用时间,s。

三、高压熔断器的选择

高压熔断器是用来切断负荷和短路电流,并能承受正常和规定范围内的冲击负荷电流的保护设备,较广泛地用于高压输电线路、变压器和电流互感器等设备过载及短路保护。

高压熔断器应按设置种类、构造形式(如户内、户外、固定型或自动跌落式、有限流作用或无限流作用)、额定电压、额定电流、额定断路电流或断流容量等条件来选择,并满足熔断器的特性——动作选择性。

(一)熔断器熔体电流的选择

1. 保护电力线路的熔断器熔体电流的选择

保护电力线路的熔断器熔体电流,应满足下列条件:

(1)熔体额定电流 $I_{N·FE} \geq I_{30}$ 应不小于线路的计算电流 I_{30},即

$$I_{N·FE} \geq I_{30} \qquad (2-11)$$

式中,I_{30} 对单台用电设备(含电动机),应取其额定电流,对并联电容器,应取为电容器额定电流的1.43~1.55倍,以便 $I_{N·FE}$ 躲过电容器的合闸涌流。

(2)熔体额定电流 $I_{N·FE} \geq I_{30}$ 还应躲过线路的尖峰电流 I_{pk},即

$$I_{N·FE} \geq K I_{pk} \qquad (2-12)$$

式中,K 为小于1的计算系数,对供单台电动机的线路,如启动时间 $t_u < 3s$(轻载启动),宜取 $K = 0.25 \sim 0.35$,$t_u = 3 \sim 8s$(重载启动),宜取 $K = 0.35 \sim 0.5$;$t_s > 8s$ 及频繁启动或反接制动,宜取 $K = 0.5 \sim 0.6$。对供多台电动机的线路,视线路上最大一台电动机的启动情况、线路计算电流与尖峰电流比值及熔断器特性而定,取 $K = 0.5 \sim 1$;如果线路 $I_{30}/I_{pk} \approx 1$,可取 $K = 1$。

(3)熔断器保护还应与被保护的线路相配合,满足的条件为

$$I_{N·FE} \leq K_{oL} I_{al} \qquad (2-13)$$

式中,I_{al} 为绝缘导线和电缆的允许载流量,K_{oL} 为绝缘导线和电缆的允许短时过负荷系数,且:

① 熔断器只作短路保护时,对穿管绝缘导线及电缆,取 $K_{oL} = 2.5$;对明敷绝缘导线,取 $K_{oL} = 1.5$;

② 熔断器除作短路保护外,兼作过负荷保护时,例如居住建筑、重要仓库和公共建筑中的照明线路,有可能长时间过负荷的动力线路及在可燃建筑物构架上明敷的有延燃性外皮的绝缘导线线路,应取 $K_{oL} = 1$。

如果按上述①② 两个条件选择的熔断器熔体不满足(3)的配合要求,则应改选熔断器的型号规格,或适当增大导线电缆的芯线截面。

2. 保护电力变压器的熔断器熔体电流的选择

保护电力变压器的熔断器熔体电流,应满足下列条件

$$I_{N \cdot FE} = (1.5 \sim 2.0) I_{1N \cdot T} \qquad (2-14)$$

其中，$I_{N \cdot FE} = (1.5 \sim 2.0) I_{1N \cdot T}$ 为变压器的额定一次电流。

3. 保护电压互感器的熔断器熔体电流的选择

由于电压互感器的二次负荷很小，因此，保护电压互感器的高压熔断器熔体电流一般取为 0.5A。

(二) 熔断器规格的选择与校验

1. 熔断器额定电压的选择

熔断器的额定电压为

$$U_{N \cdot FU} \geqslant I_{N \cdot FE} \qquad (2-15)$$

2. 熔断器额定电流的选择

熔断器额定电流为

$$I_{N \cdot FU} \geqslant I_{N \cdot FE} \qquad (2-16)$$

3. 熔断器断流能力的校验

(1) 对限流熔断器。

由于限流熔断器(如 RN1、RT0 等型)能在短路电流达到冲击值之前熔断并灭弧，因此应满足下列条件

$$I_{oc} \geqslant I''^{(3)} \qquad (2-17)$$

式中 I_{oc}——熔断器的最大分断电流，A；

$I''^{(3)}$——熔断器安装地点的三相次暂态短路电流有效值，A。

(2) 对非限流熔断器。

由于非限流熔断器(如 RM10 等型)不能在短路电流达到冲击值之前熔断并灭弧，因此应满足下列条件

$$I_{oc} \geqslant I_{sh}^{(3)} \qquad (2-18)$$

式中 $I_{sh}^{(3)}$——熔断器安装地点的三相短路冲击电流有效值，A。

(3) 对跌开式熔断器。

跌开式熔断器(属非限流型)的断流能力上限必须满足下列条件

$$I_{oc \cdot max} \geqslant I_{sh}^{(3)} \qquad (2-19)$$

跌开式熔断器的断流能力下限必须满足下列条件

$$I_{oc \cdot min} \leqslant I_{sh}^{(3)}$$

式中 $I_{sh}^{(3)}$——熔断器所保护的线路末端的两相短路电流，A。

4. 熔断器保护灵敏度的检验

熔断器的保护灵敏度 S_p 应满足下列

$$S_p^{def} = \frac{I_{k \cdot min}}{I_{N \cdot FE}} \geqslant K \qquad (2-20)$$

式中，$I_{k \cdot min}$为熔断器所保护的线路末端在系统最小运行方式下的最小短路电流，对三相四线制系统(中性点直接接地系统)，$I_{k \cdot min}$为单相短路电流；对三相四线制系统(中性点不接地或经阻抗接地系统)，为两相短路电流；对保护电力变压器的高压熔断器，$I_{k \cdot min}$为低压侧母线的两相短路电流折算到高压侧之值；K为灵敏度最小比值，对一般的熔断器，取$K=4\sim7$。

5. 前后熔断器之间的选择性配合条件

保证前后熔断器保护选择性的条件为

$$t_1 > 3t_2 \qquad (2-21)$$

式中，t_1和t_2分别为前后两熔断器在后一熔断器出口发生三相短路时按各自的保护特性曲线查得的熔断时间。

(三)高压隔离开关的选择

高压隔离开关应根据安装地点(户内或户外)、电源的额定电压和负荷的大小等来选择，并进行动稳定和热稳定校验。也就是说，除不考虑额定断路电流和断路容量外，其余与高压断路器的选择相同。

(1)按额定电压选择，即

$$U_e \geqslant U_g \qquad (2-22)$$

式中 U_e——隔离开关的额定电压，kV；

U_g——隔离开关的工作电压，即电网额定电压，kV。

(2)按额定电流选择，即

$$I_e \geqslant I_g \qquad (2-23)$$

式中 I_e——隔离开关的额定电流，A；

I_g——隔离开关的(最大)工作电流，A。

(3)按短路电流的动稳定校验，即

$$i_{gf} \geqslant i_{ch} \qquad (2-24)$$

式中 i_{gf}——隔离开关极限通过电流峰值，kA；

i_{ch}——短路冲击电流，kA。

(4)按短路电流的热稳定校验，即

$$I_t^2 t \geqslant I_\infty^2 t_j \qquad (2-25)$$

式中 I_t——隔离开关在t_s内的热稳定电流，kA；

I_∞——隔离开关可能通过的最大稳态短路电流，kA；

t_j——短路电流作用的假想时间，s；

t——热稳定电流允许的作用时间，s。

四、高压负荷开关的选择

负荷开关是用来切断和闭合正常负荷电流,并能承受异常(如短路)电流的开关设备,但它不能切断短路电流,所以大多数情况下要和高压熔断器配合使用,后者用于切断短路电流。负荷开关一般用于 6~10kV 且不常操作的电路上。

负荷开关应按装置种类、构造形式(如户内、户外、是否带熔断器)、额定电压和额定电流来选择,然后做短路动稳定和热稳定校验。如果与熔断器配合使用,可不校验热稳定性。但选用熔断器时,要求其最大开断容量不小于短路电流计算中的超瞬变短路电流容量 S''。配手动操动机构的负荷开关,仅限于 10kV 及以下的系统,其关合电流峰值不大于 8kA。

负荷开关的种类较多,常用的有真空负荷开关、产气式负荷开关及压气式负荷开关等,其类型与特点见表 2-1。

表 2-1 负荷开关的类型与特点

类别	适用电压范围,kV	特 点
产气式	6~35	结构简单、开断性能一般,有可见断口,参数偏低,电寿命短,成本低
压气式	6~35	结构简单,开断性能好,有可见断口,参数偏低,电寿命中等,成本低
六氟化硫	6~220	适用范围广,参数高,电寿命长,成本偏高
真空	6~35	参数高,电寿命长,成本偏高
SF$_6$ 气体绝缘开关设备中(真空)	6~220	外形尺寸小,参数高,电寿命长,成本较高,只能用于 SF$_6$ 气体中
	6~35	

几种户内和户外型负荷开关的技术数据见表 2-2 和表 2-3。

表 2-2 户内型负荷开关的技术数据

型号	额定电压 kV	额定电流 A	最大开断电流 A 6kV	最大开断电流 A 10kV	额定开断容量 MV·A	额定开断容量 MV·A	额定开断容量 MV·A	额定开断容量 MV·A	极限通过电流 kA	5s 热稳定电流 kA	闭合电流(峰值)kA	操动机构	质量 kg
FN2-10 FN2-10R	10	400	2500	1200	25				25	8.5	—	CS4 CS4-T	44
FN3-10 FN3-10R	10	400	cosφ=0.15 850	cosφ=0.7 1450	cosφ=0.15 15	cosφ=0.7 25			25	8.5	15	CS3 CS3-T	—
	6	400	850	1950	9	20			25	8.5	—	CS2	—

第二章 电气设备的选择

表 2-3 户外型负荷开关性能参数

型号	额定电压 kV	额定电流 A	最大开断电流 A	断流容量(三相) MV·A	极限通过电流(峰值) kA	5s 热稳定电流 kA	允许闭合电流(峰值) kA	操作机构	质量 kg 净重	油重
FW2-10G	10	100 200 400	1500	—	14	7.8 7.8 12.7	—	绝缘棒或绳索	124 124 128	40
FW4-10	10	200 400	800	—	15	5	—		97 114	60
FW5-10	10	200	400	—	10	6(4s)	—		75	—
FW5-35	35	200	100	—	7	5	7	CS10-1	—	—

五、高压电缆及架空导线的选择

(一)导线和电缆选择的一般规定

1. 架空线路导线的选择

(1)架空线路导线宜采用铝导线,但不得采用单股的铝线与铝合金线。

(2)在对导线有腐蚀使用的地段,宜采用防腐型导线。

(3)越过树林以及通道拥挤场所的 1kV 及以下线路,宜采用架空绝缘线。市区 10kV 及以下架空电力线路,遇下列情况可采用绝缘铝绞线:

① 线路走廊狭窄,与建筑间的距离不能满足安全要求的地段;

② 高层建筑邻近地段;

③ 繁华街道或人口密集地区;

④ 游览区和绿化区;

⑤ 空气严重污秽地段;

⑥ 建筑施工现场。

(4)架空导线连续允许的载流量,应按周围空气温度进行校正。周围空气温度应采用当地 10 年或 10 年以上的最热月的每日最高温度的月平均值。

(5)从供电变电所二次侧出口至线路末端变压器一次侧入口的 6~10kV 架空线路电压损失,不宜超过供电变电所二次额定电压的 5%。

(6)架空线路导线的截面不应小于表 2-4 所列数值。

表 2-4 导体满足机械强度的最小截面

序号	线路类型		导体最小截面		
1	架空裸导线		铝及铝合金线	钢芯铝线	铜绞线
2	35kV 及以上线路		35	35	35
3	3~10kV 线路	居民区	35	25	25
		非居民区	25	16	16

续表

序号	线路类型			导体最小截面		
4	低压线路	一般		16	16	16
		与铁路交叉跨越栏		35	16	16
5	绝缘导线			铜芯软线	铜芯线	铝芯线
6	照明用灯头引下线	室内	民用建筑	0.4	0.5	2.5
			工业建筑	0.5	0.8	2.5
		室外		1.0	1.0	2.5
7	移动式设备线路	生活用		0.4	—	—
		生产用		1.0	—	—
8	敷设在绝缘支架上的绝缘导线（L 为支点间距）	室内	L≤2m	—	1.0	2.5
		室外	L≤2m	—	1.5	2.5
		室内外	2m＜L≤6m	—	2.5	4
			6m＜L≤15m	—	4	6
			6m＜L≤25m	—	6	10
9	穿管敷设的绝缘导线			1.0	1.0	2.5
10	沿墙明敷的塑料护套线			—	1.0	2.5
11	板孔穿线敷设的绝缘导线			—	1.0	2.5
12	PE 线盒 PEN 线	有机械保护时		—	1.5	2.5
		无机械保护时	多芯线	—	2.5	4
			单芯干线	—	10	16

2. 电缆的选择

(1) 电缆型号应根据线路的额定电压、环境条件、敷设方式和用电设备的特殊要求等条件选择。

(2) 电缆连续允许的载流量，应按敷设处的周围介质温度进行校正。当周围介质为空气时，空气温度应取敷设处 10 年或 10 年以上的最热月的每日最高温度的是平均值；在生产厂房、电缆隧道及电缆沟内，所采用的周围空气温度尚应计入电蒸发热、散热和通风等因素的影响，当缺乏计算资料时，可按上述空气温度另加 5℃；当周围介质为土壤时，土壤温度应取敷设处历年最热月的平均温度。

(3) 电缆连续允许的载流量，尚应按敷设方式和土壤热阻率等因素进行校正。

(4) 沿不同冷却条件的路径敷设电缆时，当冷却条件最差段的长度超过 10m 时，应按该段冷却条件选择电缆截面，或只对该段采用大截面的电缆。

(5) 电缆应按短路条件验算其热稳定度。

(二) 导线和电缆截面的选择条件

1. 满足发热条件

导线和电缆的允许载流量 I_{al} 不得小于其通过的计算电流 I_{30}，即 $I_{al} \geq I_{30}$。

2. 满足电压损耗条件

导线和电缆在通过计算电流时的电压损耗 $\Delta U\%$ 不得大于允许的电压损耗 $\Delta U_{al}\%$，即

$$\Delta U\% \leqslant \Delta U_{al}\% \qquad (2-26)$$

一般配电线路 $\Delta U_{al}\% \approx 5\%$。

3. 满足机械强度条件

即导线截面不得小于按机械强度所要求的最小截面。对于电缆，由于它本身具有足够的机械强度，因此不考虑此条件。

4. 满足年运行费最小条件（经济电流密度）

对35kV及以上的高压线路及某些特大载流量的低压线路，其导体的电流密度不宜大于规定的经济电缆密度，以使线路的年运行费用趋于最小。但一般企业内部的高低压配电线路可不按此条件选择。

5. 满足短路稳定条件

高低压硬导体（母线）应校验其短路时的动稳定度和热稳定度。对电缆和绝缘导线只需校验其短路热稳定度。

（三）导线、电缆截面选择的几种常见方法

1. 按发热条件选择导线和电缆截面

1）三相线路相线截面 A_φ 的选择

相线截面积 A_φ 的导线（或电缆）的允许载流量不得小于其计算电流 I_{30}，即

$$I_{al} \geqslant I_{30} \qquad (2-27)$$

式中，I_{30} 对电力变压器高压侧线路，应取变压器高压绕组额定电流；对并联电容器供电线路，应取电容器的1.35倍。

2）保护线截面 A_{PE} 的选择

（1）当 $A_\varphi \leqslant 16\mathrm{mm}^2$ 时，$A_{PE} = A_\varphi$。

（2）当 $16\mathrm{mm}^2 < A_\varphi \leqslant 35\mathrm{mm}^2$ 时，$A_{PE} = 16\mathrm{mm}^2$。

（3）当 $A_\varphi > 35\mathrm{mm}^2$ 时，$A_{PE} \geqslant 0.5$。

3）中性线截面 A_0 的选择

（1）一般三相四线制电路 $A_0 \geqslant 0.5 A_\varphi$。

（2）单相电路 $A_0 = A_\varphi$。

（3）两相三线电路 $A_0 = A_\varphi$。

（4）气体放电灯为主的三相四线制电路 $A \geqslant A_\varphi$。

4）保护中性线截面 A_{PEN} 的选择

应同时满足上述 A_{PE} 和 A_0 的要求。

2. 按经济电流密度选择导线和电缆截面

1）导线和电缆的经济电流密度 j_{ec}（A/mm²）

（1）架空线路。

① 铜线：

年最大负荷利用小时在 3000 以下时，j_{ec} 为 3.00；

年最大负荷利用小时在 3000～5000 时，j_{ec} 为 2.25；

年最大负荷利用小时在 5000 以上时，j_{ec} 为 1.75。

② 铝线：

年最大负荷利用小时在 3000 以下时，j_{ec} 为 1.65；

年最大负荷利用小时在 3000～5000 时，j_{ec} 为 1.15；

年最大负荷利用小时在 5000 以上时，j_{ec} 为 0.9。

（2）电缆线路。

① 铜线：

年最大负荷利用小时在 3000 以下时，j_{ec} 为 2.5；

年最大负荷利用小时在 3000—5000 时，j_{ec} 为 2.25；

年最大负荷利用小时在 5000 以上时，j_{ec} 为 2.00。

② 铝线：

年最大负荷利用小时在 3000 以下时，j_{ec} 为 1.92；

年最大负荷利用小时在 3000—5000 时，j_{ec} 为 1.73；

年最大负荷利用小时在 5000 以上时，j_{ec} 为 1.54。

2）经济截面

经济截面 A_{ec} 按下式计算

$$A_{ec} = \frac{I_{30}}{j_{ec}} \tag{2-28}$$

式中，I_{30} 为线路计算电流，实际可选接近于 A_{ec} 的一个额定截面积（可略小于 A_{ec}）。

注：按经济电流密度选择，只适用于某些特大电流回路 35kV 及以上线路的导体截面选择；一般企业高低压配电线路不按经济电流密度选择。

3. 线路电压损耗的计算

1）带若干集中负荷的三相线路电压损耗的计算

（1）三相线路的电压损耗（近似地采用其电压降纵分量）公式为

$$\Delta U = \frac{\sum (PR + QX)}{U_N} \tag{2-29}$$

由于 $R = R_0 L, X = X_0 L, Q = P\tan\varphi$，因此，其电压损耗公式也可以表示为

$$\Delta U = \frac{\sum [(R_0 + X_0\tan\varphi)PL]}{U_N} \tag{2-30}$$

式中,R_0 为单位长度电阻;

X_0 为单位长度电抗;

L 为线路首端至各负荷点的线路长度;

PL 称为"功率矩",可用 M 表示。

(2) 三相线路电压损耗百分值为

$$\Delta U\% = \frac{\Delta U}{U_N} \times 100 = \frac{100 \sum (R_0 + X_0 \tan\varphi) M}{U_N^2} \qquad (2-31)$$

式中,U_N 为线路额定电压;$M = PL$ 为线路功率矩。

2) 无感线路电压损耗的计算

(1) 全线路的感抗相对于其电阻小到可以忽略不计(如穿管绝缘导线线路),或者负荷功率因数 $\cos\varphi \approx 1$(如照明线路),则此线路可称为"无感线路",其电压损耗百分值的计算公式为

$$\Delta U\% = \frac{100 \sum (R_0 M)}{U_N^2} \qquad (2-32)$$

(2) 如果全线路的导线截面、材质和敷设方式均相同且感抗相对很小或负荷 $\cos\varphi \approx 1$,则此线路可称为"均一无感线路",其电压损耗百分值的计算公式为

$$\Delta U\% = \frac{100 \sum M}{rAU_N^2} = \frac{\sum M}{CA} \qquad (2-33)$$

式中,r 为导线的电导率;A 为导线的截面积;$\sum M = \sum PL$,为线路的所有功率矩之和;C 为计算系数,可由表 2-5 查得。

表 2-5 公式 $\Delta U\% = \sum M/(CA)$ 的计算系数 C 值

线路电压,V	线路类别	C 的计算式 kW·m/mm²	铜线	铝线
220/380	三相四线	$rU_N^2/100$	76.5	46.2
	两相三线	$rU_N^2/225$	34.0	20.5
220	单相及直流	$rU_N^2/200$	12.8	7.74
110			3.21	1.94

3) 均匀分布负荷线路的电压损耗计算

均匀分布负荷线路的电压损耗,可将分布负荷集中于负荷分布线段的中点,然后按集中负荷的线路电压损耗的公式计算。

4. 导线、电缆截面选择校验的一般程序

(1) 35kV 及以上的线路,首先按经济电流密度选择,再校验其他条件。

(2) 35kV 以下的线路,包括低压动力线路,首先按发热条件选择,再校验其他条件(除经济电流密度外)。

(3)低压照明线路,首先按允许电压损耗条件选择,再校验发热和机械强度。

六、电压互感器的选择

电压互感器根据额定电压、装置种类、构造形式、准确度等级、二次侧负荷大小等条件来选择。

(一)额定电压选择

其额定一次电压,应与安装地点电网的额定电压相适应;其二次额定电压一般为100V。

(二)按准确级要求选择

电压互感器满足准确级要求的条件,也是其二次负荷 S_2 不得大于额定准确级所要求的额定二次负荷 S_{2N},即

$$S_{2N} \geq S_2 \tag{2-34}$$

式中,S_2 只计二次回路中所有仪表、继电器电压线圈所消耗的视在功率,即

$$S_2 \approx \sqrt{\left(\sum P_u\right)^2 + \left(\sum Q_u\right)^2} \tag{2-35}$$

式中,$\sum P_u = \sum (S_u \cos\varphi)$ 和 $\sum Q_u = \sum (S_u \sin\varphi)$ 分别为仪表、继电器电压线圈所消耗的总的有功功率和无功功率。

电压互感器由于有熔断器保护,因此不需要进行动、热稳定度的校验。

七、低压电容器的选择

并联电容器是一种专门用来无功补偿的电力电容器,它具有安装简单,运行维护方便,有功损耗小及组装灵活,扩容方便等优点,因此应用十分普遍。它可以由液体介质和固体介质组成电容器的介质。按照安装地点低压电容器可以分为室外型和室内型。

(一)并联电容器的主要参数

(1)额定电压。并联电容器的额定电压应略高于电网的额定电压,因为考虑到电容器接入电网后,其端电压将有所升高(此外,为了降低高次谐波而接入串联电抗器时,其端电压也将升高)。例如,额定电压为380V的电网上应选用额定电压为400V的电容器,额定电压为6kV的电网应选用额定电压为6.3kV的电容器。

(2)标称容量。标称容量是指在正常使用条件下的可补偿的无功功率(kvar)。

(3)标称电容。达到标称容量的所需电容称为标称电容,即

$$C = Q/2\pi f U^2 \, (\mu F) \tag{2-36}$$

式中 Q——无功功率,kvar;
　　f——频率,Hz;
　　U——电压,V。

(4)频率。对应的电网频率。

(5)相数。是单相还是三相。

(6)运行温度。在规定的环境温度范围内正常工作,应在制造厂所给定的温度范围内使用。

(7)海拔。一般不超过1000m,超过时应另选用高原电容器。

(8)过电压。电容器应能在1.05倍额定电压下长期运行,在1.2倍额定电压下,一昼夜能运行6h。

(9)过电流。电容器的过电流不超过额定电流的1.3倍。

(10)介质代号。是液体还是固体介质。

表2-6中列出了常见并联电容器的技术数据。

表2-6 国产并联电容器技术数据

型号	额定电压,kV	标称容量,kvar	标称电容,μF	频率,Hz	相数	质量,kg
BW6.3-12-1TH	6.3	12	0.964	50	1	25
BW6.3-12-1W	6.3	12	0.964	50	1	24
BW6.9-12-1W	6.9	12	0.80	50	1	24
BW6.3-16-1W	6.3	16	1.28	50	1	24
BW10.5-12-1W	10.5	12	0.35	50	1	24
BW10.5-16-1W	10.5	16	0.46	50	1	24
BWF10.5-25-1W	10.5	25	0.72	50	1	21
BWF10.5-50-1W	10.5	50	1.44	50	1	32
BWF10.5-100-1W	10.5	100	2.89	50	1	57
BWM6.3-100-1W	6.3	100	8	50	1	38
BWM6.3-200-1W	6.3	200	16	50	1	66
BWM11/$\sqrt{3}$-50-1W	11/$\sqrt{3}$	50	3.95	50	1	20

注 B—并联电容器;W—户外型;F—二方基乙烷液体介质;M—全聚丙烯薄膜固体介质;TH—温湿型。

(二)并联电容器组的选择

1. 一般规定

(1)电容器装置的电器和导体,应根据其技术条件及安装地点的环境条件选择和校验。

(2)电容器装置的电器和导体应满足正常运行、短路故障及操作过程的要求。

(3)电容器装置的电器和导体的长期允许电流,应不小于电容器组额定电流的1.35倍。

(4)半露天布置的电容器装置的电器应选用户外型设备。

(5)高海拔地区应选用高原型电容器装置的电器,湿热带地区应选用适用于湿热带地区的产品。

2. 选择实例

某35kV变电所二次侧为10kV,其计算负荷为1600kW+1160kvar(单母线分段,每段负荷为1/2计算负荷)欲使该段的功率因数达到0.92,则需要进行无功补偿,求各段的电容器装置的容量应是多少?

解:(1)求补偿前各段的视在功率及功率因数。

视在计算负荷 $S_C = \sqrt{(1600/2)^2 + (1160/2)^2} = 988(kV \cdot A)$

功率因数 $\cos\varphi = P_C/S_C = 800/988 = 0.81$

（2）确定无功补偿容量。

$Q_{N \cdot C} = P_C(\tan\varphi - \tan\varphi')$
$= 800 \times [\tan(\arccos 0.81) - \tan(\arccos 0.92)] = 238.4(kvar)$

（3）选择电容器组数及每组容重。

从表可查得 BWF10.5 - 50 - 1W 型，$Q_{NC} = 50$kvar，需要电容器组数为

$n = 238.4/50 = 4.768$（取5）

则每段容量为 $5 \times 50 = 250(kvar)$，两段为 $2 \times 250 = 500(kvar)$

此时，各段视在计算负荷为

$S_C = \sqrt{P_C^2 + (Q_C - Q_{N \cdot C})^2} = \sqrt{800^2 + (580 - 250)^2} = 865.4(kV \cdot A)$

功率因数 $\cos\varphi = P_C/S_C = \dfrac{800}{865.4} = 0.924$ 满足要求。

第二节 供电回路中低压设备选择

一、常用低压电器元件的选择

（一）刀形开关

低压刀形开关包括隔离刀开关、熔断器式刀开关和负荷开关等。它广泛用于各种配电设备和供电线路中，可作为不频繁接通和分断低压供电线路，以及作为隔离电源以保证检修人员安全使用。另外，还可以用于小容量鼠笼式异步电动机的直接启动。

根据 IEC 标准引进生产的 HR5 系列熔断器式开关，分为熔断信号装置型（配有熔断撞击器的熔断体）和无熔断信号装置型（配有熔断指示器的熔断体）两种，可取代 HR3 使用。它可作为电动机保护和电源开关、隔离开关及应急开关使用，但不能作为直接启停单台电动机之用。

HRll 系列熔断器式开关，分为开启式和封闭式两种，可取代 HR3、HH3 使用。有的还配有中性接线柱，可作为一般照明回路的控制开关。

1. 刀形开关主要技术参数

（1）额定电压。刀形开关在长期工作中能承受的最大电压称为额定电压。我国目前生产的刀形开关的额定电压，一般为交流 380V 或直流 440V。

（2）额定电流。刀形开关在合闸位置允许长期通过的最大工作电流称为额定电流。大电流刀形开关的额定电流一般分为 100A、200A、400A、600A、1000A、1500A 六级。

（3）分断能力。刀形开关在额定电压下能可靠地分断的最大电流称为分断能力。刀形开关在有灭弧罩、并用连杆操作时，允许开断额定值以下的电流；若无灭弧罩或采用中央手柄操作方式，就不允许分断电流。

(4) 电动稳定性电流。刀形开关通以某一最大短路电流时,若不因其所产生电动力的作用而发生变形、损坏或触刀自动弹出的现象,这一短路电流值(峰值)就是刀形开关的电动稳定性电流。

(5) 热稳定性电流。刀形开关能在一定时间(通常为1s)内通以某一最大短路电流,而不会因温度急剧升高发生熔焊的现象,这一短路电流值就称为刀形开关的热稳定性电流。

(6) 电寿命。刀形开关在额定电压下能可靠地分断一定电流的总次数,称为刀形开关的电寿命。

2. 刀形开关选用

1) 开启式负荷开关的选择

(1) 用于照明电路时,可选用额定电压为220V或250V的二极开关;用于电动机的直接启动时,可选用额定电压为380V或500V的三极开关。

(2) 用于照明电路时,开启式负荷开关的额定电流应等于或大于开断电路中各个负载额定电流的总和;若负载是功率5.5kW及以下直接启动的电动机时,其开关的额定电流不应小于电动机额定电流的3倍。

2) 封闭式负荷开关的选择

封闭式负荷开关用于控制一般电热、照明电路时,开关的额定电流应等于或大于被控制电路中各个负载额定电流的总和。用来控制功率在15kW以下的全压启动电动机时,其开关的额定电流不应小于电动机额定电流的2倍。

3) 隔离刀开关的选用

(1) 隔离刀开关的结构形式应根据它在线路中的作用和在成套配电装置中的安装位置来确定。如果电路中的负载是由低压断路器、接触器或其他具有一定分断能力的开关电器来分断,隔离刀开关仅起隔离电源的作用,则只需选用无灭弧罩的产品;反之,若隔离刀开关必须分断负载,就应选用带灭弧罩,而且是通过连杆来操作的产品。此外,还应根据它是正面操作还是侧面操作,是直接操作还是杠杆操作,是板前接线还是板后接线等来选择结构形式。

(2) 隔离刀开关的额定电流一般应等于或大于所控制的各支路负载额定电流的总和。如果回路中有电动机,还应按电动机的启动电流来计算。此外,还要考虑电路中可能出现的最大短路的峰值电流是否在额定电流等级所对应的电动稳定性峰值电流以内,还应校验热稳定电流值。如果超过电动稳定性或热稳定电流值,就应当选用额定电流更大一级的隔离刀开关。

4) 熔断器式刀开关的选用

熔断器式刀开关应按使用的电源电压和负载的额定电流选择,还必须根据使用场合和操作、维修方式等选用开关的形式。熔断器式刀开关的短路分断能力是由熔断器的分断能力决定的,故应适当选择符合使用地点的短路容量的熔断器。

(二) 组合开关选用

组合开关是一种结构紧凑、体积小、使用方便的电器,常用于低压电器线路中,供手动作不频繁接通或分断电路换接电源和负载、测量三相电压改变负载的接线方式,控制小容量交、直流电动机的正反转、星—三角启动和变速、换向的控制等。一般每小时换接次数不宜超过15~20次。

组合开关用于电热、照明电路时,其额定电流应等于或大于被控制电路中各负载电流的总和。用来控制小容量电动机时,组合开关的额定电流一般取电动机额定电流的 1.5~2.5 倍。

(三) 低压断路器的选用

低压断路器过去称为自动开关或自动空气开关,为了和 IEC 标准一致,现改用此名。低压断路器是一种可以自动切断故障电路的开关电器,当电路中发生短路、过负荷、失压等故障时,能自动切断电路。在正常情况下,可以作为不频繁地接通和断开电路以及控制电动机使用。

1. 低压断路器主要技术参数

1) 额定电压

低压断路器长时间运行所能承受的工作电压,称为额定电压。

2) 额定电流

(1) 壳架等级额定电流,过去称为断路器额定电流,表示每一塑壳或框架中所能装的最大额定电流的脱扣器。

(2) 断路器额定电流,过去称为脱扣器额定电流,表示脱扣器允许长期通过的电流,对可调式脱扣器来说则为脱扣器可长期通过的最大电流。

3) 分断能力

它是指在规定的条件下能够接通和分断的短路电流值。对配电用选择型低压断路器要求有尽量高的延时通断能力,最好与瞬时极限通断能力相等。在选择低压断路器时必须根据网络最大可能出现的短路电流,参照断路器的技术数据进行选用。

断路器的分断能力采用额定极限短路分断能力和额定运行短路分断能力两种表示方法。

4) 限流能力

对限流式低压断路器和快速断路器要求有较高的限流能力,能将短路电流限制在第一个半波峰值以下,即在短路电流尚未来得及上升到其最大值之前就把故障电路切断。一般要求限流系数在 0.3~0.6。为了达到较高的限流能力,要求限流电器的固有动作时间要不大于 3ms。限流系数 K 表示式为

$$K = \frac{允通电流}{预期短路电流(峰值)} < 0.6 \qquad (2-37)$$

5) 动作时间

从网络出现短路的瞬间开始至触头分离后电弧熄灭,电路完全分断所需的时间,称为动作时间。其包括三部分:

① 低断路器由正常工作电流增大到脱扣器整定电流所需时间;

② 过电流脱扣器得到信号开始,灭弧触头开始分离,出现电弧一段时间,习惯上称为固有动作时间;

③ 灭弧触头间产生电起到电弧完全熄灭的一段时间。框架式和塑料外壳式低压路器的动作时间一般为 30~60ms;限流式和快速低压断路一般小于 20ms。此外,低压断路器还要求上一级的可返回时间要大于下一级的全分断时间,否则会破坏选择性。

6）过电流保护特性

低压断路器的过电流保护特性 $i = f(t)$，它可以用各种过电流情况与断路器动作时间的关系曲线来描述，如图 2-1 所示。为了要起到更好的保护作用，低压断路器的保护特性必须与被保护对象的允许发热特性相匹配，则要求曲线 b 位于曲线 a 的外侧（安全侧），使被保护回路中的配电设备和用电设备，免于受到不能允许的发热量和电动力的冲击。

对配电用选择型低压断路器要求两段或三段保护特性，如图 2-1 曲线 a 所示为三段保护特性，其中 1 段为过负荷长延时特性，与热脱扣器一样，属于反时限的；2 段为短延时特性，是定时限的，即当电流达到一定值时，经过一定时间的延时后动作；3 段为瞬时动作特性，当回路发生短路时，立即动作。

可见，低压断路器的保护特性可以是两段式（过负荷时长延时、短路时短延时的特性）或三段式（过负荷时长延时、短路时短延时和特大短路时瞬时动作的三段保护特性）。在机床电气设备中，主要采用两段式保护特性，在配电系统中主要采用三段式保护特性。

最近我国研制生产的 DW16 系列断路器，具有由热式和电磁式脱扣器实现的第四段保护，即单相接地短路保护。

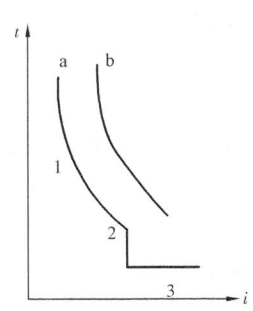

图 2-1 低压断路器与被保护对象保护特性的匹配曲线过电流保护特性
a—低压断路器的保护特性；
b—被保护对象的发热特性

7）使用寿命

使用寿命包括电寿命和机械寿命，是指在规定的正常负载条件下，低压断路器应能保证在规定的操作次数（即寿命）内应不必更换零件和部件。一般低压断路器的寿命根据不同的容量有不同的操作次数要求，配电系统用低压断路器由于操作次数和动作次数较少，故对电器寿命和机械寿命的要求都不高。

2. 低压断路器选择

在一般情况下，保护变压器及配电线路可选用 DW 系列低压断路器，保护电动机可选用 DZ 系列低压断路器。低压断路器的选择包括额定电压、壳架等级额定电流（指最大的脱扣器额定电流）的选择，脱扣器额定电流（指脱扣器允许长期通过的电流）的选择以及脱扣器整定电流（指脱扣器不动作时的最大电流）的确定。

1）低压断路器的一般选择原则

(1) 断路器额定电压不小于线路额定电压。

(2) 断路器欠压脱扣器额定电压等于线路额定电压。

(3) 断路器分励脱扣器额定电压等于控制电源电压。

(4) 断路器壳架等级的额定电流不小于线路计算负载电流。

(5) 断路器额定电流不小于线路计算电流。

(6) 断路器的额定短路通断能力不小于线路中最大短路电流。

(7) 线路末端单相对地短路电流不小于 1.5 断路器瞬时（或短延时）脱扣器整定电流。

(8) 断路器的类型应符合安装条件、保护性能及操作方式的要求。

2) 配电用低压断路器的选用

(1) 配电变压器低压侧低压断路器应具有长延时和瞬时动作的特性,其脱扣器的动作电流应按下列原则选择:

瞬时脱扣器的动作电流,一般为变压器低压侧额定电流的 6~10 倍,长延时脱扣器的动作电流可根据变压器低压侧允许的过负荷电流确定;

(2) 出线回路低压断路器脱扣器的动作电流应比上一级脱扣器的动作电流至少低一个级差。

瞬时脱扣器,应躲过回路中短时出现的尖峰负荷:

对于综合性负荷回路

$$I_{OP} \geq K_{rel}\left(I_{Mst} + \sum I_L - I_{MN}\right) \quad (2-38)$$

对于照明回路

$$I_{OP} \geq K_c \sum I_L \quad (2-39)$$

式中 I_{OP}——瞬时脱扣器的动作电流,A;

K_{rel}——可靠系数,取 1.2;

I_{Mst}——回路中最大一台电动机的启动电流,A;

$\sum I_L$——回路正常最大负荷电流,A;

I_{MN}——回路中最大一台电动机的额定电流,A;

K_c——照明计算系数,取 6。

长延时脱扣器的动作电流,可按回路最大负荷电流的 1.1 倍确定。

(3) 低压断路器的校验。

低压断路器的分断能力应大于安装处的三相短路电流(周期分量有效值)。

低压断路器灵敏度应满足下式要求

$$\frac{I_{min}}{I_{op}} \geq K_{op} \quad (2-40)$$

式中 I_{min}——被保护线段的最小短路电流,对于 TT、TN-C 系统,为单相短路电流,一般单相短路电流小,很难满足要求,可用长延时脱扣器做后备保护,对于 IT 系统为两相短路电流,A;

I_{op}——瞬时脱扣器的动作电流,A;

K_{op}——动作系数,取 1.5。

长延时脱扣器在 3 倍动作电流时,其可返回时间应大于回路中出现的尖峰负荷持续的时间。

3) 电动机保护用断路器的选用

电动机保护用断路器可分为两类:一类是断路器只作保护而不担负正常操作;另一类是断路器兼作保护和不频繁操作之用。

电动机保护用断路器选择的原则：
(1) 断路器长延时电流脱扣器的整定电流等于电动机的额定电流。
(2) 断路器瞬时(或短延时)脱扣器的整定电流：
瞬时(或短延时)动作的过电流脱扣器的整定电流应大于峰值电流。
对单台电动机

$$I_{op} \geqslant K_{rel} I_{st} \qquad (2-41)$$

式中 I_{op}——过电流脱扣器瞬时(或短延时)动作整定电流值，A；

I_{st}——电动机的启动电流，A；

K_{rel}——考虑整定误差和启动电流容许变化的可靠系数，对动作时间在一个周波以内的低压断路器，还需要考虑非周期分量的影响，对高返回系数的低压断路器(动作时间大于0.02s的，如DW型)，K_{rel}一般取1.35~1.4；对低返回系数的低压断路器(动作时间小于0.02s的，如DZ型)K_{rel}取1.7~2。

对于多台电动机

$$I_{op} = 1.3 I_{Mst} + \sum I_{MW} \qquad (2-42)$$

式中 I_{op}——总脱扣器电流，A；

I_{Mst}——最大一台电动机的启动电流，A；

$\sum I_{MW}$——其余电动机工作电流之和，A。

(3) 断路器6倍长延时电流整定值的可靠返回时间大于等于电动机实际启动时间。按启动时负荷的轻重，选用可返回时间为1s、3s、5s、8s、15s中的某一挡。

(4) 断路器额定电流在一般场合通常按计算负荷的1.2倍选择。

(四) 熔断器的选择

熔断器是利用过载或短路电流熔断熔体(熔丝或熔片)来分断电路的一种电器。它可用来保护电路、配电电器、控制电器和用电设备，免受短路电流(对用电设备也包括过电流)而损坏。起保护作用的部分是熔体，它一般是由熔点很低的金属丝或金属薄片制成的。熔体串联在电路中，根据电流的热效应原理，当发生短路或严重过载时，因电流剧增，则使熔体熔化，从而切断电路，使线路或电气设备免受短路电流或很大的过载电流的损害。

熔断器具有分断能力高、安装面积小、使用维护方便及可靠性高等优点，在线路和电气设备中得到广泛应用。通过熔断器之间的熔化特性和熔断特性的配合，以及熔断器与其他电保护特性的配合，在一定的短路电流范围内可达到有选择性的保护。

熔断器按结构可分为开启式、半封闭式和封闭式。封闭式熔断器又可分为有填料管式、螺旋式和无填料管式等。按用途分，则分为一般工业用熔断器、保护硅元件用快速熔断器、具有工段保护特性的快慢动作熔断器以及自复式熔断器。

1. 熔断器主要技术参数

1) 额定电压

熔断器长期工作所能承受的电压，称为额定电压。

2）额定电流

熔断器的额定电流是指熔断器壳体的载流部分和接触部分所允许的长期工作电流值。熔体额定电流，长期通过熔体而熔体不会熔断的最大电流值。不同等级的熔体可装入同一级的熔断器，但熔断器的额定电流应大于或等于所装熔体的额定电流。

3）额定分断能力

熔断器在额定电压下所能分断的最大短路电流，它取决于熔断器的灭弧能力，与熔体额定电流大小无关。一般有填料的熔断器分断能力较高，具有限流作用的熔断器分断能力更高。电路发生短路时，其短路电流增长要达到最大值（或称峰值）需要一定的时间，如通过采取缩短熔体熔化时间和提高灭弧能力的措施，使熔体的熔断时间小于到达峰值电流的时间，即熔断器在短路电流未达到峰值之前就能断开电路，这种作用称为"限流作用"。因此采用具有限流作用的熔断器，对线路及电气设备在动稳定性与热稳定性的要求方面可相应降低。

4）熔化系数和临界电流

熔断器的临界电流，又称为最小熔化电流I_∞，即为熔断器通过此电流时，经长时间以后使熔体熔化的电流最小值。熔断器临界电流I_∞与熔体额定电流I_{RN}之比值，称为熔化系数，通常为 1.5~2。熔化系数反映熔断器不同的保护特性，为了使熔断器能够保护小过负荷电流，熔化系数应当小些；为了避免电动机启动时使熔体熔化，熔化系数应该大些。

熔体的熔断时间t与熔断电流I_R的大小有关，其规律是与电流的平方成反比。图 2-2 示出了 $t \propto \dfrac{1}{I_R^2}$ 的关系曲线，称为熔断器的安秒特性。选择熔断器做过负荷和短路保护时，必须了解用电设备的过负荷特性，使这一特性恰当地处在熔断器安秒特性的保护范围之内。由图 2-2 可见，熔断电流I_∞的熔断时间在理论是无限大的，只要通过熔体的电流小于临界值，熔体就不会熔断，所以选择熔体的额定电流I_{RN}应小于I_∞。

5）熔化特性与熔断特性

熔化特性为试验电流与熔化（弧前）时间的关系曲线。熔断特性为试验电流与熔断时间（弧前时间与燃弧时间之和）的关系曲线。上下级熔断器通过上述两种特性合理匹配或与其他电器动作特性合理匹配，使整个配电网达到选择性保护的要求。

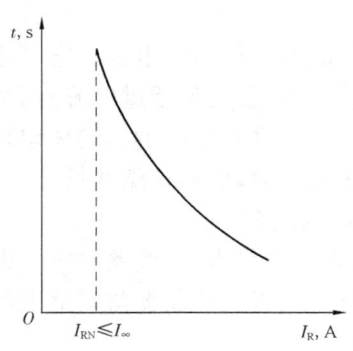

图 2-2 熔断器的安秒特性
I_∞—熔断器临界电流；
I_{RN}—熔断器额定电流

熔断器的特性主要取决于制造熔体的金属材料，低熔点材料熔点低，在临界电流时它的发热对熔断器各部分温度影响不大，不致超过规定值，故熔化系数可取小些。但是它们的电阻率较大，在一定阻值时需要有较大截面积来保证一定的电流密度，因而体积增大，熔断时会产生大量金属蒸气，不利于电弧的熄灭，故用低熔点材料做熔体的熔断器，其分断能力受到限制，只适宜做小电流的熔断器。高熔点材料的电阻率较低，在一定阻值时所需截面积较小，因熔化时金属蒸气较少，有利于电弧的熄灭，熔断器的分断能力就可提高，故一般可用来做大电流的熔断器。但由于熔点高，在过负荷熔断前常引起熔断器过热而影响熔断器其他部分,所以熔化系数必须取得较高,但这对小过负荷会失去保护。所以要获得好的保护特性是需要熔点低而电阻率又低的熔体材料,以弥补上述两种材料的缺陷。

应用"冶金效应"是克服高熔点材料的缺点的好办法,它是将铜丝中部焊上一点小锡珠,当熔体温度上升到锡珠熔化温度时,锡珠熔成液态,使被包围铜丝可提前在数百摄氏度时就熔断。这样对熔断器温度影响不大,同时又可降低最小熔化电流,使较低的过负荷也能得到保护,因此能有效地改善熔断器的保护特性。

6) 断开过电压

有存在电感的电路中,当分断电路时电流以较大的变化率从某一数值下降到零,电路中的电感将产生自感电势,其值可超过电路电压的几倍,这一过电压可能引起电路及其设备的损坏,也会影响熄弧过程。过电压大小与电路参数、熔断器结构有关。有限流作用的熔断器在分断过程中产生的过电压很高,可能引起其他电气设备的电击穿。对快速熔断器,过电压应限制在电源电压峰值的两倍以下。

2. 熔断器选择

熔断器的选用应考虑被保护对象的特点,确定熔体的规格,并选择熔断器的类型。

1) 选用熔断器的一般原则

(1) 根据配电网电压选用相应电压等级的熔断器。

(2) 熔断器的额定电流应大于或等于熔体额定电流。

(3) 熔断器的保护特性必须与被保护对象的过载特性有良好的配合,使其在整个曲线范围内获得可靠的保护,国产各类熔断器的保护特性如图2-3所示。

该曲线表示熔断器切断电流的全部时间 t 与通过电流 I 之间的关系曲线。熔断器的保护特性分为慢动作特性、快动作特性、快慢动作特性和超快动作特性(即快速特性)等4种,这些特性与熔断器的结构形式有关,所以各类熔断器的保护特性曲线均不相同,且为反时限的保护特性曲线。

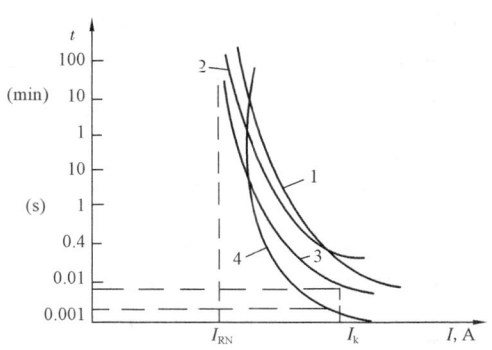

图2-3 各类熔断器的保护特性曲线
1—无填料熔断器;2—有填料熔断器;
3—螺旋式熔断器;4—快速熔断器

当通过熔断器熔体的电流等于或小于熔体的额定电流时,熔断时间为无穷大,即不熔断;当通过熔体的电流为相当大的短路电流时,熔体则迅速熔断。从几条特性曲线相比较可知,若通过同样大小的短路电流 I_k,快速熔断器4熔断最快,即保护特性最好,螺旋式熔断器次之。因此,快速熔断器一般用于晶闸管元件或硅整流设备的过负荷保护,其余3种熔断器则可用于低压配电网及电动机的过负荷或短路保护。

(4) 熔断器的极限分断电流应大于或等于所保护电路可能出现的短路冲击电流的有效值。

(5)在配电网中,各级熔断器必须相互配合以实现选择性。一般要求上一级熔体的熔断时间至少为下一级熔体熔断时间的 3 倍,这样才能避免因发生越级动作而扩大停电范围。

(6)熔断器熔体的熔断时间与启动设备动作时间的配合。当短路电流超过启动设备的极限遮断电流时,要求熔断器熔体的熔断时间小于启动设备的断开时间,以免损坏启动设备。一般要求熔断器熔体的熔断时间为启动设备动作时间的 1/2,即可靠系数为 2。

(7)熔断器与被保护导线或电缆之间的配合。在线路过负荷或短路时,绝缘导线或电缆出现过热甚至引起燃烧时,熔断器应可靠动作。因此应满足

$$I_{RN} < KI_Z \tag{2-43}$$

式中 I_{RN}——熔断器的熔体额定电流,A;
I_Z——绝缘导线或电缆的允许载流量,A;
K——绝缘导线或电缆允许短时过负荷系数。

其中 K 值的选取如下:

① 如果熔体只作短路保护,绝缘导线明敷,可取 $K=1.5$;绝缘导线穿管或为电缆,可取 $K=2.5$;

② 如果熔体既作短路、又作过负荷保护时(如居住建筑、重要仓库及公共建筑中的照明线路,有可能长期过负荷的动力线路及明敷在易燃易爆场所的线路),可取 $K=0.8$。

(8)只有要求不高的电动机才采用熔断器作过负荷和短路保护。一般过负荷保护宜用热继电器,而熔断器则只作短路保护。

3. 熔断器熔体的选择

熔体的额定电流大小选择决定于被保护对象。

(1)对照明和电热设备,线路上熔体的额定电流应大于(高压汞灯、钠灯等可取负载的 1.5 系数)或等于(白炽灯、荧光灯等)所有电器具的额定电流之和。

(2)对综合性负荷回路,可按下式来选择

$$I_{RN} \geq I_{MQ} + \left(\sum I_M - I_{MN} \right) \tag{2-44}$$

式中 I_{RN}——熔体额定电流,A;
I_{MQ}——回路中最大一台电动机的启动电流,A;
$\sum I_M$——回路中最大的总负荷电流,A;
I_{MN}——回路中最大一台电动机的额定电流,A。

(3)对电动机,应考虑启动电流的影响,启动电流的大小与启动时电动机的负载、启动方式(直接启动或降压启动)有关。对单台电动机,熔体额定电流 I_{RN} 为

$$I_{RN} = \alpha I_N \tag{2-45}$$

式中 I_{RN}——电动机额定电流,A;
α——启动系数,取 1.5~2.5。

启动系数在重载及全压直接启动时取最大值;轻载、降压启动时取小值;有热惯性的熔体,如铜锡合金丝还可取小于 1.5 的值;不能满足启动要求时,可适当放大,但不能超过 3。对于

多台电动机,考虑不同时启动,可按下式计算

$$I_{RN} = \alpha I_{MN} + \sum I_N \qquad (2-46)$$

式中 I_{MN}——其中最大容量的一台电动机的额定电流,A;

$\sum I_N$——其余电动机额定电流的总和,A。

(4)单台交流弧焊变压器、弧焊整流器或电阻焊机采用熔断器保护时,其熔体额定电流,宜采用下述公式确定。

① 对交流弧焊变压器、弧焊整流器,有

$$I_{RN} \geqslant K I_{Nh} \sqrt{\varepsilon_h} \qquad (2-47)$$

式中 I_{RN}——熔断器熔体的额定电流,A;

I_{Nh}——电焊机一次侧额定电流,A;

K——计算系数,一般取 1.25;

ε_h——电焊机额定负载持续率。

② 对电阻焊机,有

$$I_{RN} > 0.7 I_{Nh} \qquad (2-48)$$

(5)以熔断器作为配电变压器的低压侧过载保护时,熔体的额定电流应按变压器低压侧的额定电流选择。户外高压跌落式熔断器熔体的额定电流,按变压器高压侧额定电流的 2~3 倍选择。如变压器容量超过 100kVA,熔体按变压器高压侧额定电流的 1.5~2 倍选择。

(6)快速熔断器的选用:快速熔断器在变流装置中主要作为装置内部短路保护,当硅元件损坏时,快速熔断器应迅速把损坏元件从电路中切除,避免故障扩大。在小容量整流装置中,一般应用公式为

$$I_{RN} = 1.57 I_{VN} \qquad (2-49)$$

式中 I_{RN}——快速熔断器额定电流(有效值),A;

I_{VN}——可控硅元件额定电流(平均值),A。

可控硅元件额定电流不大于 200A,同时系统短路电流在 4kA 以下时,采用上述公式选用,能达到可靠保护。

NGT 系列熔断器在整流装置中作半导体器件内部或外部故障保护时,选用的注意事项:

① 断开时的过电压,必须小于或等于半导体器件允许的反向峰值电压;

② 熔断器电流等级不能满足要求时,若将两个相同规格的熔断器并联使用,但应考虑电流不均匀分布差异(约为±5%);

③ 如线路的工作电压,超过熔断器的额定电压,可将两个熔断器串联使用,此时应确保安装点出现的短路电流至少达到额定电流的 10 倍以上。

(7)有关 NT(RTl6)熔断器选用的几点说明:

① 对于保护电缆、导线的熔断器,为满足前后两级保护相互良好配合,两级熔体额定电流的比应为 1∶1.6。

② 对于保护电动机的熔断器，其熔体额定电流按电动机额定电流的 1.2~1.5 倍选取。

③ 在电容器开关设备中，熔体额定电流不应小于电容器额定电流的 1.6 倍。

（五）交流接触器的选择

接触器用来频繁地接通和分断交直流主电路及大容量控制电路，并可实现远距离控制。其主要控制对象通常是电动机，也可控制其他电力负载，具有操作方便，动作速度快，灭弧性能好的特点，在自动控制系统中得到广泛应用。在一般情况下，接触器是用按钮操作的。在自动控制系统中，也可用继电器、限位开关或其他控制元件组成自动控制电路实现控制的。接触器还具有失压或欠压保护的作用。

1. 交流接触器主要技术参数

1）额定电压

(1) 额定工作电压是指主触头长期工作所能承受的电压，对多相电路来说，此电压应为线电压。

(2) 一般情况下，额定绝缘电压是接触器最大额定工作电压。在任何情况下，最大额定工作电压应不超过额定绝缘电压。这一电压值与介电强度、电气间隙和漏电距离有关。

(3) 吸引线圈的额定电压，是指吸引线圈长期正常工作所承受的电压。交流接触器的吸引线圈分为交流和直流两类。

2）额定电流

额定电流包括额定发热电流和额定工作电流。

(1) 额定发热电流是指接触器在 8h 工作制下，其各部件温升不超过规定值所承载的最大电流。

(2) 额定工作电流或额定工作功率，是指接触器在额定工作电压下主触头在闭合位置允许长期通过的工作电流。对于控制电动机用的接触器，则是指在额定工作电压下，接触器控制的电动机额定功率的最大值。

3）接通和分断能力

接通和分断能力是指接触器应能接通和分断的负载电流最大值。选用时要根据负载在接通和断开瞬间的电流值决定。

(1) 额定接通能力是指接触器在规定的接通条件下所能接通的，在稳定情况下不发生触头熔焊或严重磨损以及弧焰过大的电流值。

(2) 额定分断能力是指接触器按规定的分断条件，在额定电压下所能分断的电流值，而不产生过大的飞弧或严重的触头磨损。例如，动力负载的启动电流大就应该选用接通和分断能力较大的接触器。

4）操作频率

操作频率是指每小时接通和分断的次数，交流接触器有 30 次/h、150 次/h、600 次/h、1200 次/h 等 4 个等级。

5）寿命

接触器的寿命包括机械寿命和电寿命。

(1) 机械寿命是指接触器的抗机械磨损性，用接触器在需要维修或更换机械零件前所能

(2) 电寿命是指接触器的抗电气磨损性能,以在正常操作条件下,不需修理或更换零件的带负载操作次数来表示。由于触点寿命约与分断电流的 1.6~2.2 次方成反比,故降低容量使用可以增加电寿命。

6) 额定频率

额定频率是指接触器的电源频率。我国电网频率为 50Hz。

7) 额定工作制

标准的额定工作制有以下几种:

(1) 8h 工作制(又称间断长期工作制,是基本工作制),是指接触器的主触点保持闭合并通过一稳定电流足以达到热平衡,电器的额定发热电流即由此确定,但大于 8h 必须分断。

(2) 长期工作制,是指接触器的主触头保持闭合,并通过一稳定电流超过 8h 也不分断。

(3) 反复短时工作制或间断工作制(即暂载率或称负载系数在 40% 及以下),是指接触器的主触点保持闭合的周期与无负载的周期间有一定的比值,此两种周期均很短,使接触器不能达到热平衡。间断工作制用电流值、通电时间和暂载率(设备带有负荷的时间占通电和分断间歇的一个工作周期时间的比例)来表征其工作特性。暂载率的标准值为 10%、15%、25%、40% 和 60%。

(4) 短时工作制,是指接触器的主触点保持闭合的时间足以使其达到热平衡,而在两次通电间隙之间的无载时间是已使接触器的温度恢复到冷却介质相同的温度。短时工作制的标准值规定为触头闭合时间 10min、30min、60min、90min。

2. 交流接触器的选用

接触器用途广泛,其额定工作电流或额定控制功率,是随使用条件(额定工作电压、使用类别、操作频率、工作制等)不同而变化的,应根据不同使用条件正确选用,才能保证接触器在控制系统中长期可靠运行,充分发挥其技术经济效果。

1) 按使用类别选用

根据接触器的不同使用类别、工作条件选用接触器。首先要确定接触器是轻负荷、重负荷还是一般负荷。根据国家标准将接触器按照控制对象及操作条件分为 4 种使用类别,见表 2-7。因为接触器触点的电寿命与分断电流及操作频率有关,所以用于控制无感或微感类负荷时,只需要断开额定电流,对触点耗损很轻,可选用一般用途的 AC-1 类接触器。操作条件为启动、反接制动及反向通断绕线型电动机时,至少要使用 AC-2 类接触器控制。

表 2-7 接触器使用类别

使用类别代号	典型用途
AC-1	无感或微感负载,电阻炉绕线式异步电动机的启动、分断鼠笼式异步电动机的启动和运转中分断
AC-2	
AC-3	
AC-4	鼠笼式异步电动机的启动、点动、反接制动与反向

若需要连续多次地控制鼠笼式异步电动机点动或反接制动,则需使用 AC-3 类或 AC-4 类接触器,此时接触器主触点要经常接通与断开远远大于额定电流的负载电流。这种工作条件对接触器触点的电寿命不利,故要选用触点能力强的接触器,如果选用一般用途的接触器,则要降低容量使用。

2)接触器主触头的额定电压的选择

接触器铭牌上所标额定电压系指主触头能承受的电压,并非吸引线圈的电压,使用时接触器主触头的额定电压应大于或等于负荷的额定电压。

3)接触器主触头额定工作电流的选择

交流接触器额定工作电流的选择不仅要考虑被控设备的容量大小,还要考虑被控设备的性质、操作次数及它的工作方式等诸因素,通常接触器的额定工作电流并不完全等于被控设备的额定电流,这是它与一般电器的不同之点。被控设备的工作方式分为长期工作制、间断长期工作制、反复短时工作制(暂载率不超过 40%)3 种情况,根据这 3 种运行状况按下列原则选择接触器的额定工作电流。

(1)对于长期工作制运行的设备,交流接触器的额定工作电流应大于被控设备长时间运行的最大负荷电流值,一般按实际最大负荷电流占交流接触器额定工作电流的 67%~75%这个范围选用。

(2)对于间断长期工作制运行的用电设备,选用交流接触器的额定工作电流时,也应大于实际长时间运行的最大负荷电流值,使最大负荷电流占接触器额定工作电流的 80% 为宜。

(3)反复短时工作制运行的用电设备(暂载率不超过 40% 时),选用交流接触器的额定工作电流时,短时间的最大负荷电流可超过接触器额定工作电流的 16%~20%。此外,交流接触器的额定工作电流值的大小还与它的安装方式有关,安装方式有开启式和柜内式两种,安装在控制箱或防护外壳内的,由于散热条件较差,环境温度较高,应适当降低容量使用。当交流接触器为开启式安装时,可允许适当地超过第(1)、(2)条中规定的百分值。但是,如果装于开关柜内通风条件较差时,则应控制交流接触器的运行电流值,使其不超过(1)、(2)条中规定的数值。

接触器的额定工作电流值还与它所控制的负荷性质有关,即与负荷功率因数有较大的关系。功率因数越低(包括电容器负荷)时,则灭弧越困难,影响通断能力也越显著。所以,控制功率因数较低的负荷或控制电容器的接触器,则通过的最大负荷值不宜超过它的额定工作电流的 80%,以利分闸。如果接触器控制的电动机启动、制动或正反转操作频繁,一般将接触器主触头的额定电流降一级使用。

(4)接触器极数的选择。

根据被控设备运行要求(如可逆、加速、降压启动等)来选择接触器的结构型式(如三极、四极、五极)。

(5)接触器吸引线圈电压的选择。

如果控制线路比较简单,所用接触器的数量较少,则交流接触器吸引线圈的额定电压一般选用被控设备的电源电压,如 380V 或 220V。如果控制线路比较复杂,使用的电器又比较多,为了安全起见,线圈的额定电压可选低一些,这时需要加一个控制变压器。

交流接触器的吸引线圈一般是加交流电压,有时为了提高接触器的最大操作频率,交流接触器也有采用直流线圈的。如果把设计为直流的吸引线圈加上交流电压,因阻抗太大,电流太小,则接触器往往不吸合。反之,将交流的吸引线圈加上直流电压,则因电阻太小,电流太大,会烧坏线圈。

接触器吸引线圈的额定电压、电流及辅助触点的数量应满足控制回路接线的要求。

(6) 操作频率校验。

根据被控设备的操作次数校验接触器的操作频率是否符合要求,若操作频率超过规定数值时,应选用额定电流大一级的接触器。在电动机一般的控制线路里可按"远控电动机接触器,两倍容量靠等级,频繁启动正反转,考级基础升一级"口诀进行快速选择。

(六) 热继电器的选择

热继电器是一种应用比较广泛的保护继电器。它是利用电流通过热元件所产生的热效应,而反时限动作的一种继电器。当负载电流超过允许值时,则反映被保护设备工作状态的热继电器动作,对电气设备起过负荷保护作用。

电动机在运行中,如长期过载、频繁启动、欠电压运行或者缺相运行等都可能使电动机的电流超过其额定电流值。如果超过额定值的量不大,熔断器则不会熔断,长时间的过电流将会引起电动机过热,加速绕组的绝缘老化,缩短电动机的使用寿命,严重时甚至烧坏电动机。因此,交流电动机通常设置由热继电器构成的过负荷保护。热继电器有二相结构、三相结构和三相并带断相保护等三种。

热继电器的选用原则如下:

(1) 热继电器的正确选用,与电动机的工作制有密切关系。当热继电器用来保护长期工作制或间断长期工作制的电动机时,一般可选用二相结构、三相结构或带有断相保护的三元件热继电器。

(2) 热继电器所保护的电动机,若绕组是星形接法,当线路发生一相断电(即缺相)时,另外两相必定发生过载,而且线电流等于相电流。普通热继电器(两相或三相式)都可以对此做出反应。对于电网电压均衡性较差、无人看管的电动机或与大容量电动机共用一组熔断器的电动机,宜选用三相结构的热继电器。如果电动机绕组是三角形接法,发生断相时,局部(某一相)严重过负荷,而线电流与相电流又不相等,各相电流增加的比例也不相同,这种情况下用普通型的热继电器已不能起保护作用,所以三角形接法的电动机必须采用带有断相保护的热继电器。

(3) 当热继电器用于保护反复短时工作制的电动机时,热继电器仅有一定范围的适应性。如果每小时操作次数很多,就要选用带速饱和电流互感器的热继电器。

(4) 对于工作时间较短、间歇时间较长的电动机(摇臂钻床的摇臂升降电动机等),以及虽然长期工作但过负荷的可能性很小的电动机(排风机电动机等),可以不设过负荷保护。

(5) 对于正反转和通断频繁的特殊工作制电动机,不宜采用热继电器作为过负荷保护装置,而应使用埋入电动机绕组的温度继电器或热敏电阻来保护。

(6) 双金属片热继电器一般用于轻载、不频繁启动电动机的过负荷保护。对于重载、频繁启动的电动机,则可用过电流继电器(延时动作型的)作它的过负荷和短路保护。因为热元件受热变形需要时间,故热继电器不能作短路保护。

(7) 热继电器额定电流应大于电动机额定电流。

(8) 热元件的额定电流和整定电流的选择:热元件的额定电流应略大于电动机的额定电流。热元件的整定电流通常调整到电动机额定电流的 0.95～1.05 倍,此时,整定电流应留有一定的上下限调整范围。对于过负荷能力较差的电动机,所选热元件的整定值应适当小一些。

目前我国生产的热继电器基本上适用于轻载启动,长期工作或间断长期工作电动机的过负荷保护。当电动机因带负荷启动时间较长或电动机的负荷是冲击性的负荷(冲床等),则热元件的整定电流应稍大于电动机的额定电流。

当热继电器的周围环境温度不为 35℃ 时,应按下式校正电流值

$$I_t = I_{35} \sqrt{\frac{95 - t}{60}} \qquad (2-50)$$

式中 I_t ——环境温度不为 35℃ 时的电流值,A;

I_{35} ——热继电器在规定温度(35℃)下的电流值,A;

t ——环境温度,℃。

(9) 热继电器周围环境温度与被保护设备周围环境温度的差别不应超过 15～25℃,如前者较后者高出 15～25℃ 时,应调换大一号等级的热元件,若低 15～30℃ 时应调换小一号等级的热元件。

(10) 根据热继电器特性曲线校验电动机过负荷 20% 时,应可靠动作,而且热继电器的动作时间必须大于电动机长期允许过负荷的时间及启动时间。

(七)时间继电器的选择

从接受信号(线圈的通电或断电)时起,需经过一定的时限后才能有信号输出(触点的闭合或分断)的继电器称为时间继电器。它在控制电路中起着按时间控制的作用,其感测部分接受输入信号以后,经过一定的时间,通过执行机构操纵控制回路。

时间继电器的选用原则如下:

(1) 时间继电器类型的选择。电磁式时间继电器结构简单,价格低廉,但延时较短,且只能用于直流断电延时。电动式时间继电器的延时精确度较高,延时可调范围大(有的可达几十小时),但价格较贵。空气阻尼式时间继电器的结构简单,价格低廉,延时范围较大(0.4～180s),有通电延时和断电延时两种,但延时误差较大。晶体管式时间继电器的延时可达几分钟到几十分钟,比空气阻尼式好,比电动式短,延时精确度比空气阻尼式好,比电动式略差。根据以上各种类型的特点,在选用时若为对延时精度要求不高的场合,一般采用 JS7-A 系列空气阻尼式时间继电器;反之,若对延时精度要求较高,则可采用 JSl0、JSll、JS20 或 7PR 系列时间继电器。

(2) 时间继电器延时方式的选择。时间继电器有通电延时型和断电延时型两种,应根据控制线路的要求来选择其中一种延时方式的时间继电器。

(3) 时间继电器线圈电压的选择。根据控制线路电压来选择时间继电器吸引线圈的电压。

(4) 电压、频率、温度变化时的时间继电器选择:

① 在电源电压波动大的场合,采用空气阻尼式或电动式时间继电器比采用晶体管式为好;

② 电源频率波动大的场合，不宜采用电动式时间继电器；

③ 在温度变化较大场所，不宜采用空气阻尼式时间继电器。

(5) 安装方式的选择。根据需要 JS7-A 系列时间继电器为面板式安装，而 JS11 和 JS20 系列均有面板式和装置式两种，且都采用插入式装置；7PR 系列有螺钉安装、面板式安装和顶形帽卡轨扣装三种安装形式。

(八) 电流继电器的选择

根据输入电流的大小而动作的继电器，称为电流继电器。电流继电器有过电流、欠电流之分。过电流继电器通常用在重复短时工作制电动机控制电路中，作为电动机的过电流保护之用。电流继电器还广泛用于线路、变压器等的过负荷保护和短路保护，在电力起重运输机械中应用也较多。欠电流继电器能在电路电流过低时动作，供切断电路之用。高返回系数电流继电器主要用作交流异步电动机的堵转保护。

电流继电器的选用原则如下：

(1) 过电流继电器的选择：

① 过电流继电器的触点种类、数量、额定电流应满足控制电路的要求；

② 过电流继电器线圈的额定电流应大于或等于电动机的额定电流；

③ 过电流继电器的动作电流，一般为电动机额定电流的 1.7~2 倍；频繁启动时，为电动机额定流的 2.25~2.5 倍。

(2) 欠电流继电器的选择：

① 欠电流继电器线圈的额定电流应大于或等于直流电动机励磁绕组的额定电流；

② 欠电流继电器的吸合动作电流应小于或等于直流电动机励磁绕组额定电流的 80%；

③ 欠电流继电器的释放动作电流应小于直流电动机最小励磁电流的 80%。

(九) 按钮的选择

(1) 根据按钮使用场合、结构形式、触头数及颜色进行选用。

(2) 电动葫芦最好选用能作为单独元件使用的 LA2 系列按钮。灰尘较多场所最好选用 LA14-1 系列按钮。

(3) 线路的电压应不超过按钮的额定电压 (交流电压 500V 或直流电压 440V)。

(4) 线路的电流应不超过按钮的额定电流 (不超过 5A)。

(十) 启动器

启动器是由启动和停止电动机所需要的开关电器与适当的过负荷保护电器组合而成的组合电器。它主要用于三相交流异步电动机的启动、停止或正反转的控制。启动器按操作方式分为手动、自动和遥控三种；按启动过程中是否采取降压措施可分为直接启动器和减压启动器两大类。直接启动器是在全压下直接启动电动机，适用于较小功率的电动机。减压启动器是用各种方法降低电动机启动时的电压，以减小启动电流，适用于较大功率的电动机。常用的启动器主要有手动启动器、电磁启动器 (又称磁力启动器)、自耦减压启动器、星—三角启动器、频敏变阻启动器、启动控制柜等多种。

启动器的选用原则如下：

(1) 启动器应根据负载性质，是否要求限制启动电流和启动时对机械负载的冲击进行选择。各种启动器的选择见表 2-8。

表 2-8 启动器的选择

负载性质	选用设备使用要求		
	限制启动电流	减小启动时对机械负载的冲击	不要求限制启动电流及启动时对机械负载的冲击
要求启动力矩大,力矩增加快的负载	电抗启动器	电阻启动器	直接启动器
无载或轻载启动	星—三角形启动器 电阻启动器 电抗启动器		
负载转矩与转速成平方关系	自耦减压启动器 延边三角形启动器 电抗启动器		
摩擦负载	延边三角形启动器 电阻启动器 电抗启动器		
阻力矩小的惯性负载	星—三角形启动器 延边三角形启动器 自耦减压启动器 电抗启动器		
恒转矩负载	延边三角形启动器 电阻启动器 电抗启动器	电阻启动器 电抗启动器	
重力负载	—	电抗启动器	
恒重负载	—		

（2）根据电源容量,考虑电动机启动时对电网的影响,由被控电动机功率与电网容量（或电源变压器容量）之比确定启动方式,选用相应的启动器,见表 2-9。

表 2-9 根据电源容量选择启动器

电动机功率(kW)与电源变压器容量(kV·A)之比	0.35 以下	0.35~0.58	0.58 以上
启动方式	直接启动	降压启动 串联电阻、电抗的方式或 Y—△降压启动	延边三角形变换方式或自耦降压启动

（3）启动器选用注意事项：

① 各种启动器有不同的启动特性,选用时应对各种启动器的特点进行分析比较,先确定启动器的型号,然后根据被控电动机功率,确定启动器的容量等级,并按电动机的额定电流选择热元件。

② 选用延边三角形启动器的操作频率。星—三角启动器中,一般电动机绕组与热元件串联后接成三角形连接,因此热元件可按电动机额定线电流的 $1/\sqrt{3}$ 选择。

选用的启动器还应与短路保护电器协调配合。通常选用熔断器作为短路保护器,它应安装于启动器的电源侧(综合启动器内部已装有熔断器,不必另行考虑)。熔断器应能分断安装点的预期短路电流。在综合启动器中,一般按启动器额定电流的 2.5 倍选配熔断器,以保证电动机启动时不发生误动作。此外,熔断器与热继电器的保护特性的交点应选择适当,以便充分利用接触器的分断能力,又不至于因分断故障电流而烧坏接触器。图 2-4 所示为保护特性的配合。

(十一)频敏变阻启动器的选择

频敏变阻器是一种静止的无触点电磁元件。它具有对频率的敏感反应而自动改变阻值的特点,故称它为频敏变阻器。作为启动电阻串入绕线式异步电动机转子电路中,不仅可以限制启动电流,还能获得接近恒转矩的启动转矩,减小机械和电流的冲击,实现电动机平稳无级启动等。频敏变阻启动器由接触器(或开关)和可串接在电动机转子回路的频敏变阻器构成。用频敏变阻启动器启动,由于接入一个能随转子转速变化而自动改变阻抗的变阻器,故可限制启动电流。它用于控制交流绕线式异步电动机的短时启动、反复短时启动、滑差调节、反接制动。调节铁心气隙和线圈抽头,可获得不同的启动特性。

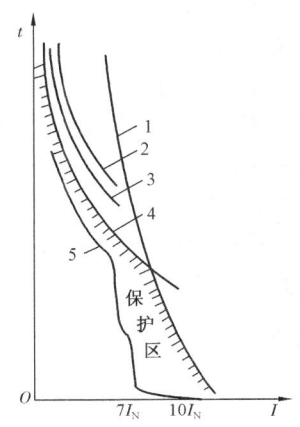

图 2-4 保护特性的配合
1—熔断器特性;2—电动机允许过负荷特性;3—热继电器特性(上限);4—热继电器特性(下限);5—电动机启动特性

频敏变阻器的选用原则如下:

(1)频敏变阻器类型的选择,要根据生产机械的负载特性(轻载、重轻载、重载)和操作频繁程度,选用与之相适应的频敏变阻器类型。通常可参照生产机械和频敏变阻器的产品说明书来选配。

(2)频敏变阻器的规格选择。确定频敏变阻器的类型之后,应根据电动机的功率,可从产品样本中确定配用的频敏变阻器的规格。

(3)频敏变阻器控制方案的确定:

① 偶尔启动用频敏变阻器,在启动后应短接切除。如果电动机自身带有短路装置,可直接利用它来短接。如果电动机没有短接装置,可加装刀开关进行短接,也可借助接触器来短接(接触器的控制方式有人工控制和用继电器自动控制两种)。

② 重复短时使用频敏变阻器的控制。由于频繁操作,可将频敏变阻器接在电动机的转子回路上,而不另装接触器等短路设备。

第三章 典型电气设备控制电路

电力拖动是指用电动机作为原动机来拖动生产机械,如车床、铣床、磨床等各种机床的运转及起重机、轧钢机、卷扬机等各类机械的运转都是由电动机来带动的。

由于不同生产机械的工作性质和加工工艺的不同,使得它们对电动机的运转要求也不相同。要使电动机按照生产机械的要求正常运转,必须配备一定的电器控制设备和保护设备,组成一定的控制线路,才能达到目的。常见的电动机的控制线路有正反转控制、位置控制、顺序控制、降压启动控制、调速控制和制动控制等。而在生产实践中,一台比较复杂的机床或成套生产机械的控制线路,总是由一些基本控制线路组成的。因此,掌握好上述基本控制线路,对掌握各种机床及机械设备的电气控制线路的运行和维修是非常重要的。本章分别介绍这些基本控制线路。

第一节 星—三角启动控制电路

星—三角(Y—△)降压启动是指电动机启动时,把定子绕组接成Y形,以降低启动电压,限制启动电流。待电动机启动后,再把定子绕组改接成△形,使电动机全压运行。凡是在正常运行时定子绕组做△形连接的异步电动机,均可采用这种Y—△降压启动方法。

电动机启动时接成Y形,加在每相定子绕组上的启动电压只有△形接法的 $1/\sqrt{3}$,启动电流为△形接法的 1/3,启动转矩也只有△接法的 1/3。所以这种降压启动方法,只适用于轻载或空载下启动。常用的Y—△降压启动控制线路有下述几种。

一、QX3-13 型Y—△自动启动器

(一)电路的构成

QX-13 型Y—△自动启动器外形结构和电路如图 3-1 所示。这种启动器主要由 3 个接触器(KM、KM_Y、$KM_\triangle$)、一个热继电器 FR、一个通电延时型时间继电器 KT 和按钮等组成。

(二)电路工作原理

电动机启动,合上总电源开关,按下启动按钮 SB1,交流接触器 KM 线圈得电,自锁触点闭合,主触点闭合,电动机绕组的首端接同电源,同时 KM_Y 线圈得电其常闭触点断开对 $KM_\triangle$ 线圈联锁,主触点闭合,电动机绕组末端接成星形,电动机星形启动,同时通电延时时间继电器 KT 线圈得电,触点等待动作,待整定时间到延时断开的触点断开,使星端打开,此时延时闭合的触点闭合,使 $KM_\triangle$ 线圈得电,$KM_\triangle$ 常开触点闭合自锁常闭触点断开,使 KM_Y 和 KT 的线圈失电,此时,$KM_\triangle$ 的主触点闭合,电动机绕组接成三角形运行,降压启动结束。电动机停止时,按下停止按钮 SB2 即可。

运行中出现过载,热继电器 FR 的常闭触点断开,交流接触器 KM、$KM_\triangle$ 线圈失电,电动机

第三章 典型电气设备控制电路

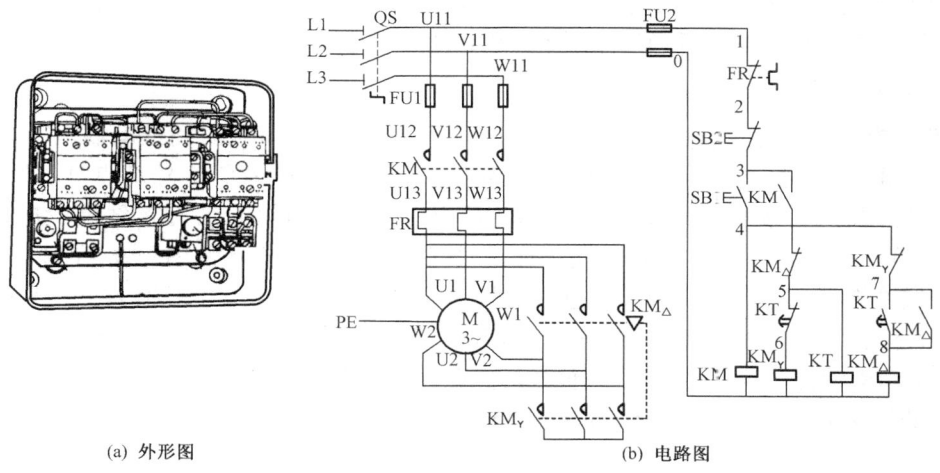

(a) 外形图 (b) 电路图

图 3-1 QX3-13型丫—△自动启动器外形结构和电路图

停止运行。运行中出现短路则熔断器动作进行保护。

二、QX4(改进)系列丫—△启动器电路

QX4(改进)系列丫—△启动器电路如图 3-2 所示。

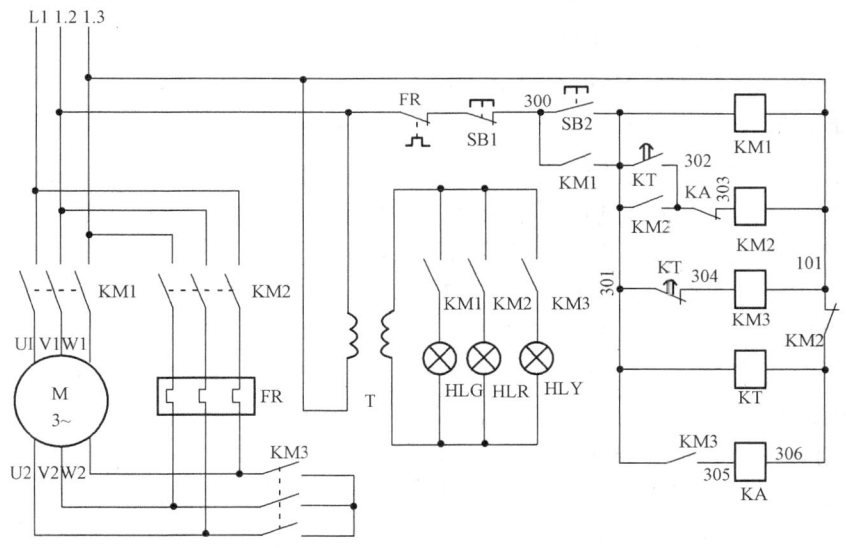

图 3-2 QX4(改进)系列丫—△启动器电路图

(一)电路构成

QX4(改进)系列丫—△启动器电路由主电路、控制电路和信号显示电路等组成。主电路包括三相异步电动机 M、交流接触器 KM1、KM2、KM3 的主触头以及热继电器 FR 元件等。控制电路包括交流接触器 KM1、KM2、KM3 的线圈及其辅助接点,控制按钮 SB1、SB2,中间继电

器 KA,时间继电器 KT 以及热继电器 FR 的接点等。信号显示电路包括电源变压器 T、红色信号灯 HLR、绿色信号灯 HLG 和黄色信号灯 HLY 等。

(二)电路工作原理

线路得电后,按下启动按钮 SB2,KM1、KM3、KT 线圈同时得电,时间继电器延时开始。同时,KM1、KM3 的主触点闭合,电动机绕组接成星形启动,黄、绿色信号灯点亮。KM1 接点(300—301)闭合后,接触器 KM1 自锁;KM3 接点(301—305)闭合后,KA 线圈得电,其接点(302—303)断开,禁止 KM2 线圈参与工作。时间继电器延时结束后,KT 接点(301—304)断开,KM3 线圈失电,其主触点断开,黄色信号灯熄灭;KM3 的接点(301—305)断开,KA 线圈失电复位,其接点(302—303)闭合;KT 的接点(301—302)闭合,KM2 线圈得电吸合并自锁,主触点闭合,电动机转为三角形运行,红色信号灯点亮;同时,KM2 的接点(306—101)断开,时间继电器 KT 的线圈失电,其接点(301—304)复位闭合,接点(301—302)断开,为电动机再次启动做好准备。

三、XJ1(11~55kW)低压启动控制箱电路

(一)电路构成

XJ1(11~55kW)低压启动控制箱电路由主电路、控制电路和信号指示电路等组成,如图 3-3 所示。主电路包括电源控制开关 QF、交流接触器 KM1、KM2、KM3 的主触点、热继电器 FR 元件以及交流电动机 M 等。控制电路包括控制按钮 SB1、SB2,交流接触器 KM1、KM2、KM3 的线圈,中间继电器 KA,时间继电器 KT 以及热继电器 FR 的接点等。信号指示电路包括电源变压器 T,信号指示灯 HLR、HLY、HLG 以及交流接触器辅助接点等。

(二)电路工作原理

合上电源开关 QF 后,绿色指示灯 HLG 点亮,电路进入热备用状态。按下启动按钮 SB2 后,交流接触器 KM1 的线圈得电吸合并自锁,其主触点闭合,同时 KM1 的接点(4—6)闭合,于是 KM2 线圈和 KT 线圈得电。KM2 得电动作,其主触点闭合,电动机接成延边三角形减压启动,如图 3-4(a)所示,绿色指示灯 HLG 熄灭,黄色指示灯 HLY 点亮;KM2 的接点(4—6)闭合,为 KA 线圈投入工作做好准备;时间继电器 KT 的线圈得电,延时开始。经过一定时间后,时间继电器 KT 的常闭接点(5—11)断开,交流接触器 KM1 的线圈失电,KM1 的接点(6—4)断开,其常闭接点(6—8)复位;时间继电器 KT 的另一接点(5—9)闭合,KA 线圈得电并自锁,接点(5—9)闭合,KA 的接点(5—7)闭合,KM3 线圈得电,黄色和绿色信号指示灯熄灭,红色信号指示灯点亮,KM3 的主触点闭合,电动机绕组接成三角形运行,如图 3-4(b)所示。欲使电动机停机时,按下停止按钮 SB1,交流接触器 KM2 和 KM3 的线圈断电,电动机 M 停止工作。

四、XJ1(75~125kW)低压启动控制箱电路

如果电动机容量在 75~125kW 之间,可采用如图 3-5 所示电路。

(一)电路构成

XJ1(75~125kW)低压启动控制箱电路由主电路、控制电路、保护与测量电路以及信号指示电路等组成。主电路包括:电源开关 QF、交流接触器 KM1、KM2、KM3 的主触点以及交流电

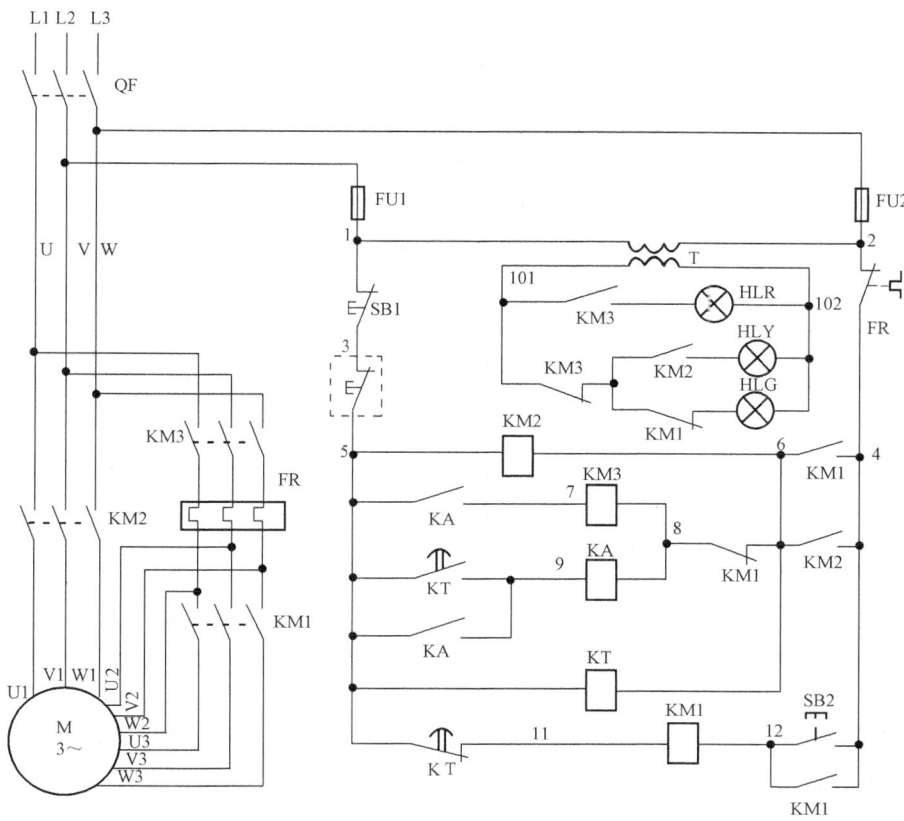

图 3-3 XJ1(11~55kW)低压启动控制箱电路

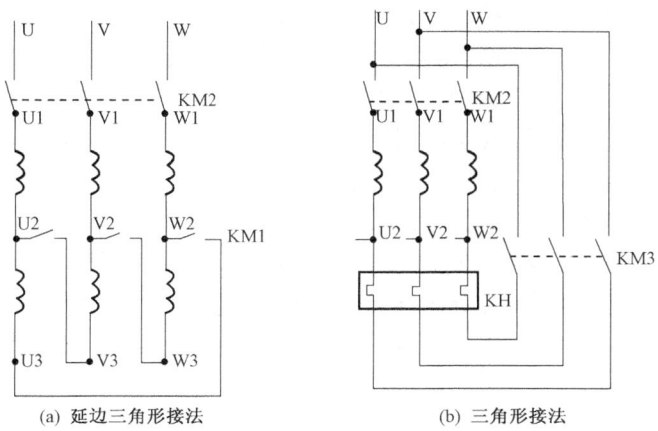

(a) 延边三角形接法　　　　(b) 三角形接法

图 3-4 XJ1(11~55kW)低压启动控制箱电路工作原理示意图

动机 M 等。控制电路包括：控制按钮开关 SB1、SB2，选择开关 SA，交流接触器 KM1、KM2、KM3 的线圈，中间继电器 KA1、KA2，时间继电器 KT 以及热继电器 FR 的接点等。保护与测量电路包括：热继电器 FR 元件，电流互感器 TA1、TA2 及中间继电器 KA2 的动断接点等。信号指示

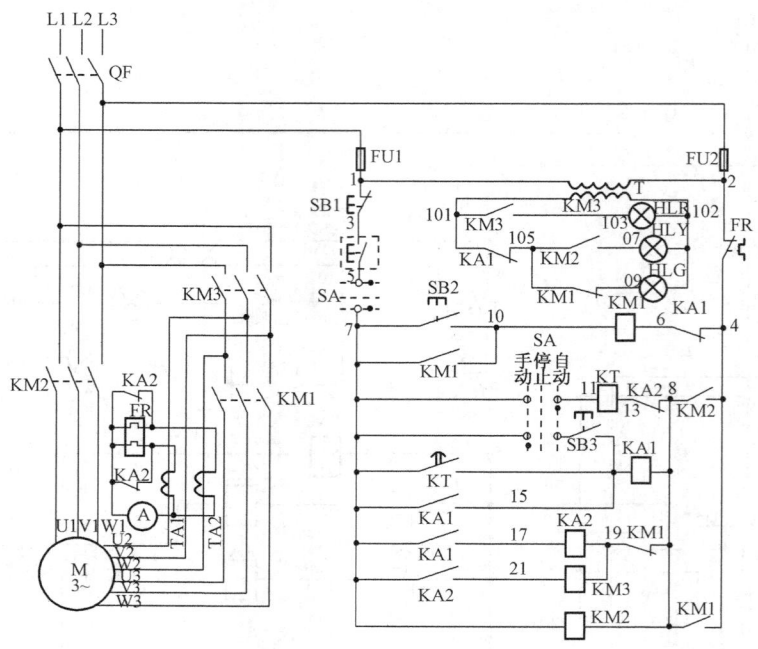

图 3-5 XJl(75~125kW)低压启动控制箱电路

电路包括：电源变压器 T，信号指示灯 HLR、HLY、HLG 及交流接触器辅助接点等。

（二）电路工作原理

XJ1(75~125kW)低压启动控制箱电路有手动和自动两种工作方式。

1. 手动操作

将转换开关 SA 置于"手动"位置，合上电源开关 QF，信号指示灯用变压器得电，绿色指示灯点亮。按下启动按钮 SB2，交流接触器 KM1 的线圈得电吸合并自锁，接点（7—10）闭合，其主触点闭合；KM1 的接点（105—09）断开，绿色指示灯熄灭；同时 KM1 的接点（4—8）闭合，于是 KM2 线圈得电。KM2 线圈得电动作，其主触点闭合，电动机接成延边三角形减压启动，黄色指示灯 HLY 点亮。待电动机转速平稳时，按下开关 SB3，于是 KA1 线圈得电吸合并自锁，打开其接点（101—105），黄色指示灯熄灭；KA1 接点（7—17）闭合，为 KA2 投入运行做好准备；KA1 接点（4—6）断开，KM1 线圈失电复位，其主触点断开；KM1 的辅助接点（4—8）断开，由 KM2 的接点保持控制回路不失电；KM1 接点（8—19）复位后，KA2 线圈得电动作，其接点（7—21）接通，KM3 线圈得电动作，其接点（101—103）接通，红色指示灯点亮；KM3 的主触点闭合，电动机接成三角形运转。

2. 自动运行

合上电源开关 QF，将转换开关 SA 置于"自动"位置，信号指示灯用变压器得电，绿色指示灯点亮；转换开关 SA 的接点（5—7）、（7—11）接通，电路进入热备用状态。按下启动按钮 SB2，交流接触器 KM1 的线圈得电吸合并自锁，其主触点闭合；KM1 的接点（105—09）断开，绿色指示灯熄灭；同时，KM1 的接点（4—8）闭合，于是 KM2 线圈得电，其主触点闭合，电动机接成延边三角形减压启动,黄色指示灯 HLY 点亮。在 KM2 线圈得电的同时,时间继电器 KT 的线圈也得电开始动作。经过一定时间后,时间继电器 KT 的常开接点(7—15)闭合,KA1 线圈得电并自锁,其接点(101—105)断开,黄色指示灯熄灭;KA1 的接点(4—6)断开,KM1 线圈失电复位;KM1 的主触点断开,辅助接点(8—19)复位闭合,KA2 线圈得电动作,KA2 在测量回路中的两对接点断开,热继电器的热元件投入运行;KA2 的接点(7—21)接通,KM3 线圈得电动作,其接点(101—103)接通,红色指示灯点亮;KM3 的主触点闭合,电动机绕组接成三角形运行。

若要使电动机停止运行时,按下停止按钮 SB1,交流接触器 KM2 和 KM3 的线圈失电,电动机停止工作,将选择开关 SA 旋至"停止"挡。

五、XJ01 型降压启动器控制电路

XJ01 型降压启动器是常用的丫—△启动器之一,有 14~28kW、80~15kW、135~190kW、225~300kW 等多种规格。XJ01 型降压启动器控制电路如图 3-6 所示。

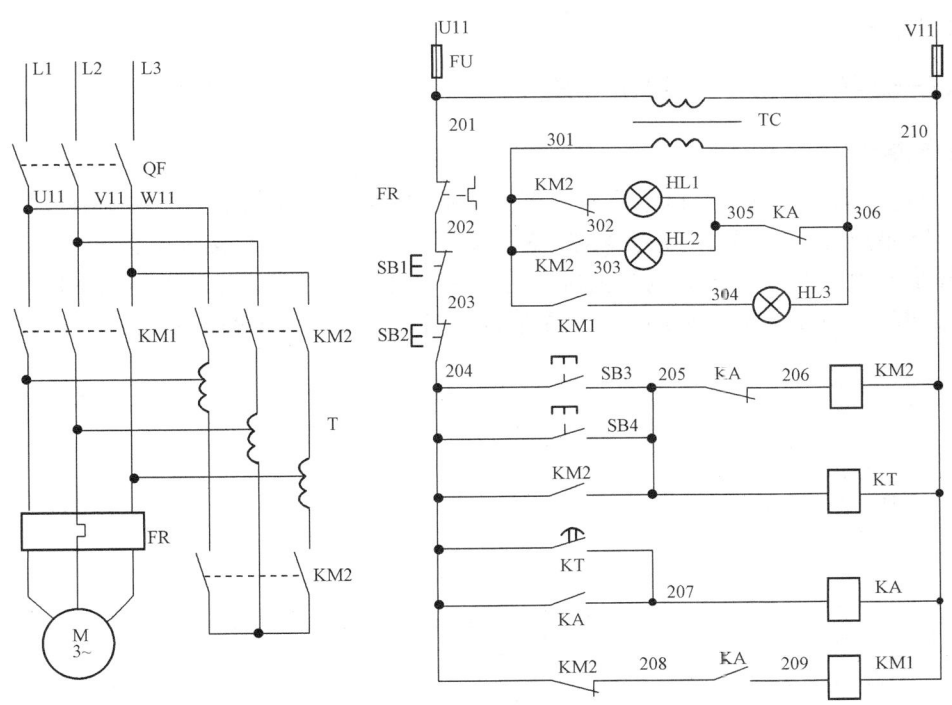

图 3-6 XJ01 型降压启动器控制电路

(一)电路构成

XJ01 型降压启动器控制电路由主电路、控制电路和信号指示电路等组成。XJ01 型降压启动器控制电路的主回路包括:交流接触器 KM1 和 KM2 的主触点、自耦变压器 T 和热继电器 FR 元件等。控制电路包括:交流接触器 KM1、KM2 的线圈及辅助接点,中间继电器 KA,时间继电器 KT,启动按钮 SB3、SB4,停止按钮 SB1、SB2 以及热继电器 FR 的接点等。信号指示电路包括:电源变压器 TC、信号指示灯 HL1、HL2 以及交流接触器辅助接点、中间继电器接点等。

(二)电路工作原理

合上电源开关 QF,绿色指示灯 HL1 点亮。按下启动按钮 SB3(或 SIM)后,KM2 线圈得电动作并自锁,其常闭接点(301—302)打开,HL1 熄灭;KM2 的常开接点(301—303)闭合,黄色指示灯 HL2 点亮;KM2 主触点闭合,电动机 M 经自耦变压器 T 降压启动;KM2 的接点(204—205)闭合,时间继电器 KT 的线圈得电开始延时。延时时间一到,KT 的延时常开接点(204—207)闭合,中间继电器 KA 线圈得电并自锁,其常闭接点(305—306)打开,黄色指示灯 HL2 熄灭;KA 的接点(205—206)打开,切断 KM2 线圈的工作电源,使 KM2 复位,自耦变压器 T 退出电路。KA 的常开接点(208—209)闭合后,KM1 线圈得电动作,其主触点接通三相电源,电动机 M 全压运行;KM1 的接点(301—304)闭合,红色指示灯 HL3 点亮,时间继电器 KT 的线圈 KM2 复位而断电释放。按下停止按钮开关 SB1(或 SB2)后,控制电路失电,交流接触器 KM1 释放,电动机 M 停止运行。

注意事项:图 3-6 中按钮开关 SB2、SB4 可用于远程启动、停机,如果不用远程启动和停机,将按钮开关 SB2、SB4 可省略。

六、丫—△降压启动空气压缩机电路

(一)电路构成

丫—△降压启动空气压缩机电路由两部分组成:主电路和控制电路。主电路包括电源开关 QF、短路保护熔断器 FU、交流接触器 KM1、KM2、KM3 的主触点、热继电器 FR 元件以及三相交流异步电动机 M 等。控制电路包括热继电器 FR 的动断接点、时间继电器 KT、交流接触器 KM1、KM2、KM3 的线圈和辅助接点以及控制按钮 SB1、SB2 等电路构成如图 3-7 所示。

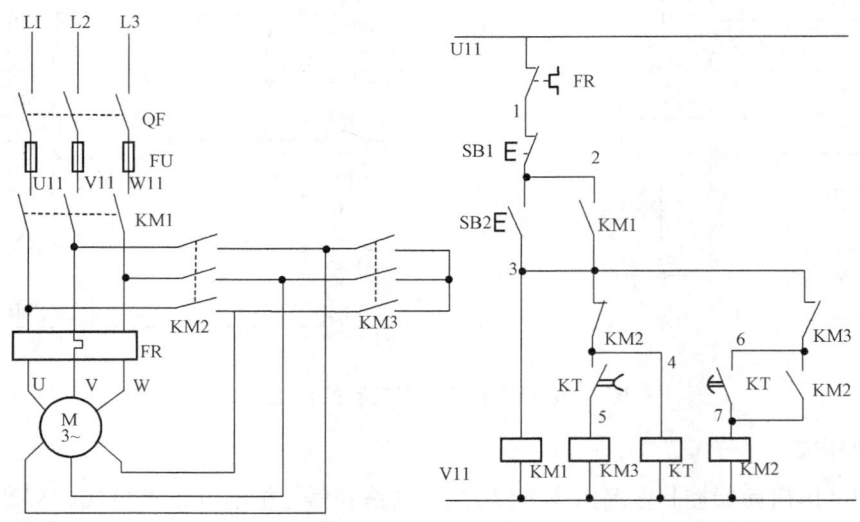

图 3-7 丫—△降压启动空气压缩机电路

（二）电路工作原理

合上电源开关 QF，控制电路得电。按下开关 SB2，交流接触器 KM1 的线圈得电动作，在其主触点闭合的同时，其动合接点（2—3）闭合自锁，电流依次经过 U11—FR 的接点 SB1—KM1 的接点（2—3）—KM2 的接点（3—4）—KT 的线圈、KT 的接点（4—5）、KM3 的线圈—V11，时间继电器 KT 开始延时；KM3 的主触点闭合，电动机绕组接成星形启动；KM3 的动断接点（3—6）打开，禁止 KM2 线圈参与工作。时间继电器 KT 延时结束时，其动断接点（4—5）断开，交流接触器 KM3 的线圈失电复位，KM3 的主触点断开，KM3 的接点（3—6）闭合。与此同时，时间继电器 KT 的动合接点（6—7）闭合，交流接触器 KM2 的线圈得电并吸合自锁，其主触点闭合，电动机绕组接成三角形运行。

七、Y—△启动锅炉引风机电路

（一）电路构成

Y—△启动锅炉引风机电路由两部分组成：主电路和控制电路。主电路包括电源开关 QF、交流接触器 KM1、KM2、KM3 的主触点以及三相异步电动机 M 等。控制电路包括时间继电器 KT、交流接触器 KM1、KM2、KM3 的线圈和辅助接点以及按钮开关 SB1、SB2 等，如图 3-8 所示。

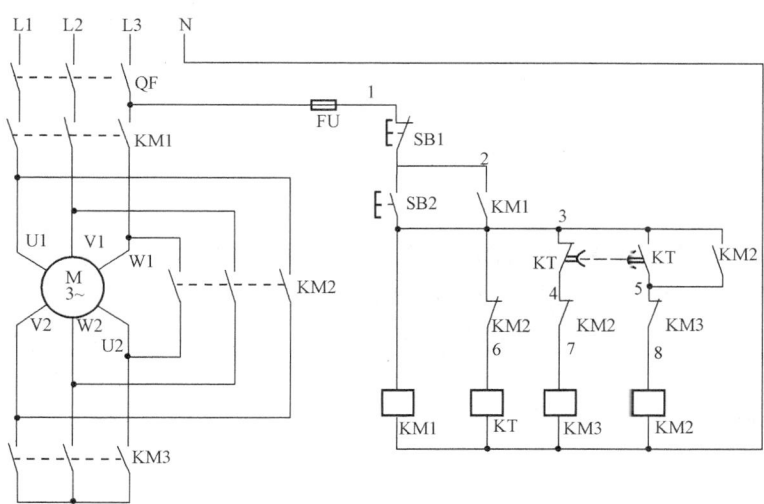

图 3-8 Y—△启动锅炉引风机电路

（二）电路工作原理

合上电源开关 QF，按下 SB2，KM1 线圈得电吸合并自锁，其主触点闭合；时间继电器 KT 的线圈得电，延时开始。KM3 线圈同时得电动作，KM3 的辅助接点（5—8）断开，禁止 KM2 线圈工作；KM3 的主触点闭合，电动机绕组接成星形启动。延时时间结束时，时间继电器 KT 的延时断开常闭接点（3—4）断开，KM3 线圈失电复位。时间继电器的延时闭合常开接点（3—5）闭合，KM2 线圈得电吸合并自锁，KM2 的主触点闭合，电动机绕组接成三角形运转；KM2 的接点(4—7)断开,禁止 KM3 线圈工作;KM2 的接点(3—6)断开,KT 线圈失电复位,为下次启动做好准备。

注意事项:本电路采用双锁技术,确保电动机绕组在Y—△转换过程中可靠动作。双锁技术的原理是:时间继电器 KT 的接点(3—4)不断开时,KT 的接点(3—5)不能闭合;交流接触器 KM3 不释放时,其接点(5—8)不能闭合,KM2 线圈也就无法获得工作电源。

八、电动机Y—△—Y转换电路

电动机Y—△—Y转换电路如图 3-9 所示。

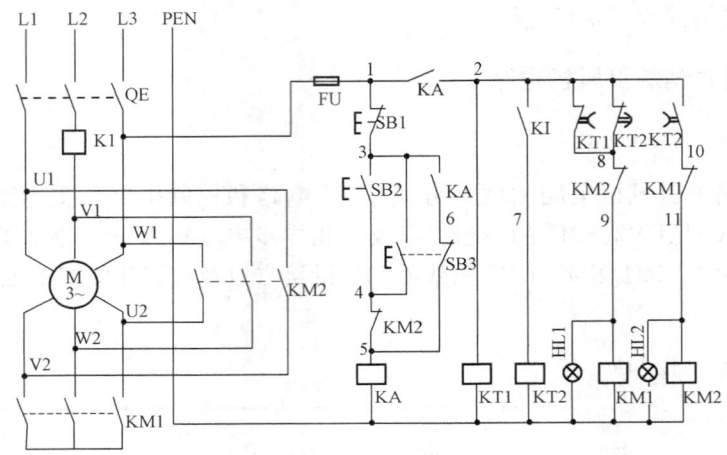

图 3-9 电动机Y—△—Y转换电路

(一)电路构成

电动机Y—△—Y转换电路由两部分组成:主电路和控制电路。主电路包括电源开关 QF、交流接触器 KM1 和 KM2 的主触头以及三相异步电动机 M 等。控制电路包括按钮开关 SB1、SB2、SB3,中间继电器 KA,时间继电器 KT1、KT2,交流接触器 KM1、KM2 的线圈及其辅助接点,信号指示灯 HL1、HL2 等。

(二)电路工作原理

1. Y—△转换

合上电源开关 QF,按下 SB2,电流依次经过 FU—SB1—SB2—KM2 接点—KA 线圈—PEN,KA 线圈得电吸合,其接点(1—2)、(3—6)同时闭合。时间继电器 KT1 的线圈得电,延时开始。KM1 线圈得电后,HL1 同时点亮,KM1 的接点(10—11)断开,禁止 KM2 线圈得电工作;KM1 的主触点闭合,将电动机绕组接成星形启动。KT1 延时结束,其延时常闭接点(2—8)断开,KM1 线圈的电源控制由时间继电器 KT2 的常闭接点(2—8)担当。随着启动电流的进一步增大,电流继电器 KI 动作,其接点(2—7)闭合,时间继电器 KT2 的线圈得电,其常闭接点(2—8)瞬时断开,KM1 线圈失电复位,HL1 同时熄灭。KT2 的瞬时闭合常开接点(2—10)闭合,KM2 线圈得电吸合,HL2 点亮;KM2 的接点(8—9)断开,禁止 KM1 线圈得电工作;KM2 的主

第三章 典型电气设备控制电路

触点闭合,电动机绕组接成三角形运转。

2. Y—△转换

如果电动机的工作电流小于电流继电器 KI 线圈的维持电流,电流继电器 KI 的接点(2—7)断开,时间继电器 KT2 的线圈失电,KT2 的接点(2—10)延时断开,KM2 线圈失电复位,HL2 熄灭;KT2 的接点(2—8)延时闭合,KM1 线圈得电吸合,并且禁止 KM2 线圈得电工作,HL1 再次点亮,KM1 的主触点闭合,电动机绕组接成星形运转。图 3-9 中 SB3 为点动控制按钮,在需要短暂运行时使用。

注意事项:当电动机处于满载时,定子绕组接成三角形;当电动机处于轻载时,定子绕组接成星形。也可根据设备使用情况,通过改变电流继电器 KI 的整定值来确定三角形接法在整个使用过程中的比例。这是一个节能效果良好的实用电路。

第二节 顺序启动电路

在装有多台电动机的生产机械上,各电动机所起的作用是不相同的,有时需要按照一定的顺序启动,才能保证操作过程的合理性和工作的安全可靠。例如,X62W 型万能铣床上要求主轴电动机启动后,进给电动机才能启动;又如,M7120 型平面磨床的冷却液泵电动机,要求当砂轮电动机启动后才能启动,像这种要求一台电动机启动后另一台电动机才能启动的控制方式,称为电动机的顺序控制。下面介绍几种常见的顺序控制电路。

一、顺序启动同时停止电路

(一)电路的构成

顺序启动同时停止电路包括主电路和控制电路,其中主电路有隔离电源和负载的闸刀开关,短路保护的熔断器交流接触器 KM1 和 KM2 的主触点,热继电器 FR1 和 FR2 的热元件,两台三相异步电动机。控制电路有作为控制回路短路保护的熔断器,热继电器的热元件,交流接触器 KM1 和 KM2 的线圈及辅助触点,启动按钮 SB1 和 SB2,停止按钮 SB3。电路构成如图 3-10 所示。

(二)工作原理

需要启动第一台电动机时,合上总电源开关 QS,按下启动按钮 SB1,KM1 线圈得电,自锁触点闭合,主触点闭合,电动机 M1 启动运行,第一台电动机启动后,才能启动第二台电动机。需要启动第二台电动机时,按下启动按钮 SB2,KM2 线圈得电自锁触点闭合,主触点闭合,第二台电动机启动运行。需要停止时按下 SB3,KM1 和 KM2 线圈失电,所有触点断开,电动机停止运行。运行过程中如有一台电动机过载,两台电动机同时停止工作。

二、顺序启动单独停止电路和顺序启动逆序停止电路

主电路构成如图 3-10 所示。控制电路如图 3-11 所示,主要由热继电器的常闭触点,交流接触器 KM1、KM2 线圈及其常开的辅助触点,启动按钮 SB11 和 SB21,停止按钮 SB12、SB22 构成。

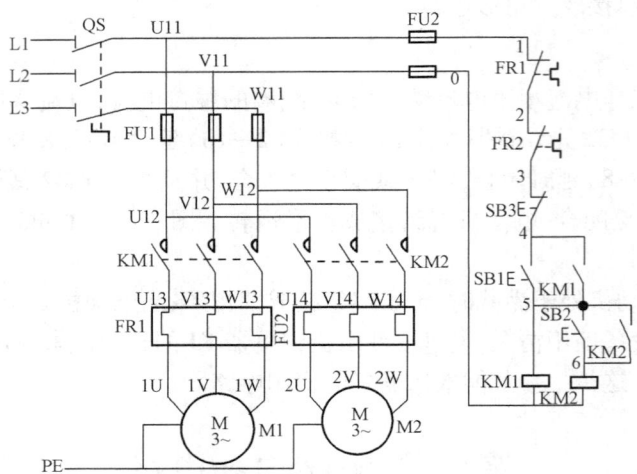

图3-10 顺序启动同时停止电路

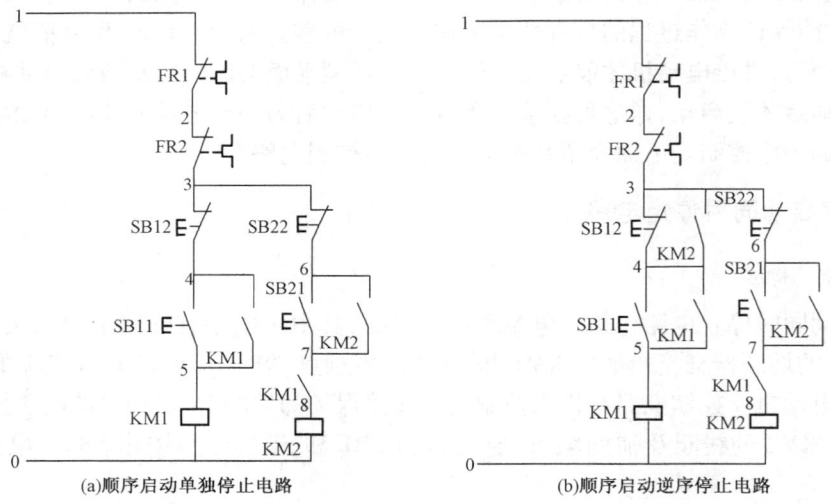

(a)顺序启动单独停止电路　　　　　　(b)顺序启动逆序停止电路

图3-11 顺序启动单独停止电路和顺序启动逆序停止电路

顺序启动单独停止电路的工作原理:按下启动按钮SB11,KM1线圈得电,自锁触点闭合,常开的辅助触点闭合,为第二台电动机启动做好准备,KM1的主触点闭合第一台电动机启动运行。需要启动第二台电动机时,按下启动按钮SB21,KM2线圈得电,自锁触点闭合,KM2的主触点闭合,第二台电动机启动运行。运行中需要停止时,按下SB12,KM1和KM2线圈同时失电,两台电动机同时停止。如按下SB22,KM2线圈失电,第二台电动机停止运行,如需要第一台电动机停止按下SB12,KM1线圈失电第一台电动机停止运行。从而实现顺序启动,同时停止,或先停第二台电动机,再单独停第一台电动机。

顺序启动逆序停止电路的工作原理:按下启动按钮SB11,KM1线圈得电,自锁触点闭合,常开的辅助触点闭合,为第二台电动机启动做好准备,KM1的主触点闭合,第一台电动机启动运行。需要启动第二台电动机时,按下启动按钮 SB21,KM2 线圈得电,自锁触点闭合,KM2 的常开辅助触点闭合,为逆序停止做好准备,同时 KM2 的主触点闭合,第二台电动机启动运行。运行中需要停止时,按下 SB22,KM2 线圈失电,第二台电动机停止运行。如按下 SB12,KM1 线圈不能失电,第一台电动机不能停止,只有第二台电动机停止运行后,按下 SB12,KM1 线圈才能失电,第一台电动机停止运行,从而实现顺序启动,逆序停止。

三、皮带传输机控制电路

皮带传输机顺序启动、逆序停止控制电路如图 3-12 所示。

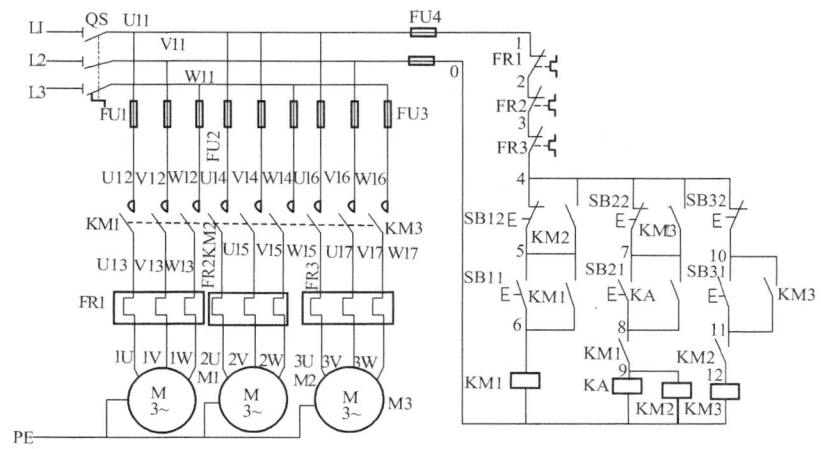

图 3-12 逆序停止控制电路

(一)电路的构成

皮带传输机控制电路由主电路和控制电路组成。主电路主要有隔离电源和负载的闸刀开关,短路保护的熔断器,交流接触器 KM1、KM2 和 KM3 的主触点,热继电器 FR1、FR2 和 FR3 的热元件,三台三相异步电动机。控制电路有作为控制回路短路保护的熔断器,热继电器的热元件,交流接触器 KM1、KM2 和 KM3 的线圈及辅助触点,中间继电器的线圈和常开辅助触点,启动按钮 SB11、SB21 和 SB31,停止按钮 SB12、SB22 和 SB32。

(二)电路的工作原理

(1)M1(1 号)、M2(2 号)、M3(3 号)依次顺序启动。

首先合上总电源开关 QS,按下启动按钮 SB11,KM1 线圈得电,KM1 自锁触点闭合自锁,KM1 常开辅助触点闭合,KM1 主触点闭合电动机 M1(1 号)启动运行。第一台电动机启动后,如需要启动第二台电动机,按下 SB21,KA、KM2 线圈得电,KA 自锁触点闭合自锁,KM2 两对常开辅助触点闭合,KM2 主触点闭合,电动机 M2(2 号)启动运行。第二台电动机启动后,如需要启动第三台电动机,按下 SB31,KM3 线圈得电,KM3 自锁触点闭合自锁,KM3 常开辅助触点闭合,KM3 主触点闭合,电动机 M3(3 号)启动运行。

(2)停止时,M3(3 号)、M2(2 号)、M1(1 号)依次逆序停止。

按下 SB32,KM3 线圈失电,KM3 自锁触点断开解除自锁,KM3 常开辅助触点分断,KM3 主触点分断,第三台电动机 M3(3号)停止运行。按下 SB22,KA、KM2 线圈失电,KA 自锁触点断开解除自锁,KM2 两对常开辅助触点断开,KM2 主触点断开,第二台电动机 M2(2号)停止运行。按下 SB12,KM1 线圈失电,KM1 自锁触点断开解除自锁,KM1 常开辅助触点断开,KM1 主触点断开,第一台电动机 M1(1号)停止运行。

四、1t 锅炉引风机和鼓风机控制电路

(一)电路构成

1t 锅炉引风机和鼓风机控制电路由两部分组成:主电路和控制电路。主电路包括电源控制开关 QF1、QF2,交流接触器 KM1、KM2 的主触点,三相交流电动机 M1 和 M2 等。控制电路包括控制按钮开关 SB1~SB4,旋转开关 SA2,压力开关 SP,水位信号开关 SL,交流接触器 KM1、KM2 的线圈及辅助接点,时间继电器 KT,中间继电器 KA1、KA2 以及信号指示灯 HL1、HL2、HL7、HL8 和 HL9 等。电路构成如图 3-13 所示。

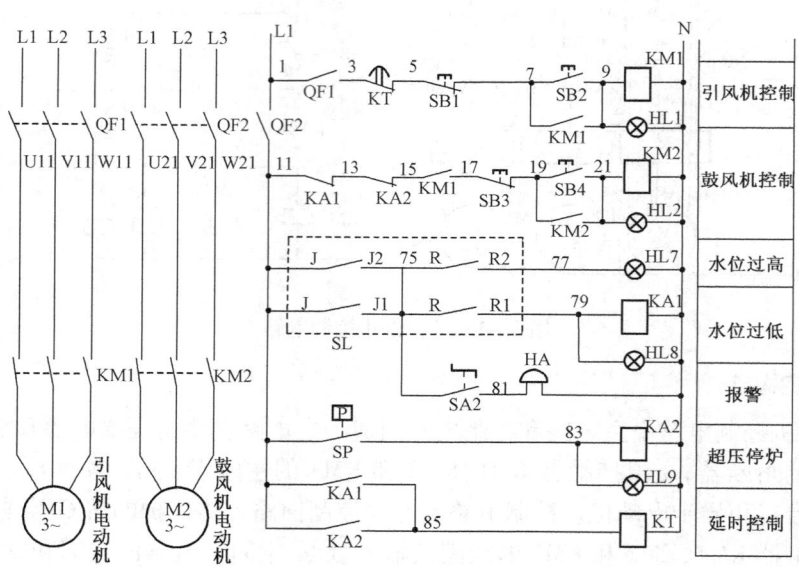

图 3-13 1t 锅炉引风机和鼓风机控制电路

(二)电路工作原理

分别合上引风机、鼓风机的电源开关 QF1 和 QF2,电路进入热备用状态。按下 SB2 后,电流依次经过 L1—QF1 的接点(1—3)—KT 的接点(3—5)—SB1—SB2—KM1 的线圈—N,指示灯 HL1 点亮。KM1 线圈得电后吸合并自锁,其主触点闭合,引风机电动机 M1 启动运行;KM1 的接点(15—17)闭合,为鼓风机投入运行做好准备。按下 SB4,电流依次经过 L1—QF2 的接点(1—11)—KA1 的接点(11—13)—KA2 的接点(13—15)—KM1 的接点(15—17)—SB3—SB4—KM2 线圈—N,指示灯 HL2 点亮。KM2 线圈得电后动作并自锁,其主触点闭合,鼓风机电动机 M2 启动运行。鼓风机电动机需要停机时,按下 SB3,指示灯 HL2 熄灭,KM2 线圈失电复位,其主触点断开电源,鼓风机电动机停止工作。引风机电动机需要停机时,按下 SB1,指示灯 HL1 熄灭，KM1 线圈失电复位，主触点断开电源，引风机电动机停止工作。如果运行中先按下停止按钮 SB1，则引风机电动机停机时，鼓风机电动机也将停机。如果锅炉中水位过高，则 HL7 点亮；如果锅炉中水位过低，则 HL8 点亮，同时 KA1 线圈得电动作，时间继电器 KT 的线圈得电，其延时接点（3—5）打开，KM1 线圈失电，引风机电动机停止工作，鼓风机电动机也同时停止工作。当值班人员闻讯后，可操作旋转开关到断开位置，警铃 HA 停止报警，但信号灯仍然点亮。如果水位过高或水位过低，都不得启动引风机电动机和鼓风机电动机。水位过高或过低状态解除后，应将 SA2 复位，以便下一次报警使用。如果运行中锅炉压力超过设定压力，压力继电器动作，SP 闭合，中间继电器 KA2 的线圈得电动作，其接点（11—85）闭合，时间继电器 KT 的线圈得电，其延时接点（3—5）打开，KM1 线圈失电复位，引风机、鼓风机电动机都停止运行。

第三节 多速异步电动机的控制电路

由三相异步电动机的转速公式 $n=(1-S)\dfrac{60f_1}{P}$ 可知，改变三相异步电动机转速可通过三种方法来实现：一是改变电源频率 f_1；二是改变转差率 S；三是改变磁极对数 P。下面主要介绍通过改变磁极对数来实现电动机调速的控制线路。

改变异步电动机的磁极对数调速称为变极调速。变极调速是通过改变定子绕组的连接方式来实现的，它是有级调速，且只适用于笼型异步电动机。凡磁极对数可改变的电动机称为多速电动机，常见的多速电动机有双速、三速、四速等。

双速异步电动机定子绕组的连接，双速异步电动机定子绕组的△/丫丫接线如图 3-14 所示。图 3-14（a）中，三相定子绕组接成△形，由三个连接点接出三个出线端 U1、V1、W1，从每相绕组的中点各接出一个出线端 U2、V2、W2，这样定子绕组共有 6 个出线端。通过改变这六个出线端与电源的连接方式，就可以得到两种不同的转速。要使电动机在低速工作时，就把三相电源分别接至定子绕组作△形连接顶点的出线端 U1、V1、W1 上，另外三个出线端 U2、V2、W2 空着不接，此时电动机定子绕组接成△形，磁极为四极，同步转速为 1500r/min；若要使电动机高速工作，就把三个出线端 U1、V1、W1 并接在一起，另外三个出线端 U2、V2、W2 分别接到三相电源上，如图 3-14（b）所示，这时电动机定子绕组接成丫丫形，磁极为两极，同步转速为 3000r/min。可见双速电动机高速运转时的转速是低速运转转速的两倍。值得注意的是双速电动机定子绕组从一种接法改变为另一种接法时，必须把电源相序反

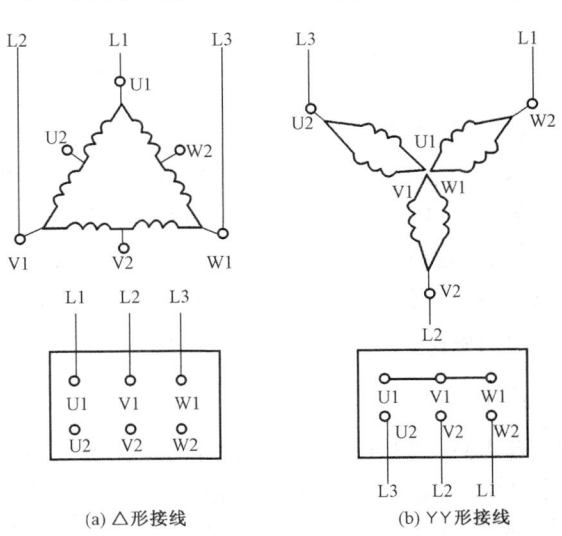

图 3-14 双速异步电动机定子绕组的△/丫丫接线

接,以保证电动机的旋转方向不变。

一、接触器控制双速电动机的电路

用按钮和接触器控制双速电动机的电路如图 3-15 所示。其中 SB1、KM1 控制电动机低速运转;SB2、KM2、KM3 控制电动机高速运转。

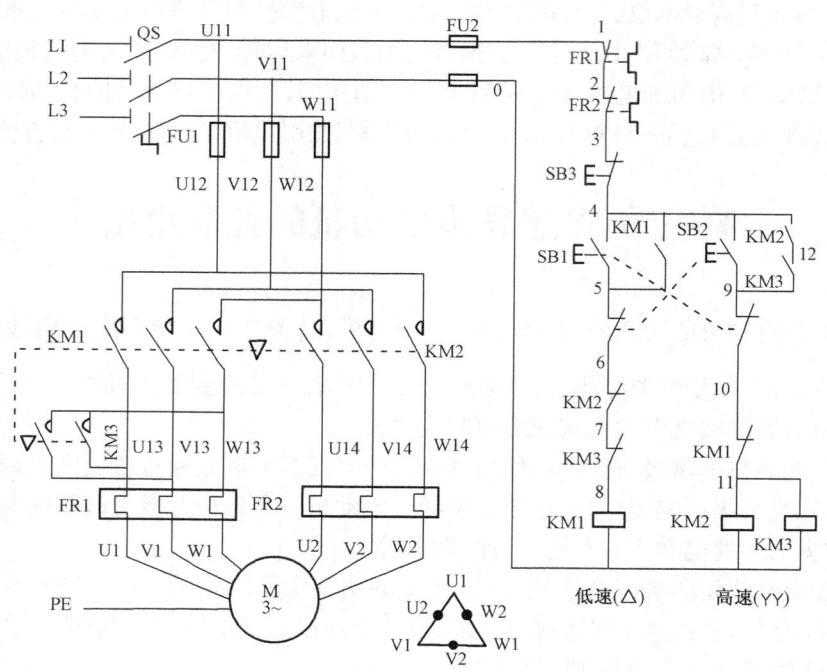

图 3-15 用按钮和接触器控制双速电动机的电路

(一)电路的构成

双速电动机的控制电路由两部分组成:主电路和控制电路。主电路包括电源控制开关 QS、熔断器 FU1、热继电器 FR1 和 FR2,交流接触器 KM1、KM2、KM3 的主触点,双速电动机 M 等。控制电路包括控制按钮开关 SB1、SB2 和 SB3,控制回路的短路保护 FU2,热继电器的常闭触点,交流接触器 KM1、KM2 和 KM3 的线圈及辅助接点等。

(二)电路工作原理

1. 低速(△)启动运行

合上总电源开关 QS,按下启动按钮 SB1,SB1 的常闭触点分断对 KM2 和 KM3 联锁,SB1 的常开触点后闭合使 KM1 线圈得电,KM1 自锁触点闭合自锁,常闭触点断开对 KM2 和 KM3 联锁,KM1 主触点闭合,电动机绕组接成三角形(△)低速启动运转。

2. 高速(YY)启动运行

按下启动按钮 SB2,SB2 常闭触点先断开,使 KM1 线圈失电,KM1 自锁触点分断,KM1 联锁触点闭合,KM1 主触点断开。SB2 的常开触点闭合,KM2 和 KM3 线圈同时得电。KM2、KM3

自锁触点闭合自锁,KM2、KM3 联锁触点断开,对 KM1 联锁,KM2、KM3 主触点闭合,电动机绕组接成YY形高速启动运行。

停止时,按下 SB3 即可实现。

二、时间继电器控制双速电动机的控制线路

用按钮和时间继电器控制双速电动机低速启动,高速运转的电路图如图 3-16 所示。时间继电器 KT 控制电动机低速(△)启动时间和△—YY的自动换接运转。

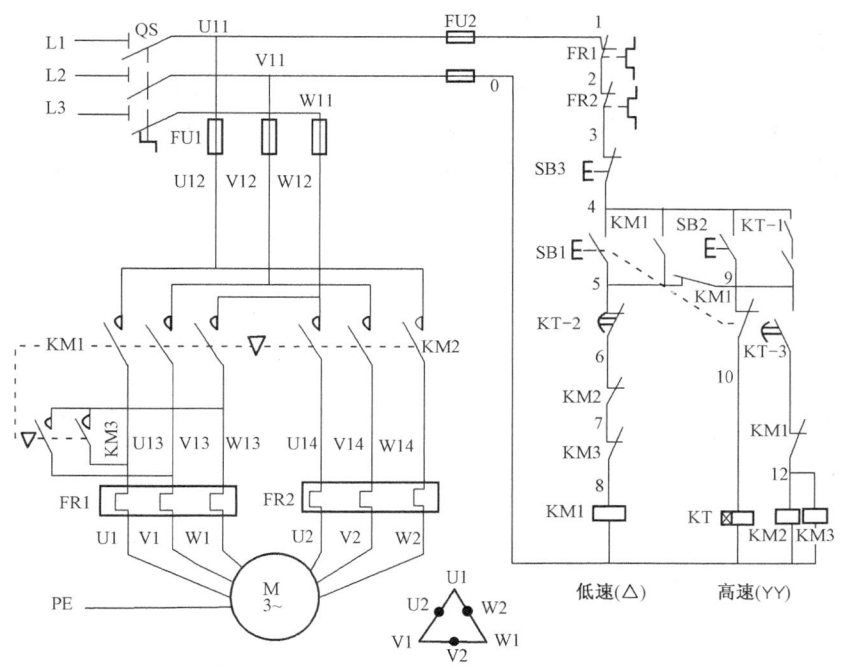

图 3-16 用按钮和时间继电器控制双速电动机低速启动高速运转的电路图

(一)电路的构成

双速电动机的控制电路由两部分组成:主电路和控制电路。主电路包括电源控制开关 QS、熔断器 FU1、热继电器 FR1 和 FR2,交流接触器 KM1、KM2、KM3 的主触点,双速电动机 M 等。控制电路包括控制按钮开关 SB1、SB2 和 SB3,控制回路的短路保护 FU2,热继电器的常闭触点,交流接触器 KM1、KM2 和 KM3 的线圈及辅助接点,通电延时时间继电器线圈及延时动作和瞬时动作的触点等。

(二)电路工作原理

1. 低速(△)启动运行

合上总电源开关 QS,按下启动按钮 SB1,SB1 的常闭触点分断,SB1 的常开触点闭合后使 KM1 线圈得电,KM1 自锁触点闭合自锁,KM1 常闭触点断开,对 KM2 和 KM3 联锁,KM1 主触点闭合,电动机绕组接成三角形(△)低速启动运转。

2. 高速(YY)启动运行

按下启动按钮 SB2,KT 线圈得电,KT-1 常开触点瞬时闭合自锁,经 KT 整定时间,KT-2 先分断,KM1 线圈失电,KM1 常开触点均分断,KM1 常闭触点闭合,KT-3 闭合,KM2 和 KM3 线圈同时得电,KM2、KM3 联锁触点断开对 KM1 联锁,KM2、KM3 主触点闭合,电动机绕组接成高速YY启动运行。

停止时,按下 SB3 即可实现。

(三)1t 锅炉炉排电动机控制电路

1. 电路构成

1t 锅炉炉排电动机控制电路由两部分组成:主电路和控制电路。主电路包括电源开关 QF3、交流接触器 KM3、KM4 和 KM5 的主触点以及三相交流电动机 M3 等。控制电路包括控制按钮 SB5、SB6 和 SB7、交流接触器 KM3、KM4 和 KM5 的线圈和辅助接点、信号指示灯 HL3 等,如图 3-17 所示。

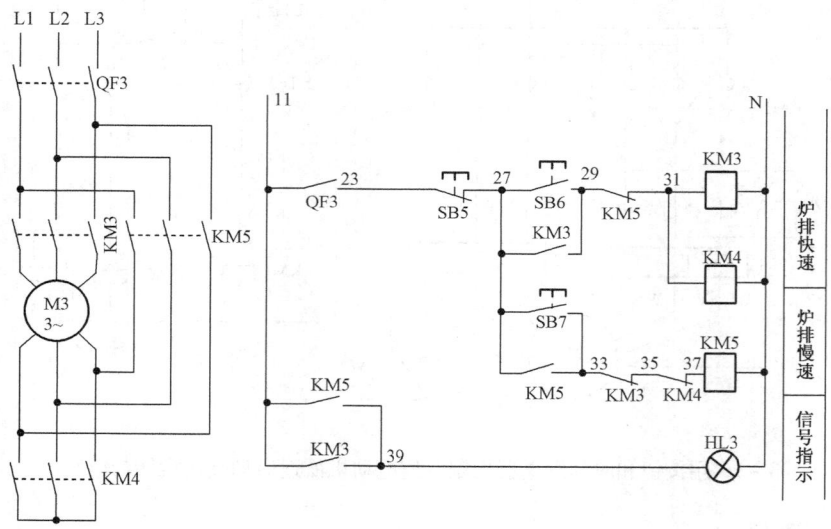

图 3-17 1t 锅炉炉排电动机控制电路

2. 电路工作原理

合上电源开关 QF3 后,电路进入热备用状态。

1)炉排快速运行

当需要炉排快速运行时,按下 SB6,电流依次经过 11—QF3—SB5—SB6—KM5 的接点 (29—31)—KM3 线圈(KM4 线圈)—N。KM3(KM4)线圈得电后动作,KM3 的接点(27—29) 闭合并自锁,KM3 的接点(11—39)闭合,指示灯 HL3 点亮;KM3、KM4 的主触点闭合,炉排电动机绕组接成星形运转;同时,KM3 的接点(33—35)以及 KM4 的接点(35—37)断开,禁止 KM5 线圈投入工作。需要停机时,按下 SB5,KM3 线圈和 KM4 线圈同时失电复位,炉排停止工作,指示灯 HL3 熄灭。

2）炉排慢速运行

当需要炉排慢速运行时，按下 SB7，电流依次经过 11—QF3—SB5—SB7—KM3 的接点（33—35）—KM4 的接点（35—37）—KM5 线圈—N。KM5 线圈得电后动作，其接点（27—33）闭合自锁，接点（11—39）闭合，HL3 点亮；KM5 的主触点闭合，炉排电动机绕组接成三角形运转；同时，KM5 的接点（29—31）断开，禁止 KM3 线圈和 KM4 线圈投入工作。需要停机时，按下 SB5，KM5 线圈失电复位，炉排停止工作，HL3 熄灭。

第四节 加热装置控制电路

一、温度自控加热炉电路

温度自控加热炉电路如图 3-18 所示。

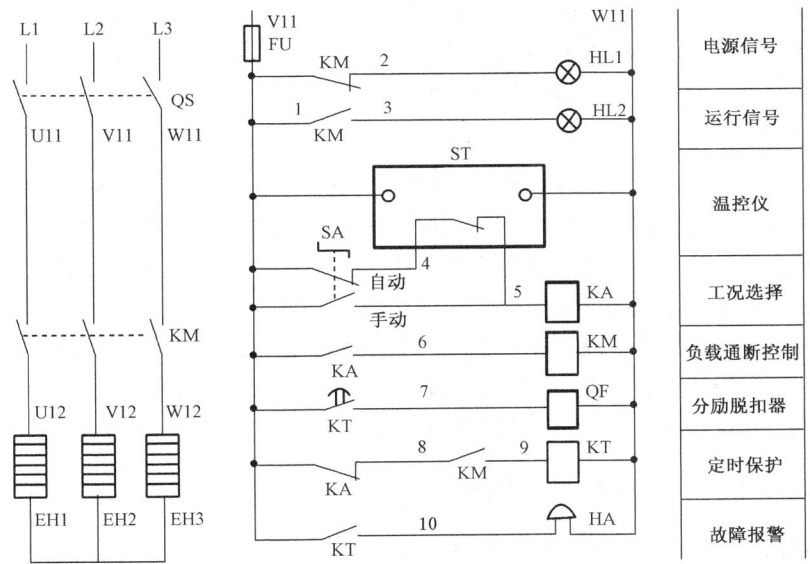

图 3-18 温度自控加热炉电路

（一）电路构成

温度自控加热炉电路由两部分组成：主电路和控制电路。主电路包括电源开关 QS、交流接触器 KM 的主触点和三相电阻丝加热器 EH1、EH2、EH3 等。控制电路包括时间继电器 KT，分励脱扣器 QF 的线圈，接触器 KM 的线圈，中间继电器 KA，温控仪 ST，信号指示灯 HL1、HL2 以及警铃 HA 等。

（二）电路工作原理

合上电源开关 QS 后，信号指示灯 HL1 点亮，电路进入热备用状态。

1. 手动控制

如果开关 SA 处于"断开"位置,则温控仪不参与工作。当开关 SA 位于"手动"位置时,KA 线圈得电吸合,其接点(1—8)断开,禁止时间继电器 KT 的线圈参与工作。KA 的接点(1—6)闭合,KM 线圈得电动作,其主触点闭合,加热器进行加热。KM 的接点(8—9)闭合,接点(1—2)断开,信号指示灯 HL1 熄灭,KM 的接点(1—3)闭合,信号灯 HL2 点亮。需要停止加热时,使开关 SA 位于"停止"挡,开关接点(1—5)断开,继电器 KA 的线圈失电复位,KM 线圈相继失电复位,其主触点断开加热器电源,加热器停止加热,信号指示灯也恢复到初始状态。

2. 自动控制

合上开关 QS 后,温控仪 ST 投入运行。如果将开关 SA 置于"自动"位置,在炉温低于温控仪设定温度时,温控仪内的接点(4—5)闭合,中间继电器 KA 的线圈得电动作,其接点(1—8)断开,接点(1—6)闭合,KM 线圈得电动作,KM 的主触点闭合,加热器得电加热;KM 的接点(8—9)闭合,为时间继电器 KT 的线圈投入工作做好准备;KM 的接点(1—2)断开,信号指示灯 HL1 熄灭;KM 的接点(1—3)闭合,信号指示灯 HL2 点亮。当加热温度达到设定温度时,温控仪内的接点(4—5)断开,KA 线圈失电复位,于是 KM 线圈也失电复位,其主触点断开加热器电源,加热器停止加热,信号指示灯也恢复到初始状态。

3. 超温定时保护

如果电路发生故障(如交流接触器触点熔焊),即使温控仪达到设定温度时能正常断开控制接点(4—5),中间继电器 KA 能自动复位,但也无法使接触器断开加热器电源,炉温仍将继续上升,直至发生事故。为此,电路中设置了过热定时保护电路。当温控仪正常执行任务自动复位后,如果加热器还继续加热,则意味着交流接触器仍在工作,其接点(8—9)仍处于闭合状态。因此,时间继电器 KT 的线圈得电,其瞬时闭合接点(1—10)闭合,HA 发出报警声响。延时时间结束时,时间继电器的延时闭合接点(1—7)闭合,分励脱扣器 QF 的线圈得电动作,电源开关 QS 跳闸,主电源被切断,电热器被强迫停止工作。

二、双功能三相电阻加热炉控制电路

双功能三相电阻加热炉控制电路如图 3-19 所示。

(一)电路构成

双功能三相电阻加热炉控制电路由主电路和控制电路组成。主电路包括三相交流电源开关 QF、双向晶闸管 VS1、VS2、VS3 及其触发电路、交流接触器 KM 的主触头以及三相电阻器加热器 EH1、EH2、EH3 等。控制电路包括选择开关 SA、双向晶闸管 VS4 及其触发电路、中间继电器 K1、双向晶闸管触发控制继电器 K2、接触器 KM 的线圈、二位温控仪 WT 以及信号灯 HL1、HL2 等。

(二)电路工作原理

1. 手动控制加热

合上电源开关 QF 后,电路进入热备用状态。将旋转开关 SA 置于"手动"位置时,继电器 K1 的线圈得电动作,其接点(201—206)闭合,为接触器 KM 的线圈投入运行做准备;K1 的接

第三章 典型电气设备控制电路

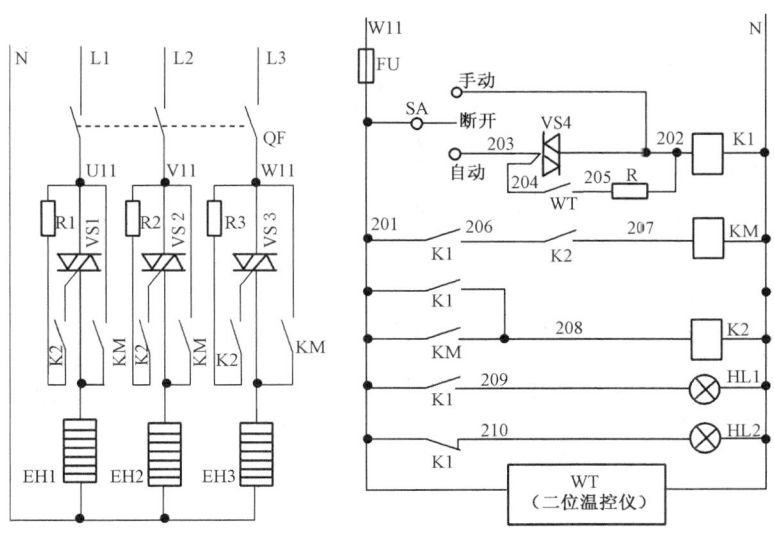

图 3-19 双功能三相电阻加热炉控制电路

点(201—209)闭合,信号灯 HL1 点亮;K1 的接点(201—210)断开,信号灯 HL2 熄灭;K1 的接点(201—208)闭合,继电器 K2 的线圈得电动作。K2 的接点(206—207)闭合,接触器 KM 的线圈得电动作,其主触头闭合,加热器得电加热。继电器 K2 的各常开接点闭合,双向晶闸管 VS1、VS2、VS3 处于备用状态,如果接触器的某对触点出现断路故障,则与之并联的双向晶闸管导通,不影响加热器加热。

2. 自动控制加热

将旋转开关 SA 置于"自动"位置,当温度低于温控仪的设定温度时,WT 的接点(204—205)闭合,双向晶闸管 VS4 导通,继电器 K1 的线圈得电动作。K1 的接点(201—206)闭合,为接触器 KM 的线圈投入运行作准备;K1 的接点(201—209)闭合,信号灯 HL1 点亮;K1 的接点(201—210)断开,信号灯 HL2 熄灭;K1 的接点(201—208)闭合,继电器 K2 的线圈得电动作。K2 的接点(206—207)闭合,接触器 KM 的线圈得电动作,其主触点闭合,加热器得电加热;KM 的接点(201—208)闭合,保持 K2 线圈得电。继电器 K2 的各常开接点闭合,双向晶闸管 VS1、VS2、VS3 处于备用状态,如果接触器的某对触点出现断路故障,则与之并联的双向晶闸管导通,不影响加热器加热。

当加热温度达到设定值上限时,温控仪 WT 起控,其接点(204—205)断开,继电器 K1 的线圈失电复位,接触器 KM 的线圈和继电器 K2 的线圈也相继失电复位,加热器停止加热。当温度下降到设定值下限时,温控仪再次启动,电路又重复上述过程。如此周而复始,使炉温保持在一定范围内。

三、Y—△自动切换加热器电路

Y—△自动切换加热器电路如图 3-20 所示。

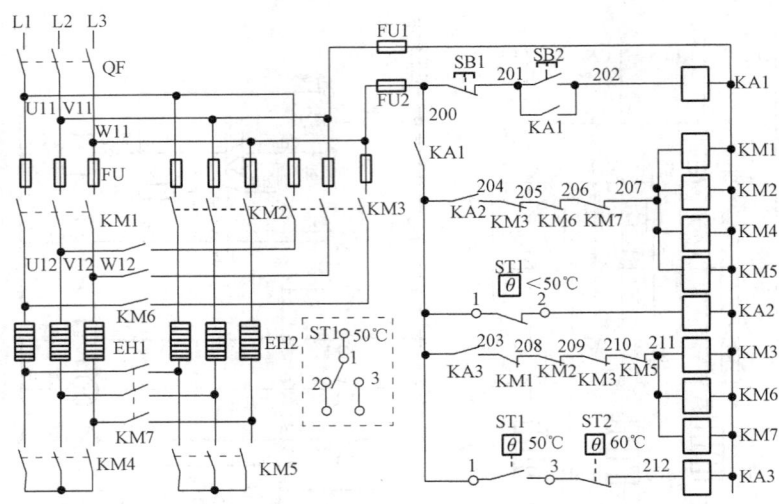

图 3-20 Y—△自动切换加热器电路

（一）电路构成

Y—△自动切换加热器电路由两部分组成：主电路和控制电路。主电路包括电源控制开关 QF、交流接触器 KM1～KM7 的主触点以及电加热器 EH1、EH2 等。控制电路包括控制按钮 SB1、SB2、交流接触器 KM1～KM7 的线圈及其辅助接点，WTEH-03 型压力式温度控制器 ST1、ST2 以及中间继电器 KA1～KA3 等。

（二）电路工作原理

合上电源开关 QF，按下开关 SB2，继电器 KA1 的线圈得电吸合并自锁；KA1 的常开接点（200—1）闭合，在 50℃ 以内，ST1 的接点（1—2）处于闭合状态（设定温度为 50℃），KA2 的线圈得电动作，其常开接点（1—204）闭合，接触器 KM1、KM2、KM4 和 KM5 的线圈得电吸合，它们的常闭接点断开，禁止 KM3、KM6 和 KM7 的线圈得电；KM1、KM2、KM4 和 KM5 的主触点闭合，EH1、EH2 都接成星形（Y）加热。当温度超过 50℃（切换温差为 3℃）时，ST1 的接点（1—2）断开，KA2 复位，KM1、KM2、KM4 和 KM5 的线圈失电复位，ST1 的接点（1—3）闭合。由于 ST2 的设定温度为 60℃，所以在 60℃ 以内 ST2 的接点（1—2），也就是图 3-20 中的（3—212）接通，于是 KA3 的线圈得电动作，其常开接点闭合，KM3、KM6 和 KM7 的线圈得电吸合，加热器转换为串联三角形（△）连接，加热功率约下降 1/3。当加热温度升高到 60℃ 时，ST2 的接点（1—2）断开，加热器停止加热。

当温度低于 60℃ 时，ST2 的接点（1—2）又闭合，使加热器 EH1、EH2 再次投入工作，确保温度保持在 55～60℃。

四、Y—△—Y自动切换加热器电路

Y—△—Y自动切换加热器电路如图 3-21 所示。

第三章 典型电气设备控制电路

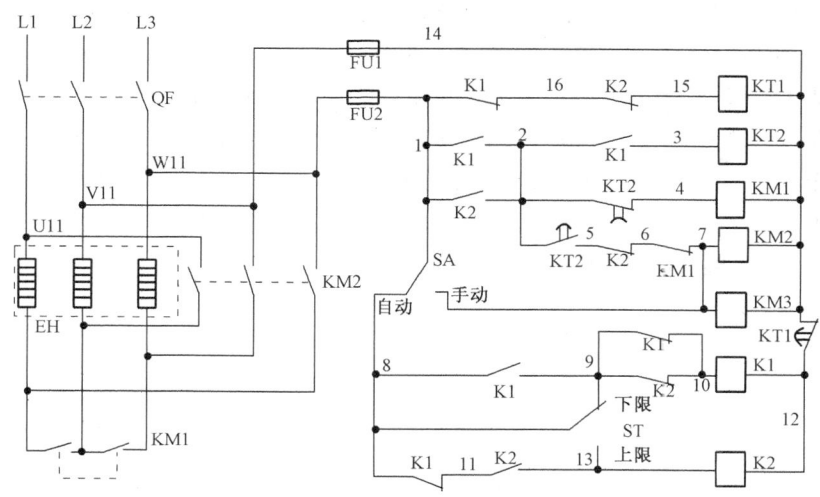

图 3-21 丫—△—丫自动切换加热器电路

(一)电路构成

丫—△—丫自动切换加热器电路由两部分组成：主电路和控制电路。主电路包括电源控制开关 QF，交流接触器 KM1、KM2 的主触头以及电热丝 EH 等。控制电路包括三部分：公共电路、手动控制电路和自动控制电路。公共电路包括时间继电器 KT1 的线圈和转换开关 SA 等。手动控制电路包括接触器 KM2 和 KM3 的线圈等。KM2 线圈用于启动加热电路，KM3 线圈用于控制鼓风机。自动控制电路包括中间继电器 K1、K2，时间继电器 KT2，交流接触器 KM1、KM2 以及温度控制开关 ST 等。

(二)电路工作原理

1. 手动控制

合上电源开关 QF，将选择开关 SA 置于"手动"位置，接触器 KM2、KM3 的线圈同时得电动作。接触器 KM3 的主触点闭合，鼓风机启动运行；接触器 KM2 的主触点闭合，加热器接成三角形(△)加热。时间继电器 KT1 线圈得电，延时打开接点(14—12)，禁止 K1、K2 线圈参与工作。

2. 自动控制

将选择开关 SA 置于"自动"位置，合上电源开关 QF，控制电路得电。当烘房温度低于温度传感器 ST 的下限温度时，其接点(8—9)接通，电流依次经过 W11—FU2—SA 的接点(1—8)—ST 的接点(8—9)—K1、K2 的接点(9—10)—K1 线圈—KT1 的接点(12—14)—FU1—V11，继电器 K1 的线圈得电动作。K1 的接点(9—10)、(8—11)断开，K1 的接点(1—16)断开，禁止 KT1 参与工作；K1 的接点(1—2)、(2—3)、(8—9)闭合，时间继电器 KT2 的线圈得电，延时开始。接触器 KM1 的线圈得电，其主触点闭合，加热器接成星形(丫)通电加热。KM1 的接点(6—7)断开，禁止 KM2 得电动作。当时间继电器 KT2 的延时时间结束时，KT2 的接点(2—

5)闭合,接点(2—4)断开,KM1线圈失电复位,KM1的接点(6—7)闭合,KM2线圈得电吸合,其主触点闭合,加热器接成三角形(△)加热。KM3线圈得电,鼓风机同时启动运行。当电炉温度上升至温度传感器ST的上限值时,ST的接点(8—9)断开,接点(8—13)接通,继电器K2的线圈得电吸合,K2的接点(9—10)断开,K1线圈失电复位;K2的接点(5—6)断开,禁止KM2投入工作;K2的接点(16—15)断开,禁止KT1参与工作;K2的接点(1—2)、(11—13)闭合,接触器KM1的线圈得电吸合,加热器由三角形(△)改接成星形(丫)加热,当温度下降至某一值时,ST又自动转换,并且重复上述过程。

第四章 电动机及电气设备故障诊断方法

第一节 电气设备故障诊断方法与技巧

人总免不了要生病,电气设备也和人一样总要发生故障,现在还没有永远不出故障的设备。人生了病有时还可以凭着本身的抵抗力自愈,而各种电气设备出了故障却没有自行修复的能力,只有依靠维修人员来修理。维修人员若没有过硬的检修技术,往往无法迅速使设备正常运行,从而严重影响生产。有些关键设备如果不及时检修,甚至会造成重大损失,严重时还会造成事故。这时维修工作就像抢救危重病人一样,必须争分夺秒地进行。因此,维修工作是保证设备正常运行、减少停工损失的重要环节,绝不能忽视。

维修电工想要做到"手到病除",首先要具备必要的基础知识,了解掌握电气设备中各种常用电气元件的结构、性能、用途、可能有的故障,以及故障现象和发生原因;熟悉电气设备的电气原理图和图中各个电气元件所在位置和相互间关系。对于各种检测仪表、工具,如常用的测电笔、万用表、绝缘电阻表、钳形电流表等,要了解掌握它们的结构、性能、用途,要懂得正确使用方法,要清楚其应知、应会、应注意事项。在通常的情况下,检查故障的时间往往比修理的时间长,检查故障主要是脑力劳动。

如果把有故障的电气设备比作病人,维修电工就好比医生。电气设备在使用中可能会发生故障,就像人有时也会生病一样。不过,电气设备不像人那样,部分组织或内脏坏了有时会成为"绝症",而任何电器坏了,即使不能修理也还可以调换,因此电气设备只要查出故障所在,没有不治之症。我国中医诊断学有一套经典做法:四诊(望、闻、问、切)、八纲和症候。电气故障诊断可参考中医诊断手法,结合设备故障的特殊性和诊断电气故障的成功经验,总结归纳为"六诊"要诀,另外还引申出根据电气设备诊断特殊性的"八法"、"三先后"要诀。"六诊"、"八法"、"三先后"是一套行之有效的电气设备诊断的思想方法和工作方法。

事物往往是千变万化和千差万别的,电气设备出现的故障更是五花八门、千奇百怪,电气设备检修人员常讲:"只有想不到的故障,没有发生不了的故障。"本章介绍的"六诊"、"八法"、"三先后",电气故障诊断要诀,只是一种思想方法和工作方法,并非孔明的锦囊妙计,切不可死搬硬套。同一种故障可能会有不同的表象,而同一种表象又可能是不同的故障,对于多种故障同时存在的情况则更加复杂。检修人员要善于透过现象看本质,善于抓住事物的主要矛盾。掌握"诊断要诀",一要有的放矢,二要机动灵活。"六诊"要有的放矢,"八法"要机动灵活,"三先后"也并非一成不变。另外,要善于独立思考和总结积累经验,才能做到动手前胸有成竹,动起手来轻车熟路。只有这样才能锻炼成为诊断电气设备故障的行家里手。

一、六诊

"六诊"即口问、眼看、耳听、鼻闻、手摸、表测六种诊断方法,简单地讲就是通过"问、看、听、闻、摸、测"来发现电气设备的异常情况,从而找出故障原因和故障所在部位。前"五诊"是凭人的感官,通过口问、眼看、耳听、鼻闻和手(触)摸对电气设备故障进行有的放矢的诊断,统称为感官诊断,又称为直观检查法。感官诊断法在现场应用时十分方便、简捷,常常采取顺藤摸瓜式检查方法,找到故障原因及故障所在部位。但感官查找属于主观监测方法,由于各人的技术经验差异,诊断结果有时也不相同。为了减少偏差,可采用"多人会诊法",把各人不同的感觉,不同的判断提出来共同商讨,求得正确的结论。

"六诊"中的"表测",即应用电气仪表测量某些电气参数的大小,经与正常的数值对比后,来确定故障原因和部位,称为仪表测量诊断法。测量法确定故障原因和部位时,常采用优选法(黄金分割点、二分法)逐步缩小故障范围,直至快速准确地查到故障点。

(一)口问

当一台设备的电气系统发生故障后,检修人员应和医生看病一样,首先要详细了解"病情",即向设备操作人员或用户了解设备使用情况,设备的病历和故障发生的全过程。了解设备病历,应询问以往有无发生过同样或类似故障,曾做过如何处理,有无更改过接线或更换过零件等。了解设备故障发生的全过程,应询问故障发生之前有什么征兆,有无频繁启动、停止、过载等;故障发生时是什么现象,特别是出现故障时的异常声音、气味、火花以及设备故障的特殊现象;当时的天气状况如何,电压是否太高或太低。如果故障是发生在有关操作期间或之后,还应询问当时的操作内容以及方法、步骤。总之,了解情况要尽可能详细和真实,这些往往是快速找出故障原因和部位的关键。

例如,一台平面磨床中的一只热继电器经常脱扣使机床停止运行。检修时,只看到热继电器已脱扣,查不出其他故障。只能先考虑是否因机械故障造成过载引起脱扣,经检查机械上也无故障。热继电器复位再运行几小时也正常,但不久老毛病又重新出现,多次发生,始终找不出故障的原因。后来还是详细询问操作人员,说故障发生时曾听到机床后面有声音,根据这个线索查出所指发生方位是和热继电器有关的一台电动机。经仔细检查,是机床的冷却水滴到电动机的接线瓷板上,积累到一定数量后引起相间短路,一次火花以后,水滴被清除,几乎不留痕迹,此时就查不出任何故障了。如果不是详细询问,要找出这种故障是很困难的。从这个实例就可以看出"问"的重要性。

(二)眼看

1. 看现场

根据所问到的情况,仔细查看设备的外部状况或运行工况,如设备的外形、颜色有无异常,熔丝(保险)有无熔断;电气回路有无烧伤、烧焦、开路、短路,机械部分有无损坏以及开关、刀闸、按钮、插接线所处位置是否正确,更改过的接线有无错误,更换过的零件是否相符等。另外,还应注意信号显示和表计指示等。对于已退出使用或确认如果接通电源不会引起事故的电气设备,必要时还可通电试验一下问到的情况。因为操作人员或用户有时讲不完全,而且一般只能谈表面现象而不了解内部电器动作的情况,通过察看电器动作的情况,有时可以很快地找出故障所在。例如,一台车床通电后不能运转,操作者说按下按钮时听到电动机有振动声而车床不动,根据所述情况可以判定:电源有电,电动机也有电,电动机不能转动原因一是断相、二是负荷重;因为操作者已通电未出事故,所以通电做短暂试验也不致发生事故,就可以通电试验来核实所反映的情况。车床是空载(对电动机而言是轻载)启动,因机械故障不能启动的可能性极少,最可能的原因是电动机或电源断了一相,应首先查看一下熔丝是否熔断,如完好,查一下控制电动机的接触器进线是否三相有电,如有,然后通电核实所述情况。

2. 看图纸和有关资料

必须认真查阅与产生故障有关的电气原理图(也称展开图,简称原理图)和安装接线图(简称接线图),看这两种图时,应先看懂弄清原理图,然后再看接线图,以"理论"指导"实践"。熟悉有关电气原理图和接线图后,根据故障现象依据图纸仔细分析故障可能产生的原因和故障点,然后逐一检查。否则,盲目动手拆换元器件,往往欲速则不达,甚至故障没查到,慌乱中又导致新的故障发生。

电气原理图是按国家统一规定的图形符号和文字符号绘制的表示电气工作原理的电路图,每个图形和文字符号表示一种特定意义的电器元件,线段表示连接导线,是电气技术领域必不可少的工程语言。看书要识字、词,还要懂一些句法、语法。识图也是如此,一些图例和文字符号含义可视为词及字,一些标注方法和图面的画法可视为句法及语法,这些是识图的基础。因此,要看懂电气原理图,就必须认识和熟悉这些图形符号和文字符号,以及它们各自所代表的电气设备,还要弄清这些电气设备的构造、性能和它们在电路中所起的作用,更重要的是必须掌握有关的电工知识,只有这样才能真正识别电路图,阅读电路图,应用电路图,通过多次实践,达到见图即知物的熟练水平。

电气原理图由主电路(一次回路)和辅助电路(二次回路)两部分组成,主电路是电源向负载输送电能的电路,辅助电路是对主电路进行控制保护、监测、计量的电路。看电气原理图时,要抓住配电线路的"脉络"识读,即首先要分清主电路和辅助电路,按照先看主电路再看辅助电路的顺序读图。看主电路要从负载开始,经控制元件顺次往电源看。看辅助电路则应自上而下,从左向右看,从电源一端开始,经按钮、线圈等电气元件到电路另一端。通过看图、读图,分析有关元件的工作情况及其对主电路的控制关系。

电气原理图以介绍电气原理为主,主要用来分析电路的开闭、启动、保护、控制和信号指示等动作过程,所以在画法上不考虑设备和元件的实际位置及结构情况,只表示配电线路的接法,并不反映电路的几何尺寸和元件的实际形状。而安装接线图却相反,它是按电气元件的线圈、触点、接线端子等实际排列情况绘制的,除了表示电路的实际接法外,还要画出有关部分的装置与结构。在安装现场校线、查线时看安装接线图就非常直观。电气原理图是安装接线图的依据。

(三)耳听

细听电气设备运行中的声响。电气设备在运行中会有一定噪声,但其噪声一般较均匀且有一定规律,噪声强度也较低。带病运行的电气设备其噪声通常也会发生变化,用耳细听往往可以区别它和正常设备运行时噪声之差异。利用听觉判断电气设备故障,可凭经验细心倾听,必要时可用耳朵紧贴着设备外壳倾听。听声音判断故障,虽说是一件比较复杂的工作,但只要本着"实事求是"的科学态度,从客观实际情况出发,善于摸索它的规律性,予以科学地研究与分析,就能够诊断出电气设备故障的原因和部位。

例如,异步电动机正常运行时,正常的声音是很均匀的,像蜜蜂飞行时的声响,如果出了毛病,就会发出异常噪声。如听到有阵阵的"咕噜噜"声或"格格"声时,问题出现在轴承中钢珠损坏。如果是轴承内润滑油不足,会有连续的"咝咝"声。轴承内套、外套随同转轴转动,会有不同规律的"哗啦哗啦"声。如听到有周期性的"嚓嚓"声(扫膛声音),问题出现在转动部分与静止部分相互摩擦(转子与定子、风叶与外壳、转子与绕组之间)。当启动电动机时,启动不起来而伴有闷声闷气的"嗡嗡"声,故障一般是缺(断)相。运转中听到有断续的"吱吱"声,往往是由于绕组出现短路造成的。转子不平衡、皮带轮偏心、轴头弯曲等则会使电动机在运行中出现剧烈的振动声。电动机超负荷运行时,由于电流过大,会听到特别吃力的而且还伴有很大的"嗡嗡"声。鼠笼型电动机在运行中既有很大的"嗡嗡"声,又出现振动声时,问题大多出现在转子鼠笼断条。绕线型电动机的转子上电刷与滑环接触面过小时,会出现连续的"尖叫"声。掌握了这些规律、特点后,可以减少检查的时间,缩小故障范围,比较准确地判断故障的原因和故障点,以便采取积极有效的检修措施,防止故障进一步扩大,保证生产正常进行和电动机的安全运转。

众所周知,声音是由于物体振动而发出的,如果摸清了声音的规律性,通过它就能够知道眼睛看不见的故障。仍以电动机为例,影响其响声的因素有:

(1)温度。电动机有些响声是随着温度的升高而出现或增强的,又有些响声却随着温度的升高而减弱或消失。

(2)负荷。负荷对响声是有很大影响的,响声随着负荷的增大而增强,这是响声的一般规律。

(3)润滑。不论什么响声,当润滑条件不佳时,一般都响得严重。

(4)听诊器具。可用螺丝刀(旋凿)、金属棍、细金属管等,用听诊器具触到测试点时,响声变大,以利诊断。用听诊器具直接触在发响声部位听诊,叫做"实听",用耳朵隔开一段距离听诊,叫做"虚听",两种方法要配合使用。虚听易产生错觉,如在电动机某侧听时,好像响声就在该侧,其实不然,用实听的方法,则可较准确地找到响声部位。

诊断电气设备故障的实践证实,用普通半导体收音机可以很方便地听诊电气设备是否有局部放电。因电气设备发生局部放电时,有高频电磁波发射出来,这种电磁波对收音机有一种干扰。因此,根据收音机喇叭中的响声,就可判断电气设备是否有局部放电。检测局部放电时,只要打开收音机的电源开关,把音量开大一些,调谐到没有广播电台的位置,收音机靠近要检测的电气设备,同时注意收音机喇叭中声音的变化。电气设备运行正常没有局部放电时,收音机发出很均匀的嗡嗡声;如响声不规则,嗡嗡声中夹有很响的鞭炮声或很响的吱吱声,就说明附近有局部放电。这时可以把收音机的声音关小一些,然后逐个靠近被检测的电气设备。当靠近某一电气设备时,收音机中上述响声增大,离开这一设备响声减小,说明收音机收到的干扰电磁波是从该设备局部放电处发射出来的。

(四)鼻闻

利用人的嗅觉,根据电气设备的气味判断故障。电气设备发生过热、短路、击穿故障,则有可能闻到烧焦味、焦油味、火烟味和塑料、橡胶、油漆、润滑油等受热挥发的气味。例如,电动机发生故障时,往往会产生转速变慢,有噪声,温度显著升高,冒烟,有焦糊味等现象,即电动机绕组烧毁时,不仅发出"吭吭"声,还会从机内透出焦糊味,电动机轴承润滑油干涸时,要冒烟,有焦油味。新制或长久不用的鼠笼型电动机,在开始负荷运转或做制动试验时,常发出白烟,但无焦臭气味又无异常声音,让其继续运转或试验,白烟会自行消灭。此乃是电动机一种似是而非的故障。对于注油设备,内部短路、过热,进水受潮后其油样的气味也会发生变化,如出现酸味、臭味等。

(五)手摸

用手触摸设备的有关部位,根据温度和振动判断故障。如设备过载,则其整体温度就会上升;如局部短路或机械摩擦,则可能出现局部过热;如机械卡阻或平衡性(机械平衡或电磁平衡)不好,其振动幅度就会加大等。对于机械振动,手感的灵敏度往往比听觉还高。另外,个别零件、连接头以及接线桩头上的导线是否紧固,用手适当扳动也很容易发现问题。轻推电器活动机构,可感知移动是否灵活。当然,实际操作还应注意遵守有关安全规程和掌握设备的特点,掌握摸(触)的方法和技巧,该摸的才摸,不该摸的切不要乱摸。手摸用力也要适当,以免危及人身安全和损坏设备。

例如,温升是电动机异常运行和发生故障的重要信号。对中小容量的电动机,有监护电机的"五法"经验,其中一法"经常摸摸":用手摸摸电动机的外壳,看温升是否过高,即检测温升多用手摸,用手背触摸电动机外壳,如果没有发烫到要缩手的感觉,说明被测电动机没有过热;如果烫得马上缩手,难以忍受(电动机外壳温度80℃以上,参见表4-1手感温法估计温度),则说明电动机的温度已超过了允许值。用手背而不用手心触摸电动机外壳,是为了万一机壳带电时,手背比手心容易自然地摆脱带电的机壳。

表4-1 手感温法估计温度

电动机外壳温度,℃	感觉	具体程度
30	稍冷	比人的体温稍低,感到稍冷
0	稍暖和	比人的体温稍高,感到稍暖和
45	暖和	手背触及时感到很暖和
50	稍热	手背可以长久触及,触及较长后,手背变红
55	热	手背可以停留5~7s
60	较热	手背可以停留3~4s
65	很热	手背可以停留2~3s,即使放开手后,热量还留在手背中好一会
70	十分热	用手指可以停留约3s
75	极热	用手指可以停留1.5~2s,若用手背,则触及后即放开,手背还感到烫
80	热得使人担心电动机是否烧坏	热得手背不能触碰,用手指勉强可以停留1~1.5s,乙烯塑料膜会收缩
90	过热	手刚触及便因条件反射瞬间缩回

当发现低压熔断器熔断,手摸检查熔管绝缘部位的发热情况,更可迅速判断哪相熔断。即当发现三相电动机运行电流突然上升,发出异常声音时,则在停机后应立即检查其熔断器的温度状态。在一般情况下,因刚刚熔断的熔体及熔体熔断之前所发热量必导致熔管发热。因此,

当发现低压熔断器熔丝熔断或电动机有两相运行可能时,应立即检查熔断器的发热情况,特别是在多只熔断器排列在一起的情况下,即使听到了熔丝爆裂声,也很难断定是哪只熔断器熔断,在这种情况下,只要用手摸熔管绝缘部位的发热情况,便可迅速判断哪相(只)熔断。

热继电器误动作的"叩诊"。例如,有台机床在运行中,动辄自动停机,经检查,系某只热继电器动作,控制回路被切断之故。然而,仔细检查该继电器所控制的电动机运行电流,也是正常的,开关触点,电路接线也全无故障,这是什么缘故呢?用食指(用螺丝刀绝缘柄)轻轻叩击该热继电器壳体,发现稍经叩击,运行的机床便自动停下,说明故障即在热继电器内。原来,电动机配用的热继电器额定电流值偏大,整定值调整在最低限。此时,热继电器的控制电路动断触点压力很低,倘若机床运行中振动较大,或同配电盘上其他接触器吸合频繁,极易使该热继电器受振动而误动作。此种故障非"叩诊"不易查出。

(六)表测

用仪表仪器对电气设备进行检查。根据仪表测量某些电参数的大小,经与正常的数据对比后,来确定故障原因和部位。与医生诊断疾病相似,诊断电气设备故障主要还是靠人的感官,仪器仪表检查仅作为必要的辅助手段。利用仪表仪器检查要有一定的目的性,要结合直观检查做出初步判断后进行。仪表仪器的种类很多,电工"门诊"常用仪表有万用表、钳形电流表、兆欧表等。表测诊断故障不同于电气设备的交接和预防性试验,更不同于设备的出厂试验,该做什么检查试验项目必须有一定的选择性,以期达到事半功倍之目的。检修电气设备的常用测量方法如下所述。

1. 测量电压法

用万用表交流500V挡测量电源、主电路线电压以及各接触器和继电器线圈、各控制回路两端的电压。若发现所测处电压与额定电压不相符合(超过10%以上),则是故障可疑处。

例如,检修电气线路的常用方法——电压法。现以电动机启停控制电路(图4-1)为例,说明如何用电压法来检查故障。在正常情况下,电路中各点间的电压测试值见表4-2。

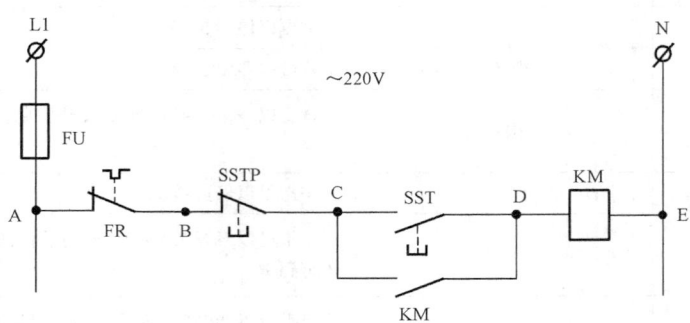

图4-1 电动机启停控制电路

表4-2 电路各点间的电压 V

测试状态	AE	AB	BE	BC	CE	CD	DE
KM 吸合	220	0	220	0	220	0	220
KM 释放	220	0	220	0	220	220	0

当发生故障时,可以根据故障现象和测试数值来判断故障原因,见表4-3。如线路更复杂,只要根据工作状态及各点电压,同样可以判断故障所在。

表4-3 根据故障现象和测试电压来判断故障原因

故障现象	测试状态	AE	AB	BE	BC	CE	CD	DE	故障原因
STT按上时KM不吸合	SST按上	220V	220V	0	0	0	0	0	FR跳开
	SST释放		0						
	SST按上	220V	0	220V	0	220V	220V	0	SST触点接触不上
	SST按上	220V	0	220V	220V	0	0	0	SSTP断开
	SST释放		0		0				
	SST按上	220V	0	220V	0	220V	0	220V	KM线圈断路
STT按上后KM不能保持	SST释放	220V	0	220V	0	220V	220V	0	KM自保触点不接触
SSTP按断后KM重新吸合	SSTP按断后释放	220V	0	220V	0	220V	0	220V	KM自保触点短路
SSTP按断后KM不能释放	SSTP按断	220V	0	220V	0	220V	0	220V	SSTP短路

应用电压法来检修电气线路,可采取以下步骤:

(1) 了解线路。

(2) 了解线路各点正常工作电压,必要时测量各点电压,与正常状态时比较,以判断故障所在。

电压测量法常用分阶测量法和分段测量法。电压的分阶测量法如图4-2所示。

若按下启动按钮SST,接触器KM1不吸合,说明电路有故障。检查时,首先用万用表(交流电压500V挡)测量1、7两点间的电压,若电路正常应为380V。然后,按住启动按钮不放,同时将黑色表笔接到点7上,红色表笔按点6、5、4、3、2标号依次向前移动触接,分别测量7—6,7—5,7—4,7—3,7—2各阶之间的电压,电路正常情况下,各阶的电压值均应为380V。如测到7—6之间无电压,说明是断路故障,此时可将红色表笔向前移触,当移至某点(如点2)时电压正常,说明点2以前的触点或接线是完好的,而点2以后的触点或连接线有断路。一般是此点(点2)后第一个触头(即刚跨过的停止按钮SSTP的触头)或连接线断路。根据各阶电压值来检查故障的方法可见表4-4。这种测量方法像上台阶一样,所以称为分阶测量法。

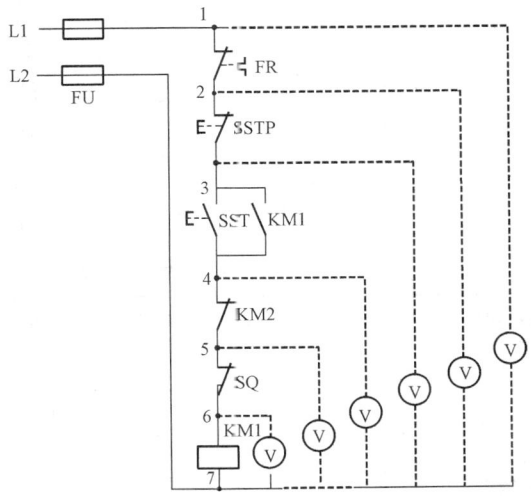

图4-2 电压分阶测量法接线图

表4-4 分阶测量法所测电压值及故障原因

故障现象	测试状态	7—6	7—5	7—4	7—3	7—2	7—1	故障原因
按下SST时,KM1不吸合	按下SST不放松	0	380V	380V	380V	380V	380V	SQ触点接触不良,未导通
		0	0	380V	380V	380V	380V	KM2动断触点接触不良,未导通
		0	0	0	380V	380V	380V	SST接触不良,未导通
		0	0	0	0	380V	380V	SSTP接触不良,未导通
		0	0	0	0	0	380V	FR动断触点接触不良,未导通

分阶测量法可向上测量(即由点7向点1测量),也可向下测量,即依次测量1—2,1—3,1—4,1—5,1—6。不过向下测量时,各阶电压等于电源电压时,说明刚测过的触点或连接导线有断路故障。

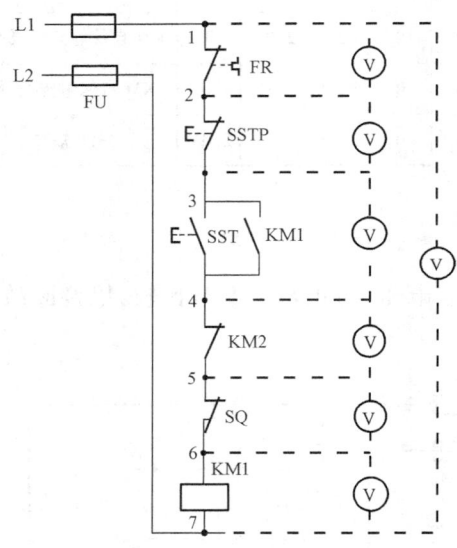

图4-3 电压的分段测量法接线图

电压的分段测量法如图4-3所示。

先用万用表(交流电压500V挡)测试1—7两点,电压值为380V,说明电源电压正常。

电压的分段测试法是将红、黑两根表笔逐段测量相邻两标号点1—2,2—3,3—4,4—5,5—6,6—7间的电压。如电路正常,除6—7两点间的电压等于380V之外,其他任何相邻两点间的电压值均为零。如按下启动按钮SST,接触器KM1不吸合,说明电路有断路故障,此时可用万用表(交流电压500V挡)逐段测试各相邻两点间的电压。如测量到某相邻两点间的电压为380V时,说明这两点间所包含的触点、连接导线接触不良或有断路。例如,标号4—5两点间的电压为380V,说明接触器KM2的动断触点接触不良,未导通。根据各段电压值来检查故障的方法可见表4-5。

表4-5 分段测量法所测电压值及故障原因

故障现象	测试状态	1—2	2—3	3—4	4—5	5—6	故障原因
按下SST时,KM1不吸合	按下SST不放松	380V	0	0	0	0	FR动断触点接触不良,未导通
		0	380V	0	0	0	SSTP触点接触不良,未导通
		0	0	380V	0	0	SST触点接触不良,未导通
		0	0	0	380V	0	KM2动断触点接触不良,未导通
		0	0	0	0	380V	SQ触点接触不良,未导通

对地电位法。对地电位法实质是应用电压法检修电气线路的一种特殊应用形式,它是通过测量控制电路上某些点对地电位来查找故障的。如图4-4所示,仍以电动机启停控制电路

为例来说明:控制电源中性线是接地的,且电气设备金属外壳和控制屏也都是接地的,因此,在测量被测触点对地电位时,可将万用表(交流电压500V挡)的一根表笔就近接地,另一根表笔则分别触及被测触点的两端,如测得停止按钮SSTP左右两端对地电位分别为0V和220V时,说明该触点即为开路故障点。由此可见,用对地电位法查找电气线路的断路、短路故障是快捷方便的。

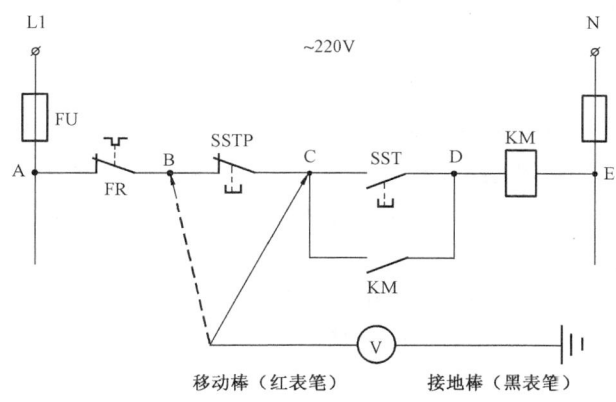

图4-4　对地电位法

2. 测量电阻法

断开电源后,用万用表欧姆挡测量有关部位电阻值,若所测电阻值与要求的电阻值相差较大,则该部位极有可能就是故障点。一般来讲,触点接通时,电阻值趋近于"0",断开时电阻值为"∞";导线连接牢靠时连接处的接触电阻也趋近于"0",连接处松脱时,电阻值则为"∞";各种绕组(或线圈)的直流电阻值也很小,往往只有几欧姆至几百欧姆,而断线后的电阻值为"∞"。

例如,用电阻法检查电动机正反转控制电路。电动机正反转控制电路中的交流接触器用得较多,难免烧坏。重新更换时可能因原线路零乱而误接,如果此时盲目试车就有可能造成事故。现介绍用电阻测试法在停电状态下检查电动机正反转控制电路。如图4-5所示,在正常情况下,控制回路中各点间的电阻值见表4-6。

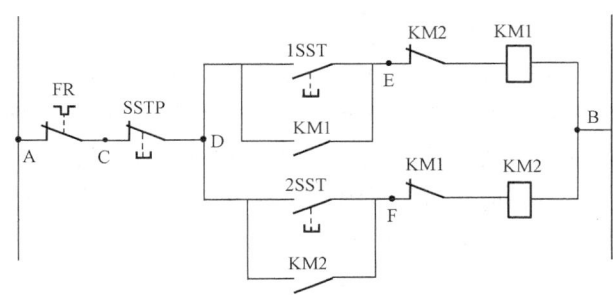

图4-5　测量电阻法

表4-6 电阻法检查电动机正反转控制电路所测电阻

检查目的	操作步骤	AD	DE	DF	EB	FB
检查正转回路接线	用万用表测 AD、DE、EB 各点的电阻	0	∞	—	1300Ω	—
检查反转回路接线	用万用表测 AD、DF、FB 各点的电阻	0	—	∞	—	1300Ω
检查互锁	取下 KM2 的灭弧罩,按下主触头,目的是断开 KM2 的动断触头	—	—	—	∞	—
检查互锁	取下 KM1 的灭弧罩,按下主触头,目的是断开 KM1 的动断触头	—	—	—	—	∞

如果线路接错就会出现与该表电阻值不相符合的情况,这时绝对不能通电试车。表4-6中的数值是以 CJ10-10 型交流接触器为例,电压 380V,线圈的电阻为 1300Ω。如果是 CJ10-20 型交流接触器,电压 380V,线圈的电阻为 500Ω;CJ10-40 型交流接触器,电压 380V,线圈的电阻为 300Ω。

检修电气线路时利用万用表的电阻挡检测电器元件是否短路或断路,常用分阶测量法和分段测量法。电阻的分阶测量法如图4-6所示。

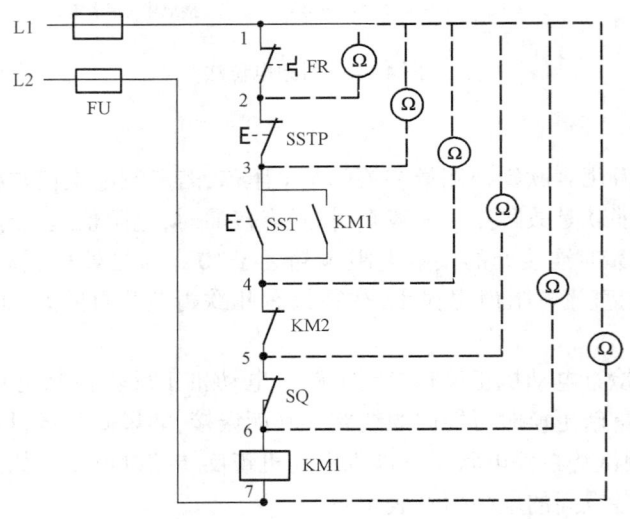

图4-6 电阻的分阶测量法接线图

若按下启动按钮 SST,接触器 KM1 不吸合,说明该电气回路有故障。

检查时,首先要断开电源,然后把万用表的选择开关转至电阻"Ω"挡,按下 SST 不放松,测量 1—7 两点间的电阻,如电阻值为无穷大,说明电路断路。此时,逐步分阶测量 1—2、1—3、1—4、1—5、1—6 各点间的电阻值。当测量到某标号间的电阻值突然增大或为无穷大,则说明表笔刚跨过的触点或连接导线接触不良或断路。电阻的分段测量法如图4-7所示。

检查时,先切断电源,按下启动按钮 SST,然后逐段测量相邻两标号点 1—2、2—3、3—4、4—5、5—6 间的电阻,如测得某两点间的电阻值很大,说明该段的触点接触不良或导线断路。例如,当测得 2—3 两点间的电阻值很大时,说明停止按钮 SSTP 接触不良或连接导线断路。

测量电阻法的优点是安全,缺点是测得的电阻值不准确时,容易造成判断错误。为此应用测量电阻法时应注意:用测量电阻法检查故障时一定要断开电源;如被测的电路与其他电路并联时,必须将该电路与其他电路断开,否则所测得的电阻值是不准确的;测量高电阻值的电器元件时,把万用表的选择开关旋转至合适的"Ω"挡。

3. 测量电流法

用钳形电流表或万用表交流电流挡测量主电路及有关控制回路的工作电流,若所测电流值与设计电流值不符(超过 10% 以上),则该相电路是故障可疑处。

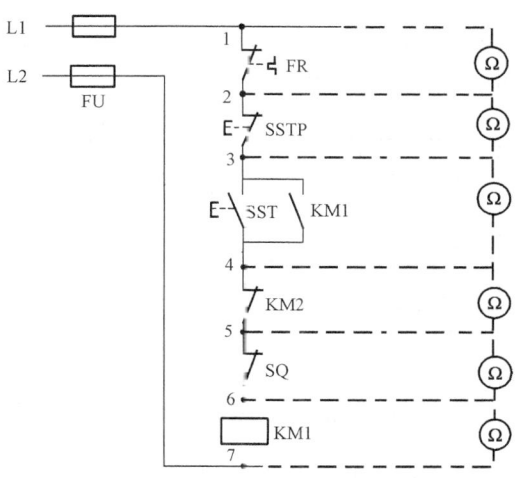

图 4-7 电阻的分段测量法接线图

(1)鉴别电流互感器极性的三种方法:

① 差接法,如图 4-8 所示。

图 4-8 中 SA 是单极双投开关。将待测试的电流互感器二次侧正端接于"1",负端接于"3",如果开关 SA 投向 1 时,电流表的读数较小,投至 2 时的读数较大,则证明是减极性。

② 比较法。这种方法需用一只已知极性的标准电流互感器,按图 4-9 所示进行接线,电流表读数如果极小(仅为数毫安时),则为减极性,否则为加极性。

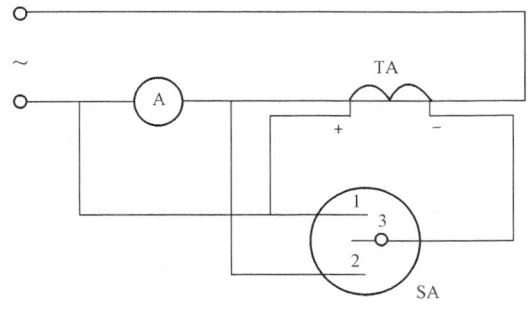

图 4-8 测量电流差接法

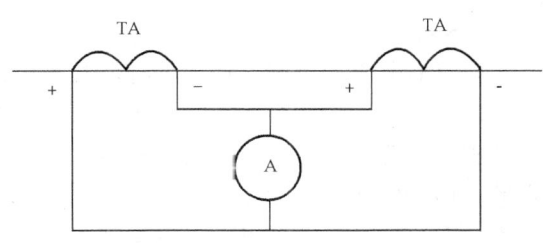

图 4-9 比较法接线图

③ 直流法。直流法系应用楞次定律的极性试验法,较上述差接法和比较法均为简单。直流法仅用 1.5V 干电池和一块电流表,接线方法如图 4-10 所示。

在一次侧装一只按钮开关 SST,二次侧接电流表。当按下按钮时,线路接通,电流表指针正摆,按钮断开时,电流表指针反摆,则为减极性,反之则为加极性。

(2)判断三相电阻炉的星形(Y)连接断相故障,如图 4-11 所示。

如电源电压正常而三相电阻炉温度升不上去或者炉温升得很慢,则有可能是电阻丝烧断。因为炉内各个接点温度很高,若开炉检测,尚需降低炉温。这时可用钳形电流表测量三相电阻炉外的三根电源线电流,若测得电阻炉的两相电流小于额定值而另一相电流为零,则说明电流为零的那相电阻丝烧断,属断相故障,要及时排除。

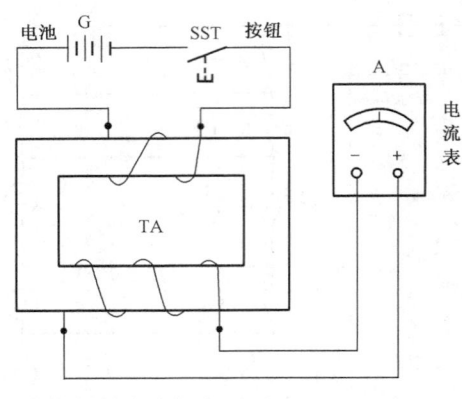
图 4-10 直流法接线图

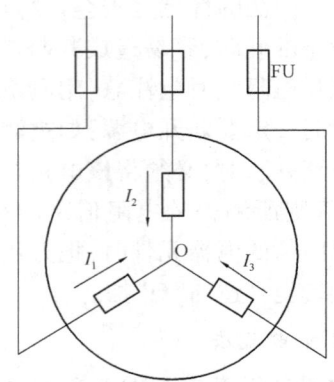
图 4-11 判断三相电阻炉的星形(Y)连接断相故障

(3) 检查三相异步电动机各相的电流是否对称。电动机从电源吸取的有功功率称为电动机的输入功率,一般用 P_1 表示,而电动机转轴上输出的机械功率称为输出功率,一般用 P_2 表示。在额定负载下,P_2 就是额定功率 P_N。

电动机的额定电压为 U_N,额定电流为 I_N,额定出力 P_N 与功率因数 $\cos\phi$ 甲和效率 η 之间有一定关系,可用下式表示

$$I_N = 1000 P_N / (\sqrt{3} U_N \cos\phi \cdot \eta)$$

式中 P_N——电动机额定出力,kW;

         η——效率,%;

         U_N——电动机额定电压,V;

         $\cos\phi$——额定功率因数。

用钳形电流表检查三相异步电动机各相的电流是多少,是否对称,是电工检查电动机出力状况、运行情况,以及对发生异常现象的分析等的重要依据。用钳形电流表检查三相异步电动机各相的电流时,常常会遇到有一相导线因挤在其他器件中间(如电流互感器铁心中)而无法测量,对此可把能测量的两相导线同时套入钳形电流表的钳口中,测量所得读数就是第三相的电流。因为基尔霍夫电流定律不仅适用于电路的节点,还可推广应用于电路中任一假设的封闭面。三相异步电动机都是三相三线接法,其三相电流 $\dot{I}_{L1} + \dot{I}_{L2} + \dot{I}_{L3} = 0$,即 $\dot{I}_{L1} = -(\dot{I}_{L2} + \dot{I}_{L3})$,所以可用上述方法测得(负号表示 L1 相电流实际上与测得两相的电流代数和大小相等而方向相反,并不影响测量结果)。

4. 测量绝缘电阻法

断开电源,用兆欧表测量电器元件和线路对地以及相间绝缘电阻值。低压电器绝缘层绝缘电阻规定不得小于 0.5MΩ。绝缘电阻值过小是造成相线与地、相线与相线、相线与中性线之间漏电和短路的主要原因,若发现这种情况,应予以着重检查。

绝缘诊断的目标是要确定绝缘是否有所损坏及损坏程度,研究分析出现和可能出现故障的原因并做出判断。绝缘诊断的主要任务,即着眼点不是在绝缘出现故障以后寻找原因,而是

在损坏以前正常使用中确定其损坏程度,通过早期诊断找出隐患,以便及早引起注意。

(1)三相交流鼠笼型电动机定子线圈碰壳(也就是单相接地故障)的检查方法:用 500～1000V 兆欧表测量线圈对外壳的绝缘,如绝缘电阻接近于零或为零时,可把接线盒内三相线头分开,分别测量每相绝缘电阻,如一相绝缘为零,其余两相正常,这就是单相碰壳故障。

(2)现场快速判定低压电动机绝缘好坏的方法。电动机的绝缘性能对于高压电动机来说包括绝缘电阻、介质损耗、耐潮性、耐热性、耐腐蚀性及机械强度,击穿强度等多方面。而对低压电动机而言,最关心的只是其绝缘电阻值的大小。事实上,工作中常常需要在现场测出电动机绝缘电阻值,并判断其能否投用。

有关规程及手册中规定,低压电动机的最低绝缘电阻为 0.5MΩ,这是指电动机绕组在热态(75℃)时的值,这一点常常被忽视。有些年轻电工不经换算直接将自然温度下测得的绝缘电阻值与 0.5MΩ 相比较,由此会造成判断失误,招致损失。

在任意温度下测得的绝缘电阻值换算到标准温度(75℃)时的公式为

$$R_{75} = \frac{R_t}{2^{\frac{75-t}{10}}}$$

式中　R_t——测得的绝缘电阻值,MΩ;

　　　R_{75}——换算到标准温度(75℃)时的电阻值,MΩ;

　　　t——测量时的绕组温度,℃。

此公式看似并不复杂,但一般在工作现场并不一定能够精确计算,而且往往也没有必要,因为最终目的只是将 R_{75} 与 0.5MΩ 比较,从而确认电动机绝缘的好坏。

如将上述公式变形,并以 $R_{75}=0.5$MΩ 代入,得

$$R_{t(min)} = 0.5 \times 2^{\frac{75-t}{10}} = 2^{\frac{65-t}{10}} (MΩ)$$

这里的 $R_{t(min)}$ 为任意温度下低压电动机绝缘电阻的最小允许值。

当 $t=30℃$ 时,$R_{t(min)} = 2^{3.5} = \frac{16}{\sqrt{2}}$(MΩ)。

当 $t=25℃$ 时,$R_{t(min)} = 2^4 = 16$(MΩ)。

当 $t=20℃$ 时,$R_{t(min)} = 2^{4.5} = 16\sqrt{2}$(MΩ)。

表 4-7 列出部分温度条件下低压电动机绝缘电阻的最小允许值。由表 4-7 中看出温度每相差 5℃,绝缘电阻的最小允许值将相差 $\sqrt{2}$ 倍,并且温度越低,电阻值越高。

表 4-7　部分温度条件下低压电动机绝缘电阻的最小允许值

t,℃	$R_{t(min)}$,MΩ	t,℃	$R_{t(min)}$,MΩ
0	90.5	20	22.6
5	64	25	16
10	45.3	30	11.3
15	32	35	8

续表

t,℃	$R_{t(min)}$,MΩ	t,℃	$R_{t(min)}$,MΩ
40	5.66	60	1.41
45	4	65	1
50	2.83	70	0.21
55	2	75	0.5

这一规律将大大地方便对低压电动机绝缘好坏的现场判定，只要知道当时电动机绕组的大概温度，并记住一个典型值，如25℃时 $R_{t(min)}$ 为16MΩ就能很快地做出比较和判断。

(七)"六诊"推断常见异步电动机空载不转或转速慢的故障原因

1. 故障和原因

三相异步电动机在空载时不转或转速慢的故障是经常发生的。故障原因很多，可归纳如下：熔丝一相熔断；馈电线路有断线现象；电动机控制接触器的触点损坏；电动机定子绕组中有断线；定子绕组首尾接反；极相组接反；相间短路；极相组短路；绕组间短路；定子绕组接地；转子绕组断路；定子铁心松动；转子与定子的槽配合不当；转子与转轴发生松动；转轴弯曲；组装不当；轴承松动；轴与轴承内尺寸配合过紧；轴承损坏；润滑油浓度太大；轴承内有异物；严重扫膛等。

2. 诊断步骤

检修人员应充分掌握故障电动机的情况，一般可按下列步骤进行：

(1)问。向用户询问了解故障电动机的规格、构造和特性，电动机的新旧，使用负载率；向操作人员问清电动机出故障之前的情况和出故障时的现象。

(2)看。查看电动机的运转情况、有无冒烟现象；查看电动机上的铭牌，尽可能明了电动机的规格、构造和特性，电动机的新旧，使用负载率；查看电动机外壳上散热片的防腐漆颜色，前端盖轴承外盖间有无油污等。

(3)闻。靠近电动机，嗅一嗅有没有焦臭气味。

(4)摸。摸一摸电动机外壳散热片、前端盖、轴承外盖的温度高低、发热部位的大小；用手旋转电动机的皮带轮，转动是否灵活，是否轻松自如。

(5)听。在用手旋转电动机的皮带轮时，将耳朵靠近电动机，或用旋凿触及电动机外壳，耳朵靠在旋凿木柄上听电动机旋转时的声音，且仔细"实听"几处。

(6)测。测量故障电动机的绝缘电阻、电源电压等。

3. 故障判断

当进行了上述六个步骤的"六诊"以后，经分析、判断，目标缩小了，就可以进行有目的的查找。

无论由哪个原因引起异步电动机空载不转或转速慢，都会导致电流增加，熔丝熔断。应根据查看熔丝熔断情况和其他现象找出原因，尽量不要轻易通电。

电动机空载不转或转速慢的毛病，从大的方面可以分为电路原因和机械原因。现分析、推断如下：

用手旋转电动机的皮带轮时，可以得到两种结果：转动灵活，感觉正常（轻松自如）；或转动不灵活，感觉不正常，很吃力。

（1）在旋转电动机转轴时，感觉不正常，说明电动机的机械部分（转子、定子、轴承等）有故障，而电路部分有故障的可能性就很小。但是也不能排除没有其他故障。这时应把精力和目标放在机械上。继续转动电动机，耳朵靠近电动机，可以得出两个不同声音的结果：正常声音或异常声音。

在电动机旋转过程中，如果有异常的"嚓嚓"响声，说明金属相碰或者摩擦。根据电动机的结构原理，判断可能是轴承故障或有扫膛现象。再进一步旋转，仔细注意，吃力点和异常声音点是否有规律？如果有规律，总是在某一个固定点吃力并发出"嚓嚓"摩擦声，很大可能是定子和转子摩擦——扫膛。如果没有规律，一般说来是轴承损坏或轴承内有异物。然后打开电动机，查看定子和转子，如有摩擦过的痕迹，说明是扫膛。用千分表检查转子和转轴是否同心，没有发现问题再检查轴承是否过松或严重损坏。

在电动机旋转过程中，如果没有异常响声，再仔细注意一下，吃力点是否有规律性。如果有规律，说明在某点转动部分被固定部分卡住了，这可能是由转轴弯曲、组装不当、严重扫膛造成的。如电动机是经常用的，则组装不当这个可能性可以排除，很大可能是转轴弯曲或严重扫膛；如果电动机是新绕制的或刚拆装的，则三种可能性都有。如果吃力点没有规律，一般是运动部分故障，这可能是由转子与转轴发生松动、轴与轴承内尺寸配合过紧、润滑油浓度太大造成的。如果电动机是新绕制的或刚拆装的，则三种情况都可能存在。然后打开电动机，对分析推断的可能性进行测试检查。

（2）在旋转电动机转轴过程中，感觉正常，一般说来电动机在机械方面没有什么故障，很大可能出现在电路上。对于这种情况，尽量不要通电检查，首先应检查电动机的绝缘电阻，判别电动机是否有接地故障，然后通过测量绕组电阻进行推断。

如果测量绕组电阻值正常，说明绕组没有什么短路或断路的故障，可能是由熔丝熔断、馈电线路有断路现象、接触器触头损坏、定子铁心松动、转子绕组严重断路、绕组首尾接反、转子与定子的槽配合不当等造成的。究竟是哪一个病因造成的，这时要进一步了解（问诊）电动机是经常用的，还是新绕制的或刚拆装的，如果电动机是经常用的，抓住它出故障前的情况，可以帮助分析推断。在出故障前，电压稳定而电动机的转速忽快忽慢，这说明线路上有接触不良的地方，一般多是由熔丝接触不良、馈电线路似断非断、接触器的触头损坏造成的。有时候这个问题隐蔽在绕组当中，时间一久熔丝熔断，馈电线路断开。在出故障前，电动机转速降低，并且还有较大电磁嗡嗡声，这有可能是由定子铁心松动、转子绕组严重断路造成的。如果电动机是新绕制的或刚拆装的，在绕组电阻值正常时，首先怀疑的是相绕组首尾接反、极相组接反、转子与定子的槽配合不当。如果上面三个病因都没发生，再根据现象，对其他几个病因进行测试推断。

如测量绕组电阻值不正常，肯定是绕组有短路或断路，可对测得的绕组电阻值分析，绕组电阻值无限大，说明是断路，可能是串联绕组断路或绕组连接线断开；绕组电阻值比额定值大，一般是由于并联绕组支路断路或绕组回路接触不良形成的；绕组电阻值比额定值小，说明有短路，一般是由绕组线圈短路、极相组短路、绕组严重接地、相绕组间短路造成的；绕组电阻值近于零,肯定是相绕组头尾相连或相绕组严重短路。

上面是运用"六诊"有的放矢地推断三相异步电动机空载不转或转速慢的原因和故障所在部位。至于三相电动机在缺相情况下启动不起来的原因,是因为通入单相电源时,电动机气隙中的单相脉动磁场分解为大小相等、旋转方向相反、割切转子速度相等的正序磁场和负序磁场,这两个磁场分别在转子中感应电动势形成转子电流并相互作用产生的两个转矩,大小相同,方向相反,因而相互抵消,合成转矩为零,电动机就转动不起来。如果用手把电动机的转轴向任一个方向盘转,则顺着盘转方向的磁场所产生的转矩就会增加,而逆着方向的磁场产生的转矩则减少,合成转矩不为零,电动机就向着手盘转的方向转动。由上述可知,只要根据故障显示的现象和特点,善于应用"六诊"方法,就一定能较快且准地找出故障原因和所在部位,少走弯路,提高排除故障的效率。

二、八法

当电气设备出现故障时,迅速而准确地判明故障原因,找出故障部位,并予以恰当的修理,是维修电工必备的技能之一。

电气设备故障可分为两类:一类是"显性"故障,即故障部位有明显的外表特征,容易被人发现,如继电器和接触器的线圈过热、冒烟、发出焦煳味、触头烧融、接头松、电器声音异常、振动过大、移动不灵、转动不活等;另一类是"隐性"故障,即故障没有外表特征,不易被人发现,如熔体中熔丝熔断、绝缘导体内部断裂、热继电器整定值调整不当、触头通断不同步等。"隐性"故障由于没有外表特征,常需花费较多的时间和精力去分析和查找。当一台大型电气设备较复杂的控制系统发生故障,初步感官诊断故障病因有两个以上,且均属"隐性"故障时,不要急于乱拆乱查,盲目进行"六诊",否则,往往欲速而不达,甚至故障没查到,慌乱中又酿成新故障。

(一)短路法

把电气通道的某处短路或某一中间环节用导线跨接的方法称为短路法。检修中多用短路法检查电路中某一环节是否通路,此法还特别适用于检查高频电路自激或干扰。检查高频电路时可把某级输入端短接,看干扰是否消除,以判断故障在短路点之前还是之后。对于某中间环节是否通路,则可用短接线或旁路电容跨接,如短接后即恢复正常,则故障就在该环节。采用短路法时需注意不要影响电路的工况,如短路交流信号通常利用电容器,而不随便使用导线短接。另外,在电气及仪表等设备调试中,经常需要使用短路连接线,如稍不注意,接错了线可能引起电源回路短路。对此,可在这类连接线上加装熔丝来保护。方法是用便于观察的透明塑料(或有机玻璃)加工成钢笔套一样可以旋开的小装置,内装1A以内的熔芯及弹簧,两端引出线装上鳄鱼夹就可以了。熔芯一旦熔断,只要旋开就可更换,既方便又安全。现举例说明短路法的检修方法。

1. 镗床电气故障

某厂金工车间T2130深孔钻镗床在运行中,突然电动机全部失电,停止工作,过1~2min可重新启动,运转3~5min又自动停机。操作工多次启动,无法恢复正常运行,只好停机报修。

经检查,机床按正常进刀量镗削时,各个电动机工作电流均未超过3/5额定电流,三相电流基本平衡；短接各热继电器动断触头后故障依然存在，而且根据电气原理图分析，即使是某一热继电器动作，也不可能造成整个控制回路失电。

控制回路跳闸后，立刻测量各段电压，如图 4-12 所示，发现线路点 1—4 间电压正常（127V），即控制变压器的输出正常，而点 13—4 间电压不足 50V，可见故障就在这段线路中。停止按钮 S1、S2、限位开关 SP1 一般不会产生类似热继电器跳闸后又自动复位的现象，但也将它们分别短接一个，启动一次电动机，逐个观察。当 S2 被短接后，故障即排除。拆下停止按钮 S2，看到触头上有较多的油污，冷态时 S2 尚能接通电路，通电后触头温度上升，接触电阻和压降随之上升，当触头上的压降上升到一定值时，控制回路中各执行元件就会因欠压而跳闸；

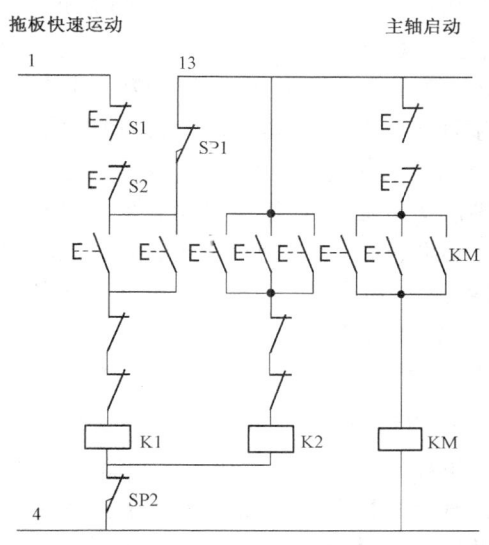

图 4-12 短路法检查线路

断电后触头温度下降，电阻值也下降，机床又可启动，于是就出现了开始述说的故障现象。

2. 用导线同相短接法查找 5t 吊车故障

寻找电气控制线路是否通断，通常用测电笔或者用万用表来寻找故障点。可是当控制线路没有明显的断头或者烧伤痕迹，因接触不良而使电气设备不能正常工作时，电气维修人员最为头痛（强电回路接触不良引起的"虚电压"故障，对此工人中流传着一段形象的顺口溜：电路发生"虚电压"，电工师傅头也胀；电笔触之氖管亮，万用表量有电压，主、控回路似正常，电动机就是不动作）。对此，用导线同相短接法查找线路的接触不良比用测电笔和万用表来得快而准确。为了避免导线短接在不同相电源上，使用此法必须根据图纸工作。下面以 5t 抓头吊车为例加以介绍。

一次某厂 5t 吊车的大、小车都能工作，只是抓斗的升降、开闭不能工作。显然，故障在抓斗的控制回路，如图 4-13 所示（主接触器及总控制回路没有画出）。

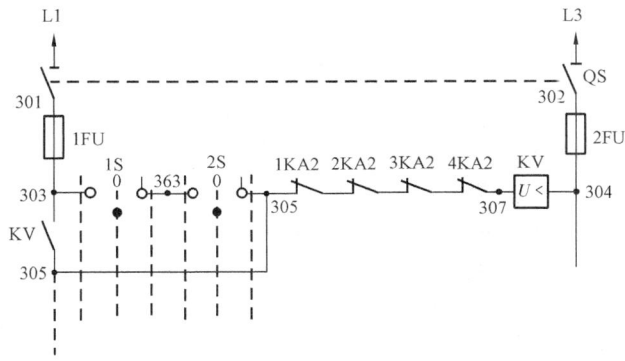

图 4-13 抓斗控制回路

由图4-13中可见,在主接触器吸合时,当升降及开闭两个主令控制器1S、2S都在零位时,零压继电器KV(20A、380V)应该动作,但是未动作。用测电笔和万用表都查不出故障点。测电笔测试各点都是闪亮的,而断开电源后用万用表欧姆挡测各点都是"通"的。经分析断定有接触不良之处,接触电阻较大,使电压达不到KV线圈的启动值,所以KV不吸合。为什么测电笔测试各点都是闪亮的,这是因为KV的线圈接在两相电源上,即使某一过电流继电器的动断触头接触不好,因为静触点是一相电,而动触点是线圈窜过来的另一相,所以故障查不出。对此,可用导线同相短接法来查该故障,把主接触器电源送上,用一根截面为1.5mm² 的绝缘导线一头接在1FU下桩头,另一头依次将点303、363、305及各过电流继电器的动断触头1KA2、2KA2、3KA2等依次短接。当短接到3KA2时,KV突然动作吸合。这说明故障点就在3KA2动断触点上,后经用砂纸轻微打磨一下,故障即排除。

3. 用短路法查找继电器—接触器控制电路触点开路故障点

继电器—接触器控制电路实际上就是触点电路,实践证明最常见的故障就是触点故障。触点故障的特点:一是故障发生的几率多;二是故障发生后故障点的查找需要有一定经验,并要花费一定时间,特别是对于庞大、复杂的继电器—接触器电控系统更是如此;三是故障点一旦查到,故障处理通常并无技术难度,只需在短时间内即可处理完毕。因此,如何快速、准确地查找到故障点往往成为不少电气维修人员感到棘手甚至头痛的问题,但它却是排除处理的关键所在。现以图4-14所示可逆启动,以行程开关作自动停止电路中触点开路故障点为例,介绍用短路法查找继电器—接触器控制电路触点开路故障点。

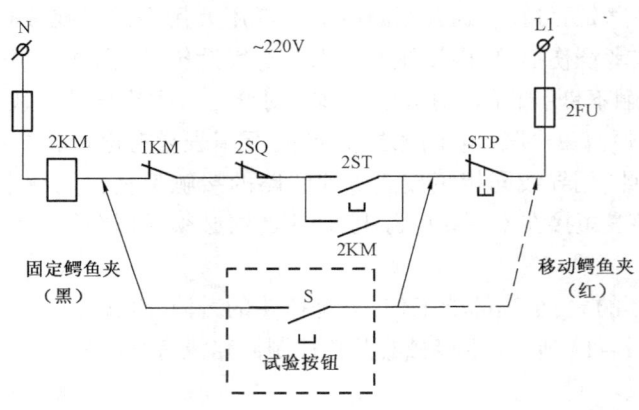

图4-14 可逆启动,以行程开关作自动停止电路

图4-14中S是装在绝缘盒里的试验按钮(型号LA18-22、交流500V、直流440V、SA),它有两根引线,引线端头可分别采用黑色与红色鳄鱼夹。在切断主电路的电源情况下,黑色鳄鱼夹固定在接触器2KM线圈靠相线L1方向的一端接线桩头上。红色鳄鱼夹作移动鳄鱼夹夹在控制电路中间位置(二分法)任一触点的任意一端接线桩头上。若按下试验按钮S时接触器2KM不吸合,说明故障点位于红色鳄鱼夹与相线之间,红色鳄鱼夹应往相线方向一侧移动继续查找。红色鳄鱼夹移动后,夹在某触点(如停止按钮STP)靠近中性线方向的一端,按下试验按钮S时接触器2KM仍不吸合,而改夹在该触点靠近相线方向的一端,按下S时,2KM立即吸合,说明该触点即为开路故障点。

应当指出,在采用短路法查找故障点时不要图省事不用"试验按钮",而直接使用一根绝缘良好的短接线。短接导线用手拿带电操作不安全,同时短接线所触及的接线端子易被电火花烧伤出现疤痕。另外,切记采用短路法查找故障时,只能短接控制电路中压降极小的导线和触点,绝对不允许短接控制电路中压降较大的电阻和线圈,否则会发生短路或触电事故。

(二)开路法

开路法,也称为断路法,即甩开与故障疑点连接的后级负载(机械或电气负载),使其空载或临时接上假负载。对于多级连接的电路,可逐级甩开或有选择地甩开后级。甩开负载后可先检查本级,如电路工作正常,则故障可能出在后级;如电路工作仍不正常,则故障在开路点之前。此法主要用于检查过载、低压故障,对于电子电路中的工作点漂移、频率特性改变也同样适用。如在检修数字万用表时,常采用把疑点部分从整机或单元电路中断开(但不得影响其他部分的工作),若故障消除,表明故障大约在被断开的电路中。现介绍检修实践中用开路法快速查找故障点的实例。

1."满天星"串灯中坏灯泡的快速查找法

"满天星"串灯是由几十个直至上百个小灯泡串联而成,像夜空的繁星,极受人们的欢迎。但是这种串灯有一致命的缺点,因其是串联,只要有一只小灯泡烧毁,整串"满天星"就会熄灭;同时因其单个灯泡很小,又很多,直接用眼睛查找烧毁的灯泡是件很困难的事情。现介绍一种快速、简易的查找方法——对分开路法。

举一个简化的例子说明。有一串满天星由9个灯泡串成,如图4-15所示,其中1个烧毁。

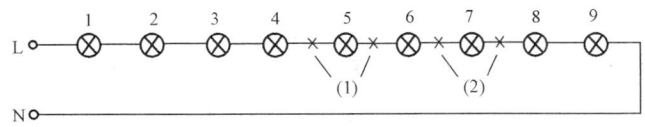

图4-15 开路法检查实例

拔下处于中间位置的小灯泡,即第5个灯泡,用测电笔测试其灯座左右两个接线铜片,可能出现以下两种情况:

(1)左侧电路有电,而右侧电路没电,说明坏灯泡在第5个灯泡或第5个灯泡以右的灯泡。

(2)左右两侧都没有电,说明坏灯泡在第5个灯泡以左的电路口1~4个灯泡。

假设出现了第(1)种情况,即坏灯泡在第5~9个灯泡中。同前所述一样,再把右半侧电路从中间分开,第7个灯泡在中间位置。拔下第7个灯泡(把前拔下的第5个灯泡插回原灯座内),用测电笔测试其灯座左右两个接线铜片,同样会出现类似(1)、(2)两种情况。这样反复几次,无故障部分一半一半地被排除,很快地就可以找到烧毁的小灯泡。换上新灯泡,满天星即可恢复使用。在绝大多数情况下,满天星一次只烧毁一个灯泡。

用对分开路法查找坏灯泡,每次对半地排除无故障部分,可很快地逼近故障点。灯串越长,越能体现这种方法的优越性。比如100个灯泡串联的满天星,最多对分6次,就可以查找出烧毁的灯泡来。

2. 用测电笔快速查找直流系统接地故障点

发电厂、变电所中的直流电源一般作为主要电气设备的保安电源及控制电源。如果在直流电路上发生了接地故障,应迅速找到接地点并予以修复。直流正极接地有造成保护误动的可能,因为一般跳闸线圈(如出口中间继电器线圈和跳闸线圈等)均接负极电源,若这些回路再发生接地或绝缘不良就会引起保护误动作。直流负极接地与正极接地同一道理,如回路中再有一点接地就可能造成保护拒绝动作(越级扩大事故)。因为两点接地将跳闸或合闸回路短路,这时还可能烧坏继电器触点。

如何用测电笔判断直流电源有无接地,可断开电源(以蓄电池 G 为例)开关 QS(图 4-16),手摸机体,用测电笔触及电源正极端、负极端,氖管均不亮,电源无接地故障。如果测电笔触及电源正极端亮,电源负极端有接地故障;如果测电笔触及电源负极端亮,电源正极端有接地故障。

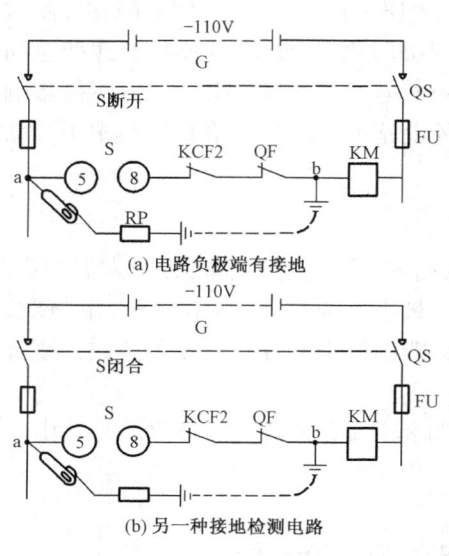

图 4-16 用测电笔快速查找直流系统接地故障点电路

测电笔查找接地故障的方法分为电位差法与淘汰法。

(1)电位差法。当电源无接地而要查找回路接地时,先断开回路正负极端人为的接地保护装置的接地点(如大型机车、船舶等装置都有正负端接地指示灯和接地继电器的接地开关等)。如果接地点发生在开关之后与负载之间(包括负载本身),则可通过接地点在通电前后电位变化而引起测电笔熄亮变化来确定接地点在哪一个回路,这样可把接地范围从几十个回路缩小到某一个回路。其步骤如下:

闭合电源开关 QS,手摸机体,测电笔触及电路正极端,氖管发亮,"可能"电路负极端有接地;如图 4-16(a)所示,依次对每一个电器元件进行动作试验,扭手柄,按按钮开关,闭合相应的联锁,让每一个回路依次通电试验(为了不让机器或所控设备动作,可用胶皮把会引起机器转动的接触器触头垫起)。当闭合某回路开关 S⑤—⑧时,测电笔突然熄灭,则断定是 S⑤—⑧至 KM 之间有接地,如图 4-16(b)所示。

为什么闭合 S⑤—⑧时测电笔氖管熄灭呢?图 4-16(a)中,S⑤—⑧断开时,a 点电位是 110V,b 点电位是 0V,a、b 两点的电位差为:$110-0=110(V)$,所以测电笔氖管亮。当 S⑤—⑧闭合后,a 点电位仍是 110V,b 点电位由 0V 变为 110V,$U_b = 110-110=0(V)$,所以测电笔氖管熄灭。把接地点缩小到某段线路后,利用拔熔断器、垫联锁、拆关键接线柱等方法很快就能找出接地点。只有接地点通电前后都是零电位,才是真正的负端接地。

(2)淘汰法。当用电位法作完所有电器回路通电动作试验后,测电笔氖管仍亮着不熄,便可断定接地点在所有负载之后的负端,此时便可用淘汰法查找接地故障。

例如,某电气设备控制回路接地,闭合蓄电池开关 QS 对各回路进行通电动作试验后,测电笔仍然触及正极端氖管闪亮,确定接地点在负端,于是用淘汰法检查。如图 4-17 所示,可用带夹子导线一端夹测电笔后端金属挂,另一端夹机体,测电笔仍然触及电源正极端,氖管发亮。

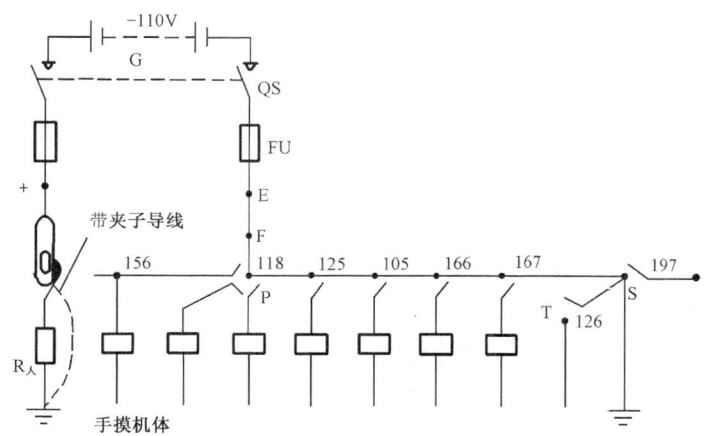

图 4-17 淘汰法检查电路

从靠近电源负端开始拆线、甩线,在接线柱上拆开某些线,测电笔仍亮时,把拆开的线甩开,将会使测电笔氖管熄灭的线恢复,继续往下甩线。在图 4-17 中的 P 点拆开 118 线时测电笔便熄灭、恢复,而将 156 等线甩开。在 S 点拆开 126 线时测电笔便熄灭、恢复,将 197 等线甩开,将 T 处拆开时测电笔氖管仍亮。由此断定 126 线在铁管里接地了。

(三)切割法

把电气上相连接的有关部分进行切割分区,以逐步缩小可疑范围。如查找 10kV 中性点不接地系统的单相接地故障和直流系统接地故障,通常都首先采用逐条拉开馈线的"拉路法",拉到某条馈线时接地故障信号消失,则接地点就在某条馈线内。除非整个系统出现普遍性绝缘下降,拉路法往往能较快地查找出故障线路。而对于查找某条线路的具体接地点,或者对于查找故障设备的具体故障点,同样可以采用切割法。查找馈线的接地点,通常在装有分支开关或便于分割的分支点做进一步分割,或根据运行经验重点检查薄弱环节;查找电气设备内部的故障点,通常是根据电气设备的结构特点,在便于分割处作为切割点。现介绍采用对分法,即二分法检查电路故障点。

1. 用二分法检查控制电路触点故障

继电器—接触器控制电路的任务通常是控制电气设备的工作状况。它一旦发生故障,往往导致电气设备电控系统失灵,生产无法正常进行,严重时还会造成事故。继电器—接触器控制电路实际上就是触点电路,实践证明,最常见的故障就是触点故障。由于某些有触点元器件质量较差,不免要发生触点故障;有些元器件长期使用后,也会发生故障。对关键性设备,排除故障所需时间的长短,直接影响着生产任务的完成。因此,在触点较多的 220V 控制回路中,检查电路触点故障多采用二分法来逐步缩小故障范围,可以大大地缩短排除故障所需的时间。

图 4-18 所示为可逆启动、行程开关作自动停车的控制电路。当按下启动按钮 1ST 时,接触器 1KM 不吸合,说明控制电路中有故障。

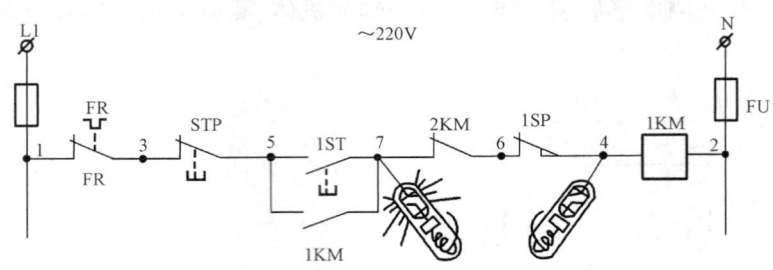

图4-18 可逆启动、行程开关作自动停车的控制电路

在分析故障现象时可根据控制电路的工作原理,初步判定控制电路中存在触点开路故障。对此,在断开主回路电动机供电电源的情况下,首先按下或临时短接启动按钮1ST,然后用测电笔测试该控制回路的约1/2处(中间位置)任一触点的任意一端,即启动按钮1ST靠中性线N一端线号⑦,如果测电笔不闪亮,说明开路故障点位于测电笔测试点与相线之间;如果测电笔发亮,且亮度正常,说明开路故障点位于测电笔测试点与中性线之间。此例测电笔测试时发亮,测电笔应向中性线方向一侧移动继续测试,仍要先测此段控制回路约1/2处任一触点的任意一端,即接触器1KM线圈靠相线一端线号4,测电笔氖管不发亮,说明开路故障点位于测电笔测试点与控制电路中间位置测试点7号线头之间。按此思路,用测电笔测试行程开关1SP的另一接线端子线号6,测电笔氖管发亮,说明该触点即为开路故障点。经停电查看,行程开关1SP桥式触点动触头倾斜未闭合。

用测电笔二分法测试控制电路触点故障简单易学,从分析故障现象和电路工作原理入手,采用二分法逐步缩小故障范围,只要检测两三次就能找到故障点了。此法适用于交流220V控制电路中一个或多个开路故障点的查找,且在查找过程中不需要拆线和另外接线,不论继电器(或接触器)间距远近、接线端子集中或分散,均不影响测电笔测试的操作。但当控制电路电源线对地电压低于测电笔氖管启辉电压或者控制电路两根电源线对地电压都高于测电笔氖管启辉电压时,测电笔检测失灵,则需要用万用表或适当的校验灯之类器件进行检查。

2. 对分法分段查找低压线路短路故障

低压线路断路故障,一般都比较容易查找和排除,但对于短路故障,特别是对于较长线路所出现的短路故障,查找起来就显得困难得多。例如,马路上的路灯线路,线路长、灯泡多,故障点又不明显,如果逐个灯头、逐段线路的查找,既费时又费力。检修实践证实,利用钳形电流表来查找短路故障,要比其他方法简便快捷得多。

如图4-19所示,14盏马路弯灯都未装保护熔丝(羊角保险),当线路发生短路故障时,查找故障点的方法步骤如下:

在电源的输入端串一个较大的负载(如1kW的电炉或碘钨灯),使电流不至于太小,以

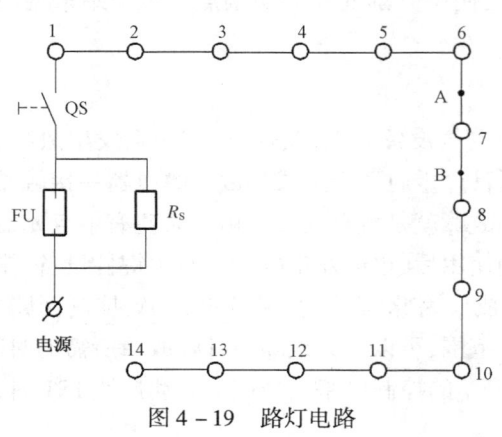

图4-19 路灯电路

便于测量。也可将这一负载代替熔断器接入电路,如图4-19所示,在熔断的熔断器两端并接1kW电炉,然后接通电源。此时,由于线路处于短路状态,电压基本都降在这一负载的两端,从短路点至负载这段线路中便有一相应的电流流过,而其他回路中基本上没有电流通过。这样,就可以利用钳形电流表,通过测量线路各处(段)的电流有无或大小,来判断和找出故障点的准确位置。测量时,采用优选法中的平分法,先从线路的中部开始测量。登7号杆(登8号杆也行),用钳形电流表测量,如测有电流,其值基本上等于或接近于串入负载的额定电流,则说明故障在测量点以外,即测得A、B两处皆有电流,则短路故障点在8~14号杆弯灯及线段内;若测得无电流或电流非常微小,则说明故障点在测量点至电源输入端的这段线路中,即测得A处无电流,则为1、6号灯(或线段)有故障;若测得A处有电流、B处无电流,则7号灯内有故障。确定故障点在哪一段线路后,再按上述方法从这段线路的中部测量和判断,如此逐步缩小发生故障的范围。此照明线路在7号杆的A、B两处皆有电流,即8~14号灯段有故障,故登11号杆,测得是12~14号灯段有故障。当找到电流有与无的分界点时,这一点便是故障点。此线路最后测得为12号杆上灯具内短路。

此方法无需断开负载和线路便能方便快捷地查找出故障所在。再如,某金工车间厂房照明线路发生短路故障,如图4-20所示,有16盏灯,用绝缘子在屋架上布线装设。当线路发生短路故障后,拔下熔断器熔丝的插盖放在适当地方,在其熔断器两侧接线柱上并接一盏1kW碘钨灯管。合闸后碘钨灯正常明亮(还可作临时照明用),房顶上的灯都不亮。这时乘行车到1号灯屋架,用钳形电流表测得A处电流微小,几乎没有电流;B处有电流,说明是B处分支故障。再测得C处有电流,开动行车到3号灯

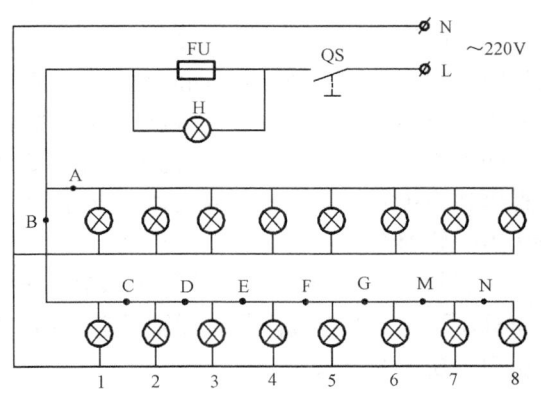

图4-20 某金工车间厂房照明线路

屋架,用钳形电流表测量,可能有三种情况:D处无电流,则为2号灯有故障;D处有电流、E处无电流,则为3号灯有故障;D、E两处都有电流,则为4~8号灯内的故障。按此法依次查找,查到M点无电流,是6号灯内有故障,断开控制开关QS,查得6号灯座内接线短接,处理后即恢复正常。

上述两例是灯具内的故障,如果是导线发生短路故障,也可用钳形电流表查出故障点。

3. 在安装、维修中用优选法快速找线

某厂办公大楼安装一部全自动电梯,控制线近百根,线皮的颜色一样。为便于安装维修,首先要认线编号,即将每根线的对应两端分别套上一样的编号。如果一根根地对,速度太慢。对此可采用优选法中的对分法:先把这些线两端线头剥去绝缘,然后将需要认的一根线的一端套上编号,接在万用表电阻挡的一个表笔上;线的另一端所有线头大致分为两半,其中一半全部短接后接于万用表的另一表笔。这时,如果表针摆动,说明所要找的对应线头就在这一半内,否则在另一半内。把对应线头所在的一半再一分为二。依此类推,很快就可找出对应线头。这个方法同样可以用于多芯电缆的找线。

(四)替代法

替代法,也就是替换法,即对有怀疑的电器元件或零部件用正常完好的电器元件或零部件替换,以确定故障原因和故障部位。容易拆装的零部件,如插件、嵌入式继电器等,要做详细检查往往比较麻烦,而用替代法则简便易行。对于某些电子零件,如晶体管、晶闸管等,用普通的检查手段往往很难判断其性能(如热稳定、高频特性、大电流伏安特性)好坏,用替代法同样简便易行。在修理电气设备内部的印刷电路板、元器件时,采用替代法可大大缩短现场检修时间。若替换有怀疑的电器元件或零部件后设备即恢复正常,则故障就出在该电器元件或零部件;如仍不正常,则可能是其他原因。采用此方法时,一定要注意用于替代的电器应与原电器规格、型号一致,导线连接要正确、牢固,以免发生新的故障。

(五)菜单法

根据故障现象和特征,将可能引起这种故障的各种原因顺序罗列出来,然后一个个地查找和验证,直到查找出真正的故障原因和故障部位,此方法称为菜单法。菜单法最适合初学者使用。

众所周知,三相感应电动机的构造比较简单,发生故障的机会较少,但由于各种内在和外在的因素,在运转中有发热冒烟的现象。一台冒过烟的电动机,可能已经烧坏了,但是没有烧坏的机会很多,也许这一台电动机还没有毛病,也许稍加修理便可照常使用。在这种场合下,如果处理不当,不是将好的电动机当作坏的处理,便是将小毛病弄成大毛病,因而造成不必要的直接和间接的损失。怎样的处理比较适当呢?首先要研究冒烟的现象和原因,才可知道实施适当的处理方法。三相感应电动机运转中冒烟的主要原因和现象如下:

(1)轴承部分发热。轴承内缺油或轴与轴承盖相摩擦,均可使轴承部分发热冒烟。高速电动机还可能因摩擦故障将轴或轴承盖擦伤,并因此停止转动造成严重的事故。这种故障很容易用手摸检查出来。

(2)定子和转子相擦。定子硅钢片外圆尺寸不一,又没有压紧,经过剧烈振动后,可能有少数的硅钢片突出,使定子和转子相擦(制造不良的小电动机常有此情况)。机座与端盖的企口配合过松,轴承磨损过多或定子内圆与转子外圆本身的偏心,均可使定子和转子相擦。擦得比较严重时,不但擦的地方出烟,而且将硅钢片擦坏使线圈绝缘损坏,引起短路和接地故障,同时电动机有不正常声音和振动。

(3)负荷过载或电压过低或三相电压相差过大(三过)。电动机的负荷超过额定容量或电源电压过低时,三相电流同时增大,线圈温度升高,情况严重时,电动机有嗡嗡的声音,而且可能热得冒烟。冒烟后应立即停车检查,看线圈各处的温度是否高而均匀,线圈表面是否同时变色。三相电压相差过大时也有上述发热现象。冒烟后的线圈完全烧坏的机会较少,但绝缘物已在不同程度上被烧焦,通常还可继续使用,但已比较容易破损,使用寿命缩短。

(4)电源断线。电动机带负荷运转时,如果电源有一相中断,电动机仍能继续运转(两相断线,电动机即停止运转,反而不致烧坏)。△接时,一相绕组的电流增加,如图4-21(a)所示;Y接时两相绕组中的电流增加,如图4-21(b)所示。

电动机有嗡嗡的声音,此时负荷越大发热越快,短时间内便冒烟,常将电动机烧坏。拆开检查,可查出三相绕组的温度和颜色不一致,烧得严重时更看得明显。

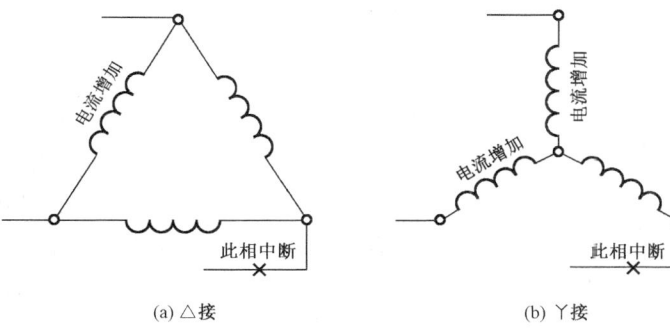

图 4 - 21　电源断线

（5）绕组断线。电动机有一相绕组断线，其现象和电源断线相仿，但△接时两相电流增加，如图 4 - 22 所示。断线的原因，大多由于各种焊接不好或电源开关接触不良。

（6）定子同相线圈局部短路。电动机的同一相线圈匝间短路时，多有显著的嗡嗡叫声（小型电动机短路匝数很少时声音不显著）。短路部分的线圈里仍然有感应电压，而且这几匝线的阻抗很小，要产生很大的短路电流，使短路部分发热冒烟（短路系由两铜线彼此接触供给一低阻抗的环路，如短路线圈的阻抗为 0.01Ω，线圈内感应电压有 1V，即产生 100A 的电流，此电流足以使电动机加速发热），时间不长，这一部分的绝缘变得比较光亮，好像烧融的情形，时间长了便要炭化脱落。图 4 - 23 所示是同一线圈中的四匝线，第三和第四匝在 X、Y 处短路，形成一匝短路线圈，如图 4 - 23 粗线所示。线圈的两边在不同的磁极下，因此感应所生瞬时电压 e_1 和 e_2，同向而相加，而这一匝线的阻抗又很小，所以形成的短路电流相当大，并使三相电流不平衡，空载时电流也增大。

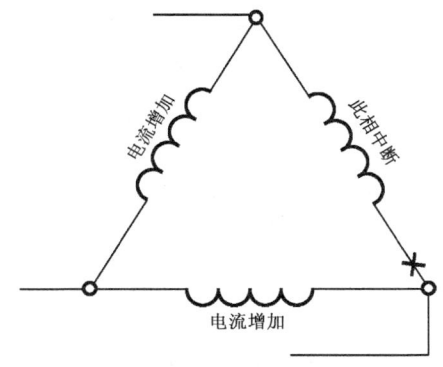

图 4 - 22　绕组断线

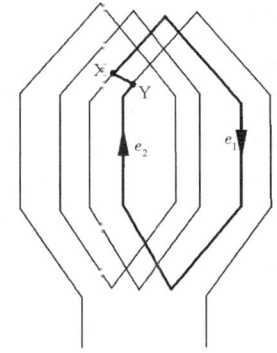

图 4 - 23　定子同相线圈局部短路

（7）定子相与相间短路。定子绕组相与相间短路时，不但被短路的部分产生短路电流，短路的两相的相电流也增加（另一相电流也稍有增加）。短路处两点间的电压相差很小时，例如 Y 接时短路处接近中性点，则短路电流不大，发热的现象还可能不显著。两相间短路处的电压差很大时，一经短路便可发生火花将铜线烧断。所以在多数的情况下，相间短路常将线圈烧断。如图 4 - 24 所示，OL2、OL3 两相在 X、Y 处短路，除 XL2、YL3 部分电流增加外，OXY 部分也要产生短路电流，此时的短路电流比同匝数的匝间短路时小，因为匝间的感应电压不是全部同向直接相加的。如 X、Y 两点间的电压 ΔU 不大,电流的增加不大,如果电流、电压相当大,则一经两点相接,铜线便烧断,但线圈的绝缘可能还未烧焦。相间短路未将铜线烧断前,电动机也有嗡嗡的声音。

(8) 定子绕组接地。定子绕组绝缘破损后,导线与铁心或机座相接触,如果机座和电源变压器的次级均有接地线,便产生接地电流使线圈发热冒烟。绕组如有两处碰铁心,相当于短路的情形,即使机座没有接地,绕组内也要产生短路电流呈现与短路相仿的现象。

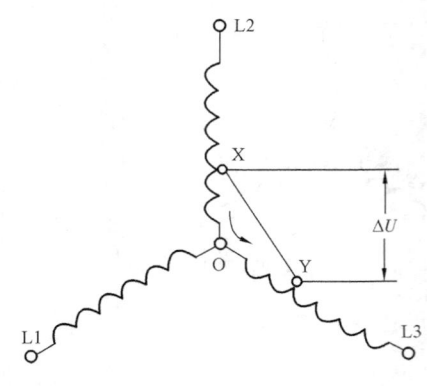

图 4-24 定子相与相间短路

(9) 转子断线。电动机带负荷运转时,转子导线如有部分中断,不但转子未断部分的电流增加,定子电流也相应增加,而且电动机有嗡嗡的声音,转速降低,重负荷时便要发热冒烟。断线的绕线型转子,空载及重载时均使定子电流不稳定;断线的鼠笼型转子,空载正常,但启动转矩小,并且很慢地转动时,将使定子电流大小变动。

(10) 电动机冒白烟。新制或长久不用的电动机,在开始带负荷运转或做制动试验时,常发生冒白烟,这时电动机的电流正常,声音也正常,无焦臭气味。如果继续运转或试验,白烟便由浓而淡以至于自行消灭,停车后可用手摸试出线圈各部分的温度正常而均匀。鼠笼型电动机常有此现象,绕线型电动机很少见,而且只有新制或长久不用的电动机,才可能发生此种现象。

新制的双鼠笼型电动机的转子,槽内附有不少油污和潮气,在做制动试验或带负荷启动时,转子的外层铜条温度增加很快,使油污和水分急速蒸发,形成浓厚的白烟。长久不用的开启式电动机,线圈表面以及鼠笼型转子槽内或许受潮,在启动或开始带负荷运转时,线圈以及转子铜条温度增加很快,也要使潮气蒸发形成白烟。由于实际上并非故障,所以电流及声音正常,也无焦臭气味,线圈表面和槽内的油污及水分有限,所以白烟能在短时间内自行消灭。为了防止这种现象的产生,新制电动机的转子和长久不用的电动机,要先烘干再运转,如烘干设备有困难,可空载运转数小时,也可达到烘干的目的。

三相感应电动机的转子短路或接地故障,只影响电动机的启动情况,运转时几乎没有影响,更不会因此而使运转中的电动机发热冒烟。至于电动机的各种由接线接错所引起的故障,只有在制造和修理时才能碰到,故此从略。

(六) 对比法

把故障设备的有关参数或运行工况和正常设备进行比较。某些设备的有关参数往往未必能从技术资料中查到,设备中有些电器零部件的性能参数在现场也难于判断其好坏,有条件时(同类电气设备多台)即可采用互相对比的办法,参照正常的进行调整或更换。此法多在"六诊"的"表测"时运用。测量法,即用电气仪表测量某些电参数的大小,经与正常的数值对比后,来确定故障部位和故障原因。

测量电力变压器的绝缘电阻值,可以初步判断变压器的绝缘状态。新装和大修后的变压器绝缘电阻值应不低于制造厂试验值的 70%。无制造厂数据的变压器绝缘电阻值应不低于表 4-8 所列数值。

表4-8　油浸式电力变压器绕组绝缘电阻的标准值　　MΩ

温度,℃		10	20	30	40	50	60	70	80
高压绕组额定电压,kV	3~10	450	300	200	130	90	60	40	25
	20~35	600	400	270	180	120	80	50	35
	60~220	1200	800	540	360	240	160	100	70

（七）扰动法

对运行中的电气设备人为地加以扰动,观察设备运行工况的变化,捕捉故障发生的现象。电气设备的某些故障并不是永久性的,而是短时区内偶然出现的随机性故障。要诊断此类故障比较困难。为了观察故障发生的瞬间现象,通常采用人为因素对运行中的电气设备加以扰动,如突然升压或降压,增加负荷或减少负荷,外加干扰信号等。

本章"手摸"中的例子,热继电器误动作的"叩诊",即用食指(用螺丝刀绝缘柄)轻轻叩击该热继电器壳体,发现稍经叩击,运行的机床便自动停下,说明故障(有台机床在运行中,动辄自动停机)即在热继电器内。由此查得原来电动机配用的热继电器额定电流值偏大,整定值调整在最低限,此时,热继电器的控制电路动断触点压力很低,倘若机床运行中振动较大,或同配电盘上其他接触器吸合频繁,极易使该热继电器受振而误动作。比种故障非"叩诊"不易查出。此例说明,长期、众多的检修实践证实：寻找属于"隐性"故障的隐患和间歇故障,在仔细检查可疑部位方法无结果时,可人为地促使此类故障转化为硬性("显性")故障。如振动、拨动元器件,拨动引线等,同时观察故障有无变化,以确定故障位置。

例如,在检修数字万用表时用扰动法,即把数字万用表拨至低量程交流电压挡(200mV挡,2V挡),用手捏住表笔头,利用人身感应电压作为干扰信号,液晶屏应出现跳数现象。否则说明输入电路有断开处。

（八）再现故障法

接通电源,按下启动按钮,让故障现象再次出现,以找出故障所在。再现故障时,主要观察有关继电器和接触器是否按控制顺序进行工作,若发现某一个电器的工作不对,则说明该电器所在回路或相关回路有故障,再对此回路做进一步检查,便可发现故障原因和故障点。此法实施时,必须确认不会发生事故,或在做好安全措施情况下进行。

三、三先后

确保安全供电、用电,具体操作的电工要实施"三先后操作法",即"先想后做、先检查后操作、先通知后停送"。有位电工,工作了30多年,从未出过事故。问其经验,回答了四个字："先想后做"。答案虽然简单,但确实是经验之谈。电气设备故障诊断是确保安全供电、用电工作中的重要一环,本章介绍的"六诊"、"八法"、"三先后"要诀的实质就是"先想后做"经验之谈。"六诊"的排列顺序和正确的运用是先感官诊断(前五诊)后表测。否则,无目标、无规律的乱拆乱查,虽然最终也能找到故障原因和部位,但拖延了故障排除的时间,有时甚至还会损坏其他的零部件。例如,有一处提灌工程使用一台Y200L1-2型的三相异步电动机,配套QXIO-30型启动箱做降压启动,安装后运行一年多运行正常。后因夏灌需要,机手自己将电动机挪了个地方。但重新安装后，发现电动机星形启动正常，当切换为三角形运行时响声异常，电动机转速明显下降，数秒钟后热继电器动作，电动机断电停车。因夏灌任务很紧，急叫电工前来修理。某电工到现场后，没问机手什么，根据电话中得知的现象怀疑三角形运行后，电动机缺相运行，造成热继电器过流动作。于是用所带仪表着手检查三角形运行时交流接触器及连接导线、时间继电器、热继电器等。可忙了大半天，均未发现异常。此时只有剩下电动机的六根接线未检查，动手核对电动机接线时，发现电动机一相线头首尾接反了，对调后试机，故障排除，运行正常。这时该电工擦着满头的汗水问机手电动机是否挪动过，可见"问诊"的重要性。

在具体实施"三先后操作法"时，查找故障要首先做到先易后难、先动后静、先电源后负载。

（一）先易后难

先易后难，也可理解为"先简单，后复杂"，即根据客观条件，容易实施的手段优先采用，不易实施或较难实施的手段必要时才采用。也就是说，检修故障要先用最简单易行、自己最拿手的方法去处理，再用复杂、精确的方法检查；排除故障时，先排除直观、显而易见、简单常见的故障，后排除难度较高、没有处理过的疑难故障。通常是先做直观检查和了解（感官诊断），其次才考虑采用仪表仪器检查（表测才能有的放矢）。例如，熔丝熔断、开路、短路、过热、烧伤等，往往用直观检查就能发现，当然未必需要一下子就动用仪表仪器检查。用直观检查发现不了的毛病，用万用表之类普通仪表配合就能做出诊断的，不必动用高级、精密的仪器仪表检查。对于结构比较复杂的电气设备，通常是先检查其外围零件和接线，如需解体检查，其核心部分和不易拆装部分更应慎重考虑，即首先排除外部部件引起的故障，再检修机内的故障，尽量避免不必要拆卸。

电气设备经常容易产生相同类型的故障常称为"通病"。由于通病比较常见，积累的经验较丰富，因此可以快速地排除，这样可以集中精力和时间排除比较少见、难度高、古怪的疑难杂症，简化步骤，缩小范围，有的放矢，提高检修速度。

（二）先动后静

先动后静，即着手检查时首先考虑电气设备的活动部分，其次才是静止部分。有经验的检修人员都知道，电气设备的活动部分比静止部分在使用中的故障几率要高得多，所以诊断时首先要怀疑的对象往往是经常动作的零部件或可动部分，如开关、闸刀、熔丝、接头、插接件、机械运动部分。在具体检测操作时，却要"先静态测试，后动态测量"。静态，是指发生故障后，在不通电的情况下，对电气设备进行检测；动态，是指通电后对电气设备的检测。因为许多电气设备发生故障检修时，是不能立即通电的，如果通电的话，可能会人为地扩大故障范围，烧毁更多的元器件，造成不应该的损失。故在故障设备通电前，先进行电阻的测量，采取必要的措施后，方能通电测量。

（三）先电源后负载

先电源后负载，即检查的先后次序从电路的角度来说，是先检查电源部分，后检查负载部分。这是因为电源侧故障势必会影响到负载，而负载侧故障则未必会影响到电源。如电源电压过高、过低、波形畸变、三相不对称等都可能会影响电气设备的正常工作。另外，电源部分的故障几率也较高,尤其是电流互感器和电压互感器的二次回路接线,往往是最容易摘错且又容易忽略的地方。对于用电设备,通常先检查电源的电压、电流,电路口的开关、触点、熔丝、接头等,故障排除后才根据需要检查负载。

检修电气设备的行家里手们的宝贵经验:"先公用电路,后专用电路"。任何电气系统的公用电路出故障,其能量、信息就无法传送、分配到各具体电路,专用电路的功能、性能就不起作用。例如,一个电气设备的电源部分出故障,整个系统就无法正常运转,向各种专用电路传递的能量、信息就不可能实现。因此,只有遵循先公用电路、后专用电路的顺序,才能快速、准确无误地排除电气设备的故障。

第二节　电动机常见故障

三相异步电动机应用广泛,但通过长期运行后,会发生各种故障,及时判断故障原因,进行相应处理,是防止故障扩大,保证设备正常运行的一项重要的工作。

一、通电后电动机不能转动,但无异响,也无异味和冒烟

(一)故障原因

(1)电源未通(至少两相未通);
(2)熔丝熔断(至少两相熔断);
(3)过流继电器调得过小;
(4)控制设备接线错误。

(二)故障排除

(1)检查电源回路开关,熔丝、接线盒处是否有断点,及时修复;
(2)检查熔丝型号、熔断原因,换新熔丝;
(3)调节继电器整定值与电动机配合;
(4)改正接线。

二、通电后电动机不转,熔丝烧断

(一)故障原因

(1)缺一相电源,或定干线圈一相反接;
(2)定子绕组相间短路;
(3)定子绕组接地;
(4)定子绕组接线错误;
(5)熔丝截面过小;
(6)电源线短路或接地。

(二)故障排除

(1)检查刀闸是否有一相未合好,电源回路有一相断线,消除反接故障;

(2)查出短路点,予以修复;
(3)消除接地;
(4)查出误接,予以更正;
(5)更换熔丝;
(6)消除接地点。

三、通电后电动机不转,有嗡嗡声

(一)故障原因

(1)定子、转子绕组有断路(一相断线)或电源一相失电;
(2)绕组引出线始末端接错或绕组内部接反;
(3)电源回路接点松动,接触电阻大;
(4)电动机负载过大或转子卡住;
(5)电源电压过低;
(6)小型电动机装配太紧或轴承内油脂过硬;
(7)轴承卡住。

(二)故障排除

(1)查明断点予以修复;
(2)检查绕组极性;判断绕组末端是否正确;
(3)紧固松动的接线螺钉,用万用表判断各接头是否假接,予以修复;
(4)减载或查出并消除机械故障;
(5)检查是还把规定的面接法误接为Y;是否由于电源导线过细使压降过大,予以纠正;
(6)重新装配使之灵活,更换合格油脂;
(7)修复轴承。

四、电动机启动困难,额定负载时,电动机转速低于额定转速较多

(一)故障原因

(1)电源电压过低;
(2)面接法电机误接为Y;
(3)笼型转子开焊或断裂;
(4)定子、转子局部线圈错接、接反;
(5)修复电动机绕组时增加匝数过多;
(6)电动机过载。

(二)故障排除

(1)测量电源电压,设法改善;
(2)纠正接法;
(3)检查开焊和断点并修复;
(4)查出误接处,予以改正;

(5)恢复正确匝数；
(6)减载。

五、电动机空载电流不平衡,三相相差大

(一)故障原因

(1)重绕时,定子三相绕组匝数不相等；
(2)绕组首尾端接错；
(3)电源电压不平衡；
(4)绕组存在匝间短路、线圈反接等故障。

(二)故障排除

(1)重新绕制定子绕组；
(2)检查并纠正；
(3)测量电源电压,设法消除不平衡；
(4)消除绕组故障。

六、电动机空载或过负载时,电流表指针不稳、摆动

(一)故障原因

(1)笼型转子导条开焊或断条；
(2)绕线型转子故障(一相断路)或电刷、集电环短路装置接触不良。

(二)故障排除

(1)查出断条予以修复或更换转子；
(2)检查转子回路并加以修复。

七、电动机空载电流平衡,但数值大

(一)故障原因

(1)修复时,定子绕组匝数减少过多；
(2)电源电压过高；
(3)Y形接电动机误接为△形；
(4)电动机装配中,转子装反,使定子铁心未对齐,有效长度减短；
(5)气隙过大或不均匀；
(6)大修拆除旧绕组时,使用热拆法不当,使铁心烧损。

(二)故障排除

(1)重绕定子绕组,恢复正确匝数；
(2)设法恢复额定电压；
(3)改接为Y形；
(4)重新装配；

(5)更换新转子或调整气隙；
(6)检修铁心或重新计算绕组,适当增加匝数。

八、电动机运行时响声不正常,有异响

(一)故障原因

(1)转子与定子绝缘纸或槽楔相擦；
(2)轴承磨损或油内有砂粒等异物；
(3)定转子铁心松动；
(4)轴承缺油；
(5)风道填塞或风扇擦风罩；
(6)定转子铁心相擦；
(7)电源电压过高或不平衡；
(8)定子绕组错接或短路。

(二)故障排除

(1)修剪绝缘,削低槽楔；
(2)更换轴承或清洗轴承；
(3)检修定、转子铁心；
(4)加油；
(5)清理风道,重新安装置；
(6)消除擦痕,必要时车内小转子；
(7)检查并调整电源电压；
(8)消除定子绕组故障。

九、运行中电动机振动较大

(一)故障原因

(1)由于磨损,轴承间隙过大；
(2)气隙不均匀；
(3)转子不平衡；
(4)转轴弯曲；
(5)铁心变形或松动；
(6)联轴器(皮带轮)中心未校正；
(7)风扇不平衡；
(8)机壳或基础强度不够；
(9)电动机地脚螺栓松动；
(10)笼型转子开焊断路,绕线转子断路,定子绕组故障。

(二)故障排除

(1)检修轴承,必要时更换；

(2)调整气隙,使之均匀;
(3)校正转子动平衡;
(4)校直转轴;
(5)校正重叠铁心;
(6)重新校正,使之符合规定;
(7)检修风扇,校正平衡,纠正其几何形状;
(8)进行加固;
(9)紧固地脚螺栓;
(10)修复转子绕组;修复定子绕组。

十、轴承过热

(一)故障原因

(1)滑脂过多或过少;
(2)油质不好含有杂质;
(3)轴承与轴颈或端盖配合不当(过松或过紧);
(4)轴承内孔偏心,与轴相擦;
(5)电动机端盖或轴承盖未装平;
(6)电动机与负载间联轴器未校正,或皮带过紧;
(7)轴承间隙过大或过小;
(8)电动机轴弯曲。

(二)故障排除

(1)按规定加润滑脂(容积的1/3~2/3);
(2)更换清洁的润滑滑脂;
(3)过松可用粘结剂修复,过紧应车磨轴颈或端盖内孔,使之适合;
(4)修理轴承盖,消除擦点;
(5)重新装配;
(6)重新校正,调整皮带张力;
(7)更换新轴承;
(8)校正电动机轴或更换转子。

十一、电动机过热甚至冒烟

(一)故障原因

(1)电源电压过高,使铁心发热大大增加;
(2)电源电压过低,电动机又带额定负载运行,电流过大使绕组发热;
(3)修理拆除绕组时,采用热拆法不当,烧伤铁心;
(4)定子、转子铁心相擦;
(5)电动机过载或频繁启动;

(6) 笼型转子断条；

(7) 电动机缺相,两相运行；

(8) 重绕后定子绕组浸漆不充分；

(9) 环境温度高,电动机表面污垢多,或通风道堵塞；

(10) 电动机风扇故障,通风不良；定子绕组故障(相间、匝间短路,定子绕组内部连接错误)。

(二) 故障排除

(1) 降低电源电压(如调整供电变压器分接头),若是电机Y、△接法错误引起,则应改正接法；

(2) 提高电源电压或换粗供电导线；

(3) 检修铁心,排除故障；

(4) 消除擦点(调整气隙或挫、车磨转子)；

(5) 减载,按规定次数控制启动；

(6) 检查并消除转子绕组故障；

(7) 恢复三相运行；

(8) 采用二次浸漆及真空浸漆工艺；

(9) 清洗电动机,改善环境温度,采用降温措施；

(10) 检查并修复风扇,必要时更换,检修定子绕组,消除故障。

第三节 电动机常见故障处理实例

一、笼型转子电动机启动故障处理实例

(一) 绝缘电阻低的故障处理

有一台Y225M-4型、380V、45kW电动机,在启动前用500V兆欧表检测时其绝缘电阻值仅为0.1MΩ,故按规定不得投入启动及运行。

经查实该电动机购进后放置仓库一年多未予使用,解体检查发现定子铁心、绕组表面水汽和湿度相当高。据此分析认为电动机绝缘电阻低显然系长期闲置严重受潮所致,后经干燥处理,电动机绝缘电阻恢复到合格值并正常投入启动与运行。

(二) 出线端错误的故障处理

一台Y180L-6型、380V、15kW电动机,其6根出线端的标志模糊、错乱无法分清,因而不能正确连接和引入电源。

出线端标志错误的电动机若其中某相绕组的头尾接错,则可能因绕组相序错误而导致电动机三相空载电流增大,以及严重不平衡,其振动和响声增大,转速减慢而温度急升,时间长了还可能因高温而烧损电动机绕组。

重新识别三相绕组的出线端头尾,可用试灯法准确方便地检测出来。试灯可采用36～220V的灯泡或干电池组成,如图4-25所示。

测试时,首先找出六根出线端中属于同相绕组的两根头尾端。可先将试灯的一根测试线接在任意一根电动机出线端上,然后再用另一根试灯测试线分别接触其余五根出线端。灯泡亮的两根出线端即为同一相绕组,灯泡不亮的两根出线端则不属于同相绕组,如图 4-25(a)所示。

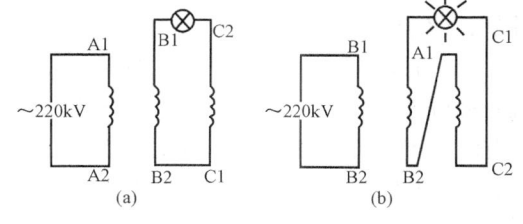

图 4-25 试灯法检测线路

依序找出其余两相绕组各自的两根头尾端,并做好相应的标记。接着可将任意两相绕组的出线端串联起来并接上灯泡,再将剩下的第三相绕组一根出线端和电池的负极相连,然后把电池的正极测试线去碰触该相绕组的另一根出线端。此时,若灯泡不亮则表明这两相绕组为头与头或尾与尾相接;若灯泡发亮则说明两相绕组为头与尾相接,测试情况如图 4-25(b)所示。测试出两相绕组的头与尾后应及时做好标记,再改换已测试出头尾的任意一相绕组接电源,其余两相绕组经串联后接电源即可测出第三相绕组的头尾端。

(三) 旋转方向错误的故障处理

有台三相笼型转子异步电动机配套拖动一台水泵,安装后试车时发现该电动机与水泵的旋转方向相反,无法进行抽水工作。

由于三相异步电动机定子旋转磁场的转向是由定子的三相绕组、电源的三相电流,这两者的相序决定的。所以当电动机定子三相绕组与电源三相电流的相序一确定,它的转向也就定了下来。例如,定子绕组的三相按 a、b、c、a 排列;电源三相电流也按 a、b、c 的顺序,则合成磁场就将顺着 a、b、c、a 三相绕组的排列方向旋转,例如,顺时针方向转动,电动机的笼型转子则跟随定子旋转磁场而旋转。

由此可知,若要改变三相异步电动机的旋转方向,只需将电动机定子绕组的三相出线端或电源的三根相线任意对换两根即可。这时,定子三相绕组接入电流的顺序或电源三相电流进入定子绕组的相序已被改变,旋转磁场的旋转方向也随着改变,因而电动机转子的转动方向也就同时改变。

(四) 单相启动的故障处理

一台 Y200L-4 型、380V、30kW 电动机,在运行一段时间以后感到该电动机启动转矩变小,停机后出现重新启动困难且严重发热的现象。

经检查分析,该电动机的电源、启动控制设备均无断相现象,其绕组出线端接法正确且接触良好。故初步判断为电动机定子三相绕组内,可能其中有一相绕组已发生断路故障。因为采用三角形接法的电动机绕组,若有一相断路时,电动机则变为"V"形接法。其余未断相的两相绕组虽然仍能工作,但互差 120°电气角度的两绕组所产生的二相旋转磁场将比三相旋转磁场弱得多,所产生的电磁转矩也会小得多,故一般难以启动该电动机的原有负载。电动机若一相绕组存在断路故障仍继续运行或强行单相启动,则电动机绕组将因电流大幅增加并产生高温而烧毁。

电动机一相绕组断路故障的检查与修理,如图 4-26 所示。首先应将三相绕组三角形接法的相间连接拆开,然后用交流 36V 的试灯逐相检查,当检测某相绕组灯泡不亮时,则说明该相绕组存在断路故障。

找出有断路故障的相绕组后,应先目测检查该相绕组的两侧端部,看是否有被机械碰撞而损伤拆断的导线,若有则重新连接,并以绝缘测试合格后即可。还应先检查该相绕组出线端的内部接头处,看是否有焊接不良,接线松脱的现象。如果有这种情形,就应重新将接线处焊接牢固予以修复。若没有上述故障情况,就应继续查找断路故障的准确位置。

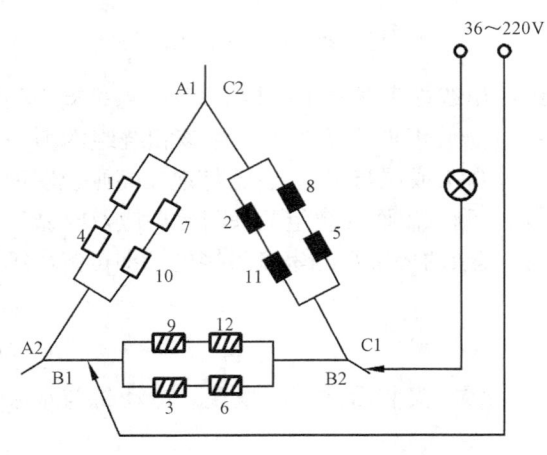

图 4-26 找出有断路故障的相绕组

如图 4-26 所示,将试灯的一根测试线接到有断路故障相绕组出线端的头或尾,把另一根装有金属尖针的测试线刺入该相绕组。检测可从该断相绕组的头或尾端开始,先刺各极相组组间的连接处并依次移向绕组另一端。如果刺到某一段前试灯都是亮的,则说明此前部分的绕组无断路故障;若刺到某极相组以后试灯不亮,则表明该极相组内可能有断线故障。然后在该极相组中依顺序刺各个线圈,直至找到断路故障的准确位置。

具体的断路故障点找到后,应视断路故障的位置、性质,对症处理。若为接线处焊接不良或线头松脱,则重新焊接并包好绝缘;如断路故障点发生在绕组端部,则可将绕组加热适当软化后予以焊接并重包绝缘;若断线故障位置发生在铁心槽中或绕组内难以拆修的部位时,则应采用穿线法更换该断路线圈或极相组。

(五)电源电压太低无法启动的故障处理

有一台 Y250M-4 型、380V、55kW 电动机带负载无法启动,只能空载启动而无法使用。经检查,该电动机的负载匹配、电动机的电控设备均属正常,后测量电源电压却仅有 290V,带负载无法启动的故障显然是由于电源电压过低所致。

由于该电源电压低是因高压侧电源电压低引起的,后经调节变压器分接开关,使供给电动机的电源电压达到 370V 左右,该电动机带负载即得以顺利启动。

(六)电压降太大无法启动的故障处理

一台 Y280S-4 型、380V、75kW 电动机带负载启动十分困难,不能正常投入使用。经检查,该电动机的供电线路距离较远、电源导线截面积小、负载也比较重,造成线路的电压降太大,致使电动机带负载难以启动。后经采取适当缩短电源线路距离、加大导线截面积等办法,将该电动机带负载启动问题顺利予以解决,并已带动所拖动机械满载运行。

(七)接法错误,启动时绕组发热的故障处理

有一台 Y132S-6 型、380V、星形(Y)接法、3.0kW 的电动机,带负载全压直接启动时,启动电流极大且绕组迅速产生高温,以致无法使用。经检查,该电动机应为星形(Y)接法,即每相电压为 220V,但发现将其错接成角形(△)接法,这时每相电压高达 380V,比星形接法时高

了 1.73 倍,因而其启动电流也将远大于星形接法时的启动电流。故该电动机绕组启动时电流大,绕组出现高温是必然结果。当将其绕组接法更正为星形接法后,电动机的启动电流恢复正常,绕组温度也归于常规状态。

若电动机规定接法为 380V、三角形(△),但却错接成星形(Y)接法,则电动机也将不能正常启动和运行。因为此时每相电压仅为 220V,电动机将无法在低于额定电压 1.73 倍的欠压条件下带负载启动和正常运行。

(八)启动时达不到额定转速的故障处理

一台 Y180L-8 型、380V、11kW 的笼型转子电动机,带负载启动时转速很慢且达不到额定转速,因而不能正常投入使用。经检查,该电动机试运转时发出时高时低的嗡嗡响声、机壳振动较严重、带负载时转速明显降低、三相电流忽高忽低,并且不平衡。据此分析,该电动机可能为转子鼠笼绕组的断条故障。将电动机解体抽出转子做深入检查,首先进行直接的目测观察,仔细察看转子铁心表面和端环与转子导条交接处,若发现有高温过热的变色痕迹等,则此处就是转子导条断路故障位置。

对于用目测难以检查出的笼型转子断路故障,则可采用如图 4-27 所示的短路侦察器电流表法进行检查。将短路侦察器放在转子铁心表面并依次移动测试。由于转子笼型绕组无断路故障时其导条是通过两侧端环而相互短接的,所以,这时电流表将表示出正常读数且各槽导条的数值不变。当短路侦察器移动到某一导条处,电流表的读数却突然下降,则说明该槽内导条有缺损或断裂。若没有电流表也可用一根手锯条代替,这时可在短路侦察器检测的铁心表面,用锯条靠近两槽口间测试,如锯条被牢固吸住,该处即为正常无断条故障。若锯条不被转子铁心槽吸住,则此槽就是鼠笼断裂的位置。移动检测时,应注意短路侦察器与转子铁心表面的接触程度要一致,以免产生错误的检测结果。

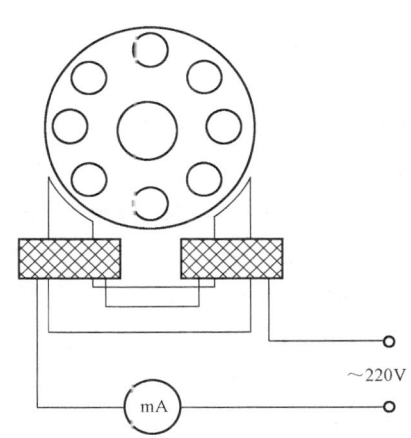

图 4-27 短路侦察器电流表法

电动机转子笼型绕组断条故障的修理十分困难,并且修理质量也极难保证。因此,最好的办法是找原制造厂购置同型号、规格的电动机新转子,以确保该电动机的正常安全运行。

(九)空载启动三相电流不平衡的故障处理

有一台 Y225M-6 型、380V、三角形连接的电动机,空载启动时其三相电流不平衡。经检查,该电动机过去运行很正常,现空载启动后三相电流不平衡,电流大小相差 20% 以上,声音正常,略有振动,电源电压三相基本平衡。据此分析判断,由于该电动机绕组为两路三角形接法,故极有可能是相绕组中有一条支路断路。电动机空载三相电流不平衡故障的原因有以下几种:

(1)电动机某相绕组有短路故障,这时也会出现三相空载电流不平衡的现象,但电动机将会发热冒烟并有烧焦气味,同时还将产生异常噪声。

(2)电源电压不平衡也可能导致三相电流不平衡,但其大小电流却不可能相差20%以上。

(3)电动机某相绕组的部分线圈接反,也将造成空载电流不平衡,但该电动机过去运转正常,此后又未改动接线。

(4)电动机某相绕组断路。由于该电动机为两路三角形接法,若一相绕组断路则变成开口三角形接法,则线电流大小将会相差1.73倍,该电流远远大于20%。

综上所述,该电动机空载启动三相电流不平衡故障,不可能是这些原因造成的,而只可能是在电动机某相绕组的两路并联接法中断了一路,如图4-28所示。于是该相绕组以两路并联变成一路接法,绕组的电阻值也由于导线截面积减小一半而增大一倍。故该相绕组中的相电流也就变小了,从而引起该电动机空载启动时三相电流不平衡的故障。

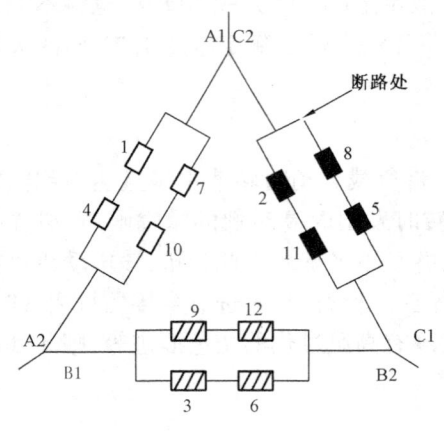

图4-28 电动机某相绕组断路

为进一步证实该电动机的故障原因,用电桥表检测其三相绕组的电阻值,确认为两相小一相大。多次测试后找出了绕组断路故障位置,重新焊接和包扎绝缘后,电动机顺利启动投入正常运行,其三相电流不平衡故障得以消除。

(十)电源接通但不能启动的故障原因及处理

有一台Y280S-4型、380V、75kW的电动机,电源接通后却未能启动。

电动机在接通电源后不能起动的故障原因有很多,归纳起来大致有以下几种:

(1)电动机无振动和嗡嗡响声。出现这种现象的原因可能有:

① 采用Y—△启动时,星形(Y)接法启动的接触器接触不良,使应该短接的三相绕组末端未能闭合;

② 定子绕组两相以上断路、两相的熔丝熔断或开关接触不良等。

(2)电动机启动瞬间,熔丝迅速烧断或启动设备立即跳闸断开,并有火光、冒烟和伴随短路爆炸声等。这种现象表明电动机短路严重,此时,绝不能只更换熔丝后就重新启动,而必须在查明原因排除故障以后才能再次进行启动。产生这种现象的原因可能是电动机定子绕组对地或相间短路、出线端接线错误等。

(3)电动机有轻微振动和嗡嗡响声,出现这种现象的原因有:

① 电动机的电源电压过低。因电动机的启动转矩与电压平方成正比,所以电源电压的高低对启动转矩的影响很大。此外,供电线路距离过远和导线截面容量不足,均可能造成线路电压降大而使电动机端电压过低,以致带负载不能启动。为此,应查明电源电压是否正常,启动补偿器选择的抽头是否合适,若选用65%电压的抽头,则启动转矩为额定转矩的0.385;选用80%电压时,启动转矩则为额定转矩的0.64,同时还应检查供电线路是否过长、导线截面容量是否充足等。

② 电动机单相启动,三相笼型转子异步电动机若一相断路时,则将因定子磁通减弱、转矩下降而无法启动。此时,应仔细检查三相电源的熔丝是否一相烧断、开关是否接触不良、电动

机绕组是否一相断路等。检查过程中电动机单相启动和运行时间不得过长,以免故障进一步扩大,从而增加电动机修理的难度。

③ 拖动的负载过重。因电动机的启动转矩不足以拖动所带机械负载,并且熔断丝又选得过大,启动时未能烧断。这种故障现象在检查时,会出现三相电流均衡增大并超过正常值的情况。

④ 电动机定子绕组有局部短路故障,因而导致启动转矩减小,但启动电流尚不足以马上使熔丝烧断。对此种故障应检查电动机的三相电流,看其是否平衡,若三相电流有较大差异,则其某相绕组存在局部短路故障。

⑤ 重换定子绕组后电动机内部接线有局部绕组被接错或接反,致使三相电流不平衡而启动转矩大幅减小,应拆开电动机仔细检查定子三相绕组的接法,找出绕组接错接反的位置,重新更正接线并予焊接并用绝缘包扎。

⑥ 笼型转子导条断裂或端环脱焊,致使电动机启动转矩过小而不能带负载启动。但脱开负载后则仍可启动和运转,而一加上负载电动机转速就迅速降低或甚至不转,该种故障与负载过重的现象极为相似。因此,还应严格区分两者间的细微差别,以迅速准确地找到电动机不能启动的原因。

二、笼型转子电动机运行故障处理实例

(一)空载电流过大,电动机温升高的故障处理

有一台 Y280M-6 型、380V、55kW 电动机,以前运行都很正常,今在额定电压下运行时其空载电流却过大,电动机的温升也过高。

根据一般笼型转子异步电动机正常运行情况来看,它们的空载电流与额定电流的百分比见表4-9。当检测到电动机的空载电流若超过表中数值许多时,则说明该电动机可能已出现故障。通常引起电动机空载电流过大的原因主要有定子、转子间气隙过大(超过规定值);转子轴向位移;定子、转子相擦等。此时,电动机虽然为空载,但其实际状况却与带负载运行没有多大区别,因而使电动机的空载电流增大。

表4-9 电动机空载电流与额定电流百分比参考表

极数	功率,kW					
	0.125	0.5以下	2以下	10以下	以下	100以下
	百分比,%					
2	70~95	45~70	40~55	30~45	23~35	18~30
4	80~96	65~85	45~60	35~55	25~40	20~30
6	85~98	70~90	50~65	35~65	30~45	22~33
8	90~98	75~90	50~70	37~70	35~50	25~35

电动机的装配不良、轴承滚珠或轴承室磨损,均可能造成定子、转子间气隙过大而超过其规定值。表4-10所示为三相异步电动机平均气隙值。

表 4-10 三相异步电动机的平均气隙值参考表

电动机功率,kW	电动机转速,r/min			
	500~1500		3000	
	正常气隙,mm	增大气隙,mm	正常气隙,mm	增大气隙,mm
0.5~0.75	0.25	0.40	0.30	0.50
1~2	0.30	0.50	0.35	0.50
2~7.5	0.35	0.65	0.50	0.80
10~15	0.40	0.65	0.65	1.00
20~40	0.50	0.80	0.80	1.25
50~75	0.65	1.00	1.00	1.50
100~180	0.80	1.25	1.25	1.75
200~250	1.00	1.50	1.50	2.00

电动机的转子轴向位移,是指原本应与定子铁心对应的转子沿轴向移动了一定位置,致使定子、转子铁心有效长度减小,磁通在端部遇到的磁阻增大,从而导致空载电流增大。

对于空载电流过大、温升过高电动机的修理,则应在找出故障原因后对症进行。若属于定子、转子间气隙超过规定值,可找电动机原制造厂洽购一台相同型号和规格的转子予以更换,使空气隙重新符合规定值;如不可能更换新转子,则只有酌情降低电动机的容量使用。如系转子轴向位移,则应重新调整对正定子、转子铁心位置,并应焊接固定。经检查,本例电动机故障为转子轴向移动,并对其进行了修复。

(二)空载电流过大的故障处理

一台 Y200L-6 型、380V、22kW 的电动机,经重换绕组后空载电流增大,但其定子、转子间空气隙完全符合设计规定值,轴承也无严重磨损现象而运转正常。

据此分析,电动机出现空载电流过大的现象,估计是每相绕组在重绕时匝数绕少所造成的。此时每相绕组匝数减少后而外加电源电压却未变,故磁通 ϕ 必然成反比例增加。磁通 ϕ 增加很多则会引起铁心磁路的饱和,致使空载电流急剧增大而产生高温。形成电动机每相绕组匝数不够的主要原因有:

(1)重换绕组绕线时计数错误,使其每个线圈应绕匝数比拆除的旧绕组少。

(2)重换绕组时的线圈节距比重绕前的小,由于绕组短距系数 K_d 减小,导致电动机每相绕组的有效匝数减少。

(3)重换绕组时接线错误。若电动机的每相绕组内部线圈接反或极相组接反时,接反的两个线圈或两个极相组的电动势将会相互抵消,致使每相绕组的有效匝数减少。

对于绕线计数错误和节距被减小的这类故障,为确保电动机的大修质量和良好运行,最好拆除绕组重新按原绕组数据进行绕嵌。绕组接线错误则拆开端部接线,找出错接位置予以重接即可。

(三)电流突然增大,电动机迅速过度发热的故障处理

一台 Y180L-4 型、380V、22kW 电动机,运行时电流突然比额定电流大两倍以上,电动机

并且迅速过度发热,初步分析为绕组短路所致。

经停机拆开电动机检查,发现电动机绕组端部绝缘层有高温变色和局部匝间短路现象。据此分析导致电动机绕组短路的原因可能有:电动机长期闲置未用以致使绕组绝缘受潮,在未经烘干的情况下接通电源,使电源电压将绕组绝缘击穿。此外,电动机长期超载运行使绕组内电流过大产生高温,引起绝缘层老化变脆而受振动开裂脱落;电动机绕组在绕线、嵌线和接线过程中操作不当,将电磁线外层绝缘或线圈的槽绝缘、相间绝缘损伤;绕组端部过长而与端盖碰触等,以致造成同相绕组内的匝间、线圈间短路或两相绕组之间的相间短路。这些短路都会造成电流增大、电动机绕组迅速发热等。

本例故障系因电动机保管不善,长时间露天放置绕组受潮严重,在未经烘干处理情况下即通电运转,导致局部绝缘击穿,从而造成绕组匝间短路。所幸故障发现早停机也及时,才未将电动机绕组全部烧毁。经对绕组做局部返修和绝缘处理后,电动机即恢复了正常运行。

(四) 电动机运行中声音突然异常,其中一相电流大于另外两相电流的故障处理

有一台 Y160M-6 型、380V、△形接法、7.5kW 电动机,运行中声音突然异常,并且其中一相电流大于另外两相的电流,转速也明显降低。

据此分析,该电动机出现上述故障现象,估计可能是电源一相断相或电动机一相绕组断路所致。因为,正常运行的三相笼型异步电动机,其绕组分别从供电线路引入三相电源,形成各自的回路。它每相绕组两端的电压、电流均基本相等,并且由每相绕组输出 1/3 的电动机额定功率。但是,若三相笼型异步电动机运行过程中,三相电源或三相绕组有一相断路而发生单相运行(也称走单相和缺相运行)时,如负载不重,电动机仍能运转,但已经是不正常的"带病"运行,绕组也会迅速发热甚至烧毁。因此,三相笼型异步电动机是绝对不允许单相运行的,否则将扩大故障,造成严重损失。

图 4-29 所示为△形接法三相笼型电动机单相运行故障的情况,图 4-29(a)中 a 处熔丝烧断造成了电动机单相运行。由于 a 处断开后情况就发生了变化,B 相绕组承受了 380V 电压,A、C 两相则共同承受 380V 电压(即每相各承受 190V)。原来有三路电流通过,但是现在却只有两路电流通过,其中一路通过 B 相绕组,另一路通过 A、C 两相绕组。由于 B 相绕组的阻抗比串联的 A、C 两相绕组的阻抗小,所以流过 B 相绕组的电流将比通过 A、C 两相绕组的电流要大得多。原来由三相绕组共同输出的功率,在发生故障后却完全要由 B 相输出,因此 B 相绕组必然会先烧坏,其绕组端部烧损情况则如图 4-29(b)所示。

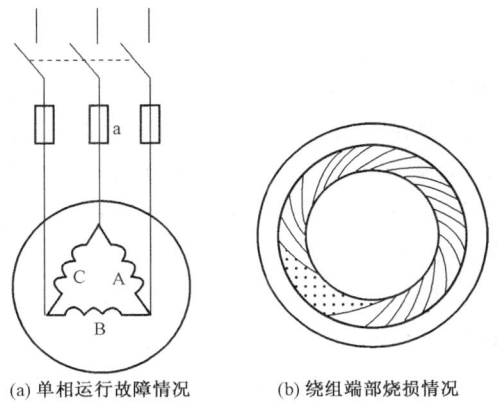

(a) 单相运行故障情况 (b) 绕组端部烧损情况

图 4-29 单相运行故障

经检查该例故障电动机系因一相电源接线端松脱而导致单相运行故障。

如电动机在运行中发生断相故障,此时绕组产生的定子磁场也将分为两个大小相等、方向相反的旋转磁场。不过，与电动机旋转方向相反的旋转磁场与转子间的相对速度很大，故在转子中产生的感应电动势也很大，并且电流频率几乎是电源频率的两倍。转子的感抗也很大，而此时决定转矩大小的电流有功分量却很小，所以逆向转矩远小于正向转矩，因而电动机仍能继续运转。但此时电动机的负载只能达到额定功率的一半左右。若电动机在额定功率下满载运行，则通过绕组的电流将远超过额定电流。如不及时切断电源，电动机将因严重发热而烧毁。

上述故障发现早且停机及时，故仅有一相绕组因短暂高温而变色，在停机几小时电动机温升降下来后，即再次正常投入运行。

(五) 运行中电流增加很多，三相电流不平衡的故障处理

一台 Y280S－6 型、380V、△形接法、45kW 电动机，运行中出现电流增加很多、三相电流严重不平衡的现象。

据此分析，该电动机出现的上述故障极有可能是电源电压不平衡所致。因为，电源电压的变动一般不应超过电动机额定电压的 ±10%。对于额定电压 380V 的电动机而言，其电源电压的变动应在 342～418V 这一范围内。这是因为电压的变动对电动机运行性能有着极大的影响。电动机的转矩与外加电压的平方成正比，当电源电压降低到额定电压的 10% 时，转矩就将减小到额定转矩的 64%。因此，电压波动引起电动机转矩的这种变化，对电动机本身和它所拖动的机械设备的正常运行都不利，表 4－11 为电源电压波动对电动机主要性能的影响。

表 4－11　电源电压波动对电动机主要性能的影响

电动机波动率	启动转矩和最大转矩	转差率	满载转速	满载效率	功率因数	满载电流	启动电流	温升
比额定电压高 10%	+21%	-17%	+1%	+1%	-3%	-7%	+10%	-4℃
比额定电压低 10%	-19%	+23%	-2%	-2%	+1%	+11%	-10%	+7℃

若三相线电压严重不平衡，将使定子绕组的电流大大增加，从而出现三相电流严重不平衡的情况。如电源线电压间相差 4%，则电动机的线电流相差将达 25%，从而导致电动机严重过热。经检查该例电动机的电源为照明和动力（即单相和三相动力）混合用电的供电网，其单相负载（电焊机、电炉、电烘箱）的无序分布，造成了三相负载严重不平衡，并导致供电线路三相电压的不平衡。经过合理调配单相和照明负载后，电源的三相电压恢复了平衡，该电动机也正常地运行于线路上。

通常，为了使电动机能够正常运行，应保持电源电压与电动机额定电压值相差不超过 ±10%，三相电压值相差不超过 ±5%。

(六) 电动机外壳带电的故障处理

有一台 Y132S－4 型、380V、5.5kW 电动机外壳带电。

若电动机发生外壳带电现象，通常可从以下几个方面进行故障查找：

(1) 电动机绕组绝缘受潮，致使绝缘电阻降低而产生漏电。

(2) 接线盒处绝缘或引出电缆线绝缘损伤，导致与机壳碰触。

(3) 绕组端部过长而与端盖碰触，电动机长期的轻微振动使绕组绝缘破损而碰壳。

(4) 电动机长期超载运行，绕组温升过高造成绝缘老化碎裂而碰壳。

(5)电动机制造时操作不当。如在绕线、嵌线和接线过程中,导线绝缘及对地槽绝缘受到机械损伤,从而导致绕组绝缘损坏而碰壳。

(6)电源电压过高或雷击,使电动机绝缘无法承受,造成高压击穿而接地。

经检查,本例电动机系因绕组端部过长碰触端盖所致。在将定子绕组加热变软后,用橡皮锤把绕组喇叭口鼓大鼓低,并刷上绝缘漆烘干后即将故障予以排除。

(七)运行中出现异常响声的故障处理

一台Y160L-2型、380V、18.5kW的电动机,运行中出现异常响声。

电动机在正常运行情况下只会发出很小很均匀的声音,若听到嗡嗡刺耳的异常响声则说明电动机极可能存在故障。电动机出现异常声响,既有机械方面的原因也有电气方面的原因。通常,机械故障比较明显而容易查找,它不会随着电源的断开而消失。

电气故障则一般还伴有不正常发热和剧烈的振动,但断开电源后故障症状就立即消失。其电气方面的原因有:

(1)电动机单相运行,这时其吼声会特别大,可采取断电后再通电的办法,以检查电动机能否再启动。如果不能启动,就说明电动机或电源、启动设备存在断路故障,此时电动机已经是单相运行。

(2)笼绕组导条或端环断裂,产生时高时低的嗡嗡声、电流忽高忽低和电动机转速明显降低。

(3)定子绕组出线端头、尾接反或部分线圈的极性接错,电动机将产生低沉的吼声。

(4)电动机超载运行,这时也将发出沉闷的吼声和绕组高温。

经检查,该例电动机有异常响声故障的原因为超载所致,在调整负载后电动机即投入正常运行。

(八)机壳温度过高的故障处理

一台Y315S-4型、380V、110kW电动机运行中的温度总是要高于其所处的环境温度。这是因为运行中的电动机存在电流和磁通,以完成电能与机械能的转换。电动机中通过电流的部分将产生铜损耗;铁心中的交变磁通产生铁损耗;电动机旋转时轴承及电刷摩擦、转动部分与空气摩擦均产生机械损耗。这三种损耗都会转换成热能从而引起电动机的温度升高。电动机自身温度与环境温度之差则称为温升。因此,运行中的电动机必然将会存在温升。当电动机的运行温度高于环境温度时,它就将散发出热量。于是,电动机因损耗而产生的热量一部分被储藏起来,引起本身温度升高,另一部分则散发到周围环境中。

若电动机的负载恒定则其损耗的功率也为恒定,即单位时间内产生的热量恒定。在电动机开始运转的瞬间由于它的温升等于零,故其不向四周散发热量而被全部储藏起来,所以电动机运行的初始段温度升高较快。但随着温升的增高,其单位时间内的散热量增加而储热量减小,因而温度升高则较慢。当电动机运行一段时间后,单位时间内产生的热量被全部散发出来,储存的热量不再增加,所以此时的电动机温度不再升高而保持一种热稳定状态。热稳定状态的温度称为稳态温度,热稳定状态的温升则称为稳态温升。通常,电动机的负载越大其损耗功率也越大,单位时间内产生的热量也越多。

综上所述，可以得出如下两点极重要的认识：

(1) 电动机的稳态温升与负载大小有关，即负载越大则其稳态温升越高。

(2) 电动机在达到热稳定状态以前，其温升的高低主要取决于负载大小和运行时间长短这两个因素，即时间很短的大负载不一定会引起很高的温升，而时间很长的小负载则有可能产生较高的温升。

因此，电动机的温度和温升是两个既有联系却又有区别的概念。由于电动机在单位时间内向外散发的热量主要取决于它的温度比环境温度高出多少（即主要取决温升高低），所以电动机的负载直接决定稳态温升。然而电动机材料所限制的却是电动机温度而不是温升。故对于一定的环境温度来说，电动机的负载越大则其稳态温升越高，同时其稳态温度也越高，而对于不同的环境温度来说，在一定的稳态温度限制下，其环境温度越高则允许的电动机稳态温升越低，也就是所允许的负载越小。

电动机所使用的任何一种绝缘材料，其耐热的极限温度都是有规定的。如目前常用的几个等级的绝缘材料其耐热极限温度分别为：A 级 105℃、E 级 120℃、B 级 130℃、F 级 155℃、H 级 180℃。若规定环境温度为 40℃，并留出 5℃ 的裕度（因测出的温升一般为绕组的平均温升，其最高温升比平均温升都要高，故留出 5℃ 的温升裕度）。这时，与之对应的各个等级绝缘材料的允许温升则分别为：A 级 60℃、E 级 75℃、B 级 85℃、F 级 110℃、H 级 135℃。若电动机的温升超过绝缘材料的允许温升，则将会加速绝缘材料的老化、变脆，最后导致绝缘损坏，造成电动机烧毁。

通常，电动机在其铭牌规定所允许的温升下正常运行，约可使用 20 年左右。在高出额定温升 40% 的情况下连续运行，则只能使用半个月左右。当在高出额定温升 125% 的情况下连续运行，仅几个小时内电动机绕组就会烧毁。在生产实际中电动机的超温升连续运行，一般具有以下规律：电动机（也包括发电机）运行中经常是实际温升每高出额定温升 8~10℃，其使用寿命就将会缩短一半左右。所以，电动机在超过允许的额定温升值状况下运行时，危害极大，故使用中应尽可能避免出现这种现象。表 4-12 为常用电动机各部分的允许温度和温升。

表 4-12 常用电动机各部分的允许温度和温升参考表　　　℃

电动机部件		A 级绝缘			E 级绝缘			B 级绝缘			F 级绝缘			H 级绝缘		
		温度计法	电阻法	检温计法	温度计法	电阻法	检温计法	温度计法	电阻法	检温计法	温度计法	电阻法	检温计法	温度计法	电阻法	检温计法
定子绕组	最高允许温度	90	100		105	115		110	120		130	140		160	170	
	最高允许温升	50	60		65	75		70	80		90	100		125	135	
定子铁心	最高允许温度	100			115			120			130			160		
	最高允许温升	60			75			80			90			125		

续表

电动机部件		A 级绝缘			E 级绝缘			B 级绝缘			F 级绝缘			H 级绝缘		
		温度计法	电阻法	检温计法	温度计法	电阻法	检温计法	温度计法	电阻法	检温计法	温度计法	电阻法	检温计法	温度计法	电阻法	检温计法
滑动轴承	最高允许温度	80			80			80			80			80		
	最高允许温升	40			40			40			40			40		
滚动轴承	最高允许温度	95			95			95			95			95		
	最高允许温升	55			55			55			55			55		

近年来我国生产的各类新系列电动机,其绝缘水平和绝缘材料等级普遍提高,如以前广泛使用的 A 级绝缘已被 E 级或 B 级绝缘材料所替代,电动机所允许的极限温度和温升自然也随之提高。因此,现在判断一台电动机运行中是否存在过热现象时,不能仅凭手的触摸和感觉,而应根据电动机本身绝缘等级所允许的温升来确定。经检查,本例电动机的机壳温度虽高,但仍属额定温升范围以内的正常发热,所以可继续运行。

(九)电动机轻载状态的处理

一台 Y132S-4 型、380V、三角形接法、5.5kW 电动机,经常处于轻载状态(俗称大马拉小车),将其由三角形连接改为星形连接。工矿企业所使用的三相异步电动机,一般都是根据设备的最大负荷来设计选配的。因此,电动机在实际运行中经常处于轻载或空载状态的情况很难避免。由于异步电动机的轻载或空载运行,都要从供电线路吸取大量的滞后无功功率,从而造成电网功率因数降低和线路损耗增加,以及变配电设备得不到充分利用等不良后果。所以在这种情况下,只要电动机所拖动的机械负载时大时小、其额定电压为 380V、接法为三角形时,都可将三角形接法改为星形接法,这是一种既简单又行之有效的节电方法。电动机绕组由三角形改成星形接法后,其负载电流将会有 10% 以上的下降,因而应对其保护装置的整定值做相应调整。

经检查分析,本例电动机为 380V 三角形接法,其所带负载为立式车床主轴。因电动机容量是根据最大切削负荷选择的,但其车削加工小工件或小进刀量的时间特别多,所以据此分析认为可以将该电动机由三角形接法改为星形接法。经改接后电动机及车床运行良好,并且还收到了较好的节电效果。但应该注意的是若车床恢复到其最大切削负荷时,则仍应改回电动机规定的原三角形接法,以免出现带不动负载或超载的现象。

第四节 电动机运行中的维护

三相笼型转子异步电动机的良好运行有赖于电源条件、环境条件和负载条件的好坏。对各种不同形式的三相笼型转子异步电动机的运行条件,可参见该类产品的技术条件和维护使用说明书,现将其基本运行条件介绍如下。

一、笼型转子电动机的运行条件

(一)电源条件

电源的相数、电压和频率应与电动机铭牌数据相符。供电电压应为对称三相正弦波电压,并且在频率额定时电压与其额定值相差不超过5%;在电压为额定时频率与其额定值的偏差应不超过±1%。

(二)环境条件

电动机运行位置的环境温度和海拔高度均必须符合技术条件的规定,其防护能力应与其工作地点的周围环境条件相适应。

(三)负载条件

电动机的性能应与启动、运行、制动、不同定额的负载,以及变速或调速等负载条件相适应,并在运行时应保持其负载不超过电动机规定能力。

二、笼型转子电动机合理运行的主要内容

(1)电动机运行时应尽可能使电压的波动小,三相电压值尽可能平衡。
(2)电动机运行时的温升不得超过额定值,以保证电动机正常的使用寿命。
(3)电动机运行的效率和功率因数均应达到其额定值,以保证其具有良好的经济性。
(4)电动机运行时不应影响其他设备与电动机的正常使用。

三、电动机在运行中应注意的事项

(1)防止电动机长期空载或轻载运行。因为在空载或轻载运行时其励磁电流不变,必将导致电动机的功率因数下降。故合理运行的电动机应在效率和功率因数方面均能符合额定负载时的要求。

(2)合理配置电动机功率,不使用负载与容量相差过大的电动机。因为电动机容量配置过大,必然产生"大马拉小车"的现象,从而使电动机长期处于轻负载运行状态,并导致效率和功率因数均低下的不利局面。

(3)应避免在不平衡电压下运行。因为即使是微小的电压差异,也有可能造成三相绕组很大的不平衡电流,并将导致电动机的铜损增加、有效转矩减少、转子损耗增大、温度上升、噪声和振动增大等不利情况的发生。通过善功率因数,可以提高企业用电的整体效益。

(4)不要在过低电源电压下运行。由于电压过低,电动机将不能获得所需的转矩和输出功率。此时为了得到所需转矩和输出功率,其输入电流就将被迫增大而导致电动机过热,长此

运行则会损坏绝缘,缩短其使用寿命。因此,电动机应长期在额定电压下运行。

（5）避免在高电压下运行。因为过高的电压将使空载电流增加、铜损增大和温度升高,还会使功率因数下降和噪声增大。因此,电动机只有长期在额定电压下运行才是最经济和最合理的。

（6）采用高效率电动机及安装适当的移相电容器,以提高电动机运行的经济效益。

（7）自备发电机组时,应确保额定频率的稳定输出,尽量避免频率变化造成对电动机运行性能的不利影响。

（8）根据电动机总负荷量,配置适当数量的移相电容器。

四、电动机正常运行中的监视

三相异步电动机是石油企业的主要动力,因而电动机的正常运行就成了企业安全生产和提高效益的根本保证。但要做到这一点,就必须做好电动机在正常运行中的监视与维护。这样可以大大减少事故的发生,延长电动机的使用寿命,提高企业的生产效益。

电动机在运行中的状况,可以通过电动机线路电流的大小、温升的高低、声响的差异等多方面特征表现出来。因此,工作人员可以通过自己的眼、耳、手、鼻等感觉器官和借助仪表、工具加以检测和监视。当发现不正常的情况时,及时停机检查,排除故障。

对电动机在运行中的监视和维护的具体内容如下所述。

（一）监视电动机的温度

电动机温度的高低可以反映电动机的绕组是否过热,及时监视电动机的温度就可以在超过允许限度时,及时采取措施,防止在过热情况下损坏电动机的绝缘,甚至烧毁电动机。特别对一些小型电动机,一般很少装设电流表,因此,对电动机温度的检查就成为监视电动机运动状况的主要方法。

电动机的不同部分允许最高温度和允许温升温度,在规定的标准环境温度下,都有规定的数值。在环境温度为40℃时,电动机的温升限度见表4-13。

表4-13 电动机温升限度　　　　　　　　　　　　　℃

电动机部件名称	A 级		E 级	
	温度计法	电阻法	温度计法	电阻法
定子绕组	50	60	65	75
硅钢片铁心及其他部件	60	—	75	—

在环境温度为40℃时,轴承温度应不超过下列数值:滑动轴承80℃,滚动轴承95℃。

如果电动机周围环境温度低于40℃,则表4-13所列温升限度对A级和E级绝缘仍保持不变,如果周围环境温度超过40℃,则表4-13温升限度应减去此超过值,如超过值在10℃以上,则温升限度降低值应保持出厂规定。例如,电动机环境温度为48℃时,对J02系列电动机绕组温升不得超过57℃(用温度计法)。

检测电动机绕组的温升可用温度计法或用电阻法测定。

(1)温度计法。将电动机吊环拆去,将棒型酒精温度计球部用锡纸包好放入,以与孔壁紧贴为好，在孔口用棉花或纱布堵严。用这样的方法测出的温度按照经验估计约比绕组实际温度低 10~15℃。例如，一台电动机用上述方法测得温度为 85℃，则粗略估计电动机内部绕组实际温度约为 95~100℃。但必须注意，检测电动机绕组温升不宜采用水银温度计，因为水银温度计会受电动机交变磁场影响，不能准确测得温度。

(2) 电阻法。利用绕组的直流电阻在温度升高时相应增大的原理来确定绕组的温度，此方法测得的是绕组温度的平均值。

绕组的温升可用下式确定

$$\theta = \frac{R_r - R_e}{R_e} \times (k + t_e) + t_e - t_r$$

式中　R_r——绕组的热态电阻，Ω；

R_e——冷状态下绕组的电阻，Ω；

t_e——冷状态的绕组的温度，℃；

t_r——冷却介质的温度（一般多以周围空气作为冷却介质），℃；

k——常数，对于铜，k 取 235；对于铝，k 取 228。

R_r、R_e 必须在电动机同一绕组上测得。

电阻的测量，可使绕组接直流电源，量取电流、电压，或用万用表、电桥表直接量得。测量时，应使电动机各部分温升与实际温度一致，即 1h 内定子铁心（或机壳）温升的变化不超过 1℃。如限于条件，可在电动机切离电源后，立即测量定子绕组的电阻，一般可按电阻每增加 0.4%，温度升高 1℃ 计算，而绕组的平均温升要比最热点约低 5℃ 左右。

在没有任何仪表的条件下，最简便的方法是用手摸，检查电动机是否过热。这时需用验电笔测试电动机外壳是否带电，在证实外壳不带电后方可用手掌心触摸电动机外壳。如果手放上即烫的马上缩回，说明电动机已经过热，如果没有烫得缩手的感觉，能长时间紧密接触，说明电动机没有过热。也可在机壳上滴几滴水试验，如果滴水后冒热气，则温度超过 80℃，如果能听到咝咝声，则温度已超过 90℃。当然这种方法是极粗略的方法，而且必须在考虑到电动机有安全接地，绕组绝缘没有遭受损害的情况下进行，以防止发生人身事故，电动机机壳温度与手感的大致标准见表 4-14。

表 4-14　电动机机壳温度与手感

机壳温度，℃	手感	摘要
30	稍冷	由于机壳温度比体温低，所以感觉稍冷
40	稍温	感觉暖和
45	温和	感觉暖和
50	稍热	触摸时间稍长，手掌变红
55	热	仅可接触 5~6s
60	热	仅可接触 3~4s
65	非常热	仅可接触 2~3s，放开后，手掌还感到热

续表

机壳温度,℃	手感	摘要
70	非常热	用指头仅可接触 3~4s
75	极热	用指头仅可接触 1~2s
80	极热	难以触摸,有烧灼感
85~90	极热	难以触摸,有强烈烧灼感

(二)监视电动机的电流

在正常运行情况下,当环境温度为标准值(40℃)时,电动机定子电流值应等于或略小于铭牌规定的额定值。如果环境温度高于标准温度时,必须降低电动机额定电流值。当环境温度低于标准值时,可以适当增加额定电流值。其电流允许升降百分比见表4-15。

表4-15 环境温度与电动机电流变动范围对照表

环境温度,℃	允许电流变动百分数
30	增加10%
35	增加5%
40	额定电流
45	减少5%

如果电动机的电流不符合规定且超过太多时,应查明原因,降低负载。

同时还要注意三相定子电流平衡情况,如果三相电流不平衡,则三相电流中任何一相与三相电流平均值的偏差不得大于平均值的10%。例如,三相电流为15A、18A、19A,则三相电流平均值为17.7A,其各项与三相平均值的偏差百分比分别为

$$\frac{17.7-16}{17.7} \times 100\% = 9.6\%$$

$$\frac{18-17.7}{17.7} \times 100\% = 1.7\%$$

$$\frac{19-17.7}{17.7} \times 100\% = 7.3\%$$

上述结果说明三相电流不平衡偏差百分比没超过允许范围。如果三相电流不平衡超过了允许范围,就需要进一步检查,确定故障的原因并加以排除。

(三)监视电源电压的变化

按照规定,当电源电压与额定值的偏差不超过±5%时,电动机仍能以额定功率连续运行(即电源电压在360~400V变化)。如果超过时则应控制负载。如供电方面有问题,就需会同有关部门检查解决。

三相电压不平衡也会引起电动机的额外发热,三相电压间不平衡值通常不允许超过5%。

(四)注意电动机的音响、气味和振动

电动机在正常运行时,音响均匀、无杂音或特殊叫声。如有杂音出现,可能是电的方面或机械方面的故障引起,这时必须注意观察电动机转速是否迅速下降或者发生剧烈振动,如果出现这种情况时,就应立即停机检查,排除故障。

如果电动机超载运行时间过久,绕组因过热使绝缘损坏,就会闻到一股绝缘漆的焦煳气味,这时应立即停止电动机的运行,查明原因,加以排除。

运行中的电动机只有轻度振动,振幅很小。如果振幅加大,即说明电动机有故障存在,必须停机检查,以防故障扩大,损坏电动机。通常简单的方法,可凭经验用手摸轴承部位,如果感到振得发麻,则说明振动已经很厉害,这时应检查电动机机械部分是否有问题。例如,电动机底脚螺栓是否松动,皮带轮或联轴器是否松动或严重变形,并予以排除。

(五)注意轴承的工作及润滑情况

轴承的工作情况,可凭经验用听觉来判断。例如,用螺丝刀或听诊棒的一头顶在轴承外盖上,另一头贴在耳边,仔细听轴承滚珠或滚柱沿轴承滚道滚动的声音,正常时声音是单一、均匀的,如有异常应将轴承拆卸下来检查,及时排除故障。

滚动轴承温度在长期运行中不得超过95℃(标准环境温度在40℃),如果温度过高,会使润滑恶化,甚至烧毁轴承。这时需检查润滑油是否不足或过多,如润滑油确实不足,必须及时添油,但添油量要适当。

轴承的温度也可用手触摸前轴承外盖来检查。正常时,其温度应与电动机机壳温度大致相同,无明显温差(前轴承是电动机的载荷端,最容易损坏)。若有明显温差,说明有异常,应及时加以排除。

除以上各项需经常地监视并及时地处理所发生的异常问题外,还应注意电动机的通风情况和电动机周围环境的清洁。对于熔丝除按规定选择安装外,要及时更换已有损伤的熔丝,防止因熔丝损坏造成电动机单相运行,烧毁电动机绕组。同时还要注意传动装置工作情况,如皮带轮或联轴器是否松动或过紧,运转是否良好等。

五、三相电动机参数

三相电动机参数见表4-16。

表4-16 三相电动机参数

型号	额定功率 kW	额定电流 A	转速 r/min	效率 %	功率因数 $\cos\phi$	堵转转矩/额定转矩 倍	堵转电流/额定电流 倍	最大转矩/额定转矩 倍
同步转速 3000r/min 2极								
Y80M1-2	0.75	1.8	2830	75	0.84	2.2	6.5	2.3
Y80M2-2	1.1	2.5	2830	77	0.86	2.2	7	2.3
Y90S-2	1.5	3.4	2840	78	0.85	2.2	7	2.3
Y90L-2	2.2	4.8	2840	80.5	0.86	2.2	7	2.3

续表

型号	额定功率 kW	额定电流 A	转速 r/min	效率 %	功率因数 cosφ	堵转转矩/额定转矩 倍	堵转电流/额定电流 倍	最大转矩/额定转矩 倍
同步转速 3000r/min　2 极								
Y100L-2	3	6.4	2880	82	0.87	2.2	7	2.3
Y112M-2	4	8.2	2890	85.5	0.87	2.2	7	2.3
Y132S1-2	5.5	11.1	2900	85.5	0.88	2	7	2.3
Y132S2-2	7.5	15	2900	86.2	0.88	2	7	2.3
Y160M1-2	11	21.8	2930	87.2	0.88	2	7	2.3
Y160M2-2	15	29.4	2930	88.2	0.88	2	7	2.3
Y160L-2	18.5	35.5	2930	89	0.89	2	7	2.2
Y180M-2	22	42.2	2940	89	0.89	2	7	2.2
Y200L1-2	30	56.9	2950	90	0.89	2	7	2.2
Y200L2-2	37	69.8	2950	90.5	0.89	2	7	2.2
Y225M-2	45	84	2970	91.5	0.89	2	7	2.2
Y250M-2	55	103	2970	91.5	0.89	2	7	2.2
Y280S-2	75	139	2970	92	0.89	2	7	2.2
Y280M-2	90	166	2970	92.5	0.89	2	7	2.2
Y315S-2	110	203	2980	92.5	0.89	1.8	6.8	2.2
Y315M-2	132	242	2980	93	0.89	1.8	6.8	2.2
Y315L1-2	160	292	2980	93.5	0.89	1.8	6.8	2.2
Y315L2-2	200	365	2980	93.5	0.89	1.8	6.8	2.2
Y355M1-2	220	399	2980	94.2	0.89	1.2	6.9	2.2
Y355M2-2	250	447	2985	94.5	0.9	1.2	7	2.2
Y355L1-2	280	499	2985	94.7	0.9	1.2	7.1	2.2
Y355L2-2	315	560	2985	95	0.9	1.2	7.1	2.2
同步转速 1500r/min　4 极								
Y80M1-4	0.55	1.5	1390	73	0.76	2.2	6	2.3
Y80M2-4	0.75	2	1390	74.5	0.76	2.3	6	2.3
Y90S-4	1.1	2.7	1400	78	0.78	2.3	6.5	2.3
Y90L-4	1.5	3.7	1400	79	0.79	2.3	6.5	2.3
Y100L1-4	2.2	5	1430	81	0.82	2.2	7	2.3
Y100L2-4	3	6.8	1430	82.5	0.81	2.2	7	2.3
Y112M-4	4	8.8	1440	84.5	0.82	2.2	7	2.3
Y132S-4	5.5	11.6	1440	85.5	0.84	2.2	7	2.3
Y132M-4	7.5	15.4	1440	87	0.85	2.2	7	2.3

续表

型号	额定功率 kW	额定电流 A	转速 r/min	效率 %	功率因数 cosφ	堵转转矩/额定转矩 倍	堵转电流/额定电流 倍	最大转矩/额定转矩 倍
同步转速 1500r/min 4 极									
Y160M-4	11	22.6	1460	88	0.84	2.2	7	2.3
Y160L-4	15	30.3	1460	88.5	0.85	2.2	7	2.3
Y180M-4	18.5	35.9	1470	91	0.86	2	7	2.2
Y180L-4	22	42.5	1470	91.5	0.86	2	7	2.2
Y200L-4	30	56.8	1470	92.2	0.87	2	7	2.2
Y225S-4	37	70.4	1480	91.8	0.87	1.9	7	2.2
Y225M-4	45	84.2	1480	92.3	0.88	1.9	7	2.2
Y250M-4	55	103	1480	92.6	0.88	2	7	2.2
Y280S-4	75	140	1480	92.7	0.88	1.9	7	2.2
Y280M-4	90	164	1480	93.5	0.89	1.9	7	2.2
Y315S-4	110	201	1480	93.5	0.89	1.8	6.8	2.2
Y315M-4	132	240	1480	94	0.89	1.8	6.8	2.2
Y315L1-4	160	289	1480	94.5	0.89	1.8	6.8	2.2
Y315L2-4	200	361	1480	94.5	0.89	1.8	6.8	2.2
Y355M1-4	220	407	1488	94.4	0.87	1.4	6.8	2.2
Y355M3-4	250	461	1488	94.7	0.87	1.4	6.8	2.2
Y355L2-4	280	515	1488	94.9	0.87	1.4	6.8	2.2
Y355L3-4	315	578	1488	95.2	0.87	1.4	6.9	2.2
同步转速 1000r/min 6 极									
Y90S-6	0.75	2.3	910	72.5	0.7	2	5.5	2.2
Y90L-6	1.1	3.2	910	73.5	0.7	2	5.5	2.2
Y100L-6	1.5	4	940	77.5	0.7	2	6	2.2
Y112M-6	2.2	5.6	940	80.5	0.7	2	6	2.2
Y132S-6	3	7.2	960	83	0.8	2	6.5	2.2
Y132M1-6	4	9.4	960	84	0.8	2	6.5	2.2
Y132M2-6	5.5	12.6	960	85.3	0.8	2	6.5	2.2
Y160M-6	7.5	17	970	86	0.8	2	6.5	2
Y160L-6	11	24.6	970	87	0.8	2	6.5	2
Y180M-6	15	31.4	970	89.5	0.8	1.8	6.5	2
Y200L1-6	18.5	37.7	970	89.8	0.8	1.8	6.5	2
Y200L2-6	22	44.6	980	90.2	0.8	1.8	6.5	2
Y225M-6	30	59.5	980	90.2	0.9	1.7	6.5	2

续表

型号	额定功率 kW	额定电流 A	转速 r/min	效率 %	功率因数 cosφ	堵转转矩/额定转矩 倍	堵转电流/额定电流 倍	最大转矩/额定转矩 倍
同步转速1000r/min　6极								
Y250M-6	37	72	980	90.8	0.9	1.8	6.5	2
Y280S-6	45	85.4	980	92	0.9	1.8	6.5	2
Y280M-6	55	104	980	92	0.9	1.8	6.5	2
Y315S-6	75	141	980	92.8	0.9	1.6	6.5	2
Y315M-6	90	169	980	93.2	0.9	1.6	6.5	2
Y315L1-6	110	206	980	93.5	0.9	1.6	6.5	2
Y315L2-6	132	246	980	93.8	0.9	1.6	6.5	2
Y355M1-6	160	300	990	94.1	0.9	1.3	6.7	2
Y355M2-6	185	347	990	94.3	0.9	1.3	6.7	2
Y355M4-6	200	375	990	94.3	0.9	1.3	6.7	2
Y355L1-6	220	411	991	94.5	0.9	1.3	6.7	2
Y355L3-6	250	466	991	94.7	0.9	1.3	6.7	2
同步转速750r/min　8极								
Y132S-8	2.2	5.8	710	80.5	0.7	2	5.5	2
Y132M-8	3	7.7	710	82	0.7	2	5.5	2
Y160M1-8	4	9.9	720	84	0.7	2	6	2
Y160M2-8	5.5	13.3	720	85	0.7	2	6	2
Y160L-8	7.5	17.7	720	86	0.8	2	5.5	2
Y180L-8	11	24.8	730	87.5	0.8	1.7	6	2
Y200L-8	15	34.1	730	88	0.8	1.8	6	2
Y225S-8	18.5	41.3	730	89.5	0.8	1.7	6	2
Y225M-8	22	47.6	730	90	0.8	1.8	6	2
Y250M-8	30	63	730	90.5	0.8	1.8	6	2
Y280S-8	37	78.2	740	91	0.8	1.8	6	2
Y280M-8	45	93.2	740	91.7	0.8	1.8	6	2
Y315S-8	55	114	740	92	0.8	1.6	6.5	2
Y315M-8	75	152	740	92.5	0.8	1.6	6.5	2
Y315L1-8	90	179	740	93	0.8	1.6	6.5	2
Y315L2-8	110	218	740	93.3	0.8	1.6	6.3	2
Y355M2-8	132	264	740	93.8	0.8	1.3	6.3	2
Y355M4-8	160	319	740	94	0.8	1.3	6.3	2
Y355L3-8	185	368	742	94.2	0.8	1.3	6.3	2
Y355L4-8	200	398	743	94.3	0.8	1.3	6.3	2

续表

型号	额定功率 kW	额定电流 A	转速 r/min	效率 %	功率因数 cosφ	堵转转矩/额定转矩 倍	堵转电流/额定电流 倍	最大转矩/额定转矩 倍
同步转速600r/min 10极								
Y315S-10	45	101	590	91.5	0.7	1.4	6	2
Y315M-10	55	123	590	92	0.7	1.4	6	2
Y315L2-10	75	164	590	92.5	0.8	1.4	6	2
Y355M1-10	90	191	595	93	0.8	1.2	6	2
Y355M2-10	110	230	595	93.2	0.8	1.2	6	2
Y355L1-10	132	275	595	93.5	0.8	1.2	6	2

第五节 特种电动机简介

一、无铁心电动机

为了增加有刷直流电动机的磁力,通常在线圈中插入铁心。还有一种转子线圈不插铁心的电动机,称为"无铁心"电动机,如图4-30所示。

图4-30 无铁心电动机

无铁心电动机的转子线圈是由导线绕制而成的,分圆筒型和平板型。圆筒型线圈的电动机称为圆筒电动机、扁平型线圈的电动机称为平板型电动机。圆筒电动机的定子永久磁铁安装在圆筒线圈的内侧,平板型电动机定子磁铁固定在圆盘上。因为扁平线圈的绕制方法不同,使得它有别于"印制"型电动机和"薄片"线圈型电动机。电动机不安装转子铁心,使得惯性质量减小了;还可以减小由于铁心外形引起的齿槽效应转矩。这是机械特性上的优势。另外,不安装铁心,磁通量通过铁心产生的涡流也不存在了,这就使得电气效率更高。

电动机的电感量小,整流时产生的火花也可以减少,这是电气特长。圆筒型电动机的转轴直径可以做得很小,大概可以做到几毫米以内。这样,可以减小电动机的长度,使得制造超薄型扁平电动机成为可能,这将推动多种小型电动机的发展。根据这些特性,虽然输出转矩不能太大,但是它的高速响应是很有使用价值的。无铁心电动机有着优良的控制性能,多用在小转矩输出的伺服控制系统上。

安装在火星探测器上,探测火星地面的机器人存储器,就使用了MAXON公司的圆筒型无铁心电动机。录制和播放音乐等需要高精度转速的小型计算机设备的驱动电动机,多使用平板型无铁心电动机。最近,随着便携式计算机设备的出现,使得超薄扁平型无刷无铁心电动机的应用范围更宽了。

二、并励电动机

定子磁场以电磁铁代替永久磁铁,由这种定子组成的电动机称为"绕线式有刷"直流电动机。又因为定子线圈与转子线圈是并联连接的,所以称为并励电动机,如图4-31所示。

因为是并联连接,所以定子和转子线圈可以分别由不同的电源供电。在电气线路上,电源与定子构成一个回路、电源与转子构成另外一个回路,这样就可以采用两个彼此独立的电源,避免两个通电线圈之间的相互影响。

定子线圈与电源接通时,产生的磁场强度与通入它的电流大小成正比,当流入并励线圈的电流恒定时,产生的磁场强度也恒定。

永磁式电动机的定子磁场是由磁铁产生的,所以它的磁场强度也是恒定的。又因为使用同

图4-31 并励电动机

一结构的转子,所以并励电动机的转矩—电流特性和转矩—转速特性与永磁式直流电动机有相同的线性特性。

与永磁式直流电动机相比,定子不使用高价格的永久磁铁,成本可以减少。永久磁铁不容易制作,尤其是需要使用磁场强度很大的大型直流电动机。而制造高强度电磁铁就容易得多了。但是,电磁铁需要消耗额外的电流,使得效率有所降低。定子和转子的磁极方向是随着电流方向的改变而同时改变的,所以改变电源的正负极接线并不能改变电动机的转向。

三、串励电动机和复励电动机

串励电动机不同于并励电动机,它的定子和转子线圈是串联连接的,所以称为串励有刷直流电动机,如图4-32所示。电气接线是从电源的一端起,通过定子线圈,然后再通过转子电刷整流子,最后回到电源的另一端,形成一个回路。它的特点是定子与转子为同一电流。串励直流电动机的电流增加时,定子和转子磁场同时增加。转矩—电流特性为口杯形,也就是说转矩与电流的平方成正比。这与磁场恒定的电动机相比,它的转矩增加的幅度可以很大,适合于大转矩输出的电动机。另外,它还有空载转速高的特性。

串励电动机与并励电动机一样,不能通过改变电源的正负接线而改变电动机的转向。从电流的角度看,改变电流方向时,由于定子和转子磁场同时改变方向,而磁场与电流的方

图4-32 串励有刷直流电动机

向关系并没有改变,所以旋转方向也不能改变。

如果把定子励磁线圈分成两部分,一部分与转子线圈并联,另一部分与定子线圈串联,就构成了复励电动机。因为这种电动机的结构可以分解成并励和串励结构,所以它的特性也恰巧在两者之间。

四、无刷电动机

对于直流电动机来说整流子和电刷是不可缺少的,但它有弱点。现在,通过电子开关线路取代机械接触式切换线圈电流的通断,从而产生了无刷电动机,如图4-33所示。在结构配置上,无刷电动机既没有整流子和电刷,在定子、转子的磁场构成上也与有刷电动机截然不同。无刷电动机的定子是由三组(也称"三相")线圈组成的,其中每一相又是由在空间上相对的两个线圈组成。装配线圈时应确保三相线圈在定子上均匀分布,并使它的各边都能依次以不同的角度切割转子。当通入定子线圈的电流依次切换时,它的磁场就会按转子旋转方向旋转(所以称为"旋转磁场"),同时驱动永久磁铁转子旋转。

图4-33 无刷电动机

实现上述功能的必要条件就是转子的磁极位置与定子电流切换的控制要配合好,所以必须检测转子磁极的位置。一般使用霍尔元件作为磁极检测器。

无刷电动机不会产生由于电刷和整流子的机械接触而形成的磨损和火花,因而寿命长,适合于高速旋转。但是启动时必须有单独的电源,还需电子开关线路的配合。最近,已经研制出了一种可以取消磁极检测器的电子线路,使得无刷电动机的结构变的更为简单。

作为直流电动机的进化产品,从构造上无刷电动机已经可以与交流同步电动机等同对待。事实上,这种无刷电动机已经在以"交流伺服电动机"控制的伺服控制领域崭露头角。还有收录机的磁带行走机构、CD播放机驱动机构等,既要求高速度旋转又要耐久性使用,还需要有高精度、高转速的定位控制的机器人等,使用这种电动机都十分适合。

五、步进电动机

步进电动机(图4-34)与普通连续旋转的电动机不同,它是按定位要求发出脉冲指令,驱动电动机旋转的。从转动原理上看,由于这种旋转不需要切换转子电流,所以定子与转子磁极间的作用力是稳定的。这也是它不能连续旋转的原因。

步进电动机的结构与无刷电动机相同,定子采用线圈磁场,转子则采用永久磁铁磁场。定子线圈平面与转轴平行,其中总有一组称为"相"的线圈在通电工作。这种电动机是按定子相线圈的个数命名的,五相就称为五相步进电动机。

图4-34 步进电动机

对于步进电动机，当通入定子电流的相线圈产生的磁极与转子磁极相互吸引时，电动机处于稳定状态。这一点与无刷电动机相同。如果依次切换定子通电相线圈，当转子磁极转到与定子通电相线圈的磁极正好相互吸引的位置时，就能形成按相角之差的定位动作。

控制定子载流相的切换需要电子线路。通过这个回路产生脉冲信号，完成定子载流相的切换，驱动电动机转动。这种电动机的动作恰巧与刻度钟表的秒针相类似，都是依据动力定位原理。

除了永磁式步进电动机，实用中还有磁阻式和混合式步进电动机。后两种与永磁式相比，有着更小的相角差。它们都是利用定子和转子上的"齿槽"的位置关系控制电动机转动，以便完成更精确的定位控制。

磁阻式步进电动机的转子采用铁磁体，在定子磁铁的磁化作用下产生磁性。

这种电动机的圆筒形转子的外缘和定子的前端都分别加工一定数量的齿槽。当定子产生的磁极吸引转子的磁极时，转子发生转动。当转到两齿槽顶对顶的位置时，转子就停止转动。因为这时的磁路间隙（空气隙）最小，磁通量集中，产生的电磁吸力最大，所以这是一个相对稳定的位置。

在制作结构上使转子上的齿槽顶正好与下一个定子载流相的齿槽顶的 1/2 处相对应。过了平衡位置，定子载流相也切换到这一定子相线圈上。转子因受到定子的吸引力而向前转动 1/2 齿槽，再一次处于平衡状态。依次进行下去，每改变一次定子载流相，转子就转动 1/2 齿槽。

磁阻型步进电动机的转子直径可以做得很小，这样它的惯性转矩就小。这一点对于执行控制指令，就可以显示出高速响应的特性。但是因为转子磁极是通过定子磁化而来的，效率低是它的缺点，最近已很少使用。

随之而来就产生了混合式步进电动机。它是根据磁阻型的齿形结构进行小角度控制，又因为转子使用了永久磁铁，所以比磁阻型的效率要高。转子分 N 极转子和 S 极转子，是由一块永久磁铁，将一个高磁性体一分为二形成的。两个转子的外缘也都加工出许多小齿槽，同时它们的齿槽又都依次相差 1/2 齿。

定子也要加工相应的齿槽。通电时不同极性的两个转子的齿槽顶相互吸引，同极性的相互排斥。由于位移量是由齿顶和齿根的相对位置确定的，所以可以完成更精确的位移量控制。

六、齿轮电动机

一般情况下电动机的旋转速度都很高。但是作为动力驱动时，多数都采用齿轮箱减速机构。如果把减速机构与电动机组合成一体，就成为齿轮电动机了，如图 4-35 所示。

齿轮电动机需要合理的机械设计，包括适合转矩与转速配合的齿轮组计算、转矩的计算以及齿轮的负载强度计算等。这样就可以省去减速机构的设计环节。

齿轮电动机多采用直齿轮和行星齿轮机构。为了使它应用得更加广泛，必须事先准备好多种减速比和尺寸的

图 4-35　齿轮电动机

齿轮机构。

直齿轮组合型齿轮传动的作用力方向与电动机轴垂直。当机械需要大力矩输出时,施加在电动机上的径向作用力就得相应地增加更多,这时容易发生电动机振动,减少它的使用寿命。

行星齿轮机构是一种输出轴与电动机轴在同一直线上的减速机构。它是由多个齿轮互相咬合形成的。咬合的齿数越多,它传动作用力的效率就越高,同时多段组合起来还容易获得较大的减速比。另外,因为施加在电动机上的径向作用力几乎为零,所以电动机不需要多余的抗弯力。

还有一种齿轮电动机,因为使用的是涡轮蜗杆机构,所以只用1段组合就能获得较大的减速比。又因为它的输出力矩与电动机轴垂直,所以很适合做汽车的雨刷和自动窗电动机。另外,还有一种齿条齿轮型直线电动机。汽车内控制换气操作手柄动作的电动机就属于这一类。

七、直接传动式电动机

需要低速输出时,如果使用一般的电动机就有可能出现转矩不足或齿槽效应等不利于电动机稳定输出的现象。这里,介绍一种把几个齿轮组合起来形成电动机的减速机构。但是每多使用一个齿轮,传动的机械能就要相应地减少一部分,影响电动机的使用效率。另外,齿轮咬合时必然会产生机械噪声,齿轮的个数增多也会使电动机的重量变得很大。

作为新开发的产品,直接传动式电动机已经问世,如图4-36所示。这种电动机不需要减速齿轮就可能获得大的转矩输出,并具有低速稳定性能。它的旋转原理与无刷电动机大体相同,但是为了适合低速旋转,在结构上它的定子增加了更多的磁极数,从10极开始,甚至超过了20极。为了获得大转矩输出,电动机的转子做成大直径扁平形,定子装配在大直径转子内部,这一点与普通的电动机的装配方式正好相反。

图4-36 直接传动式电动机

直接传动式电动机没有齿轮,它的整个装配部件的数量也都较少。由于装配紧凑,它的效率高、没有噪声,机械故障也少。

使用无齿轮直接传动式电动机还有一个理由,那就是精密仪器要求电动机的传动无误差。齿轮在咬合中必然会有间隙,那么产生机械摩擦的"嘎嗒声"就不可避免了。如果齿轮咬合中一点间隙都没有,电动机就转不了,为了使电动机能平滑地旋转,把间隙限制到最小是完全必要的。但是精密仪器对间隙的要求,恐怕要影响到电动机的正常旋转了。所以,要求高精度旋转时,只能使用直接传动式电动机,而不能使用齿轮电动机。

直接传动式电动机除了适用于低转速—高转矩情况,还适用于那些对转速精度要求较高的场合。因为它同时具有高转速—低转矩特性,而不用改变电动机的基本结构,这样电动机的尺寸就可以做得很小。

计算机用的磁驱动器和光驱传动电动机、VTR 磁头转动电动机等都使用这种直接传动式电动机。

八、手机振动功能电动机

手机(移动)电话接受信号时,为了不对周围环境产生影响,通过振动功能向携带者传递信号到达的信息。移动电话具有的这种振动功能主要是由小型直流电动机完成的,如图 4-37 所示。

普通电动机为了确保旋转的平滑性,在转子等旋转装置的装配过程中,对于它们重心的平衡有着严格的要求,即使高速旋转也不会产生多大振动。如果使旋转装置偏离平衡位置,在重心不稳定的状态下旋动就有可能产生振动。所以,人为地改变电动机的装配重心,便可以得到所需要的振动功能。

具有振动功能的电动机在旋转时,因为重心偏离转轴,振动就产生了。移动电话的振动功能就是把电动机的振动传送到电话外壳而使人们感知,从而得知信息的到达。移动电话上使用的是长约 10mm、直径在 5mm 以下超小型电动机。

图 4-37 手机振动功能电动机

同样,电动牙刷也采用了重心偏离产生振动的原理。把电动机的振动传递到牙刷,引起牙刷的往复动作。

手动刷牙的往复频率,即使是大人也不过在每分钟 80 下以内,而电动牙刷所产生的振动频率能达到每分钟 3000~7000 下。所以,使用电动牙刷就可以在很短的时间内把牙齿刷得干干净净。

除了重心偏离的旋转能产生振动以外,还有另外一种振动器。它的原理是通过弹簧和磁铁沿重力方向做往复运动产生振动。

九、音圈电动机

音响装置等使用的都是类似的动态扬声器,它们的工作原理是由磁铁与线圈之间产生振动,再通过锥形纸发出声音。线圈装设在一个叉形磁化铁内,电流通入时,两磁铁相互作用使线圈产生运动。声音信号是一种很复杂的交流波。随着这一信号的波动,线圈将作前后运动,再通过锥形纸的传递,在空气中产生振动,形成能听到的声音,这个线圈称为"音圈"。

根据音频原理可以做成"音圈电动机"(VCM),如图 4-38 所示。因为它的动作范围小,又由于接触部件少而引起的摩擦也小,所以它是那种响应速度和动作的敏感性能都好的电动机。

音圈电动机多用于驱动读写信息的磁头,例如,计算机软硬盘、CD-ROM、CD-R、DVD 驱动器。除了驱动磁头,调整聚焦光头的移动也使用这种电动机。

存储装置的高速化和大容量化正在快速地向前推进。大容量化就意味着记录磁道的间距变得越来越窄。磁头要在狭窄的磁道中读取信息,这就需要具有定位准确和移动快速的能力。

图 4-38 音圈电动机

由于这个因素,电动机的磁铁往往采用高价格、磁力强的稀有磁铁。

十、超声波电动机

通常的电动机都是借助电产生磁力旋转起来的,而超声波电动机则是一个动作原理与其完全不同的电动机。其原理及结构如图 4-39 所示。

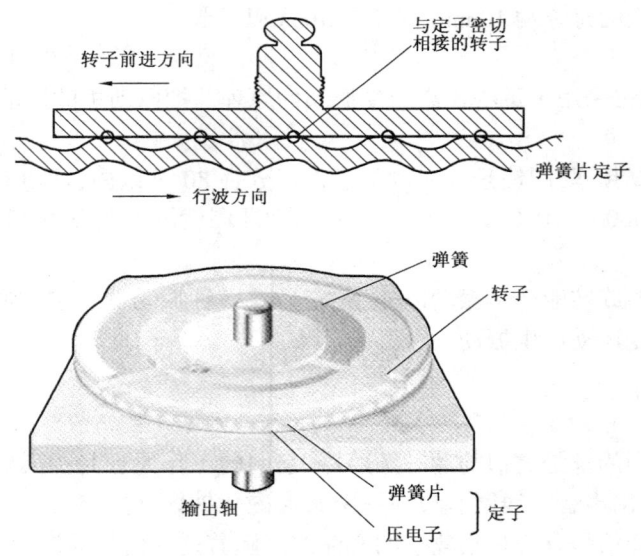

图 4-39 超声波电动机的原理及结构

当频率大于 20kHz,也就是每秒钟振动 2 万次时,就超过了入耳所能听到的声音范围,通常称超过这个范围的振动波为超声波。利用超声波的机械波动可以做成超声波电动机。

观察波浪拍击海岸的过程,你会发现海水是随着波峰、波谷此起彼伏的位置变化被涌向岸边的。同样道理,随着振动的波峰、波谷的位置变化可以形成一种不断向前推进的波,称为行波。沿着行波的推进方向产生转动的电动机称为行波超声波电动机。波浪形定子上产生的行波推进力驱动与定子紧密接触的转子旋转,它的转动方向与定子行波推进力的方向相反。压电陶瓷等材料具有受电产生机械形变的特性,通常使用它作为振动源的压电子。定子上一般都装有两个以上的压电子,当外部施加的电压频率超过20kHz时,它就能产生振动。

一个压电子起振后,振动波将以它为中心向两边推进。如果振动波就这样向两边推进,转动是不可能的。所以在另一个位置再装一个压电子,以动态错位的方式使单方向相同频率的波动互相抵消。结果只有向前推进的行波留在定子上驱使转子转动。振动行波的幅值可以通过调节弹簧片来调整它的大小。另一方面,定子、转子之间的接触面上刻有许多与梳子形状相当的沟槽,当转子驱动力与沟槽的反作用力产生共振时,会进一步加大电动机的驱动力矩。

这种电动机装配紧凑,又具有低速输出转矩大等特性,很适合直接式传动。转子惯性小、动态响应快,具有优良的控制特性。定子、转子之间有很大的摩擦力,断电后转子能保留在停止的位置上。另外,波浪形定子具有空心结构,这是它的优点。照相机镜头的自动聚焦常使用这种电动机。

十一、交流电动机

交流电源有"三相交流"和"单相交流"之分,通常工厂的大容量耗电设备都采用三相交流电,而一般家庭用电则采用单相交流电。以交流电源供电的交流电动机也分三相电动机和单相电动机,一般使用三相电动机的地方较多。现以同步电动机为例来说明其工作原理。

最简单的同步电动机的定子是由三组在空间相差120°的线圈构成,当这三组线圈接至三相交流电源时,其中通入电流的相位也相差120°,三组线圈产生的磁场将随着电流的大小和方向不断地进行周期性变化,于是就产生了旋转磁场。

永磁式转子就是随着旋转磁场旋转的。旋转磁场的转速由电源频率和定子磁极数决定。定子为二极磁极时,如果电源频率为60Hz时,旋转磁场的转速是3600r/min;50Hz时,转速是3000r/min。定子为四极磁极时,如果电源频率为60Hz时,旋转磁场的转速是1800r/min;50Hz时,转速是1500r/min。旋转磁场的转速以二极为最高,极数越多转速越低。在改变磁极方向上,交流电动机与直流电动机不同,直流电动机是依赖整流子和电刷的位置变化,而交流电动机则充分地利用了三相交流电在相位上相差120°,和在时间上呈现的周期性变化的性质。

十二、异步(感应)电动机

异步(感应)电动机旋转时,它的转子导体产生的感应电流磁场落后于定子的旋转磁场,其结构可分为笼式和绕线式。

笼式转子是由铁心与嵌在铁心外表并平行于转轴的导电铜条或者导电铝条构成。这些导电条的两端分别采用圆环连接起来,外形酷似鼠笼因而得名笼式电动机。

绕线式转子是由铁心和缠绕在它上面的线圈构成。线圈的两端也通过圆环连接起来。

异步(感应)电动机的旋转原理类似于同步电动机。转子导体产生磁场,与定子磁场相互作用产生旋转力矩。但是所不同的是转子电流不是由外部电源提供的,而是由定子旋转磁场感生而来的。

这种电动机的转子电流不经过整流子和电刷,特别是笼式转子,它既没有线圈,导电条又是嵌入式安装,所以结构上很结实。这种电动机结构简单、部件少,结实、工作效率也较高,是一种经济实用的电动机。

起重机和卷扬机等都使用大型绕线式异步(感应)电动机。因为这种电动机的转子电流可以通过滑环和电刷引到外部，以便连接可变电阻，经过"速度调节器"实现转速调节。

十三、单相电容式电动机

三相相差120°相位的交流电流在定子线圈中产生旋转磁场，这是三相交流电动机旋转的核心。一般家用电器都使用单相电源。单相电源不能直接形成相移电流，产生旋转磁场，而制造旋转磁场至少需要有二相交流电流。

使用单相交流电源旋转的电动机称为单相交流电动机。利用单相交流电流制造旋转磁场是单相交流电动机旋转的根本所在。在这一方面人们曾研究出了几种方式，其中有电容式电动机和罩极式电动机等。

单相电容式电动机如图4-40所示。其定子由主线圈和辅助线圈构成，其中主线圈与电源直接连接，辅助线圈经过电容器与电源连接。

电容器具有电流超前90°的相移特性。当电源接通时，流入辅助线圈的电流相位比流入主线圈的电流相位超前90°，形成二相电流，促使定子磁场产生旋转。

插上交流电源就能工作的电动机，如电风扇和洗衣机等家用电器都广泛地使用着这种电动机。工厂里使用的货物运输带和各种搬运机械等小型电动机也都使用这种电动机。单相感应电动机中，很大一部分是使用这种电动机。

图4-40 单相电容式电动机

有关电动机的转子，原则上可以采用三相同步电动机的永磁式结构或叠片铁心式结构。但是考虑电动机的制造成本，最好使用笼式转子。罩极式电动机也一样，统称为"单相感应电动机"。

十四、罩极式电动机

罩极式电动机如图4-41所示。其定子由主线圈和被称为"罩极线圈"的辅助线圈构成。

"互感"也是一种"电磁感应"现象。两个互相靠近的线圈，当一个线圈通入的电流发生变化时，在另一个线圈内就会有感应电动势产生。这个过程与电磁铁运动产生发电的原理类似。

罩极电动机是利用两个线圈之间的互感作用产生旋转磁场的。主线圈与单相交流电源相接，产生周期性变化的磁场。

罩极线圈与主线圈共用铁心，但与主线圈相比，它的线圈只有几圈，并且线圈的两端被短接起来。在主线圈周期性变化磁场的作用下，这个线圈将产生感应电动势，并在短接的线圈内产生感应电流。

这个电流在相位上落后于主线圈电流90°相位，所以它的磁场也落后于主线圈磁场90°。罩极电动机中

图4-41 罩极式电动机

还装有另一个与这个结构完全相同的线圈。两个相位落后的磁场与主磁场相互作用就产生了定子旋转磁场。

罩极电动机的结构简单、成本低，但是当转速和转矩输出不均匀时它的效率较低。因此只适用于那些对转速和转矩要求不太高的场合。实用中，家庭用的换气扇等使用的就是这种电动机。

十五、交直流两用的交流整流子电动机

交流整流子电动机的结构与直流电动机类似，是一种带有电刷和整流子的交流电动机。还可以说，它是一种与定子采用电磁铁结构的直流串励电动机完全相同的交流电动机。

直流串励电动机的定子、转子线圈是串联连接的，所以改变电源的正负极接线并不能改变电动机的旋转方向。因为改变电源极性时，定子、转子电流同时改变方向，所以不可能改变定子、转子磁极之间原有的吸合位置，也就不可能改变转子的旋转方向。

交流电是以恒定周期改变电流正负极方向的电源。不管电源的正负极怎么变化，电动机都不会变向。所以采用交流电替代直流电时，不会妨碍电动机的旋转。

交流整流子电动机的结构与直流串励电动机相同，它具有启动转矩大、转速高等特点。每分钟转动几千至几万转的家庭用洗衣机、电吹风机以及电动工具等都选用这种电动机。与其他类型的交流电动机有所不同的是，它只能通过改变交流电压的方法改变电动机的转速的大小。因为有整流子和电刷的存在，产生电气噪声和机械噪声是不可避免的，如果使用直流电动机，电气噪声就会大大地减小。这种既能使用直流又能使用交流的电动机称为混合电动机。

第五章 单片机应用技术

第一节 单片机概述

一、单片机及其发展应用

单片机是微型计算机的一个重要分支。它使计算机从海量数值计算进入到智能控制领域,并由此开创了工业控制的新局面。从此,计算机技术在两个重要的领域——通用计算机领域和微控制器领域比翼齐飞,并逐渐融入人们的日常生活。

那么什么是单片机呢?如果将运算器、控制器、存储器和各种输入/输出接口等计算机的主要部件集成在一块芯片上,就能得到一个单芯片的微型计算机,它虽然只是一个芯片,但在组成和功能上已经具有了计算机系统的特点,因此称之为单片微型计算机(Single – ChipMicrocomputer),简称单片机。

由于单片机的设计通常是面向控制,嵌入到对象体系中,有别于通用的微型计算机,因此又名微控制器(Micro – Controller)或嵌入式微控制器(Embedded – Controller)。

(一)单片机的产生及发展

从 1946 年世界上第一台电子计算机诞生以来,整个计算机产业有了迅猛的发展,然而直到 20 世纪 60 年代,计算机仍主要用于数字、逻辑运算及推理,它在实际控制领域才刚刚崭露头角。

在工业控制领域,人们对计算机提出了许多与传统海量高速数值计算完全不同的控制要求,例如,能面向控制对象,便于进行控制变量的输入输出;能适应工业现场较为恶劣的工作环境;体积小巧,能嵌入到控制系统的内部;控制能力突出,有丰富的用于控制的指令系统和 I/O 接口等。

20 世纪 70 年代初,"微处理器"问世了,微处理器以及以微处理器为核心部件构成的微型计算机的诞生,为电子计算机的普及和应用开拓了广阔的道路。在 70 年代中期,为满足广泛应用的需要,微型计算机向着两个不同的方向发展:高速度、大容量、高性能的高档微机方向,这一分支形成了日后大家熟知的 PC 机;功能完善、稳定可靠、体积小、价格低廉、面向控制的单片机方向。

单片机把微型计算机的各主要部分集成在一块半导体芯片上,大大缩短了系统内信号的传送距离,从而提高了系统的可靠性及运行速度。因此,单片机系统已成为工业测控系统中最理想的控制系统。

单片机从体系结构到指令系统都是按照工业控制领域提出的要求精心设计的,因而具有体积小、功耗低、重量轻、价格便宜、可靠性高、控制能力强、开发使用简便等一系列优点,自问世以来就得到了极其广泛的应用,并显示出其强大的魅力。其中80C51系列单片机在我国推广应用最为广泛。

单片机的发展历程通常可划分成四个阶段:

第一阶段(1974~1976年):单片机探索阶段。

第二阶段(1976~1978年):低性能单片机阶段。

第三阶段(1978~1982年):高性能单片机阶段。

第四阶段(1982年~现在):8位单片机巩固发展及16位、32位单片机推出阶段。

(二)常用单片机简介

单片机的制造商很多,主要有美国的Intel公司、Motorola公司、Zilog公司、NS(美国国家半导体)公司和荷兰的PHILIPS公司、日本的NEC(日本电气)公司等。其中Intel公司的MCS-51系列、80C51系列及其增强型系列产品产量最大、派生产品最多,可以满足用户的多种需求,在8位单片机市场中占据约50%的份额,成为当之无愧的主流产品。

(三)单片机的特点及应用

1. 单片机的特点

单片机的特点很多,从应用的角度来讲,主要体现为:实现控制系统的在线应用;软硬件结合控制;能适应较为恶劣的工作环境;软件性能稳定。

2. 单片机的应用

利用单片机开发的产品可以实现小型化、智能化和多功能化。因此,单片机已经渗透到人们生产、生活的各个方面。下面简述其应用。

1) 工业控制领域

单片机广泛应用于工业过程控制与监测、机电一体化系统、工业机器人等领域。例如,用单片机可以构成经典的温度控制系统、液位调节系统等。

2) 家用电器领域

在家用电器产品中加入单片机,就构成了智能家电。例如,智能冰箱、智能洗衣机、智能空调、电动玩具等。

3) 智能仪器仪表

用单片机构成的智能仪器仪表,能够简化仪器仪表的硬件结构,提高测量速度和测量精度,强化控制功能。例如,具有存储、数据处理、联网、语言等智能化功能。

4) 办公自动化领域

现在,大多数办公设备都采用了单片机进行控制。例如,打印机、复印机、绘图仪、电话、传真机、考勤机等。

5) 商业营销领域

在商业营销系统广泛使用的电子秤、收款机、条形码阅读器、商场保安系统、空气调节系统、冷冻保鲜系统等,都采用了单片机构成的专用系统。

6) 航空航天等高科技领域

汽车与航空航天器电子系统中的自动驾驶系统、通信系统、飞行监视器(黑匣子)等,也是由单片机控制的。

二、80C51 单片机的结构

(一)80C51 的引脚功能描述

80C51 系列单片机有双列直插式(DIP)、QFP44(QuadFlatPack)等多种封装形式。下面以常用的总线型 DIP40 封装为例说明,如图 5-1 所示。

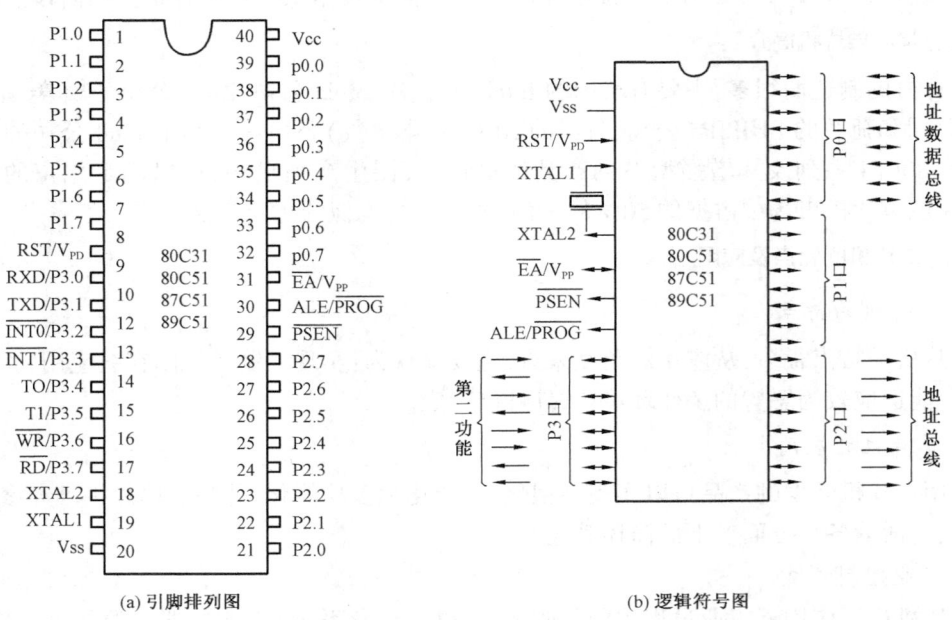

图 5-1 80C51 系列单片机 DIP40 封装引脚结构

(1)电源引脚(2个)。

V_{CC}:接 +5V 电源。

V_{SS}:接地端。

(2)外接晶体引脚(2个)。

XTAL1:外接晶振输入端(采用外部振荡器时,此引脚接地)。

XTAL2:外接晶振输入端(采用外部振荡器时,此引脚作为外部振荡信号输入端)。

(3)并行输入输出引脚(32个,分成4个8位口)。

P0.0~P0.7:通用 I/O 引脚或数据/低8位地址总线复用引脚。

P1.0~P1.7:通用 I/O 引脚。

P2.0~P2.7:通用 I/O 引脚或高8位地址总线复用引脚。

P3.0~P3.7:通用 I/O 引脚或第二功能引脚。

(4)控制引脚(4个)。

RST/V_{PD}:复位信号输入引脚/备用电源输入引脚。

$\overline{ALE}/\overline{PROG}$:地址锁存允许信号输出引脚/编程脉冲输入引脚。

$\overline{EA}/V_{pp}$：内外存储器选择引脚/片内 EPROM（或 FlashROM）编程电压输入引脚。
$\overline{PSEN}$：片外程序存储器读选通信号输出引脚。

（二）80C51 的内部结构

1. 80C51 单片机的基本组成

图 5-2 所示为 80C51 单片机的基本组成，从 80C51 单片机的结构框图中可以看到，在该芯片上集成了一个微型计算机，它包括：

(1) CPU 系统。

1 个 8 位微处理器 CPU；内部时钟电路；总线控制逻辑。

(2) 内部存储器。

4kB 的片内程序存储器（ROM/EPROM/Flash）；

128B 数据存储器（RAM）和 128B 特殊功能寄存器 SFR（80C51 只用到其中 21B）。

(3) I/O 接口及中断定时功能。

4 个 8 位可编程的 I/O（输入/输出）并行接口；

5 个中断源的中断控制系统，可编程为 2 个优先级；

2 个 16 位定时/计数器，既可以定时，又可以对外部事件进行计数；

1 个全双工的串行 I/O 接口，用于数据的串行通信。

所有这些都通过单片机内部的数据总线相连接。

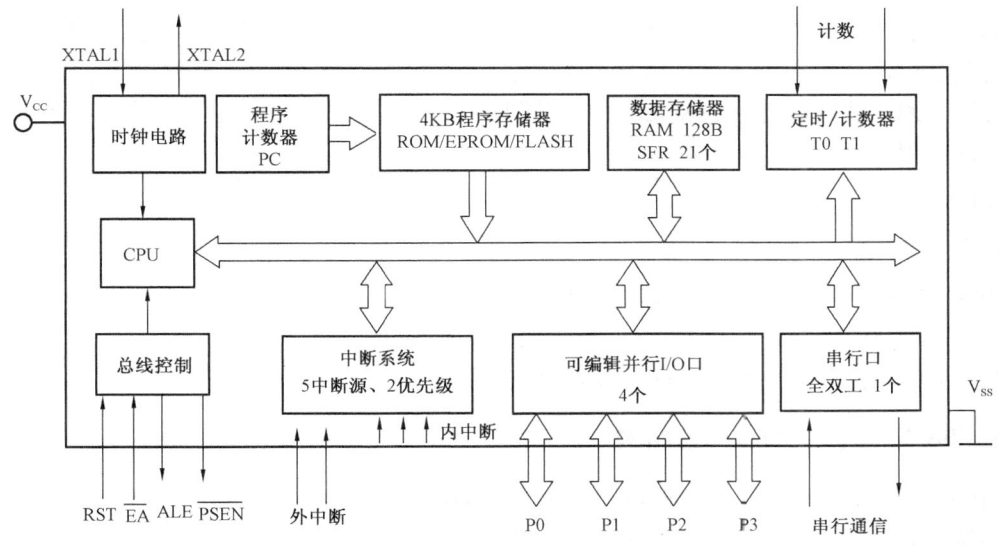

图 5-2　80C51 单片机的基本组成

2. 80C51 的内部结构

80C51 单片机的内部结构可以划分为 CPU、存储器、I/O 端口、定时与中断系统四部分，如图 5-3 所示。各部分的功能简述如下。

1) 中央处理器 CPU

CPU 是 80C51 内部的 1 个字长为 8 位的中央处理单元,它由运算器、控制器两部分组成,构成了单片机的核心。

2) 运算器

运算器以算术逻辑单元 ALU(ArithmeticLogicUnit)为核心,还包括累加器 A、程序状态字寄存器 PSW(ProgramStatusWord)、B 寄存器、两个 8 位暂存器 TMP1 和 TMP2 等部件。其中,ALU 运算功能很强,可以进行加、减、乘、除、加 1、减 1、BCD 数十进制调整、比较等算术运算;也可以进行与、或、非、异或等逻辑运算;同时还能完成循环移位、判断和程序转移等控制功能。

2 个 8 位暂存器(TMP1 和 TMP2)对用户不开放,但可以用来为加法器、布尔处理器暂存 2 个 8 位二进制数。在进行数据运算时,2 个参与运算的数据分别通过 TMP1 和 TMP2 同时进入 ALU 进行运算,运算的结果一般再返回给累加器 ACC。

3) 控制器

控制器包括程序计数器 PC、指令寄存器、指令译码器、振荡器、定时电路及控制电路等部件,它能根据不同的指令产生相应的操作时序和控制信号,控制单片机各部分的运行。

单片机执行哪条指令受 PC 控制。PC 是 1 个 16 位计数器,具有自动加 1 功能。CPU 每读取 1 个字节的指令则 PC 自动加 1,指向要执行的下一指令的地址。PC 的最大寻址范围为 64K,可以通过控制转移指令改变 PC 值,实现程序的转移。

3. 存储器

80C51 系列单片机片内的只读存储器(ROM)是程序存储器,用于存放已编好的用户程序、数据表格等;片内随机存取存储器(RAM)又称读写存储器,可用于存放输入、输出数据和中间计算结果这些随时有可能变动的数据,同时还作为数据堆栈区,当存储器的容量不够时,可以外部扩展。

4. I/O 口

1) 并行口

80C51 单片机有 4 个 8 位并行 I/O 口 P0~P3,均可以并行输入输出 8 位数据。

2) 串行口

80C51 单片机有 1 个串行 I/O 口,用于数据的串行输入输出。

三、80C51 单片机的存储器结构

80C51 系列单片机有 2 个存储器:程序存储器(ROM)和数据存储器(RAM),其内部采用程序存储器与数据存储器各自独立编址的结构形式。在物理结构上共有 4 个存储空间:片内程序存储器、片外程序存储器以及片内数据存储器和片外数据存储器。从用户使用角度,它可以分为 3 个存储空间:

(1) 片内、片外统一连续编址的 0000H~0FFFFH 共 64kB 的程序存储器空间。

(2) 地址从 0000H~0FFFFH 的片外数据存储器空间。

(3) 地址从 00H~0FFH 的 256B 的片内数据存储器空间,其中只有前 128B 能供用户作存储器使用。

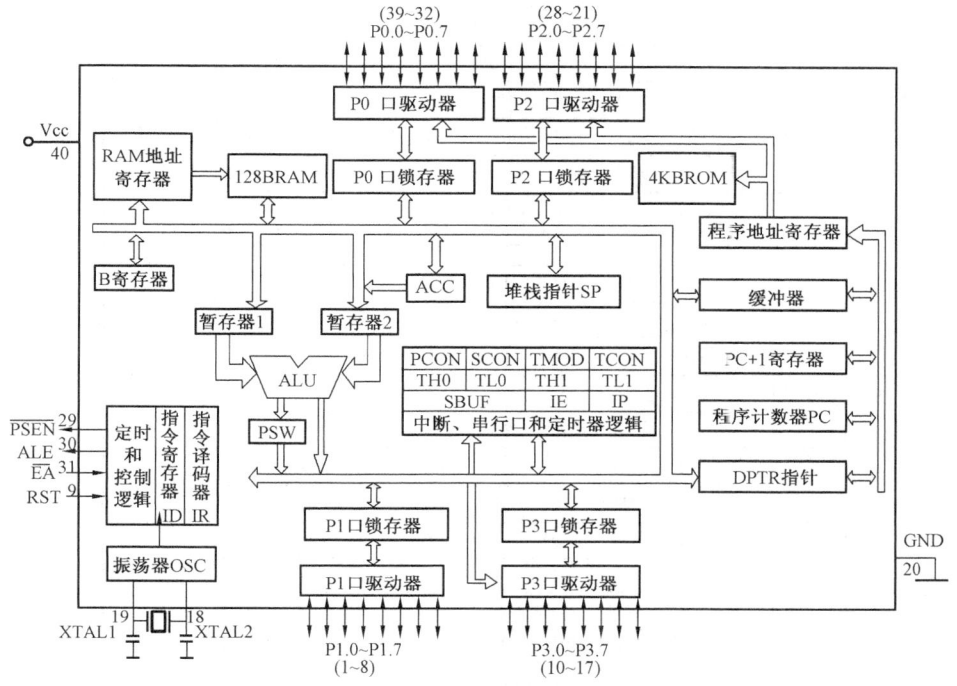

图 5-3 80C51 单片机的内部结构

80C51 单片机的存储器结构如图 5-4 所示。

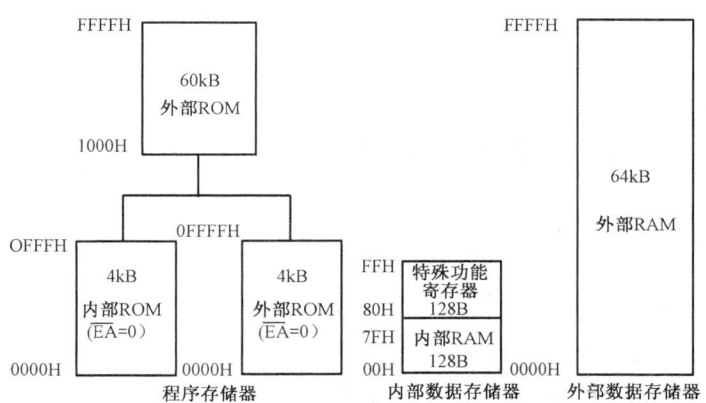

图 5-4 80C51 单片机的存储器结构

(一)片内数据存储器

80C51 的片内数据存储器共有 256B,在功能上分为两部分:低 128B(地址为 00H~7FH)是真正的数据存储区;高 128B(地址为 80H~0FFH)用于特殊功能寄存器。

80C51 低 128B 的数据存储空间在结构上又分为工作寄存器区、位寻址区和用户区,功能分区如图 5-5 所示。

				特殊功能寄存器区				部分位寻址
OFFH~80H								
7FH~30H				用户区				
2FH	7FH	7EH	7DH	7CH	7BH	7AH	79H	78H
2EH	77H	76H	75H	74H	73H	72H	71H	70H
2DH	6FH	6EH	6DH	6CH	6BH	6AH	69H	68H
2CH	6FH	66H	65H	64H	63H	62H	61H	60H
2BH	5FH	5EH	5DH	5CH	5BH	5AH	59H	58H
2AH	57H	56H	55H	54H	53H	52H	51H	50H
29H	4FH	4EH	4DH	4CH	4BH	4AH	49H	48H
28H	47H	46H	45H	44H	43H	42H	41H	40H
27H	3FH	3EH	3DH	3CH	3BH	3AH	39H	38H
26H	37H	36H	35H	34H	33H	32H	31H	30H
25H	2FH	2EH	2DH	2CH	2BH	2AH	29H	28H
24H	27H	26H	25H	24H	23H	22H	21H	20H
23H	1FH	1EH	1DH	1CH	1BH	1AH	19H	18H
22H	17H	16H	15H	14H	13H	12H	11H	10H
21H	0FH	0EH	0DH	0CH	0BH	0AH	09H	08H
20H	07H	06H	05H	04H	03H	02H	01H	00H
1FH~18H				工作寄存器3区				工作寄存器区
17H~10H				工作寄存器2区				
0FH~08H				工作寄存器1区				
07H~00H				工作寄存器0区				

图 5-5 数据存储功能分区

（1）工作寄存器区（00H~1FH）。

此空间被均匀地分为 4 段（即 4 个工作寄存器组），每段 8 个单元，组成 8 个工作寄存器，分别被记做 R0~R7。在使用这些工作寄存器前，可以通过对程序状态字 PSW 的 RS1、RS0 位置 1 或清 0，确定选用哪组工作寄存器，否则默认使用 0 区。程序运行时，只能有一个工作寄存器组作为当前工作寄存器组。

（2）位寻址区（20H~2FH）。

CPU 不仅可以对这些单元进行字节（8 位二进制数）操作，而且可以对这 16 个单元中的 128 个二进制位直接进行位操作。这 128 个位地址的编址规律：从 20H 的 D0 位至 2FH 的 D7 位的地址依次规定为 00H~7FH。位寻址区使 80C51 的操作功能更加丰富。

在位寻址区中，字节地址和位地址也是重合的，这时可以根据指令的类型来区分。假如对字节地址 20H 单元清 0，要用字节操作指令"MOV 20H，#00H"；而对位地址 20H 位清 0，则使用位操作指令"CLR 20H"。

（3）用户区（30H~7FH）。

该区域主要用作堆栈、数据缓冲、数据暂存。用户一般应将堆栈设置在这个区间。

(二)特殊功能寄存器(SFR)

SFR 是 80C51 内部具有特殊用途的寄存器(专用寄存器、并行口锁存器、串行口、定时/计数器等)的集合。80C51 内部共有 21 个特殊功能寄存器,每个 SFR 占用 1 个 RAM 单元,它们分布在 80H ~ 0FFH 的地址范围内。程序计数器 PC 不属于 SFR,它是独立的。在 21 个 SFR 中,有 11 个 SFR 既可以进行位寻址,也可以进行字节寻址。它们的特征是字节地址可以被 8 整除(以 0H 或 8H 结尾,在表中以灰背景表示),如 P1、IP。表 5 – 1 列出了 SFR 区的标识符、名称和字节地址。

表 5 – 1 80C51 特殊功能寄存器(SFR)表

符号	名称	位地址和位符号								字节地址
P0	P0 口寄存器	87H	86H	85H	84H	83H	82H	81H	80H	80H
		P0.7	P0.6	P0.5	P0.4	P0.3	P0.2	P0.1	P0.0	
SP	堆栈指针									81H
DPL	数据指针低 8 位									82H
DPH	数据指针高 8 位									83H
PCON	电源控制寄存器	SMOD	×	×	×	GF1	GF0	PD	IDL	87H
TCON	定时/计数器控制寄存器	8FH	8EH	8DH	8CH	8BH	8AH	89H	88H	88H
		TF1	TR1	TF0	TR0	IE1	IT1	IE0	IT0	
TMOD	定时/计数器方式寄存器	GATE	C/$\overline{T}$	M1	M0	GATE	C/$\overline{T}$	M1	M0	89H
TL0	T0 低 8 位寄存器									8AH
TL1	T1 低 8 位寄存器									8BH
TH0	T0 高 8 位寄存器									8CH
TH1	T1 高 8 位寄存器									8DH
P1	P1 口寄存器	97H	96H	95H	94H	93H	92H	91H	90H	90H
		P1.7	P1.6	P1.5	P1.4	P1.3	P1.2	P1.1	P1.0	
SCON	串行口控制寄存器	9FH	9EH	9DH	9CH	9BH	9AH	99H	98H	98H
		SM0	SM1	SM2	REN	TB8	RB8	TI	RI	
SBUF	串行数据缓冲器									99H
P2	P2 口寄存器	A7H	A6H	A5H	A4H	A3H	A2H	A1H	A0H	A0H
		P2.7	P2.6	P2.5	P2.4	P2.3	P2.2	P2.1	P2.0	
IE	中断允许控制寄存器	AFH	—	—	ACH	ABH	AAH	A9H	A8H	A8H
		EA	—	—	ES	ET1	EX1	ET0	EX0	
P3	P3 口寄存器	B7H	B6H	B5H	B4H	B3H	B2H	B1H	B0H	B0H
		P3.7	P3.6	P3.5	P3.4	P3.3	P3.2	P3.1	P3.0	

续表

符号	名称	位地址和位符号								字节地址
IP	中断优先级控制寄存器	—	—	—	BCH	BBH	BAH	B9H	B8H	B8H
		—	—	—	PS	PT1	PX1	PT0	PX0	
PSW	程序状态寄存器	D7H	D6H	D5H	D4H	D3H	D2H	D1H	D0H	D0H
		CY	AC	F0	RS1	RS0	OV	—	P	
ACC	累加器	E7H	E6H	E5H	E4H	E3H	E2H	E1H	E0H	E0H
		ACC.7	ACC.6	ACC.5	ACC.4	ACC.3	ACC.2	ACC.1	ACC.0	
B	B寄存器	E7H	E6H	E5H	E4H	E3H	E2H	E1H	E0H	F0H
		ACC.7	ACC.6	ACC.5	ACC.4	ACC.3	ACC.2	ACC.1	ACC.0	

下面介绍几个常用的特殊功能寄存器的功能和用法。

1. 运算类寄存器(3个)

(1)累加器 A(ACC – Accumulator)。

8位,用来向 ALU 提供操作数,许多运算的结果也存放在累加器中。

(2)寄存器 B。

8位,主要用于乘、除法运算,也可以作为 RAM 的一个单元使用。

(3)程序状态字寄存器 PSW(ProgramStatusWord)。

8位,用于存储指令执行的状态信息,用户可以通过指令来设置 PSW 中某些指定位的状态,也可以通过查询有关位的状态来进行判断、转移。其格式和各位含义见表 5 – 2。

表 5 – 2 程序状态字寄存器 PSW

D7	D6	D5	D4	D3	D2	D1	D0
CY	AC	F0	RS1	RS0	OV	—	P

CY:进位/借位标志,有进位/借位时 CY = 1,否则 CY = 0;

AC:辅助进位/借位标志,低4位向高4位有进/借位时 AC = 1,否则 AC = 0;

F0:用户标志位,由用户自己定义;

RS1、RS0:当前工作寄存器组选择位,RS1、RS0 取值不同,可选择不同的寄存器组,其用法见表 5 – 3。

表 5 – 3 工作寄存器的选择

RS1	RS0	寄存器区	地址
0	0	0	00H ~ 07H
0	1	1	08H ~ 0FH
1	0	2	10H ~ 17H
1	1	3	18H ~ 1FH

OV:溢出标志位,有溢出时 OV=1,否则 OV=0;

P:奇偶标志位,ACC 中结果有奇数个 1 时 P=1,否则 P=0。

2. 指针类寄存器(3 个)

(1)堆栈指针 SP。

8 位,用来指示堆栈的位置,它总是指向栈顶。

堆栈是用户在 80C51 内部数据存储器中开辟的一个用于暂时存放部分数据的"仓库"。它由若干个存储单元组成,存储单元的个数称为堆栈的深度(可理解为仓库的容量)。堆栈中数据的存取依照"先进后出"的原则,这有些类似于冲锋枪的子弹夹,先要把子弹一粒粒地压进去(存储),射击时,最先压入的子弹最后射出。

堆栈的位置由堆栈指针 SP 确定,可以通过软件来设置,如"MOVSP,#58H"是把堆栈指针设在 58H 单元(该单元称为栈底),真正的堆栈是从 59H 为起始地址的位置开始向上生长的,存放最后一个进入堆栈的数据的单元称为栈顶,如图 5-6 所示。该堆栈的深度为 5。

80C51 单片机复位后堆栈指针 SP 指向 07H。为保证数据存储的正确,用户应把堆栈设在 30H~7FH 的区域。

(2)数据指针 DPTR(它可分为 DPH 和 DPL 两个 8 位寄存器)。

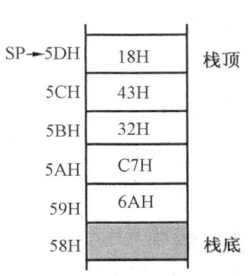

图 5-6 堆栈示意图

16 位,它是 80C51 内部唯一 1 个供用户使用的 16 位寄存器。DPTR 使用灵活,即可用作 16 位寄存器,对外部数据存储空间的 64K 范围进行访问,也可拆成 2 个 8 位的寄存器 DPH 和 DPL 使用。

3. 中断类寄存器(2 个)

(1)中断允许寄存器 IE。

EX0:使能外部/INT0 中断;

ET0:使能 TIMER0 中断;

EX1:使能外部/INT1 中断;

ET1:使能 TIMER1 中断;

ES:使能串行口中断;

EA:如果 EA=0 时,屏蔽所有中断;如果 EA=1,则各中断由各个中断位加以设定。

(2)中断优先级寄存器 IP。

PX0:定义外部/INT0 的优先权;

PT0:定义 TIMER0 的优先权;

PX1:定义外部/INT1 的优先权;

PT1:定义 TIMER1 的优先权;

PS:定义串行口的优先权。

4. 接口类寄存器(7个)

(1)并行 I/O 口 P0、P1、P2、P3。

均为 8 位,通过对这 4 个寄存器的读写,可实现数据从相应口的输入输出。

(2)串行口数据缓冲器 SBUF。

(3)串行口控制寄存器 SCON。

SM0、SM1:串行口工作方式选择位;

SM2:多机通信控制位,在串行端口为模式 2 或 3 时,有多处理器通信的功能;在模式 2 或 3 时,如果 SM2 = 1,则当接收到第 9 数据位为 0 时,RI 不动作;在模式 1 时,如果 SM2 = 1,当接收到的停止位不正确时,RI 也不动作;在模式 0 时,SM2 必须为 0;

REN:串行接收允许位,由软件置 1 或清 0,软件置 1 时,串行口允许接收,清 0 后禁止接收;

TB8:在方式 2 和方式 3 中是发送的第 9 位数据;

RB8:在方式 2 和方式 3 中是接收的第 9 位数据;

TI:发送中断标志位,发送结束时由硬件置位,该位必须用软件清零;

RI:接收中断标志位,结束接收时由硬件置位,该位必须用软件清零。

(4)电源控制寄存器 PCON。

串行口借用了电源控制寄存器 PCON 的最高位。它的低 4 位全部用于 80C51/80C31 子系列单片机的电源控制,只有最高位 SMOD 位用于串行口波特率系数的控制。当 SMOD = 1 时,方式 1、2、3 的波特率加倍,否则不加倍。

5. 定时/计数类寄存器(6个)

(1)定时/计数器 T0。

由 2 个 8 位计数初值寄存器 TH0、TL0 组成,在构成 16 位计数器时,TH0 存放高 8 位,TL0 存放低 8 位。

(2)定时/计数器 T1。

由 2 个 8 位计数初值寄存器 TH1、TL1 组成,在构成 16 位计数器时,TH1 存放高 8 位,TL1 存放低 8 位。

(3)定时/计数器的工作方式寄存器 TMOD。

$C/\overline{T}$ 计数功能选择位:$C/\overline{T} = 0$ 设定为定时功能;$C/\overline{T} = 1$ 为外部事件计数功能。

GATE(门控位)逻辑功能如下:

$$\text{GATE(门控位)} \begin{cases} = 0: \text{只需用软件使 TR0(TR1) 置 1 就可以启动定时/计数器工作} \\ = 1: \text{只有在 } \overline{INT0}(\overline{INT1}) \text{ 引脚为高电平,且 TR0(TR1) 置 1 时,} \\ \quad\quad \text{才能启动定时/计数器工作} \end{cases}$$

M1M0:工作方式控制位。

(4)定时/计数器的控制寄存器 TCON(表 5 - 4)。

表 5-4 TCON 的功能说明

形式	符号	位地址	功能	说明
中断控制	IT0	88H	外部中断 0 的触发控制位 IT0 = 0:低电平触发 IT0 = 1:下降沿触发	IT0 的状态由用户通过初始化程序定义
	IE0	89H	外部中断 0 请求标志位 CPU 采样到外部中断 0 的中断请求时,IE0 = 1 CPU 响应该中断时,IE0 = 0	IE0 的状态由单片机自动设置
	IT1	8AH	外部中断 1 的触发控制位 IT1 = 0:低电平触发 IT1 = 1:下降沿触发	IT1 的状态由用户通过初始化程序定义
	IE1	8BH	外部中断 1 的中断请求标志位 CPU 采样到外部中断 1 的中断请求时,IE1 = 1 CPU 响应该中断时,IE1 = 0	IE1 的状态由单片机自动设置
定时/计数控制	TR0	8CH	TR0 = 1:启动定时/计数器 T0 TR0 = 0:停止定时/计数器 T0	TR0 的状态由用户通过初始化程序定义
	TF0	8DH	定时/计数器 T0 溢出中断请求位 T0 定时或计数完成时 TF0 = 1,同时申请中断 CPU 响应该中断时,TF0 = 0	TF0 的状态由单片机自动设置
	TR1	8EH	TR1 = 1:启动定时/计数器 T1 TR1 = 0:停止定时/计数器 T1	TR1 的状态由用户通过初始化程序定义
	TF1	8FH	定时/计数器 T1 溢出中断请求位 T1 定时或计数完成时 TF1 = 1,同时申请中断 CPU 响应该中断时,TF1 = 0	TF1 的状态由单片机自动设置

四、AT89C51 单片机的工作条件

AT89C51 内部具有 4kB 程序空间,可将编好的程序通过固化器写入其程序空间,以图 5-7 所示为例,假定程序已写入,来分析单片机的工作条件。

(一)80C51 的 CPU 时序

图 5-7 中 18、19 引脚外接石英晶体和陶瓷电容,就可与 CPU 内部组成完整的振荡电路,如振荡器的频率为 12MHz,则一个机器周期为 1μs。

(二)复位电路

80C51 单片机有一个复位信号引脚 RST/V_{PD}(第 9 引脚),只要在该引脚上保持 2 个机器周期以上的高电

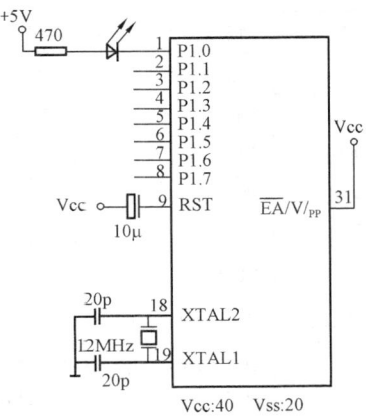

图 5-7 单灯点亮电路

平,单片机就会被复位。复位后,单片机从程序存储器0000H单元开始执行程序。当单片机运行出错或进入死循环后,为摆脱困境,也可以利用复位操作重新启动。单片机复位后不改变片内RAM中的内容,21个SFR复位后的状态见表5-5。图5-7第9引脚为最简单的复位连接方案。

表5-5　21个复位后的SFR的初始状态

SFR	初始状态	SFR	初始状态
ACC	00H	TMOD	00H
B	00H	TCON	00H
PSW	00H	TH0	00H
SP	07H	TL0	00H
DPL	00H	TH1	00H
DPH	00H	TL1	00H
P0~P3	0FFH	SBUF	不定
IP	×××00000B	SCON	00H
IE	0×××00000B	PCON	0×××0000B

(三)电源要求

如图5-7所示,20引脚要求接地,40引脚要求接+5V电源。

五、指令集及指令说明

(一)指令描述常用符号

指令描述常用符号见表5-6。

表5-6　指令描述常用符号

Rn	当前选中的工作寄存器组区的8个寄存器R0~R7(n=0~7)之一
Ri	当前选中的工作寄存器组区中的寄存器R0或R1(i=0,1)
direct	8位片内RAM单元的直接地址,包括特殊功能寄存器地址
#data	指令中的8位立即数
#data16	指令中的16位立即数
addr11	用于ACALL和AJMP指令中的11位目的地址,该地址必须放在与下条指令第一个字节同在一个2kB的ROM空间之中
addr16	用于LCALL和LJMP指令中的16位目的地址,该地址在64kB的ROM空间内
rel	补码形式的8位地址偏移量,用于所有的条件转移和SJMP指令中,以下一条指令的第一个字节地址为基准,其值在-128~+127范围内
@	寄存器间接寻址或变址寻址的前缀

续表

bit	内部 RAM 或 SFR 中的可直接寻址位
C	布尔处理器的累加器也就是进位/借位标志 CY
(×)	某地址单元或寄存器中的内容
((×))	以×单元或寄存器中的内容为地址间接寻址单元的内容
←	将箭头右边的内容送入箭头左边的单元

(二)80C51 单片机指令表

80C51 单片机指令表见表 5–7。

表 5–7 80C51 单片机指令表

分类	十六进制代码	助记符	功能	对标志位的影响				字节数	周期数
				P	OV	AC	CY		
算数运算指令	28~2F	ADD A,Rn	A←(A)+(Rn)	√	√	√	√	1	1
	25	ADD A,direct	A←(A)+(direct)	√	√	√	√	2	1
	26,27	ADD A,@Ri	A←(A)+((Ri))	√	√	√	√	1	1
	24	ADD A,#data	A←(A)+data	√	√	√	√	2	1
	38~3F	ADDC A,Rn	A←(A)+(Rn)+(Cy)	√	√	√	√	1	1
	35	ADDC A,direct	A←(A)+(direct)+(Cy)	√	√	√	√	2	1
	36,37	ADDC A,@Ri	A←(A)+((Ri))+(Cy)	√	√	√	√	1	1
	34	ADDC A,#data	A←(A)+data+(Cy)	√	√	√	√	2	1
	98~9F	SUBB A,Rn	A←(A)-(Rn)-(Cy)	√	√	√	√	1	1
	95	SUBB A,direct	A←(A)-(direct)-(Cy)	√	√	√	√	2	1
	96,97	SUBB A,@Ri	A←(A)-((Ri))-(Cy)	√	√	√	√	1	1
	94	SUBB A,#data	A←(A)-data-(Cy)	√	√	√	√	2	1
	04	INC A	A←(A)+1	√	×	×	×	1	1
	08~0F	INC Rn	Rn←(Rn)+1	×	×	×	×	1	1
	05	INC direct	direct←(direct)+1	×	×	×	×	2	1
	06,07	INC @Ri	(Ri)←((Ri))+1	×	×	×	×	1	1
	A3	INC DPTR	DPTR←(DPTR)+1	×	×	×	×	1	2
	14	DEC A	A←(A)-1	√	×	×	×	1	1
	18~1F	DEC Rn	Rn←(Rn)-1	×	×	×	×	1	1
	15	DEC direct	direct←(direct)-1	×	×	×	×	2	1
	16,17	DEC @Ri	(Ri)←((Ri))-1	×	×	×	×	1	1
	A4	MUL AB	BA←(A)×(B)	√	√	0	1	4
	84	DIV AB	A···B←(A)/(B)	√	√	×	0	1	4
	D4	DA A	对 A 进行十进制调整	√	×	√	√	1	1

续表

分类	十六进制代码	助记符	功能	对标志位的影响				字节数	周期数
				P	OV	AC	CY		
逻辑运算指令	58~5F	ANL A,Rn	A←(A)∧(Rn)	√	×	×	×	1	1
	55	ANL A,direct	A←(A)∧(direct)	√	×	×	×	2	1
	56,57	ANL A,@Ri	A←(A)∧((Ri))	√	×	×	×	1	1
	54	ANL A,#data	A←(A)∧data	√	×	×	×	2	1
	52	ANL direct,A	direct←(direct)∧(A)	×	×	×	×	2	1
	53	ANL direct,#data	direct←(direct)∧data	×	×	×	×	3	2
	48~4F	ORL A,Rn	A←(A)∨(Rn)	√	×	×	×	1	1
	45	ORL A,direct	A←(A)∨(direct)	√	×	×	×	2	1
	46,47	ORL A,@Ri	A←(A)∨((Ri))	√	×	×	×	1	1
	44	ORL A,#data	A←(A)∨data	√	×	×	×	2	1
	42	ORL direct,A	direct←(direct)∨(A)	×	×	×	×	2	1
	43	ORL direct,#data	direct←(direct)∨data	×	×	×	×	3	2
	68~6F	XRL A,Rn	A←(A)⊕(Rn)	√	×	×	×	1	1
	65	XRL A,direct	A←(A)⊕(direct)	√	×	×	×	2	1
	66,67	XRL A,@Ri	A←(A)⊕((Ri))	√	×	×	×	1	1
	64	XRL A,#data	A←(A)⊕data	√	×	×	×	2	1
	62	XRL direct,A	direct←(direct)⊕(A)	×	×	×	×	2	1
	63	XRL direct,#data	direct←(direct)⊕data	×	×	×	×	3	2
	E4	CLR A	A←0	√	×	×	×	1	1
	F4	CPL A	A←$\overline{(A)}$	×	×	×	×	1	1
	23	RL A	A循环左移一位	×	×	×	×	1	1
	33	RLC A	A带进位循环左移一位	√	×	×	√	1	1
	03	RR A	A循环右移一位	×	×	×	×	1	1
	13	RRC A	A带进位循环右移一位	√	×	×	√	1	1
	C4	SWAP A	A半字节交换	×	×	×	×	1	1
数据传送指令	E8~EF	MOV A,Rn	A←(Rn)	√	×	×	×	1	1
	E5	MOV A,direct	A←(direct)	√	×	×	×	2	1
	E6,E7	MOV A,@Ri	A←((Ri))	√	×	×	×	1	1
	74	MOV A,#data	A←data	√	×	×	×	2	1
	F8~FF	MOV Rn,A	Rn←(A)	×	×	×	×	1	1
	A8~AF	MOV Rn,direct	Rn←(direct)	×	×	×	×	2	2
	78~7F	MOV Rn,#data	Rn←data	×	×	×	×	2	1
	F5	MOV direct,A	direct←(A)	×	×	×	×	2	1
	88~8F	MOV direct,Rn	direct←(Rn)	×	×	×	×	2	2

续表

分类	十六进制代码	助记符	功能	对标志位的影响 P	OV	AC	CY	字节数	周期数
数据传送指令	85	MOV direct1,direct2	direct1←(direct2)	×	×	×	×	3	2
	86,87	MOV direct,@Ri	direct←((Ri))	×	×	×	×	2	2
	75	MOV direct,#data	direct←data	×	×	×	×	3	2
	F6,F7	MOV @Ri,A	(Ri)←(A)	×	×	×	×	1	1
	A6,A7	MOV @Ri,direct	(Ri)←(direct)	×	×	×	×	2	2
	76,77	MOV @Ri,#data	(Ri)←data	×	×	×	×	2	1
	90	MOV DPTR,#data16	DPTR←data16	×	×	×	×	3	2
	93	MOVC A,@A+DPTR	A←((A)+(DPTR))	×	×	×	×	3	2
	83	MOVC A,@A+PC	A←((A)+(PC))	√	×	×	×	1	2
	E2,E3	MOVX A,@Ri	A←((Ri))	√	×	×	×	1	2
	E0	MOVX A,@DPTR	A←((DPTR))	√	×	×	×	1	2
	F2,F3	MOVX @Ri,A	(Ri)←(A)	×	×	×	×	1	2
	F0	MOVX @DPTR,A	(DPTR)←(A)	×	×	×	×	1	2
	C0	PUSH direct	SP←(SP)+1(SP)←(direct)	×	×	×	×	2	2
	D0	POP direct	direct←((SP))SP←(SP)-1	×	×	×	×	2	2
	C8~CF	XCH A,Rn	(A)⟷(Rn)	√	×	×	×	1	1
	C5	XCH A,direct	(A)⟷(direct)	√	×	×	×	2	1
	C6,C7	XCH A,@Ri	(A)⟷((Ri))	√	×	×	×	1	1
	D6,D7	XCHD A,@Ri	(A)0-3⟷((Ri))0-3	√	×	×	×	1	1
位操作指令	C3	CLR C	CY←0	×	×	×	√	1	1
	C2	CLR bit	bit←0	×	×	×	×	2	1
	D3	SETB C	CY←1	×	×	×	√	1	1
	D2	SETB bit	bit←1	×	×	×	×	2	1
	B3	CPL C	CY←$\overline{(CY)}$	×	×	×	×	1	1
	B2	CPL bit	bit←$\overline{bit}$	×	×	×	√	2	1
	82	ANL C,bit	CY←(CY)∧(bit)	×	×	×	√	2	2
	B0	ANL C,/bit	CY←(CY)∧$\overline{bit}$	×	×	×	√	2	2
	72	ORL C,bit	CY←(CY)∨(bit)	×	×	×	√	2	2
	A0	ORL C,/bit	CY←(CY)∨$\overline{bit}$	×	×	×	√	2	2
	A2	MOV C,bit	CY←(bit)	×	×	×	√	2	1
	92	MOV bit,C	bit←(CY)	×	×	×	×	2	2

续表

分类	十六进制代码	助记符	功能	对标志位的影响 P	OV	AC	CY	字节数	周期数
控制转移类指令	1	ACALL addr11	PC←(PC)+2 SP←(SP)+1 SP←(PCL) SP←(SP)+1 SP←(PCH) PC10~0←addr11	×	×	×	×	2	2
	12	LCALL addr16	PC←(PC)+2 SP←(SP)+1 SP←(PCL) SP←(SP)+1 SP←(PCH) PC←addr16	×	×	×	×	3	2
	22	RET	PCH←((SP)) SP←(SP)-1 PCL←((SP)) SP←(SP)-1	×	×	×	×	1	2
	32	RETI	PCH←((SP)) SP←(SP)-1 PCL←((SP)) SP←(SP)-1 从中断返回	×	×	×	×	1	2
	*1	AJMP addr11	PC10~0←addr11	×	×	×	×	2	2
	02	lJMP addr16	PC←addr16	×	×	×	×	3	2
	80	SJMP rel	PC←(PC)+2+rel	×	×	×	×	2	2
	73	JMP@ A+DPTR	PC←(A)+DPTR	×	×	×	×	1	2
	60	JZ rel	PC←(PC)+2 若(A)=0,则PC←(PC)+rel	×	×	×	×	2	2
	70	JNZ rel	PC←(PC)+2 若(A)≠0,则PC←(PC)+rel	×	×	×	×	2	2
	40	JC rel	PC←(PC)+2 若(CY)=1,则PC←(PC)+rel	×	×	×	×	2	2
	50	JNC rel	PC←(PC)+2 若(CY)=0,则PC←(PC)+rel	×	×	×	×	2	2
	20	JB bit,rel	PC←(PC)+3 若(bit)=1,则PC←(PC)+rel	×	×	×	×	3	2
	30	JNB bit,rel	PC←(PC)+3 若(bit)=0,则PC←(PC)+rel	×	×	×	×	3	2
	10	JBC bit,rel	PC←(PC)+3 若(bit)=1, 则bit←0 PC←(PC)+rel	×	×	×	×	3	2
	B5	CJNE A,direct,rel	PC←(PC)+3 若(A)≠(direct), 则PC←(PC)+rel 若(A)<(direct),则CY←1	×	×	×	√	3	2

续表

分类	十六进制代码	助记符	功能	对标志位的影响				字节数	周期数
				P	OV	AC	CY		
控制转移类指令	B4	CJNE A,#data,rel	PC←(PC)+3 若(A)≠data,则 PC←(PC)+rel 若(A)<data,则 CY←1	×	×	×	√	3	2
	B8~BF	CJNE Rn,#data,rel	PC←(PC)+3 若(Rn)≠data,则 PC←(PC)+rel 若(Rn)<data,则 CY←1	×	×	×	√	3	2
	B6,B7	CJNE @Ri,#data,rel	PC←(PC)+3 若((Rn))≠data,则 PC←(PC)+rel 若((Ri))<data,则 CY←1	×	×	×	√	3	2
	D8~DF	DJNZ Rn,rel	PC←(PC)+2 Rn←(Rn)-1,若(Rn)≠0,则 PC←(PC)+rel	×	×	×	×	2	2
	D5	DJNZ direct,rel	PC←(PC)+3 direct←(direct)+1,若(direct)≠0,则 PC←(PC)+rel	×	×	×	×	3	2
	00	NOP	空操作	×	×	×	×	1	1

(三)指令说明

以加法 ADD 指令为例来介绍指令的用法和说明。

1. 用法

(1) ADD A,Rn:将累加器与寄存器的内容相加,结果存回累加器。

(2) ADD A,direct:将累加器与直接地址的内容相加,结果存回累加器。

(3) ADD A,@Ri:将累加器与间接地址的内容相加,结果存回累加器。

(4) ADD A,#data:将累加器与常数相加,结果存回累加器。

2. 说明

(1) 如果相加后的结果,位3有进位,则 PSW 状态字的辅助进位标志 AC=1;位7有进位则 PSW 的进位标志 Cy=1。

(2) 在加减时状态字中的溢出标志位 OV 产生的变化:OV 在运算过程中,是以符号运算做处理,最高位 bit7=0 表示正数,bit7=1 表示负数,OV=1 表示溢出,OV=0 表示未溢出。下面列出各种情况:

正数 + 正数 = 正数 OV = 0

正数 + 正数 = 负数 OV = 1

负数 + 负数 = 负数 OV = 0

负数 + 负数 = 正数 OV = 1

(3) 相加的结果,当累加器 A 中"1"的个数为奇数时,(P)=1;为偶数时(P)=0。

如执行下面两条指令后,分析累加器 A 和 PSW 各标志位的变化:

MOV A,#0A5H

ADD A,#0CFH

结果是:CY=1;AC=1;OV=1;累加器 A 中结果有偶数个 1,则 P=0;A=74H。

第二节 单片机系统案例——多功能数字钟

一、设计要求

设计制作具有下列功能的数字钟:

(1) 自动计时,由 6 位 LED 显示器显示时、分和秒。

(2) 具备校准功能,可以直接由 0~9 数字键设置当前时间。

(3) 具备定时闹钟功能。

二、设计方案

(一)计时方案

利用单片机内部的定时/计数器进行中断定时,配合软件延时实现时、分和秒的计时。

(二)键盘/显示方案

设计方案中采用 4×3 键盘实现输入设置,采用动态显示方式实现 LED 显示,如图 5-8 所示。

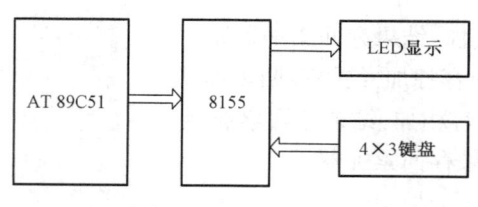

图 5-8 系统框图

(三)控制方案

1. 时间显示

上电后系统自动进入时钟显示,从 00:00:00 开始计时,此时可以设定当前时间。

2. 时间调整

按下 C/R 键(时间设定/启动计时键),系统停止计时,进入时间设定状态,系统保持原有显示,等待键入当前时间,按下 0~9 数字键可以顺序设置时、分和秒,并在相应的 LED 上显示设置值,6 位设置完毕后系统将从设定后的时间开始计时显示。

3. 闹钟设置

按下 ALM 键(闹钟设置/启闹/停闹键),系统继续计时,显示 00:00:00,进入闹钟设置状态,等待键入启闹时间,按下 0~9 数字键可以顺序进行相应的时间设置,并在相应的 LED 上显示设置值,6 位设置完毕后系统启动定时启闹功能,并恢复时间显示。定时时间到,蜂鸣器鸣叫,直至重新按下 ALM 键停闹,并取消闹钟设置。

三、硬件原理

数字钟电路由单片机、可编程 I/O 接口芯片 8155、4×3 键盘输入电路、6 位 LED 显示输出电路及蜂鸣器启闹电路组成。图 5-9 所示为系统电路原理图。

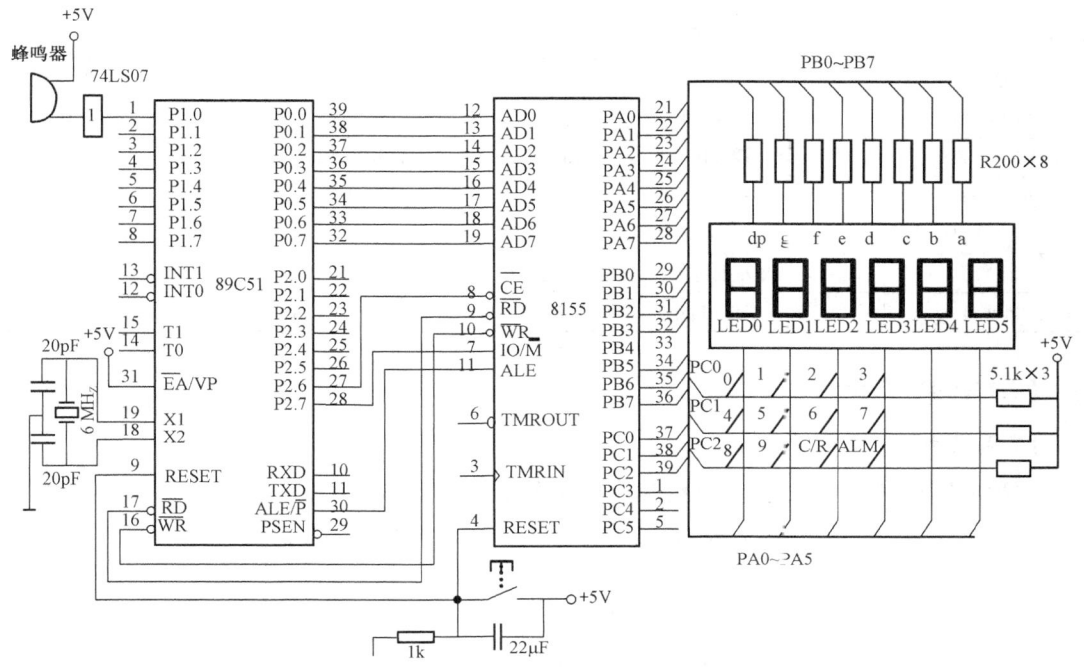

图 5-9　数字钟硬件电路原理图

(1) 单片机:选用 AT89C51 可满足要求。

(2) I/O 接口电路:采用 8155 作为键盘/显示接口电路,其中 8155 的 A 口作为 6 位 LED 显示的位选口(低电平有效),B 口作为段选口(高电平有效),C 口的低 3 位为键盘输入口,对应 0~2 行,A 口同时用做键盘的列扫描口。由系统电路原理图可知 8155 的地址分配如下:

控制寄存器:8000H,定义为 PORT。

A 口:8001H,定义为 PORTA。

B 口:8002H,定义为 PORTB。

C 口:8003H,定义为 PORTC。

(3) 4×3 键盘输入电路:采用 4×3 键盘,包括 0~9 十个数字键(键号为 00H~09H)、C/R 键(时间设定/启动计时键,键号为 0AH)和 ALM 键(闹钟设置/启闹/停闹键,键号为 0BH)。

(4) LED 数码显示电路:采用共阴极数码管实现时钟显示,6 位 LED 从左到右依次显示时、分和秒,采用 24h 计时。

(5) 蜂鸣器启闹电路:由 AT89C51 的 P1.0 控制驱动蜂鸣器(低电平有效)。

四、程序设计

(一)系统资源分配

定时器 T0 按照定时方式 1 工作,片内 RAM 及标志位的分配与定义见表 5-8。

表 5-8 片内 RAM 及标志位的分配

地址	功能	名称	初始化值
30H~35H	显示缓冲区,时、分、秒(高位在前)	DISP0~DISP5	00H
3CH~3FH	计时缓冲区,时、分、秒、100ms	HOUR,MIN,SEC,MSEC	00H
40H~42H	闹钟值寄存区,时、分、秒	AHOUR,AMIN,ASEC	FFH
50H~7FH	堆栈区		
PSW.5	计时显示允许位(1:禁止,0:允许)	F0	0
PSW.1	闹钟标志位(1:正在闹响,0:未闹响)	F1	0

(二)主要程序设计

1. 主程序

主程序实现初始化与键盘监控,其流程如图 5-10 所示。

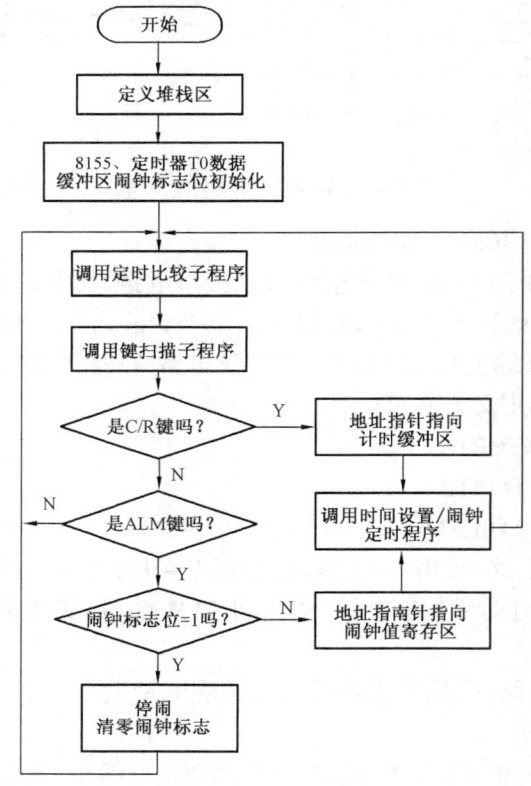

图 5-10 主程序流程图

2. 定时器 T0 中断服务程序

定时器 T0 中断服务程序实现计时功能，同时刷新计时缓冲区，其流程如图 5-11 所示。

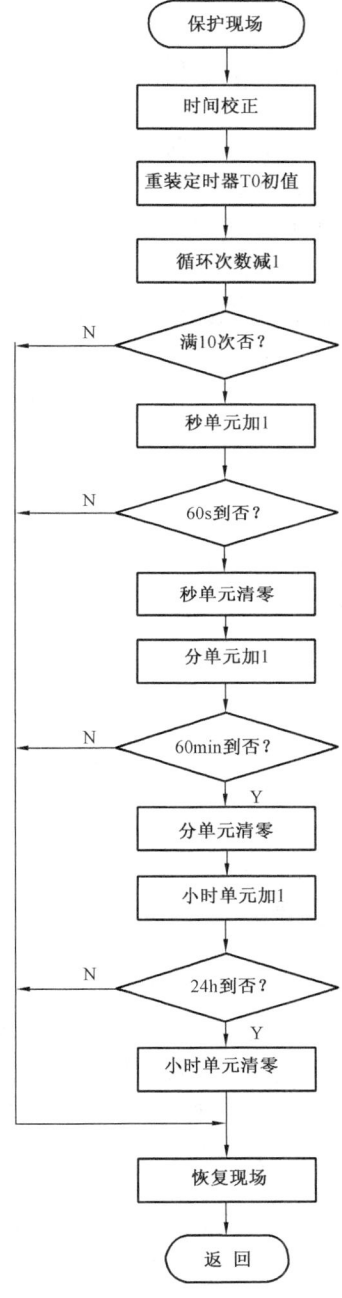

图 5-11　计时流程图

定时器 T0 每隔 100ms 溢出中断一次（设系统使用 6MHz 晶振，定时器 T0 工作在方式 1 的定时器初值为 3CB0H，即 TH0 = 3CH，TL0 = 0B0H），每循环中断 10 次则延时时间为 1s，重复 60 次为 1min，分计时 60 次为 1h，小时计时 24 次则时间重新回到 00：00：00。

3. 时间设置与闹钟设置子程序

时间设置与闹钟设置子程序是实现当前时间及定时启闹时间的键盘输入设置。其流程如图 5 – 12 所示。

其功能是用键盘设置子程序将键入的 6 位时间值送入键盘设置缓冲区，用合字子程序将键盘设置缓冲区中的 6 位 BCD 码合并为 3 位压缩 BCD 码，送入计时缓冲区或闹钟值寄存区。若键盘输入的小时值大于 23，分和秒值大于 59，则不合法，将取消本次设置，清零重新开始计时。

4. 键盘扫描子程序

键盘扫描子程序判断是否有键按下，无键按下则循环等待，有键按下则求取键号后返回。其流程如图 5 – 13 所示。

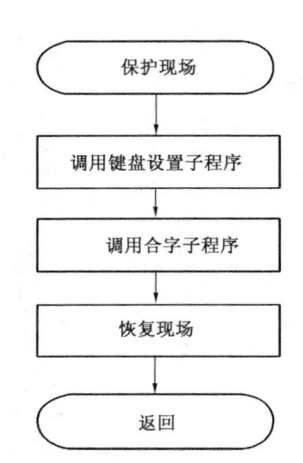

图 5 – 12　时间设置/闹钟定时流程图

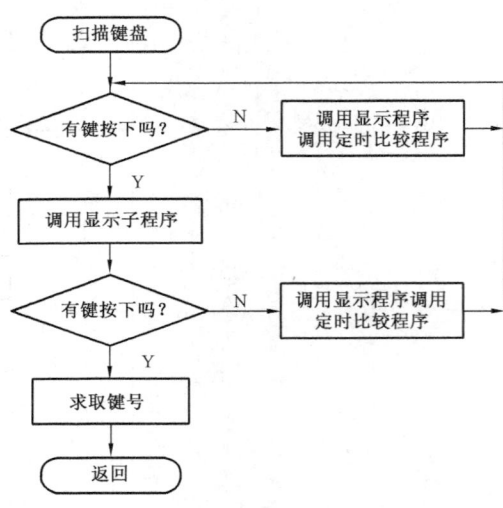

图 5 – 13　键盘扫描程序流程图

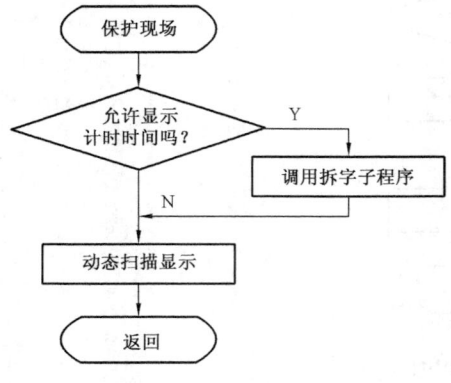

图 5 – 14　显示子程序流程图

5. 显示子程序

显示子程序实现显示缓冲区的 6 位 BCD 码的动态扫描方式显示。首先将 3 字节计时缓冲区中时、分和秒压缩 BCD 码拆分为 6 字节 BCD 码，由拆字子程序来实现。当按下时间或闹钟设置键后，在 6 位设置完成之前，应显示键入的数据而不显示当前时间，为此系统设置一个计时显示允许标志位 F0，在时间/闹钟设置期间 F0 = 1，不调用拆字子程序。其流程如图 5 – 14 所示。

6. 定时比较子程序

定时比较子程序实现当前时间（计时缓冲区

的值)与预设的启闹时间(闹钟设置寄存区的值)的比较,若二者完全相同时,启动蜂鸣器鸣叫并置位闹钟标志位。当重新按下 ALM 键时,停闹并清零闹钟标志。其流程如图 5-15 所示。

7. 其他辅助功能子程序

(1)键盘设置子程序:将键入的 6 位时间值送入键盘设置缓冲区,其流程如图 5-16 所示。

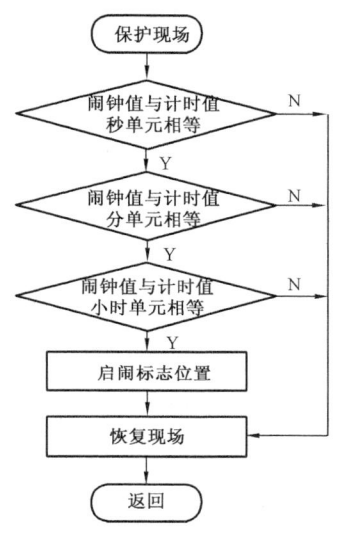

图 5-15　定时比较流程图

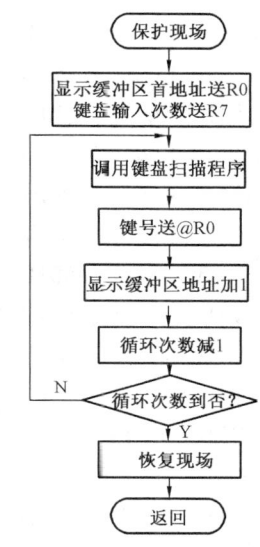

图 5-16　键盘设置子程序流程图

(2)拆字子程序:将 3 字节计时缓冲区中时、分和秒压缩 BCD 码拆分为 6 字节 BCD 码并刷新显示缓冲区。

(3)合字子程序:将键盘设置缓冲区中 6 位 BCD 码合并为 3 位压缩 BCD 码,送入计时缓冲区或闹钟值寄存区,同时检测时间值的合法性。

(三)源程序清单

(1)主程序:

```
ORG    0000H
AJMP   MAIN
ORG    000BH
AJMP   CLOCK
ORG    0030H
PORT   EQU   8000H
PORTA  EQU   8001H
PORTB  EQU   8002H
PORTC  EQU   8003H
DISP0  EQU   30H
DISP1  EQU   31H
```

```
        DISP2   EQU     32H
        DISP3   EQU     33H
        DISP4   EQU     34H
        DISP5   EQU     35H
        HOUR    EQU     3CH
        MIN     EQU     3DH
        SEC     EQU     3EH
        MSEC    EQU     3FH
        AHOUR   EQU     40H
        AMIN    EQU     41H
        ASEC    EQU     42H
        F1      BIT     PSW.1
MAIN:   MOV     SP,#50H             ;设置堆栈区
        MOVX    DPTR,#PORT          ;8155 初始化
        MOV     A,#03H
        MOVX    @DPTR,A
        CLR     F1                  ;清零闹钟标志位
        CLR     F0                  ;允许计时显示
        MOV     AHOUR,#0FFH         ;闹钟值寄存区置初值
        MOV     AMIN,#0FFH
        MOV     ASEC,#0FFH
        MOV     R7,#10H             ;显示缓冲区、计时缓冲区清零
        MOV     R0,#DISP0
        CLR     A
LOOP:   MOV     @R0,A
        INC     R0
        DJNZ    R7,LOOP
        MOV     TMOD,#01H           ;定时器 T0 初始化
        MOV     TL0,#0B0H
        MOV     TH0,#3CH
        SETB    TR0                 ;启动定时器
        SETB    EA                  ;开中断
        SETB    ET0
BEGIN:  ACALL   ALARM               ;调用定时比较
        ACALL   KEYSCAN             ;调用键盘扫描
        CJNE    A,#0AH,NEXT1        ;是 C/R 键否？
        CLR     TR0                 ;暂时停止计时
        MOV     R1,#HOUR            ;地址指针指向计时缓冲区首地址
```

```
            AJMP    MOD
NEXT1: CJNE    A,#0BH,BEGIN    ;是 ALM 键否？
            JB      F1,NEXT2        ;闹钟正在闹响否？
            MOV     R1,#AHOUR       ;地址指针指向闹钟值寄存区首地址
MOD:    SETB    F0              ;禁止显示计时时间
            ACALL   MODIFY          ;调用时间设置/闹钟定时程序
            SETB    TR0             ;重新开始计时
            CLR     F0              ;恢复显示计时时间
            BEGIN   AJMP
NEXT2: SETB    P1.0            ;闹钟正在闹响,停闹
            CLR     F1              ;清零闹钟标志
            AJMP    BEGIN
```

(2)定时器 T0 中断服务子程序：

```
CLOCK:   PUSH    PSW
            PUSH    ACC             ;保护现场
            MOV     TL0,#0B7H
            MOV     TH0,#3CH        ;重装初值,时间校正
            INC     MSEC
            MOV     A,MSEC
            CJNE    A,#0AH,DONE
            MOV     MSEC,#00H
            MOV     A,SEC
            INC     A
            DA      A;二—十进制转换
            MOV     SEC,A
            CJNE    A,#60H,DONE
            MOV     SEC,#00H
            MOV     A,MIN
            INC     A
            DA      A
            MOV     MIN,A
            CJNE    A,#60H,DONE
            MOV     MIN,#00H
            MOV     A,HOUR
            INC     A
            DA      A
            MOV     HOUR,A
            CJNE    A,#24H,DONE
```

```
                MOV     HOUR,#00H
DONE:           POP     ACC
                POP     PSW
                RETI
```

(3) 时间设置/闹钟定时子程序:
```
    MODIFY:     ACALL   KEYIN       ;调用键盘设置子程序
                ACALL   COMB        ;调用合字子程序
    RET
```

(4) 键盘设置子程序:
```
KEYIN:          PUSH    PSW                     ;保护现场
                PUSH    ACC
                SETB    RS1
                MOV     R0,#DISP0               ;R0 指向显示缓冲区首地址
                MOV     R7,#06H                 ;设置键盘输入次数
L1:             CLR     RS1
                ACALL   KEYSCAN                 ;调用键盘扫描程序取按下键号
                SETB    RS1
                CJNE    A,#0AH,L2               ;键入数合法性检测(是否大于9)
L2:             JNC     L1                      ;大于9,重新键入
                MOV     @R0,A                   ;键号送显示缓冲区
                INC     R0
                DJNZ    R7,L1                   ;6 位时间输入完否？未完继续
                CLR     RS1                     ;恢复现场
                POP     ACC
                POP     PSW
                RET
```

(5) 键盘扫描子程序:
```
KEYSCAN:        ACALL   TEST        ;调判按键是否按下子程序 TEST
                JNZ     REMOV       ;有键按下调消抖延时
                ACALL   DISPLAY
                ACALL   ALARM
                AJMP    KEYSCAN     ;无键按下继续判是否按键
REMOV:          ACALL   DISPLAY     ;调用显示子程序延时消抖
                ACALL   TEST        ;再判是否有键按下
                JNZ     LIST        ;有键按下转逐列扫描
                ACALL   DISPLAY
                ACALL   ALARM
                AJMP    KEYSCAN     ;无键按下继续判是否按键
```

```
LIST:   MOV     R2,#0FEH         ;首列扫描字送 R2
        MOV     R3,#00H          ;首列键号送 R3
LINE0:  MOV     DPTR,#PORTA      ;DPTR 指针指向 8155 的 A 口
        MOV     A,R2             ;首列扫描字送 R2
        MOVX    @DPTR,A          ;首列扫描字送 8155 的 A 口
        MOV     DPTR,#PORTC      ;DPTR 指针指向 8155 的 C 口
        MOVX    A,@DPTR          ;读入 C 口的行状态
        JB      ACC.0,LINE1      ;第 0 行键无键按下,转第 1 行
        MOV     A,#00H           ;第 0 行有键按下,行首键号送 A
        AJMP    TRYK             ;求键号
LINE1:  JB      ACC.1,LINE2      ;第 1 行键无键按下,转第 2 行
        MOV     A,#04H           ;第 1 行有键按下,行首键号送 A
        AJMP    TRYK             ;求键号
LINE2:  JB      ACC.2,NEXT       ;第 2 行键无键按下,转下一列
        MOV     A,#08H           ;第 2 行有键按下,行首键号送 A
        AJMP    TRYK             ;求键号
NEXT:   INC     R3               ;扫描下一列
        MOV     A,R2             ;列扫描字送 A
        JNB     ACC.3,EXIT       ;4 列扫描完,重新进行下一轮扫描
        RL      A                ;4 列未扫描完,扫描字左移扫描下一列
        MOV     R2,A             ;扫描字送 A
        AJMP    LINE0            ;转向扫描下一列
EXIT:   AJMP    KEYSCAN          ;等待下一次按键
TRYK:   ADD     A,R3             ;按公式计算键码,求得键号
        PUSH    ACC              ;键号入栈保护
LETK:   ACALL   TEST             ;等待按键释放
        JNZ     LETK             ;按键未释放,继续等待
        POP     ACC              ;按键释放,键号出栈
        RET
TEST:   MOV     DPTR,#PORTA      ;DPTR 指针指向 8155 的 A 口
        MOV     A,#00H
        MOVX    @DPTR,A          ;全扫描字 00H 送 8155 的 A 口
        MOV     DPTR,#PORTC      ;DPTR 指针指向 8155 的 C 口
        MOVX    A,@DPTR          ;读入 C 口行状态
        CPL     A                ;A 取反,以高电平表示有键按下
        ANL     A,#07H           ;屏蔽高 5 位
        RET
```

(6) 显示子程序：

```
DISPLAY:  JB     F0,DISP           ;允许时间显示标志 F0=1 转 DISP
          ACALL  SEPA              ;否则调用 SEPA 刷新显示缓冲区
DISP:     PUSH   PSW               ;动态扫描显示子程序
          PUSH   ACC
          SETB   RS0
          MOV    DPTR,#PORTA       ;关显示
          MOV    A,#0FFH
          MOVX   @DPTR,A
          MOV    R0,#DISP0
          MOV    R7,#00H
          MOV    R6,#06H
          MOV    R5,#0FEH
DIS1:     MOV    DPTR,#TAB
          MOV    A,@R0
          MOVC   A,@A+DPTR
          MOV    DPTR,#PORTB
          MOVX   @DPTR,A
          MOV    DPTR,#PORTA
          MOV    A,R5
          MOVX   @DPTR,A
HERE:     DJNZ   R7,HERE
          INC    R0
          MOV    A,R5
          RL     A
          MOV    R5,A
          DJNZ   R6,DIS1
          CLR    RS0
          POP    ACC
          POP    PSW
          RET
TAB:      DB     3FH,06H,5BH,4FH,66H,6DH,7DH,07H
          DB     7FH,6FH,77H,7CH,39H,5EH,79H,71H ;共阴极字型码表
```

(7) 合字子程序：

```
COMB:     MOV    R0,#DISP1         ;R0 指向显示缓冲区小时低位
          ACALL  COMB1             ;合字
          CJNE   A,#24H,CHK
CHK:      JNC    EXIT1             ;大于 24 则取消本次设置,退出
```

```
         MOV    @R1,A              ;小时送计时小时单元
         INC    R1
         MOV    R0,#DISP3          ;R0指向显示缓冲区分低位
         ACALL  COMB1
         CJNE   A,#60H,CHK1
CHK1:    JNC    EXIT1              ;大于60则取消本次设置,退出
         MOV    @R1,A
         INC    R1
         MOV    R0,#DISP5          ;R0指向显示缓冲区秒低位
         ACALL  COMB1
         CJNE   A,#60H,CHK2
CHK2:    JNC    EXIT1              ;大于60则取消本次设置,退出
         MOV    @R1,A
         RET
EXIT1:   AJMP   MAIN               ;输入不合法退出,重新清零计时
COMB1:   MOV    A,@R0
         ANL    A,#0FH             ;取出低位
         MOV    43H,A              ;暂存于43H单元
         DEC    R0                 ;指向高位
         MOV    A,@R0
         ANL    A,#0FH
         SWAP   A                  ;高位送高4位
         ORL    A,43H              ;高低位合并
         RET
```

(8) 拆字子程序 SEPA：

```
SEPA:    PUSH   PSW
         PUSH   ACC
         SETB   RS0
         MOV    R0,#DISP5          ;指向显示缓冲区秒低位
         MOV    A,SEC
         ACALL  SEPA1
         MOV    A,MIN
         ACALL  SEPA1
         MOV    A,HOUR
         ACALL  SEPA1
         CLR    RS0
         POP    ACC
         POP    PSW
```

```
                RET
SEPA1:  MOV     44H,A           ;暂存 44H
        ANL     A,#0FH          ;取出低位
        MOV     @R0,A           ;送显示缓冲区低位
        DEC     R0              ;指向显示缓冲区高位
        MOV     A,44H
        ANL     A,#0F0H         ;取出高位
        SWAP    A               ;高位送往低4位形成高位数据
        MOV     @R0,A           ;高位数据送显示缓冲区高位
        RET
```

(9) 定时比较模块：

```
ALARM:  MOV     A,ASEC
        CJNE    A,SEC,BACK      ;秒单元相同则继续比较,否则返回
        MOV     A,AMIN
        CJNE    A,MIN,BACK      ;分单元相同则继续比较,否则返回
        MOV     A,AHOUR
        CJNE    A,HOUR,BACK     ;小时单元相同定时时间到
        CLR     P1.0            ;启动闹钟鸣叫
        SETB    F1              ;置位闹钟标志
BACK:   RET
```

单片机应用系统设计的基本要求是：可靠性要高、使用和维修要方便，并应该具有良好的性能价格比和必要的自我保护功能。单片机应用系统主要由硬件和软件两大部分组成。

单片机的研发过程主要分总体设计、详细设计、仿真调试、程序固化、文件编制五个阶段。通过上述实例可知，模块化方式是单片机软件和硬件设计的较好方式，读者应力求掌握。

第三节 AT89C51 单片机应用基础

一、单片机应用系统的开发说明

（一）单片机应用系统开发的意义

单片机虽然功能很强，但它却无法独立完成程序录入、查错、改错和程序固化等功能，必需借助于开发工具（仿真器、编程器等）才能实现相关操作。

（二）单片机应用系统的开发方式

单片机应用系统通常由仿真器来开发。从硬件结构上看，一个单片机应用系统包括单片机部分及为达到使用目的而设计的应用电路。仿真就是利用仿真器来代替应用系统（称目标机）的单片机部分，对应用电路部分进行检测、调试。它是单片机开发过程中非常重要的一个环节，除了一些极简单的任务，一般产品开发过程都要进行仿真。

仿真通常分为两类：软件模拟仿真和仿真器在线仿真。前者成本低、使用方便，但不能实现系统硬件的实时调试和故障判别。因此本节只介绍在线仿真。

1. 利用独立型仿真器开发

这种仿真器不需要依赖 PC 机就能独立完成单片机应用系统的在线仿真，便于在现场对应用软件进行调试和修改。此外，这种开发系统还配有串行接口，能与 PC 机相连，以便通过 PC 机配置的组合软件完成开发任务。图 5-17 所示是这种开发方式的示意图。

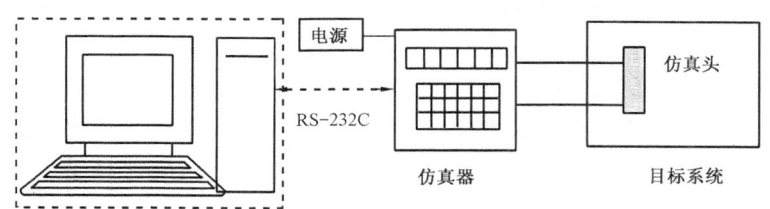

图 5-17　利用独立型仿真器开发示意图

2. 利用非独立型仿真器开发

如图 5-18 所示，这种开发方式要由 PC 机和仿真器共同实现。仿真器与 PC 机之间以串行通信方式连接，利用 PC 机配置的组合软件完成开发任务。有些仿真器上还有固化插座，能够将开发调试后的用户程序写入存储器芯片。与前一种相比，这种开发方式在现场参数的修改和调试方面不够方便。

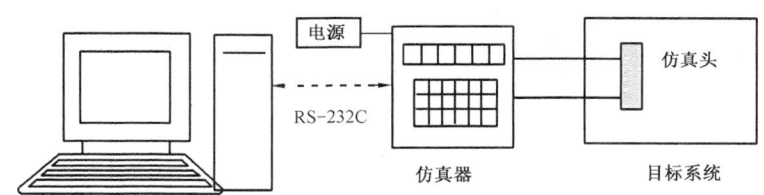

图 5-18　利用非独立型仿真器开发示意图

(三) 单片机开发方式的发展

新型单片机开发系统可以不使用仿真器，而是直接将单片机安装到印刷线路板上，利用 PC 机完成应用程序的编辑、汇编和模拟运行，最后将目标程序串行下载到单片机应用系统。如 SST 公司推出的 SST89C54 和 ST89C58 芯片分别有 20kB 和 30kB 的 SuperFlash 存储器，利用这种存储器能够进行高速读/写的特点，可以实现在系统编程(ISP)和在应用编程(IAP)功能。

二、应用举例——以循环方式实现流水灯

(一) 开发要求

用单片机的 P1 口控制 8 只 LED 灯，按 P1.0→P1.1→P1.2→P1.3→P1.4→P1.5→P1.6→P1.7 依次单灯点亮，间隔 0.2s，接下来 8 只 LED 灯全灭 1 次，间隔 0.2s；然后按 P1.7→P1.6→

P1.5→P1.4→P1.3→P1.2→P1.1→P1.0依次单灯点亮,间隔0.2s,接下来8只LED灯全灭1次,间隔0.2s,再从开始状态循环,8只LED灯即呈现出流水灯的状态。

(二)背景知识

通过这一任务熟悉单片机I/O接口的线路连接,学习循环程序的编程技术。

循环程序用于需要多次反复执行的相同操作,因此在编制程序时,首先应该确定的就是有哪些相同的操作可由循环部分实现。在该任务中,用数据传送指令向P1.0→P1.7一次送数,所以对送出数据的处理过程就是相同的,延时时间都是0.2s,这也是相同的,这两部分都可以用循环来实现。

在编制具体的循环程序时,要设置一个存放循环次数的寄存器,通常选用R2~R7中的任何一个来实现(R0和R1常用于寄存器间接寻址,程序中如果不采用间接寻址方式,R0和R1也可用来存放循环次数)。程序每循环一次,循环次数寄存器内容要减1,当该寄存器内容减到0时,表示循环结束,这两个过程可用DJNZ指令实现。

(三)硬件电路

流水灯硬件电路如图5-19所示。

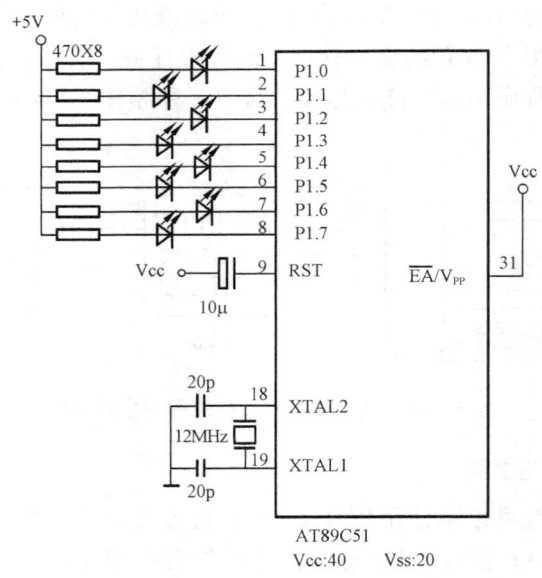

图5-19 流水灯电路

(四)软件设计

参考程序如下:

```
        ORG 0000H
START:  WBMOV  A,#0FFH   ;设初值
        MOV    R0,#8     ;移动8次
        CLR    C         ;将CY清0
LOOP1:  RLC    A         ;带进位位循环左移
```

```
            MOV    P1,A      ;送 P1 口,P1.0 灯亮
            ACALL  DELAY     ;调延时
            DJNZ   R0,LOOP1  ;判断是否左移 8 次
            MOV    A,#0FFH   ;够 8 次,灯全灭
            MOV    P1,A
            ACALL  DELAY
            MOV    A,#0FFH   ;设初值
            MOV    R0,#8     ;移动 8 次
            CLR    C         ;将 CY 清 0
   LOOP2：  RRC    A         ;带进位位循环右移
            MOV    P1,A      ;送 P1 口,P1.7 灯亮
            ACALL  DELAY
            DJNZ   R0,LOOP2  ;判断是否右移 8 次
            MOV    A,#0FFH   ;够 8 次,灯全灭
            MOV    P1,A
            ACALL  DELAY
            AJMP   START     ;重新开始
   DELAY：  MOV    R5,#4     ;延时 0.2s
        D1：MOV    R6,#200
        D2：MOV    R7,#123
            NOP
            DJNZ   R7,$
            DJNZ   R6,D2
            DJNZ   R5,D1
            RET
            END
```

(五)总结与提高

采用流水灯电路,每次点亮 2 个灯,其他功能不变,程序如何修改？如果只按 P1.0→P1.1→P1.2→P1.3→P1.4→P1.5→P1.6→P1.7→P1.6→P1.5→P1.4→P1.3→P1.2→P1.1→P1.0 的循环闪烁,间隔 0.2s,程序又如何修改？

三、应用举例——中断控制流水灯

(一)开发要求

在程序正常运行时 P1 口的 8 个 LED 灯作单灯左移 8 次而后单灯右移 7 次,如此循环；中断时(即按键按下)则 P1 口的 8 个 LED 闪烁 3 次(即全亮全灭 3 次)。

(二)背景知识

(1)中断程序的设计主要涉及开中断、设定优先级,外中断还涉及触发方式的设定。

（2）在软件设计中，首先要对主程序和中断服务程序所完成的任务进行划分。根据该课题提出的要求，在主程序中应该完成的任务是 8 个 LED 循环左移右移；在中断服务程序中应该完成的功能是 8 个 LED 闪烁 3 次。

(三) 硬件电路

硬件电路如图 5-20 所示，12 引脚的按键点动表示有中断请求发出。

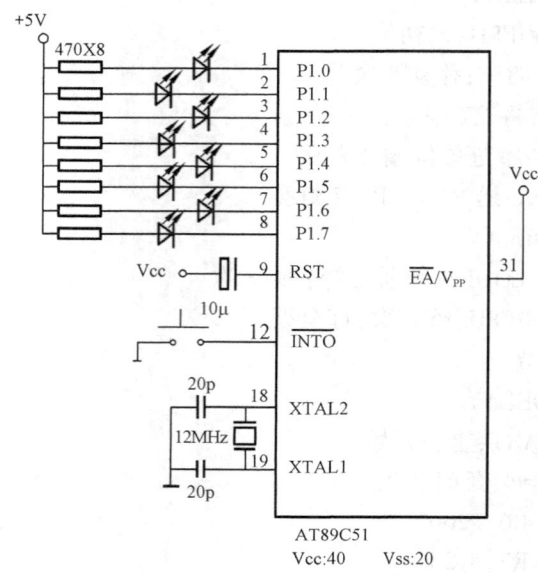

图 5-20 中断控制流水灯电路

(四) 软件设计

```
        ORG     0000H
        LJMP    START
        ORG     0003H
        LJMP    INT0
        ORG0    100H
START:  MOV     SP,#60H
        MOV     IE,#81H      ;开 INT0 中断
        SETB    IT0          ;INT0 下降沿触发
L1:     MOV     A,#0FFH      ;设初值
        MOV     R0,#8        ;设定左移 8 次
        CLR     C            ;将 CY 清 0
L2:     RLC     A            ;带进位位循环左移 1 位
        MOV     P1,A         ;送 P1 口，P1.0 灯亮
        ACALL   DELAY        ;延时 0.2s
        DJNZ    R0,L2        ;判断是否左移 8 次
```

	MOV	R0,#7	;移动 7 次
L3：	RRC	A	;带进位位循环右移
	MOV	P1,A	;送 P1 口
	ACALL	DELAY	
	DJNZ	R0,L3	;是否右移 7 次？
	AJMP	L1	;重新开始
DELAY：	MOV	R5,#4	;延时 0.2s
	D1：MOV	R6,	#200
	D2：MOV	R7,	#123
	NOP		
	DJNZ	R7,$	
	DJNZ	R6,D2	
	DJNZ	R5,D1	
	RET		
INT0：	PUSH	PSW	;保护 PSW,ACC 值
	PUSH	ACC	
	MOV	A,#00H	;使 8 个 LED 全亮
	MOV	R2,#6	;闪烁 3 次(全亮全灭各 3 次)
L4：	MOV	P1,A	;A 值送出
	LCALL	DELAY	;延时 0.2s
	CPL	A	;A 值取反
	DJNZ	R2,L4	;闪烁 3 次？
	POP	ACC	;恢复保护的 A 值
	POP	PSW	;恢复保护的 PSW 值
	RETI		;返回主程序
	END		

(五)总结与提高

1. 总结

在程序中,常常要调用子程序,如本例中的 LCALLDELAY。中断服务程序和子程序虽然格式相近,执行过程大体相同,但执行时刻却有很大差别:子程序的执行时刻是确定的,CPU只要执行 LCALL、ACALL 等调用指令就会转去执行子程序;而中断服务程序的执行则完全不同,中断申请往往是随机发生的,因此,中断服务程序的发生可能是在开中断后的任意时刻,也可能不发生,这点一定要清楚。

2. 提高

编写一个由两个中断(外部中断 0、外部中断 1)控制的流水灯程序,要求:主程序不变,中断 0 可使 P1.0~P1.3 的 LED 闪烁 5 次,中断 1 可使 P1.4~P1.7 的 LED 闪烁 5 次,设定中断 1 的优先级比中断 0 高。

四、应用举例——三相交流电的故障检测电路

(一)开发要求

图 5-21 所示是三相交流电的故障检测电路。当 A 相缺电时,发光二极管 LEDA 亮;当 B 相缺电时,发光二极管 LEDB 亮;当 C 相缺电时,发光二极管 LEDC 亮。

外部中断由 3 个交流继电器的触点和一个或非门扩展而成。3 个 220V 的交流继电器的线圈 ZA、ZB、ZC 分别接在 A、B、C 各相和交流地之间。

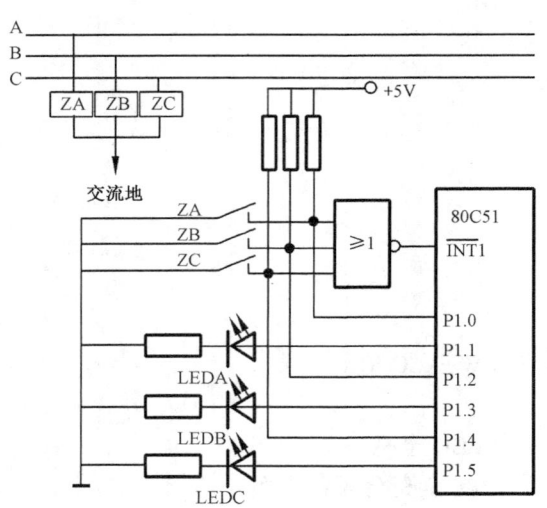

图 5-21 三相交流电的故障检测电路

(二)背景知识

1. 三相交流电正常情况

3 个继电器的线圈同时得电,与之相对应的 3 个继电器的常开触点全都闭合。此时或非门的 3 个输入信号全为低电平"0",因此它输出高电平"1",外部中断的请求信号无效。

2. 故障情况

一旦 A、B、C 三相中有一相掉电(如 A 相),它的继电器线圈 ZA 便失电,所控制的常开触点 ZA 也会断开,于是该触点向或非门的输入信号变为高电平"1",或非门因此输出一个低电平"0",申请中断。与此同时,ZA 的常开触点断开,该触点向或非门输入的高电平"1"被作为 A 相掉电的状态信号送入 P1.0 引脚。在外部中断的中断服务程序中读入该信号,就会在 P1.1 引脚输出一个高电平"1",点亮发光二极管 LEDA。此时,由于 B、C 两相没有掉电,故 LEDB、LEDC 不会点亮。

(三)软件设计

下面的掉电检测程序仅供参考。参考程序如下:

```
        ORG     0000H
        LJMP    MAIN        ;跳至主程序
        ORG     0013H       ;INT1的中断入口地址
        LJMP    TEST        ;转至中断服务程序
        ORG     0100H
MAIN:   MOV     P1,#15H     ;P1.0、P1.2、P1.4 作输入;P1.1、P1.3、P1.5 输出 0
        SETB    EX1         ;开INT1中断
        CLR     IT1         ;INT1为低电平触发
        SETB    EA          ;CPU 开中断
        SJMP    $           ;等待中断
```

```
TEST:   JNB    P1.0,LB      ;A 相正常,转测 B 相
        SETB   P1.1         ;A 相掉电,点亮 LEDA
LB:     JNB    P1.2,LC      ;B 相正常,转测 C 相
        SETB   P1.3         ;B 相掉电,点亮 LEDB
LC:     JNB    P1.4,LL      ;C 相正常,返回
        SETB   P1.5         ;C 相掉电,点亮 LEDC
LL:     RETI
        END
```

五、应用举例——水温控制系统设计

(一)开发要求

制作一个水温自动控制系统,要求如下:

(1)温度设定范围 40~90℃,最小区分度 1℃,标定误差不大于 1℃。

(2)用十进制数码显示水的实际温度。

(3)环境温度降低时,温度控制的静态误差不大于 1℃。

(二)背景知识

1. AD590 温度传感器简介

AD590 是美国 AD 公司生产的单片集成两端感温电流源。它的测温范围为 -55~+150℃,工作电压范围为 4~30V,可以承受 44V 正向电压和 20V 反向电压,输出电阻为 710MΩ。它产生的电流与绝对温度成正比,非线性误差为 ±0.3℃。图 5-22 所示为 AD590 的引脚图。

2. AD590 接口电路

AD590 是电流输出型器件,必须利用接口电路将 AD590 输出的电流信号转换成电压信号,再经 A/D 转换器转换成数字信号,提供给单片机处理。在表 5-9 中,列出了在不同温度值下的 AD590 的输出电流,通过图 5-23 的放大电路可将输出电流转换成 0~5V 的模拟电压。

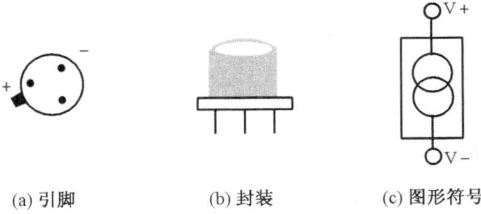

图 5-22 AD590 引脚、封装及图形符号

表 5-9 温度与电流、电压关系

温度值,℃	AD590 电流,μA	经 10kΩ 电压,V	放大器输出 V_0 (ADC0809 的 VIN)	ADC0809 的输出
0	273.2	2.732	0V	00H
10	283.2	2.832	0.49V	19H
20	293.2	2.932	0.98V	32H
30	303.2	3.032	1.47V	4BH

续表

温度值,℃	AD590 电流,μA	经10kΩ 电压,V	放大器输出 V_0(ADC0809 的 VIN)	ADC0809 的输出
40	313.2	3.132	1.96V	64H
50	323.2	3.232	2.45V	7DH
60	333.2	3.332	2.94V	96H
70	343.2	3.432	3.43V	AFH
80	353.2	3.532	3.92V	C8H
90	363.2	3.632	4.41V	E1H
100	373.2	3.732	4.90V	FAH

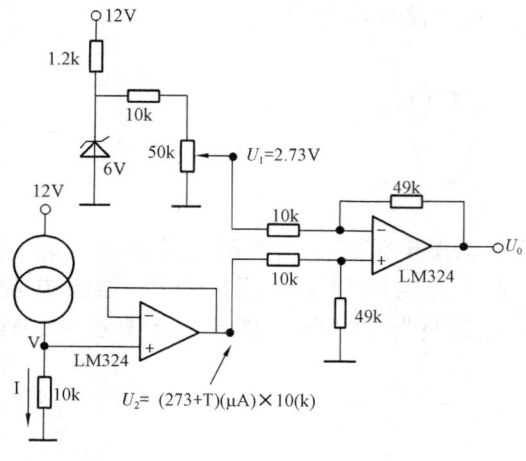

图 5-23 温度采集电路

(三) 硬件电路

硬件电路由单片机、温度检测模块、加热控制模块、键盘设定模块及数据显示模块构成。

1. 单片机选择

由于系统对控制精度的要求不高,所以选用内部具有程序存储器芯片的 AT89C51 就可以满足要求。

2. 温度检测模块

温度检测模块由温度传感器、信号放大器及 A/D 转换器组成。由 AD590 将温度转换成电流信号再经信号放大器得到对应的模拟电压,再经 ADC0809 转换后接入单片机,如图 5-24 所示。

3. 加热控制模块

加热控制信号经反相器反相后,驱动固态继电器(SSR)工作,从而接通或断开加热丝两端电源,实现对水的加热控制,水温控制电路如图 5-24 所示。

为了使加热控制更加精确,系统采用了三组加热电炉丝组合实现,当温差小于5℃时,仅 A 组加热丝工作;当温差在 5~10℃时,采用 A、B 两组加热控制;当温差大于10℃时,采用 A、B、C 三组加热控制。

4. 键盘设定及数据显示模块

键盘扫描由 11 个按键及 3 位 LED 共阳极显示器组成。通过 P1、P2 口直接驱动键盘,为了简化显示接口,这里采用了串行口扩展 LED 显示器,如图 5-24 所示。

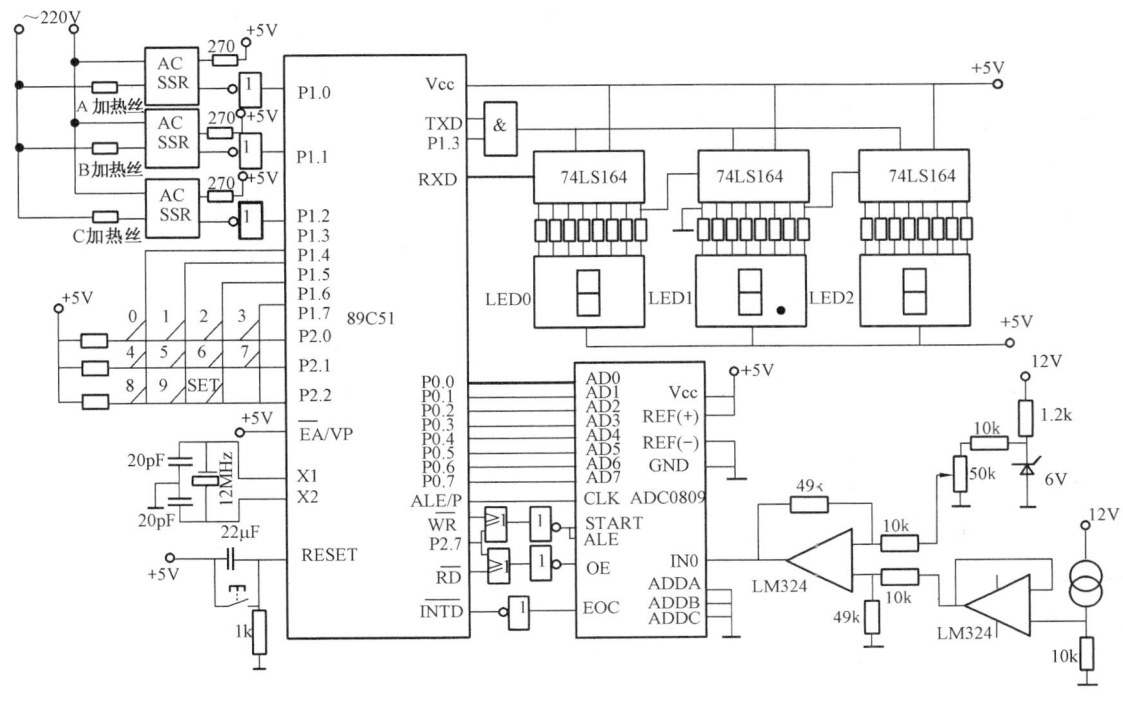

图 5-24 水温控制系统硬件原理图

六、软件设计

(一) 程序结构设计

1. 主程序

主程序用于进行初始化处理,包括各端口的初始化,定时/计数器的设定,中断允许的设定等,同时进行键盘的扫描输入。图 5-25 所示为主程序流程图。

2. 定时中断服务程序

通过单片机内部的定时器 T0 进行 50ms 定时,再通过寄存器 R6 进行计数,以实现 1s 定时中断的要求。进入中断服务程序后,可进行当前温度的检测及显示,根据所测值与设定值比较进行温度控制等。图 5-26 所示为中断服务程序流程图。

3. 温度检测程序

温度检测采用每 1s 定时采样的方式,为了实现温度的准确检测,采用了平均值滤波法抗干扰,即连续 4 次启动 ADC0809 进行 A/D 转换,求取转换结果的平均值,存入指定单元,以得到检测温度值。图 5-27 所示为温度检测程序流程图。

4. 温度控制程序

通过比较键盘设定值与温度检测值的差别,按照一定的控制规律,控制输出口线的状态,实现三组加热丝的控制。图 5-28 所示为温度控制程序流程图。

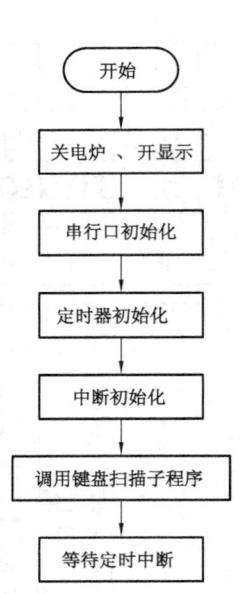

图 5-25 主程序流程图

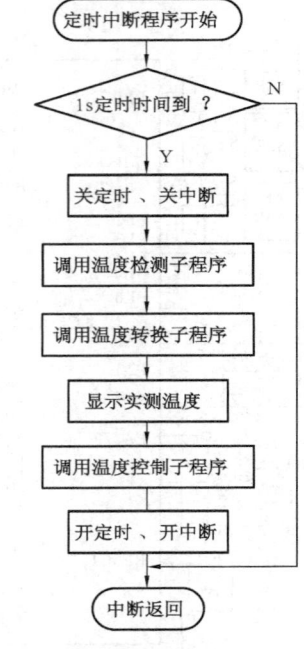

图 5-26 定时中断服务程序流程图

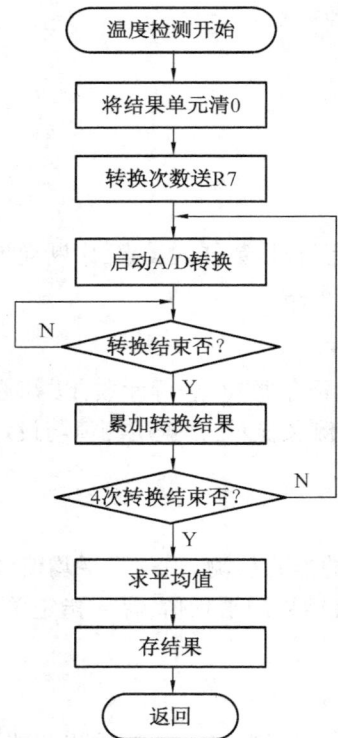

图 5-27 温度检测程序流程图

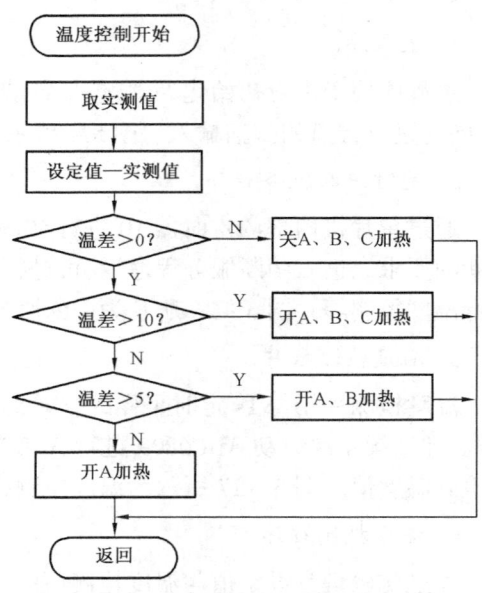

图 5-28 温度控制程序流程图

5. 温度显示程序

在每次温度检测后,进行一次温度显示刷新;在进行温度设定时,显示设定温度值。

(二)主要程序模块清单

(1)主程序:

```
            ORG     0000H
            AJMP    MAIN
            ORG     000BH
            AJMP    T0INT
            ORG     0030H
MAIN:       MOV     SP,#60H
            MOV     P1,#0FFH        ;关电炉,开显示
            MOV     SCON,#00H       ;设置串行口工作方式0,发送
            MOV     TMOD,#01H       ;定时器初始化
            MOV     TH0,#3CH        ;50ms定时初值
            MOV     TL0,#0B0H
            MOV     R6,#14H         ;1s定时用(50ms20次)
            MOV     5DH,#00H        ;显示缓冲区清零
            MOV     5EH,#00H
            MOV     5FH,#00H
            ACALL   DISP
            SETB    ET0
            SETB    EA
            SETB    TR0
LM0:        ACALL   KEYSCAN         ;调用键盘扫描子程序(略),用于设定温度值
            AJMP    LM0
```

(2)定时中断服务程序:

```
T0INT:      MOV     TH0,#3CH
            MOV     TL0,#0B0H
            DJNZ    R6,T0END        ;1s未到,中断返回
            CLR     TR0
            CLR     EA
            MOV     R6,#14H         ;恢复R6初值
            ACALL   TADC            ;调用温度检测子程序
            ACALL   XSCL            ;调用温度转换子程序
            ACALL   DISP            ;调用显示子程序
            ACALL   TCONT           ;调用温度控制子程序
```

	SETB	TR0	
	SETB	EA	
T0END:	RETI		

(3) 温度检测子程序：

TADC:	MOV	50H,#00H	;清存检测值单元
	MOV	B,#00H	
	MOV	R7,#04H;	;设置转换次数
	MOV	DPTR,#7FFFH	;送 ADC0809 地址
TT0:	MOVX	@DPTR,A	;启动 A/D 转换
	JB	P3.2,$	;等待转换结束
	MOVX	A,@DPTR	;读 A/D 转换数据
	ADD	A,50H	
	MOV	50H,A	
	JNC	TT1	;是否超出 8 位二进制范围
	INC	B	
TT1:	DJNZ	R7,TT0	;4 次转换是否完成
	CLR	C	;求 4 次 A/D 转换的平均值
	XCH	A,B	
	RRC	A	
	XCH	A,B	
	RRC	A	
	CLR	C	
	XCH	A,B	
	RRC	A	
	XCH	A,B	
	RRC	A	
	MOV	50H,A	;平均值存 50H
	RET		

(4) 温度控制子程序：

TCONT:	MOV	A,51H	
	CLR	C	
	SUBB	A,50H	;设定值—实测值
	MOV	R0,A	
	JNC	CCPR	;小于设定温度,接通相应加热器
	MOV	P1,#0FFH	;否则,关闭加热器
	AJMP	CONEND	
CCPR:	MOV	A,R0	

	SUBB	A,#19H	
	JC	CCPR1	
	MOV	P1,#0F8H	;开三组加热器
	AJMP	CONEND	
CCPR1：	MOV	A,R0	
	SUBB	A,#0CH	
	JC	CCPR2	
	MOV	P1,#0FCH	;开两组加热器
	AJMP	CONEND	
CCPR2：	MOV	P1,#0FEH	;开一组加热器
CONEND：	RET		

（5）显示子程序：

	MOV	R2,#03H	;显示数据的个数
DISP：			
	MOV	R1,#5DH	;显示缓冲区首址
	SETB	P1.3	
DL0：	MOV	A,@R1	;取要显示的数
	MOV	DPTR,#TAB	
	MOVC	A,@A+DPTR	;查字型码
	MOV	SBUF,A	;送出数据
DL1：	JNB	TI,DL1	;是否输完一个字节
	CLR	TI	;清发送完标志
	INC	R1	
	DJNZ	R2,DL0	;三个数是否都显示完？
	RET		
TAB：	DB	0C0H,0F9H,0A4H,0B0H,99H	;0~9字型码
	DB	92H,82H,0F8H,80H,90H	

七、总结与提高

设计、调试大型程序时，应先根据要求划分模块，优化结构；再根据各模块特点确定何为主程序，何为子程序，何为中断服务程序，相互间如何调用；接着根据各模块性质和功能将各模块细化，设计出程序流程图；最后根据各模块流程图编制具体程序。调试时应先调主程序，实现最基本最主要的功能，在此基础上再将各模块功能往主程序上堆砌，直至各模块联调、统调，实现全部功能。

在这个应用案例中，采用了软件滤波方式提高检测环节的准确性，并且采用了三组加热控制提高了温度变化的精度。在此基础上，还可以增加液面检测、缺水报警电路及打印电路等其他辅助电路的设计，使这个控制系统更完善。

第四节 单片机抗干扰技术

一、干扰的来源

在日常生活中,经常会遇到这样一些现象,比如听收音机时,有汽车经过,喇叭就会出现刺耳的噪声,这就是干扰。

在进行单片机应用产品的开发过程中,经常会碰到一个很棘手的问题,即在实验室环境下系统运行很正常,但小批量生产并安装在工作现场后,却出现一些不太规律、不太正常的现象。究其原因主要是系统的抗干扰设计不全面,导致应用系统的工作不可靠。引起单片机控制系统干扰的主要原因有下述几类。

(一)供电系统的干扰

众所周知,电源开关的通断、电机和大的用电设备的启停会使供电电网发生波动。受这些因素的影响,电网上常常出现几百伏、甚至几千伏的尖峰脉冲干扰,这就会使同一电网供电的单片机控制系统无法正常运行。这种干扰是危害最严重,也是最广泛的一种干扰形式。

(二)过程通道的干扰

在单片机应用系统中,开关量输入、输出和模拟量输入、输出通道是必不可少的。这些通道不可避免地会使各种干扰直接进入单片机系统。同时,在这些输入、输出通道中的控制线及信号线彼此之间会通过电磁感应而产生干扰,从而使单片机应用系统的程序错误,甚至会使整个系统无法正常运行。

(三)空间电磁波的干扰

空间干扰主要来自太阳及其他天体辐射电磁波、广播电台或通信发射台发出的电磁波及各种周围电气设备发射的电磁干扰等。如果单片机应用系统工作在电磁波较强的区域而没有采取相关的防护措施,就容易引起干扰。但这种干扰一般可通过适当的屏蔽及接地措施加以解决。

因此,针对以上出现的问题,必须采用有效措施以提高单片机应用系统抗干扰的能力。

二、主要干扰通道及抗干扰措施

(一)供电系统干扰及抗干扰措施

1. 供电干扰的种类

如果把电源电压变化持续时间定为 Δt,那么,根据 Δt 的大小可以把电源干扰分为:

(1)过压、欠压、停电:当 $\Delta t > 1s$ 时产生的干扰,解决办法是使用各种稳压器、电源调节器,对短时停电可用不间断电源(UPS)供电。

(2)浪涌、下陷、半周降出:当 $1s > \Delta t > 10ms$ 时产生的干扰,可使用快速响应的交流电源调压器克服。

(3)尖峰电压:当 Δt 为 μs 量级时产生的干扰,解决办法是使用具有噪声抑制能力的交流电源调节器、参数稳压器或超隔离变压器。

(4)射频干扰:当 Δt 为纳秒量级时产生的干扰,可加 2~3 节低通滤波器消除干扰。

2. 抗干扰设计

在单片机系统中,为了提高供电系统的质量,防止窜入干扰,建议采用如下措施:

(1)单片机输入电源与强电设备动力电源分开。

(2)采用具有静电屏蔽和抗电磁干扰的隔离电源变压器。

隔离变压器的初级和次级之间均采用隔离屏蔽层(可用漆包线或铜等非导磁材料在初级和次级绕一层,但电气上不能与初级、次级线圈短路,而后引出一个头接地)。各初级、次级间的静电屏蔽与初级间的零电位线相接,再用电容耦合接地,如图 5-29 所示。

(3)交流进线端加低通滤波器,可滤掉高频干扰。安装时外壳要加屏蔽并使其良好接地,滤波器的输入、输出引线必须相互隔离,以防止感应和辐射耦合。直流输出部分采用大容量电解电容器进行平滑滤波。

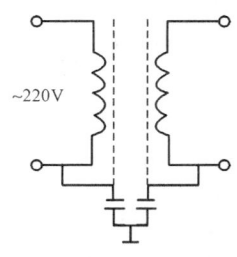

图 5-29 隔离变压器

(4)对于功率不大的小型或微型计算机系统,为了抑制电网电压起伏的影响,可设置交流稳压器。

(5)采用独立功能块单独供电,并用集成稳压块实现两级稳压。例如,主板电源先用 7809 稳压到 9V,再用 7805 稳压到 5V,如图 5-30 所示。

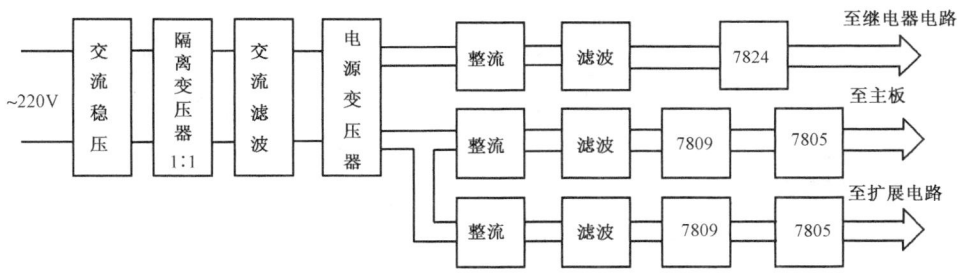

图 5-30 供电系统配置图

(6)尽量提高接口器件的电源电压,提高接口的抗干扰能力。例如,用光耦合器输出端驱动直流继电器,选用直流 24V 继电器比 6V 继电器效果好。

(二)过程通道干扰及抗干扰措施

过程通道是系统输入、输出以及单片机之间进行信息传输的路径。由于输入、输出对象与单片机之间的连接线长,容易串入干扰,必须采用隔离技术、双绞线传输、阻抗匹配等措施抑制。

1. 开关量隔离器

常用的开关量隔离器有光电隔离器、继电器、双向晶闸管、光电隔离固态继电器(SSR)。

1)光电隔离器

光电隔离器是把一个发光二极管和一个光敏三极管封装在一个外壳里的器件,光电隔离器的图形符号如图5-31所示。输入信号使发光二极管发光,其光线又使光敏三极管产生电信号输出,从而既完成了信号的传递,又实现了电气上的隔离,如图5-32所示。对启动或停止负荷不太大的设备,常采用光电隔离器来抑制输出通道的干扰。

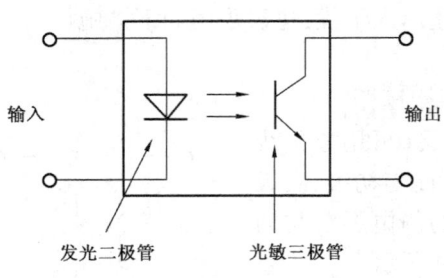

图5-31 光电隔离器图形符号

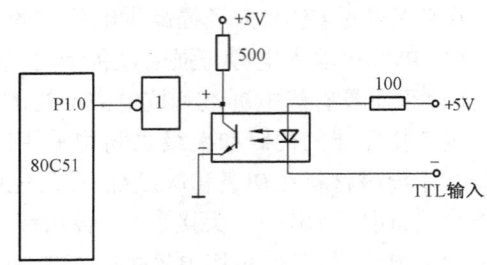

图5-32 开关量输入光电隔离电路

2) 继电器

如果输出开关量是用于控制大负荷设备时,就需采用继电器隔离输出。因为继电器触点的负载能力远远大于光电隔离的负载能力,它能直接控制动力回路。在采用继电器做开关量隔离输出时,要在单片机输出端的锁存器74LS273与继电器间设置一个OC门驱动器,用以提供较高的驱动电流,如图5-33所示。

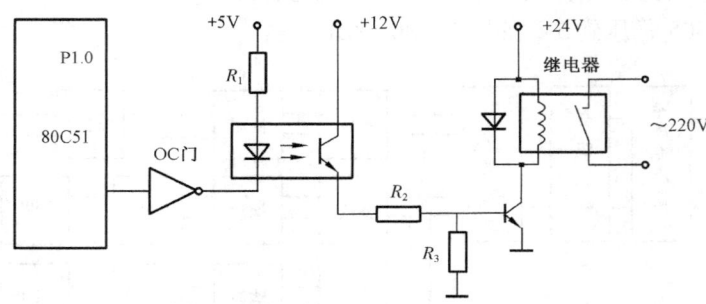

图5-33 开关量继电器隔离电路

3) 双向晶闸管

双向晶闸管是在普通晶闸管的基础上发展而成的,它也是一种常用的大功率半导体器件,具有弱电控制,强电输出的特点,只需要很小的功率,就可以控制较大的电流。

图5-34(a)给出了普通小功率双向晶闸管的外形及引脚排列。

双向晶闸管的结构符号如图5-34(b)所示。三个电极分别是T1、T2、G。其特点是,当G极和T2极相对于T1极的电压均为正时,T2是阳极,T1是阴极。反之,当G极和T2极相对于 T1 极的电压均为负时，T1 变成阳极，T2 为阴极。

4) 光电隔离固态继电器 (SSR)

固态继电器是将发光二极管与双向晶闸管封装在一起的一种新型电子开关。其内部结构框图如图 5-35 所示。当发光二极管导通时，可控硅被触发而接通电路。固态继电器可分为交流固态继电器和直流固态继电器两大类。其基本单元接口电路如图 5-36 所示。

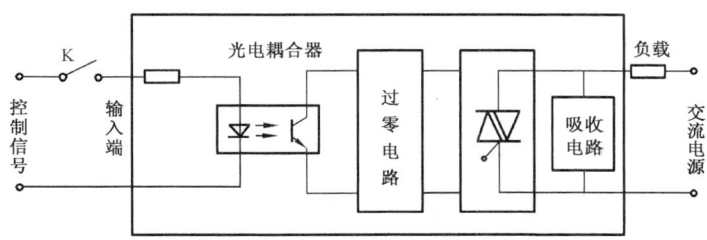

图 5-35　SSR 的内部结构框图

2. A/D、D/A 与单片机之间的隔离措施

1) 模拟量隔离

对 A/D、D/A 变换前后的模拟信号进行隔离，是常用的一种方法。通常采用隔离型放大器对模拟量进行隔离。但所用的隔离型放大器必须满足 A/D、D/A 变换的精度和线性要求。

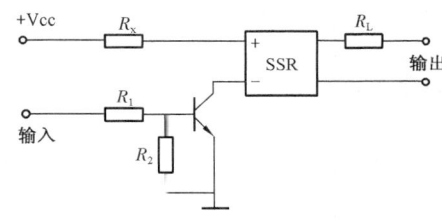

图 5-36　SSR 基本单元电路

2) 数字量隔离

利用若干个锁存器对高速的地址信号、控制信号及数据进行锁存，然后用该信号对 A/D、D/A 芯片进行操作，完成多路开关的选通，进行 A/D、D/A 变换。换言之，A/D 变换时，先将模拟量变为数字量进行隔离，然后再送入单片机。D/A 变换时，先将数字量进行隔离，然后进行 D/A 变换，如图 5-37 所示。

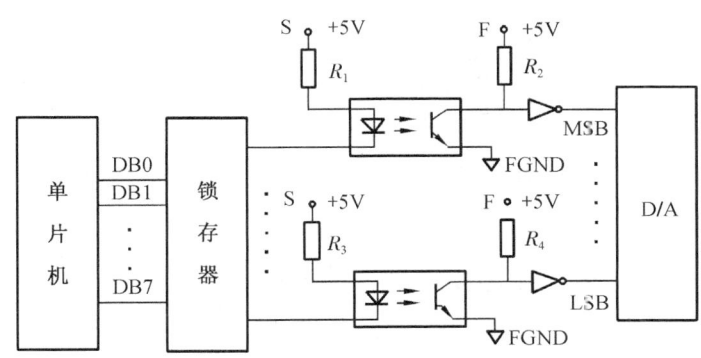

图 5-37　数字量隔离

3. 利用双绞线抑制长线传输干扰

双绞线是较常用的一种传输线，与同轴电缆相比，其波阻抗高、抗共模噪声能力强，对电磁

场具有一定抑制效果。

根据传送距离不同,双绞线使用方法也不同,见表 5-10。

表 5-10 双绞线的使用方法

距离	使用方法	示意图
5m 以下	发送、接收端都接有负载电阻	V_{cc}, R_i, V_{cc}, 1Ω
	若发射侧为集电极开路驱动,则接收侧的集成电路用施密特型电路,抗干扰能力更强	V_{cc}, R_i, V_{cc}, 330Ω, 470Ω
10m 左右	使用平衡输出的驱动器和平衡输入的接收器	
数十 m	发送和接收信号端都要接匹配电阻	51Ω, 51Ω, 130Ω

当用双绞线传输与光电耦合器配合使用时,可按图 5-38 所示的方式连接,图 5-38(a) 是集电极开路驱动器与光电耦合器的一般情况。图 5-38(b) 是开关接点通过双绞线与光电

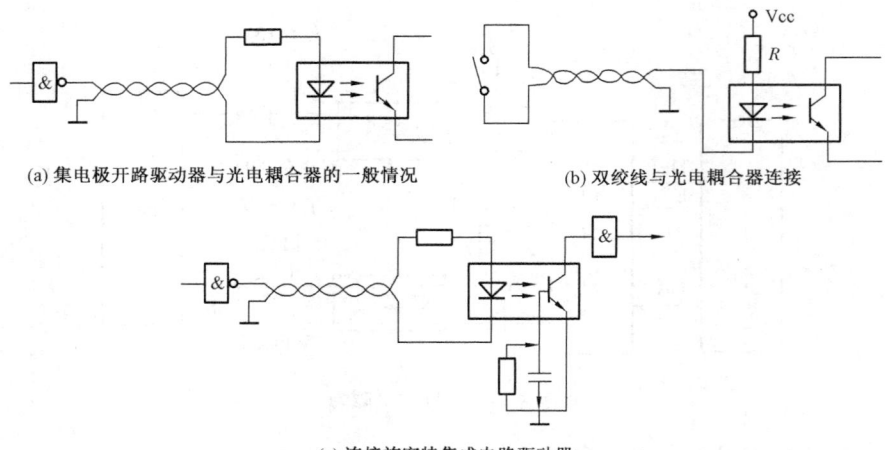

(a) 集电极开路驱动器与光电耦合器的一般情况　　(b) 双绞线与光电耦合器连接

(c) 连接施密特集成电路驱动器

图 5-38 双绞线与光电耦合器联合使用

耦合器连接的情况。如光电耦合器的光敏晶体管的基极上接有电容(12pF~0.01μF)及电阻(10~20MΩ),且后面连接施密特集成电路驱动器,则会大大加强抗噪声能力,如图5-38(c)所示。

4. 机械触点及交流、直流电路的噪声抑制

1) 机械触点的抗干扰措施

开关、按钮、继电器触点等在操作时,经常会发生抖动,如不采取措施,则会造成误动作。这类器件可采用如图5-39所示的办法,以获得没有振荡的逻辑信号。

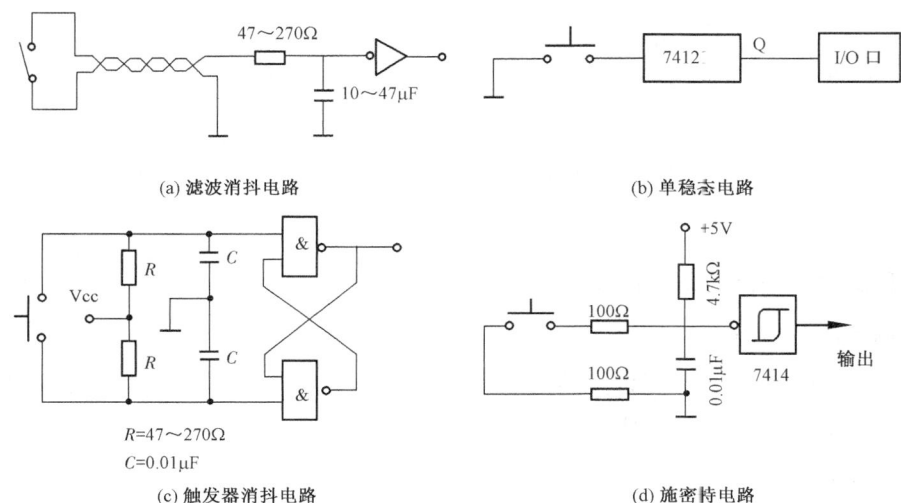

图5-39 机械触点的抗干扰措施

2) 抑制反电动势的抗干扰措施

电机、变压器、继电器、电磁阀等工业电气设备多为感性负载,投切时会产生很高的反电势,这不仅可能损坏元件,而且会产生高频的电磁波,干扰其他电路,通过电源直接侵入到单片机装置中。因此,在输入、输出通道中使用这类器件时,必须在继电器线圈或开关触头两端并接抗干扰电路,如图5-40所示。其中,图5-40(a)、(b)用于直流电流的干扰抑制;图5-40(c)电路对交、直流干扰均适用;图5-40(d)、(e)用于接触器和继电器触头的两端。

三、印制电路板及电路的抗干扰设计

在单片机系统中,印制电路板的设计好坏对抗干扰能力影响很大。印制电路板是用来支撑电路元件,并提供电路元件和器件之间电气连接的重要组件。为了减少干扰,在印制电路板设计过程中必须遵循以下三大原则:

(1) 尽量控制噪声源。

(2) 尽量减小噪声的传播与耦合。

(3) 尽量增加噪声的吸收。

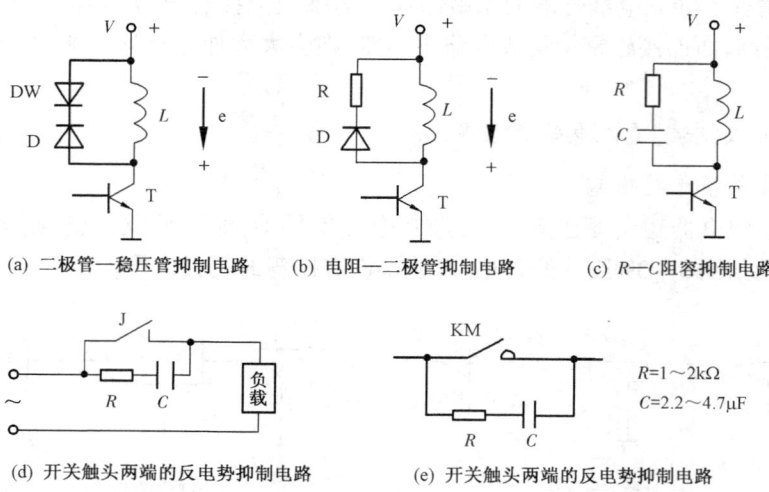

图 5-40 反电势抑制电路

(一)印制电路板的尺寸及元件的选择

1. 印制电路板的大小

如果印制电路板太大,会增加线路的阻抗及成本,降低抗干扰能力;印制电路板太小,则散热不好,而且线路间干扰也会大大增加。

2. 合理配置去耦电容

(1)直流电源输入端应跨接 10~100μF 以上的电解电容器。

(2)原则上每个集成电路芯片的 Vcc 引脚都应安置一个 0.01μF 的陶瓷电容器,也可每 4~10 个芯片安置一个 1~10μF 的钽电容器。

(3)对于抗噪声能力弱、关断时电流变化大的器件和 ROM、RAM 等存储器件,应在芯片的电源线(Vcc)和地线(GND)间直接接入去耦电容器。

(4)电容器引线不能太长,特别是高频旁路电容器不能带引线。

(5)在选用作为电路充电的储能电容器时,尽量采用大容量的钽电容器或聚酯电容器,而不用电解电容器。若使用电解电容器则要与高频特性好的去耦电容器成对使用,如图 5-41 所示为去耦电容器的安装位置。

3. 其他元件的选择

(1)选择时钟频率低的单片机及外部时钟部件。

(2)元件的选择尽量采用低速器件。

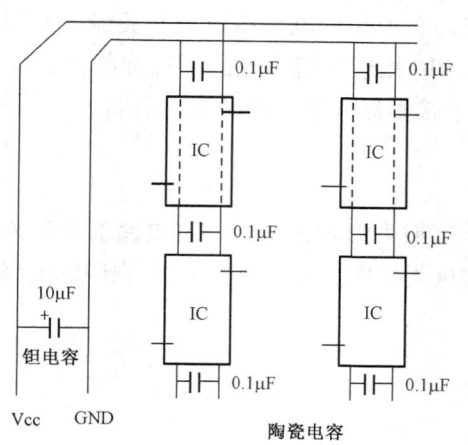

图 5-41 去耦电容器的安装位置图

(3) 对进入电路板的信号源及从高噪声区来的信号要加滤波,继电器线圈处要加续流二极管。

(4) 尽量不使用 IC 插座,而把 IC 直接焊在印制板上,这样可减少 IC 插座间较大的分布电容。

(5) 电源插接件与信号插接件要尽量远离,主要信号的插接件外面最好带有屏蔽。

在安排插针信号时,用一部分插针为接地针,均匀分布于各信号针之间,起到隔离干扰的作用。信号针与接地针理想的比例为 1∶1。

(二) 印制电路板的合理布局

(1) 元件布置要合理分区。单片机应用系统通常可分三区,即模拟电路区(怕干扰)、数字电路区(既怕干扰、又产生干扰)、功率驱动区(干扰源)。应将这三个区合理分开,使它们相互间的信号耦合最小。

(2) 印制电路板要按单点接电源、单点接地的原则送电。三个区的电源线、地线由该点分三路引出。

(3) 噪声元件与非噪声元件要离得远一些。易产生噪声的器件、小电流电路、大电流电路等应尽量远离计算机逻辑电路,如有可能,应另做电路板。

(4) 时钟发生器、晶振和 CPU 的时钟输入端要尽量靠近,并远离 I/O 线及接插件。

(5) I/O 驱动器件、功率放大器件尽量靠近印制电路板的边缘、靠近引出接插件。

(6) 器件的布置上应考虑到散热,最好把 ROM、RAM、时钟发生器等发热较多的器件布置在印制板的偏上方部位(当印制板竖直安装时)或易通风散热的地方。单片机组件的参考布局如图 5-42 所示。

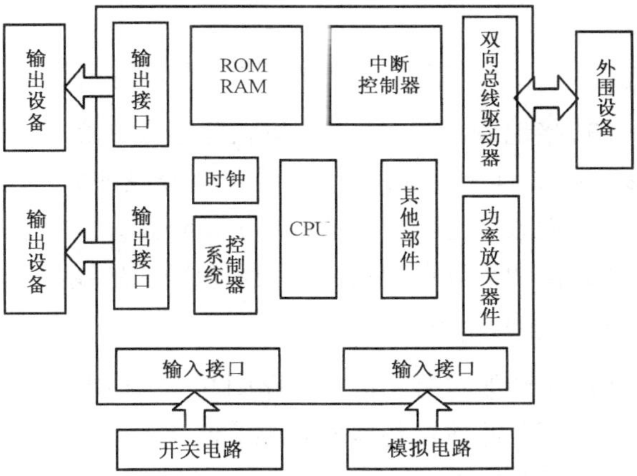

图 5-42 单片机组件位置分配示意图

(三) 印制电路板的合理布线

1. 正确处理电源线

根据印制线路板电流的大小,尽量加粗电源线宽度,减少环路电阻。同时,使电源线、地线的走向和数据传递的方向一致。电源线和地线最好分别设计在不同的板面上,以防杂物引起短路。

2. 正确处理地线

(1) 正确选择单点接地与多点接地。当信号频率小于 1MHz 时,应尽量采用单点并联接地,实际布线有困难时,可部分串联后再并联接地;当频率大于 10MHz 时,宜采用多点串联接地;当信号频率在 1~10MHz 之间时,如地线长度不超过波长的 1/20,可用单点接地,接地方式如图 5-43 所示。

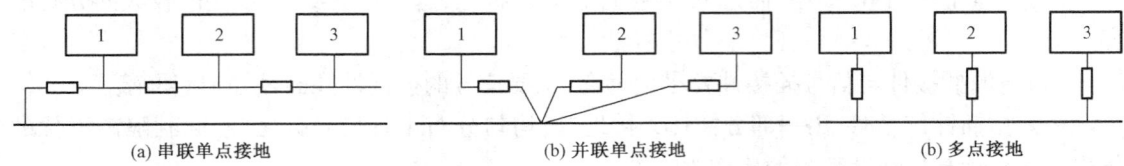

图 5-43 接地的方式

(2)将数字地、模拟地、电源地等分开走线,在一点上可靠连接,如图 5-44 所示。

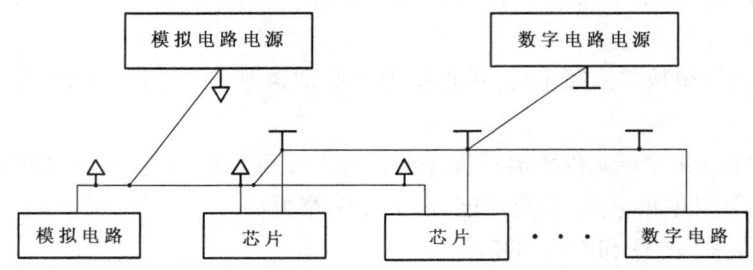

图 5-44 数字地与模拟地的正确连接

(3)接地线应尽量加粗,使它能通过 3 倍于印制板上的允许电流。一般接地线宽度应在 2~3mm 以上。地线、电源线与信号线的关系是:地线 > 电源线 > 信号线。

(4)使数字电路的接地线形成闭环路。

(5)高频部分尽量采用大面积包围式地线。

3. 时钟振荡电路的处理

(1)用地线将时钟振荡电路圈起来,让周围电场趋近于零。

(2)石英晶体振荡器外壳要接地,时钟线尽量短,且在石英晶体振荡器下面要加大接地的面积,不要走其他信号线。

(3)时钟线垂直于 I/O 线,必要时要远离 I/O 线。

4. 处理闲置不用的引脚

数字电路中,闲置不用的门电路输入端不能悬空。运算放大器中,闲置不用的正输入端接地,闲置的负输入端与输出端连接。单片机中不用的 I/O 口定义成输出。单片机上有一个以上电源接地端的,每一端都要接上,不要悬空,如图 5-45 所示。

5. 信号线的布线

(1)尽量使用多层板,过孔要尽量少。

(2)电路板铜膜线的布线尽量使用 45°的折线,不要使用 90°折线,以减小高频信号的发射,其布线方式如图 5-46 所示。

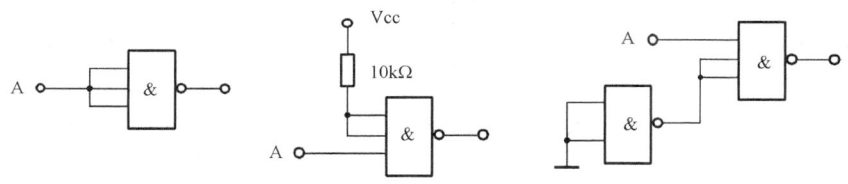

图 5-45 闲置端的处理方法

（3）重要的信号线应尽量短且要尽量粗,并在两侧加上保护地。将信号通过扁平电缆引出时,要使用地线—信号线—地线的结构。

（4）任何信号线都不要形成环路,如不可避免,环路应尽量小。

（5）对于 A/D 类器件,数字部分与模拟部分信号线不能交叉。对噪声敏感的信号线不要与高速线、大电流线平行。

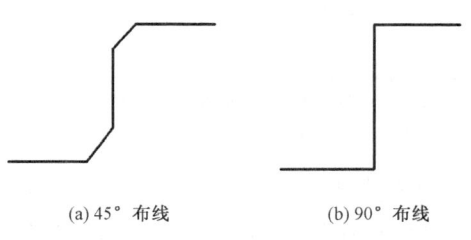

(a) 45°布线　　(b) 90°布线

图 5-46 铜膜线的布线方式

四、软件的抗干扰设计

单片机应用系统的抗干扰不可能完全依靠硬件解决,软件抗干扰设计也是防止和消除应用系统故障的重要途径。

（一）控制状态失常的软件对策

软件冗余,将对控制条件的一次采样、处理控制输出改为循环采样、处理控制输出的方式。这种方法对于惯性较大的控制系统具有良好的抗干扰作用。例如,软件去抖动,设置当前输出状态寄存单元,当干扰侵入输出通道造成输出状态破坏时,系统能及时将寄存单元的输出状态信息传送到各输出接口的端口寄存器中,以维持正确的输出控制。

设置自检程序。在单片机上电复位后或在程序中间特定部位及某些内存单元插入状态标志,在单片机运行中不断循环检测,以保证系统中信息存储、运输、运算的高可靠性。单片机应用系统需要自检的部件有 EPROM、RAM、I/O 口等。

（二）程序运行失常的软件对策

一旦单片机因干扰而使得程序计数器 PC 偏离了原定的值,程序便脱离正常运行轨道,出现操作数数值改变或将操作数当作操作码的"跑飞"现象。此时,可采用软件陷阱和"看门狗"技术使程序恢复到正常状态。

1. 设置软件陷阱

所谓软件陷阱,是指一些可以使混乱的程序恢复正常运行或使"跑飞"的程序恢复到初始状态的一系列指令。其主要形式见表 5-11。

表 5–11 软件陷阱的两种指令形式及适用范围

形式	软件陷阱形式	对应入口形式	适用范围
1	NOP NOP LJMP 0000H	0000H：LJMP MAIN；运行程序	(1) 双字节指令和 3 字节指令之后； (2) 0003H~0030H 地址未使用的中断区； (3) 跳转指令及子程序调用和返回指令之后； (4) 程序段之间的未用区域； (5) 数据表格及散转表格的最后； (6) 每隔一些指令（一般为十几条指令）后
2	LJMP 0202H LJMP 0000H	0000H：LJMP MAIN；运行主程序 ： 0202H：LJMP 0000H ：	

注：形式 1 的机器码为 0000020000（十六进制）；
　　形式 2 的机器码为 020202020000（十六进制）。

1) 未使用的中断区

当未使用的中断区因干扰而开放时，在对应的中断服务程序中设置软件陷阱，就能及时捕捉到错误的中断。在中断服务程序中要注意：返回指令用 RETI，也可用 LJMP。其中断服务程序形式为以下两种：

```
形式一：              形式二：
   NOP                  NOP
   NOP                  NOP
   POPdirect1           POPdirect1        ;将原先断点弹出
   POPdirect2           POPdirect2
   LJMP 0000H           PUSH 00H          ;断点地址改为 0000H
                        PUSH 00H
                        RETI
```

2) 未使用的 EPROM 空间

单片机系统中使用的 EPROM 很少能够全部用完，这些非程序区可用 0000020000 或 020202020000 数据填满。需要注意的是，最后一条填入数据应为 020000，当程序"跑飞"进入此区后，便会迅速自动入轨。

3) 非 EPROM 芯片空间

单片机系统寻址空间为 64K。如果系统仅选用了一片 2764，其地址空间为 8K，那么还有 56K 地址空间闲置。当程序"跑飞"到这些空间时，读入数据将为 FFH，这是"MOV R7,A"指令的机器码，此代码的执行将修改 R7 中的内容。因此，可采用图 5–47 所示电路来避免。图中 74LS08 为四二与门，当 PC 落入 2000H~FFFFH 这段闲置空间时，定有 $\overline{Y0}$ 为高电平。当执行取消指令操作时，$\overline{PSEN}$ 为低电平，从而引起中断，在中断服务程序中设置软件陷阱可将"跑飞"的程序迅速拉入正轨。

4) 运行程序区

由于程序是采用模块化的设计方法，因此，程序也是以模块方式运行的。此时可以将陷阱指令组分散放置在用户程序各模块之间空余的单元里。一般每 1K 字节有几个陷阱就够了。

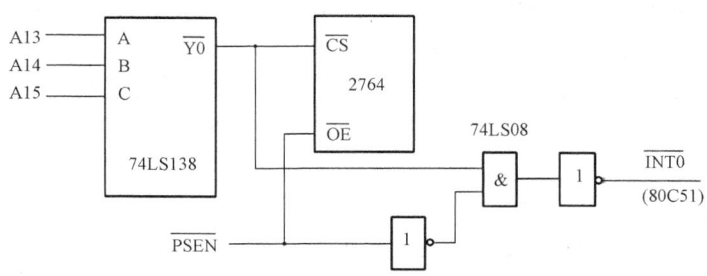

图 5-47 非 EPROM 区防"跑飞"电路

在正常程序中不执行这些陷阱指令,保证用户程序正常运行,但当程序"跑飞"时,一旦落入这些陷阱区,马上就可将"跑飞"的程序拉到正确轨道。

5)中断服务程序区

设用户主程序运行区间为 add1~add2,且定时器 T0 产生 10ms 定时中断;当程序"跑飞"落入 add1~add2 以外的区间,此时又发生了定时中断,则可在中断服务程序中判定中断断点地址 addx 是否在 add1~add2 之间,若不在则说明发生了程序"跑飞",应使程序返回到复位入口地址 0000H,使跑飞程序纳入正轨。

2. 设置程序运行监视系统

程序运行监视系统又称"看门狗"(WATCHDOG)。

"看门狗"好比是主人(单片机)养的一条"狗",在正常工作时,每隔一段固定时间就给"狗"吃点东西,"狗"吃过东西后就不会影响主人干活了。如果主人打瞌睡,到一定时间,"狗"饿了,发现主人还没有给它吃东西,就会叫醒主人。由此可以看出,"看门狗"就是一个监视跟踪定时器,应用"看门狗"技术可以使单片机从死循环中恢复到正常状态。

"看门狗"可以用硬件电路实现,也可采用软件技术通过内部定时/计数器实现。目前,大多数单片机片内都集成有程序运行监视系统。

1)硬件"看门狗"

MAX706 是一款带有"看门狗"和电压监控功能的芯片,其外形如图 5-48(a)所示。由其构成的硬件"看门狗"如图 5-48(b)所示。

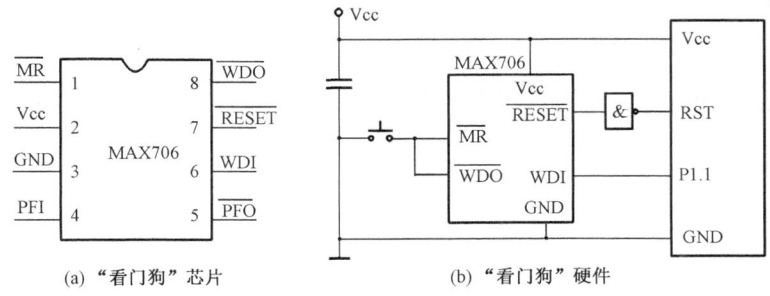

(a) "看门狗"芯片　　　　(b) "看门狗"硬件

图 5-48 MAX706 实现的硬件"看门狗"电路

在 MAX706 内部有一个定时器,它独立工作于单片机之外。若单片机正常工作,每隔一段时间就通过 P1.1 向"看门狗"输出一个脉冲,使"看门狗"电路复位,"看门狗"从 0 开始重新计数。但当单片机由于干扰等原因不能正常向"看门狗"电路输出复位脉冲时,如果"看门狗"的定时时间已到,MAX706 的 RESET 端就会输出一个脉冲给单片机,使单片机复位,使其从故障状态恢复正常。

2)软件"看门狗"

软件"看门狗"技术的基本思路是:在主程序中对定时器 T0 中断服务程序进行监视;在定时器 T1 中断服务程序中对主程序进行监视;定时器 T0 中断监视定时器 T1 中断。软件"看门狗"设计请参阅相关书籍,这里就不再详述。

3)"看门狗"设计时的注意事项

复位"看门狗",使"看门狗"电路继续起作用的程序段应安排在等待查询的循环体内部、耗时很大的函数体内部及主程序任务队列中,而不要加在定时器中断服务程序中。

"硬狗"实现冷启动,"软狗"实现热启动,"硬狗"的可靠性和作用都要比"软狗"强。在开发产品时,"硬狗"是必须要加的,而"软狗"不一定要加。

(三)数据采集误差的软件对策

用软件滤波算法,可滤掉大部分由输入信号干扰而引起的输出控制错误。最常用的方法有算术平均值法、比较舍取法、中值法、一阶递推数字滤波法等。

1. 算术平均值法

算术平均值法就是连续取 N 个值进行采样,然后算术平均。这种方法适用于对一般具有随机干扰的信号进行滤波。

2. 比较舍取法

当控制系统测量结果的个别数据存在偏差时,为了剔除个别错误数据,可采用比较舍取法,即对某个采样点连续采样几次,根据所采样的变化情况确定舍取办法,剔除偏差数据。

3. 中值法

中值滤波法就是对某一被测参数连续采样 N 次(一般 N 取奇数),然后把 N 次采样值按大小排列,取中间值为本次采样值。中值滤波能有效地克服因偶然因素引起的波动干扰,适用于缓慢变化的被测量。

4. 一阶递推数字滤波法

这种方法是利用软件完成 RC 低通滤波器的算法,代替硬件实现 RC 滤波。

第六章 可编程序控制器的应用

第一节 PLC 的概述

一、简述

多年来,可编程控制器(以下简称 PLC)从其产生到现在,实现了接线逻辑到存储逻辑的飞跃;其功能从弱到强,实现了逻辑控制到数字控制的进步;其应用领域从小到大,实现了单体设备简单控制到胜任运动控制、过程控制及集散控制等各种任务的跨越。今天的 PLC 在处理模拟量、数字运算、人机接口和网络的各方面能力都已大幅提高,成为工业控制领域的主流控制设备,在各行各业发挥着越来越大的作用。

二、PLC 的应用领域

目前,PLC 在国内外已广泛应用于钢铁、石油、化工、电力、建材、机械制造、汽车、轻纺、交通运输、环保及文化娱乐等各个行业,使用情况主要分为如下几类。

(一)开关量逻辑控制

开关量逻辑控制取代传统的继电器电路,实现逻辑控制、顺序控制,既可用于单台设备的控制,也可用于多机群控及自动化流水线。例如,注塑机、印刷机、订书机械、组合机床、磨床、包装生产线、电镀流水线等。

(二)工业过程控制

在工业生产过程当中,存在一些如温度、压力、流量、液位和速度等连续变化的量(即模拟量),PLC 采用相应的 A/D 和 D/A 转换模块及各种各样的控制算法程序来处理模拟量,完成闭环控制。PID 调节是一般闭环控制系统中用得较多的一种调节方法。过程控制在冶金、化工、热处理、锅炉控制等场合有非常广泛的应用。

(三)运动控制

PLC 可以用于圆周运动或直线运动的控制。一般使用专用的运动控制模块,如可驱动步进电动机或伺服电动机的单轴或多轴位置控制模块,广泛用于各种机械、机床、机器人、电梯等场合。

(四)数据处理

PLC 具有数学运算(含矩阵运算、函数运算、逻辑运算)、数据传送、数据转换、排序、查表、位操作等功能,可以完成数据的采集、分析及处理。数据处理一般用于如造纸、冶金、食品工业中的一些大型控制系统。

(五)通信及联网

PLC通信含PLC间的通信及PLC与其他智能设备间的通信。随着工厂自动化网络的发展,现在的PLC都具有通信接口,通信非常方便。

三、PLC的应用特点

(一)可靠性高,抗干扰能力强

高可靠性是电气控制设备的关键性能。PLC由于采用现代大规模集成电路技术,采用严格的生产工艺制造,内部电路采取了先进的抗干扰技术塑料工业网版权所有,具有很高的可靠性。使用PLC构成控制系统,和同等规模的继电接触器系统相比,电气接线及开关接点已减少到数百甚至数千分之一,故障也就大大降低。此外,PLC带有硬件故障自我检测功能金属加工网版权所有,出现故障时可及时发出警报信息。在应用软件中,应用者还可以编入外围器件的故障自诊断程序,使系统中除PLC以外的电路及设备也获得故障自诊断保护。这样,整个系统将有极高的可靠性。

(二)配套齐全,功能完善,适用性强

PLC发展到今天,已经形成了各种规模的系列化产品,可以用于各种规模的工业控制场合。除了逻辑处理功能以外,PLC大多具有完善的数据运算能力,可用于各种数字控制领域。多种多样的功能单元大量涌现搜企网,使PLC渗透到了位置控制、温度控制、CNC等各种工业控制中。加上PLC通信能力的增强及人机界面技术的发展,使用PLC组成各种控制系统变得非常容易。

(三)易学易用,深受工程技术人员欢迎

PLC是面向工矿企业的工控设备。它接口容易,编程语言易于为工程技术人员接受。梯形图语言的图形符号与表达方式和继电器电路图相当接近,为不熟悉电子电路、不懂计算机原理和汇编语言的人从事工业控制打开了方便之门。

(四)系统的设计,工作量小,维护方便,容易改造

PLC用存储逻辑代替接线逻辑,大大减少了控制设备外部的接线,使控制系统设计及建造的周期大为缩短,同时日常维护也变得容易起来。更重要的是使同一设备经过改变程序而改变生产过程成为可能,这特别适合多品种、小批量的生产场合。

四、PLC的结构

如图6-1所示,PLC包括1中央处理器(CPU)、输入/输出(I/O)、存储器电源等。

(一)CPU单元

CPU是PLC的核心,起神经中枢的作用,每套PLC至少有一个CPU。PLC的CPU有8位,16位,32位。中型PLC以上,均采用16~32位CPU,微、小型PLC原采用8位CPU,现在根据通信等方面要求,有的也改用16~32位CPU(8位CPU一次处理二进制数的位数,也代

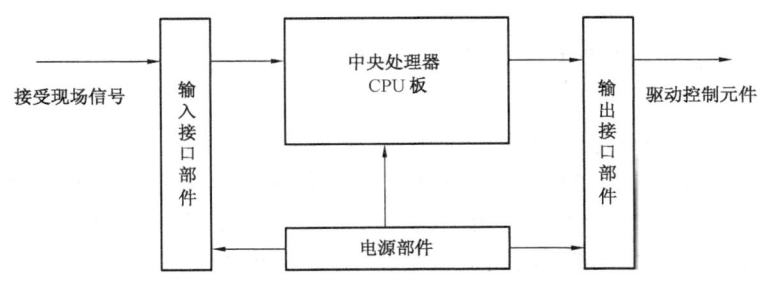

图 6-1 PLC 结构框图

表 CPU 通用寄存器的位宽）。在工作频率相同的情况下，32 位 CPU 的处理速度比 8 位、16 位的更快。运算速度用 MIPS（每秒钟执行多少百万条指令）来衡量。

（二）存储器

存储器主要有两种：一种是可读/写操作的随机存储器 RAM；另一种是只读（当然也是可写的）存储器，主要有 EEPROM 和 Flash Menory（擦写能在 10 万次以上，数据保存也能在 10 年以上）。在 PLC 中，存储器主要用于存放系统程序、用户程序及工作数据。

CPU 速度和内存容量是 PLC 的重要参数，它们决定着 PLC 的工作速度、IO 数量及软件容量等不过也不必盲目追求速度和内存，适用即可。

（三）I/O 单元

I/O 单元包括：信号，开关量（数字量），高速脉冲（数字量），模拟量，运动控制（数字量），过程控制（模拟量）。

（四）通信单元

通信及联网。PLC 通信含 PLC 间的通信及 PLC 与其他智能设备间的通信。随着计算机控制的发展，工厂自动化网络发展得很快，各 PLC 厂商都十分重视 PLC 的通信功能，纷纷推出各自的网络系统。新近生产的 PLC 都具有通信接口，通信非常方便。

（五）电源单元

PLC 配有开关电源，以供内部电路使用。与普通电源相比，PLC 电源的稳定性好、抗干扰能力强，对电网提供的电源稳定度要求不高，一般允许电源电压在其额定值 ±15% 的范围内波动。许多 PLC 还向外提供直流 24V 稳压电源，用于对外部传感器供电。电源输入类型有：交流电源（220VAC 或 110VAC），直流电源（常用的为 24VDC）。

（六）PLC 系统的其他设备

PLC 系统的其他设备包括：编程设备、手持型编程器、计算机、人机界面等。

不远的未来 PLC 会有更大的发展，产品的品种会更丰富、规格更齐全，通过完美的人机界面、完备的通信设备会更好地适应各种工业控制场合的需求，PLC 作为自动化控制网络和国际通用网络的重要组成部分，将在工业控制领域发挥越来越大的作用。下面我们将简要介绍几种常见的 PLC 的功能及应用。

第二节 西门子 LOGO 功能介绍及应用范例

LOGO 是西门子公司研制的通用逻辑模块,也就是平时所说的可编程控制器,它简单易学,操作时无需附加的软件和硬件,短时间内即可熟悉,无需学习编程语言,一个 LOGO 可替代一组繁琐的继电器(集成 19 种不同的功能),其组件很少,因而所需空间少,易于修改程序,不需要再接线,可减少因连线造成的错误,控制程序的复制和备份简单迅速,并可以通过电子邮件传输,通用性强,应用广泛,具有极高的性价比。

一、西门子 LOGO 的组成

(1)控制器运算迅速,响应时间短。
(2)操作键盘和显示,编程直观。
(3)电源有不大于 24V(12V、24V)和不小于 24V(115V、220V)两种。
(4)6 数字输入、4 数字输出和 12 数字输入、8 数字输出两类,对大型复杂控制可以增加相应数字模块。
(5)总线型可作为 AS – I 从站,具有 4 总线输入和 4 总线输出,方便通信。
(6)程序模块、PC 电缆的接口。
(7)功能分配、接线。
(8)实用的基本功能,例如,计时、计数、时钟、脉冲继电器等。
(9)集成的 EEPROM,用于电源失效后控制程序备份。
(10)用于程序储存、加密的程序卡(可选件)。

二、LOGO 面板结构和功能

以 LOGO 230RC 为例(基本型)说明 LOGO 的面板结构和功能。

(一)面板结构

LOGO 的面板结构如图 6 – 2 所示。

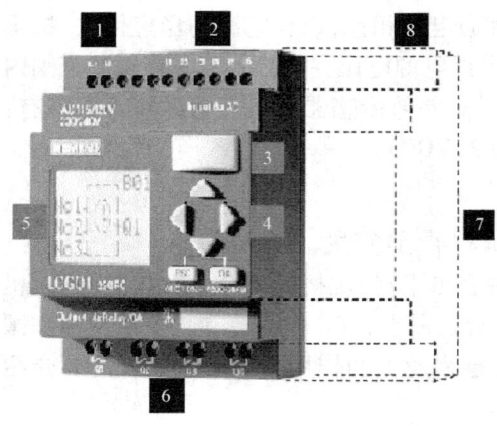

图 6 – 2 面板结构

01 电源端子 AC 115/120V 230/240V(模块电源)

02 数字量输入 I1…I6(接入外部的数字信号)

03 程序卡/PC 电缆的接口(可以进行程序的下载,上传)

04 操作键盘(主要用于编程,操作)

05 液晶显示屏(编程显示,即时状态显示,参数调整)

06 数字量输出 Q1…Q4(负载)

07 可方便地安装在 35mmDIN 导轨

08 AS – I 接口(LOGO 总线型)

（07,08,用于扩展模块）

（二）基本功能块

（1）与：

传统继电器控制电路比较——逻辑与只有当所有输入为"1"的时候,输出 Q 才为"1"。

逻辑表：

I1	I2	I3	Q1
0	0	0	0
0	0	1	0
0	1	1	0
1	1	1	1

（2）或：

传统继电器控制电路比较——逻辑或当有任意输入为"1"时,输出 Q 都为"1"。

逻辑表：

I1	I2	I3	Q1
0	0	0	0
0	0	1	1
0	1	1	1
1	1	1	1

（3）非（反相器）：

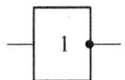

当输入为"1"的时候,输出为"0"；输入为"0"时输出为"1",即输出为输入的反相器。它的优点在于可以把任意的接点转化为常开或常闭接点。

逻辑表：

I1	Q1
0	1
1	0

(4)与非:当输入都为"1"时,输出 Q 为"0"。

```
I1 ┐
I2 ┤ & ├─ Q1
I3 ┘
```

逻辑表:

I1	I2	I3	Q1
0	0	0	1
0	0	1	1
0	1	1	1
1	1	1	0

(5)或非:当任意输入为"1"时,输出 Q 为"0"。

```
I1 ┐
I2 ┤ ≥1 ├─ Q1
I3 ┘
```

逻辑表:

I1	I2	I3	Q1
0	0	0	1
0	0	1	0
0	1	1	0
1	1	1	0

(6)异或:当输入为不同相时,输出为"1"。

```
     I2  I1
I1 ──┤ =1 ├─
     I2
```

逻辑表:

I1	I2	Q1
0	0	0
1	0	1
0	1	1
1	1	0

(三)一些常用特殊功能

(1)接通延时:当输入由"0"变为"1"时,输入必须保持"1 状态",经过一段时间(设定时间),输出 Q 变为"1",且输出不保持。

实际举例:电动机的过负荷保护,将热保护接点接入接通延时功能模块,在保护超过上限时,经过整定时间,电动机跳闸。

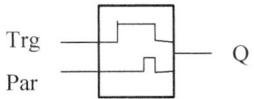

Trg:输入;Par:设置时间参数;Q:输出。

(2)接通延时:当输入由"0"变为"1"时,输出立即变为"1",经过一段时间(设定时间),输出 Q 变为"0",R 可以在任意时间复位。

实际举例:国旗自动升旗,与国歌相配合,使用国歌长度作为为旦机运行时间,当国歌响起触发电机运行,国歌结束,电动机运行停止。

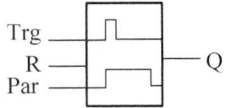

Trg:输入;Par:设置时间参数;R:复位;Q:输出。

(3)R,S 触发器:

实际举例:只用这一个模块,就可以构成一个电动机简单的单机控制回路,S 为启动按钮,R 为停止按钮,Q 为接触器线圈。

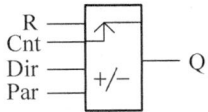

S:置位;R:复位;Q:输出。

(4)加减计数器:当输入由"0"变为"1"时,计数器内部计数 1 次,当达到设置参数数值后,输出"1"。

实际举例:打包机每装一大袋,需要打包机内舱放 5 次舱板,那么使用计数器,每 5 次将打包装袋一个。

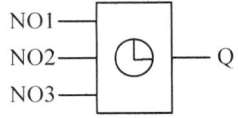

R:复位;Cnt:输入触发;Dir:计时器方向 0 加 1 减;Par:参数(阈值);Q:输出。

(5)周定时器:

实际举例:路灯,商店照明等,可以实现一周内的明天规定时间点亮照明。

NO1,NO2,NO3 都是时间设定参数,且 NO3 优先于 NO2,NO2 优先于 NO1。

(四)其他特殊功能块

带保持的接通延时、脉宽触发继电器、边缘触发的脉冲继电器、异步脉冲发生器、随即发生器、楼梯照明开关、多功能开关、年定时器、运行时间计数器、阈值触发器等。

三、操作说明

LOGO 的操作如图 6-3 所示。

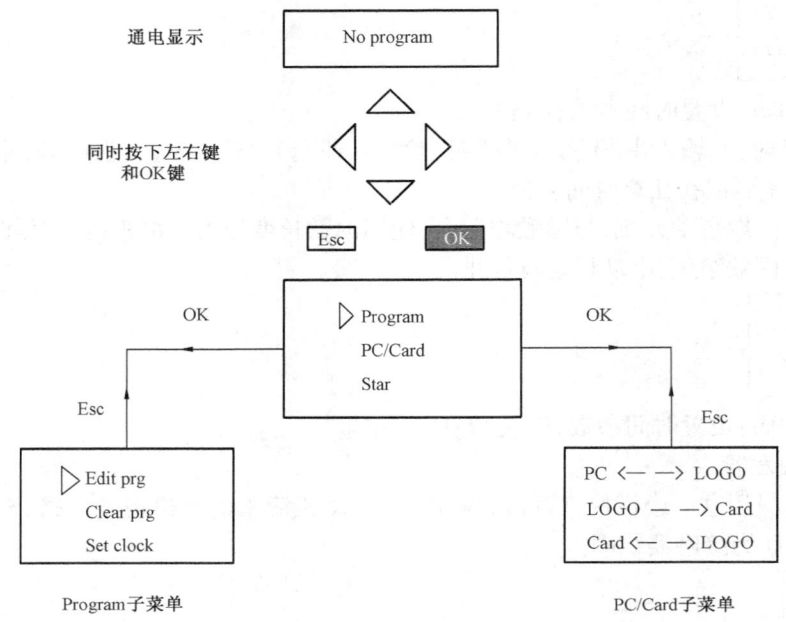

图 6-3 操作说明

Esc:为返回键;OK:为确定键。

(1) Edit prg:可以进行程序的编辑。

(2) Clear prg:可以删除已存在的程序。

(3) Set clock:始终参数。

(4) PC < - - > LOGO:LOGO 软件 + LOGO PC 电缆 => LOGO 灵活的连接,上传和下载程序。

(5) LOGO - - > Card:将程序从 LOGO 中复制到程序卡,将 LOGO 切换到编程模式,插入程序卡。在主菜单中,选择 PC/Card 选项,然后按 OK 键。在子菜单中,选择 LOGO - > Card 选项,然后按 OK 键。LOGO 在复制时显示器出现闪烁的#,复制工作结束时,停止闪烁。

(6) Card - - > LOGO:相反也可以将卡上的程序复制到 LOGO 里面。

四、程序编辑

每一个输出是把不同的逻辑功能块连接起来,实现不同的设计要求。

(一) 编程原则

(1) 编程顺序总是从输出到输入。

(2) 总是处于插入状态(在需要的地方可以用连接器"X"进行删除)。

(3) 不允许反馈回路。

(二) 进入编程后的符号及含义

(1) 显示从输出开始编程,Q1 为输出。

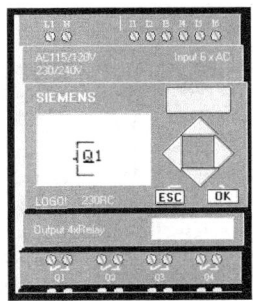

(2) CO 可以为图中 6 个输入点,也可以是 4 个输出点,还可以设定为高电平,低电平和"X"。

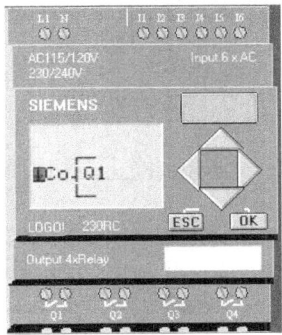

(3) GF 基本的 6 个功能块的选择。

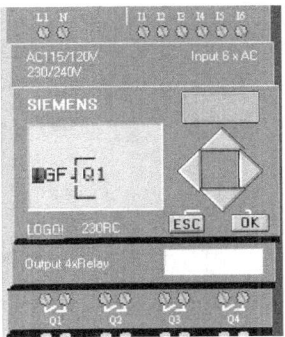

(4) SF 为特殊功能块的选择。

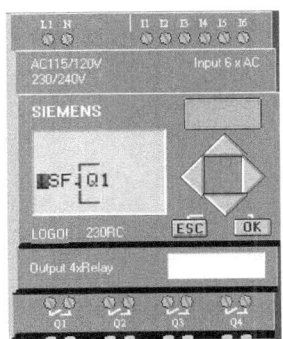

(5) BN 可以进行已存在的功能块的替换。

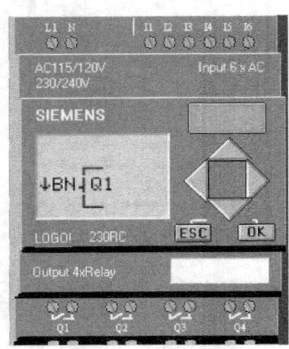

五、实用范例

(一)国旗升降旗

(1) 设计要求:升旗、降旗使用同一个按钮,停止按钮可随时停止电动机的运行,升旗时间与音乐配合。

(2) 接线图如图 6-4 所示。

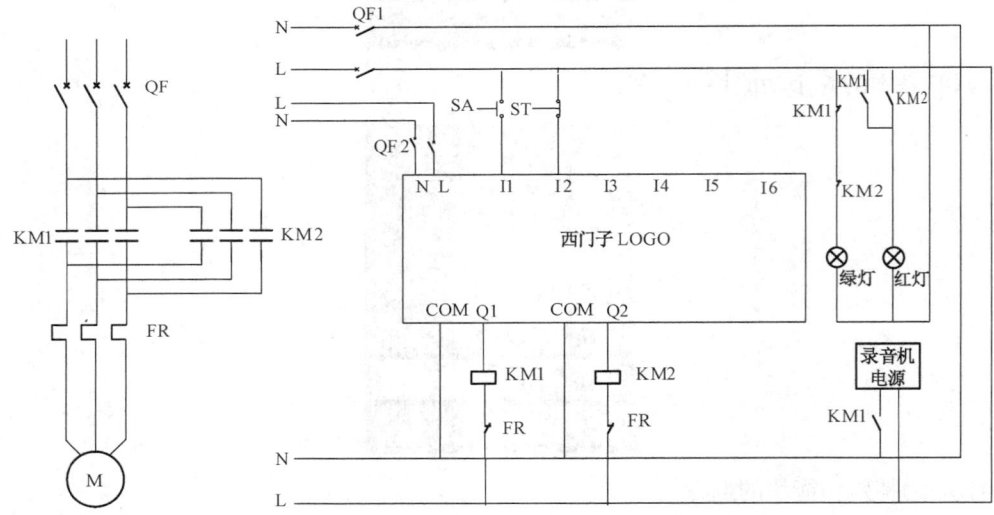

图 6-4 正、反转主电路、控制电路接线图

KM1:升旗接触器。
KM2:降旗接触器。
FR:电动机热保护元件。
SA:升、降旗按钮(取常开点)。
ST:停止按钮(取常开点)。

(3) 逻辑图如图 6-5 所示。

(4) 说明:这里 B02 和 B08 的作用是互锁,防止电动机正反转短路。当 I1 输入 1 次时,B03 高电平,并保持 10s,B04 达到设定值,变为高电平,B07 计数 1 次,这时候 Q1 输出,电动机正传,

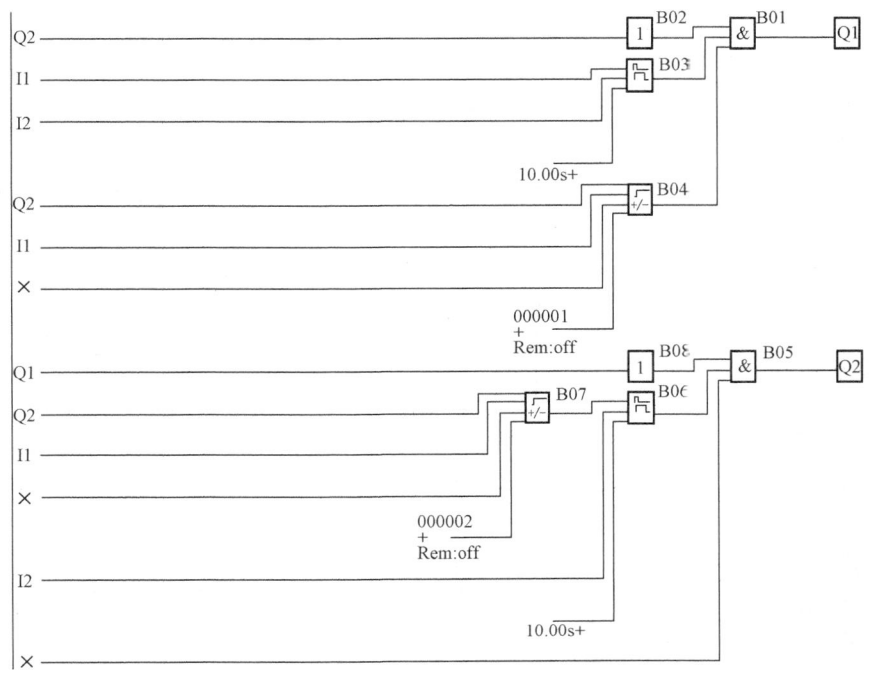

图 6-5 逻辑图

升旗,音乐响,10s 升旗完毕,音乐关。当 I1 输入 2 次,B04 为低电平,Q1 不输出,B07 计数 2 次变为高电平,B05,B06 高电平,Q2 输出,降旗,同样设定 10s。I2 为 B03,B06 的复位点,所以随时可以停止运行电动机。

(二)电动机(Y/△)启动的编程

(1)设计要求:启动时主接触器和星接触器动作,5s 后星接触器跳开,主接触器依然吸合,6s 后角接触器动作,完成星角转换。在此过程中停止按钮和热元件接点,随时可以停掉启动过程。星接触器与角接触器的互锁在内部实现。

(2)接线图如图 6-6 所示。

KM:主接触器。

KM1:星接触器。

KM2:角接触器。

FR:电动机热保护元件(取常开点)。

SA:启动按钮(取常开点)。

ST:停止按钮(取常开点)。

(3)逻辑图如图 6-7 所示。

(4)说明:I2,I3 分别是停止按钮,热元件辅助点,但他们任意一个变为高电位,则切除整个控制回路。作为 Q2,Q3 在程序中模拟辅助点在这里则起到了 Y—△ 接触器的互锁作用,当启动按钮 I1 输入时,Q1 输出,并且保持,Q2 同时输出并保持 5s,进行星运行,5s 后 Q2 停止,星运行结束。Q3 在时间达到 6s 后进行角运行,从而完成 Y—△ 变换的全过程。这里 5s,6s 的 1s 间隔可以有效防止接触器因为质量原因造成的断开延时和拉弧造成的短路问题。

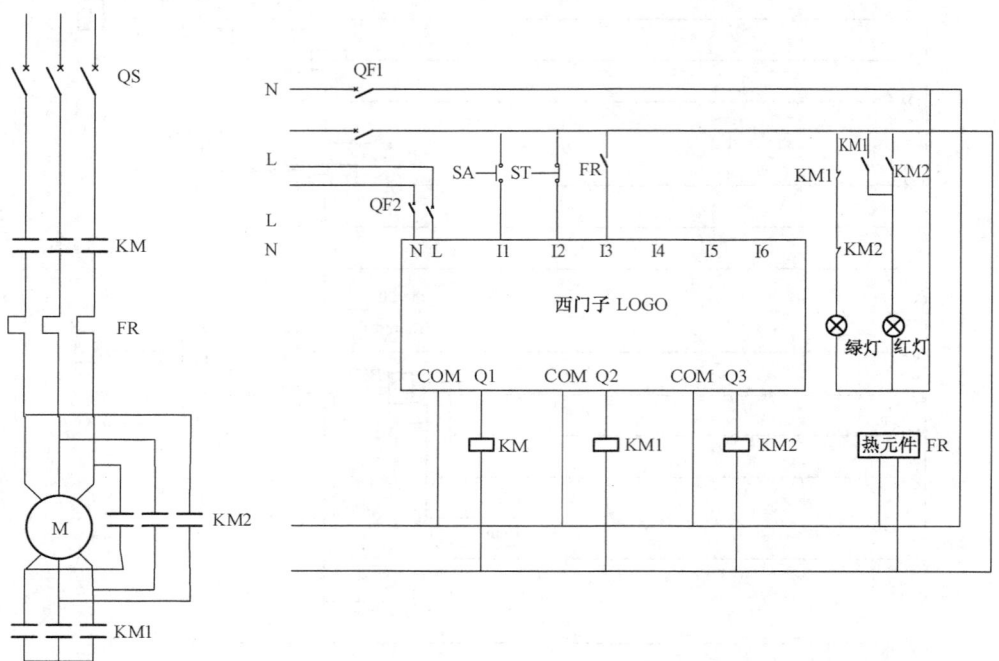

图 6-6 丫—△启动主电路、控制电路接线图

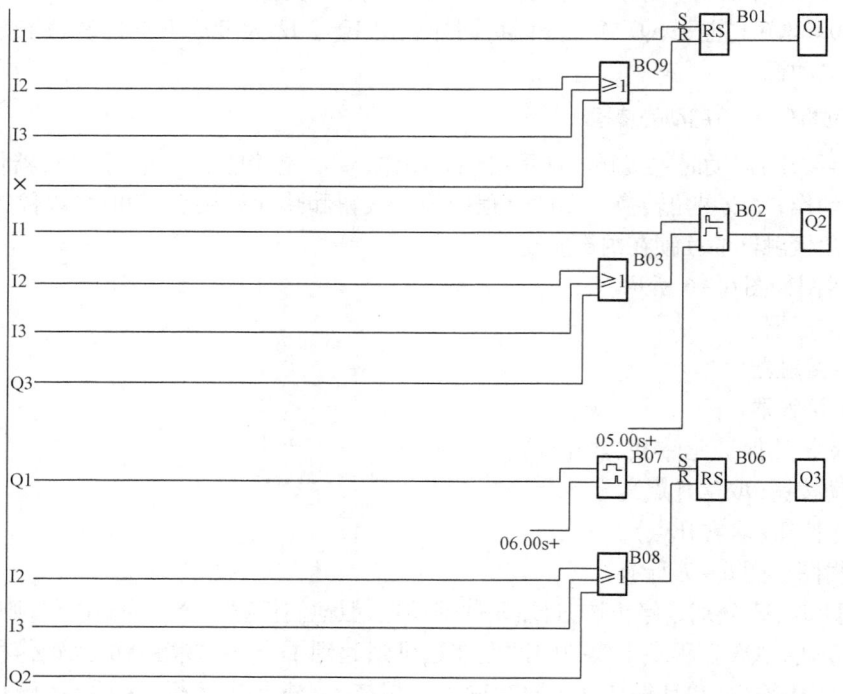

图 6-7 逻辑图

(三)用于商店橱窗照明的应用

(1)设计要求:

灯组1:白天照明。

星期一至五8:00—22:00。

星期六8:00—24:00。

星期日12:00—20:00。

灯组2:晚上附加照明。

灯组3:维持晚上最低亮度。

灯组4:聚光灯。

自动控制与手动控制可相互切换。

(2)接线图如图6-8所示。

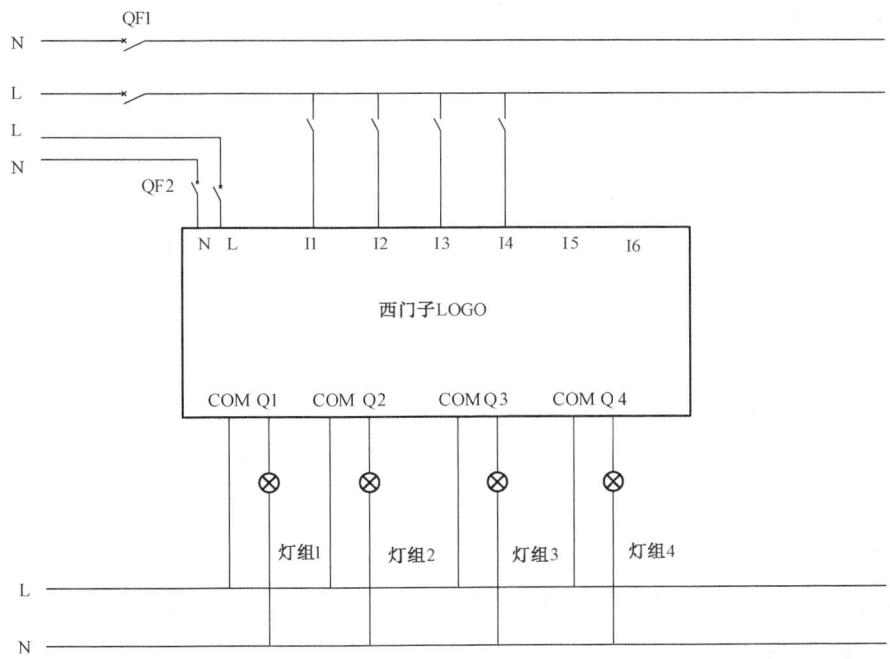

图6-8 橱窗照明控制电路

I1:光敏开关。

I2:热敏开关。

I3:自动/手动选择开关。

I4:手动开关。

Q1:灯组1(白天基本照明)。

Q2:灯组2(晚上附加照明)。

Q3:灯组3(维持晚上最低亮度)。

Q4:灯组4(聚光灯)。

(3) 逻辑图如图 6-9 所示。

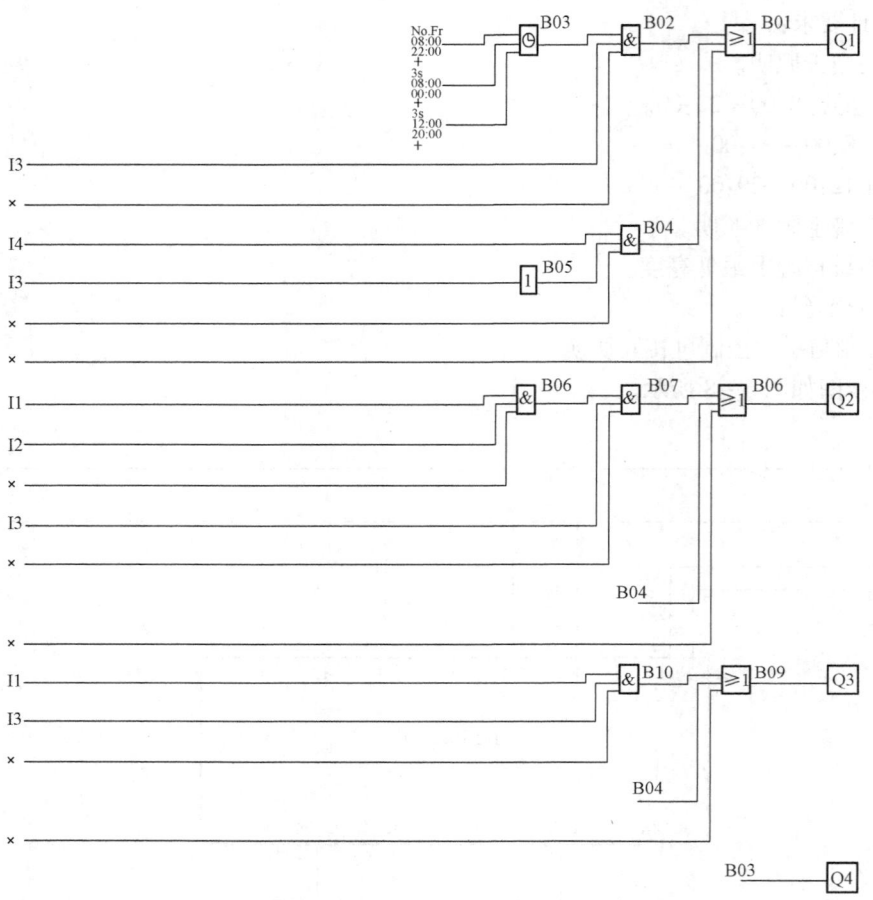

图 6-9 逻辑图

(4) 说明：在这里功能块 B04 是转换手动、自动的关键，其次关键点在于每个输出前面的或门，有 2 条通路可以进行手动、自动的控制，其他都是需要满足的一些条件。

六、常出现的故障及处理实例

[例1] 某化工厂循环水冷却风机控制系统，三挡调速，带正反转控制，使用 LOGO 230RC 进行编程控制。程序在电脑上模拟通过，接线完毕进行空载试验时，发现输入的数字信号在操作时观测面板上无显示，输出也没有动作。经测量外部按钮正常，转换开关正常，LOGO 230RC 操作面板也可以正常操作，LOGO 230RC 工作正常。重新检查程序，依然没有发现错误点。LOGO 230RC 关机重启，故障依然没有解除。仔细检查电源发现 LOGO 230RC 电源 L, N 接反，但是觉得交流电反接电器一样工作，将电源调整过来，程序执行一切正常。

分析：输入数字点由相线引入，为什么电源接反，操作无反应，这里零线不但作为 LOGO 230RC 的工作电源，而且在 LOGO 230RC 内部还作为输入数字量的总零线，接反时输入与内部总零线（这时为相线）等电位，所以进行任何操作无反应，调整以后输入与总零线构成回路，LOGO

230RC 正常工作。

结论：LOGO 230RC 电源 L, N 不可以随意接，必须按照标记进行接线。

[例2]某炼化企业进行西门子 LOGO 培训时，使用 LOGO 230RC 型。电源电压不小心引进 380V，造成电源侧短路，所以 380VAC 电压不能接到 LOGO 230RC 的电源输入端，也不能用于它的继电器触点。

分析检查：拆开控制器，查找电路板崩烧的痕迹，发现只有电源之间有一滤波电容崩烧，经查找资料，滤波电容的作用是减少 LOGO 控制器产生高频谐波对电网造成影响，所以接入 220V 电源 LOGO 230RC 还可以继续使用，电容器可以找到相同型号日后更换，型号中有字母"R"的 LOGO 为继电器输出的 LOGO；它的输出提供一个干接点，且每一路输出都是相互隔离的，与电源也是隔离的，因此每一路输出都可以接电压等级在 0～220V 之间的不同的交直流负载，LOGO 的继电器输出点也不能连接 380VAC 电路。

第三节 S7-300 基本介绍

S7-300 是模块化中小型 PLC 系统，它能满足中等性能要求的应用。S7-300 模块化、无排风扇结构，易于实现分布，易于用户掌握等特点使得其成为各种从小规模到中等性能要求控制任务的方便而又经济的可编程序控制器。

S7-300 各种单独的模块之间可进行广泛组合以用于扩展。

一、组成

S7-300 系统组成如图 6-10 所示。

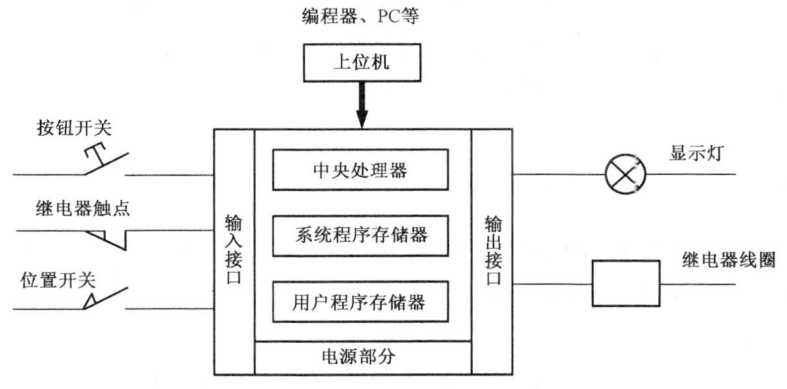

图 6-10 S7-300 系统组成

(1) 中央处理单元各种 CPU 有各种不同的性能，例如，有的 CPU 上集成有输入、输出点，有的 CPU 上集成有 PROFI-BUS-DP 通信接口等。

(2) 信号模块(SM)用于数字量和模拟量输入、输出。

(3) 通信处理器(CP)用于连接网络和点对点连接。

(4) 功能模块(FM)用于高速计数、定位操作(开环或闭环控制)和闭环控制。

(5) 负载电源模块(PS)用于将 SIMATIC S7-300 连接到 120/230V AC 电源。

(6) 接口模块(IM)用于多机架配置时连接主机架(CR)和扩展机架(ER)。S7-300 通过分布式的主机架(CR)和 3 个扩展机架(ER),可以操作多达 32 个模块。其运行时无需风扇。

二、模块安装

S7-300 模块安装如图 6-11 所示。

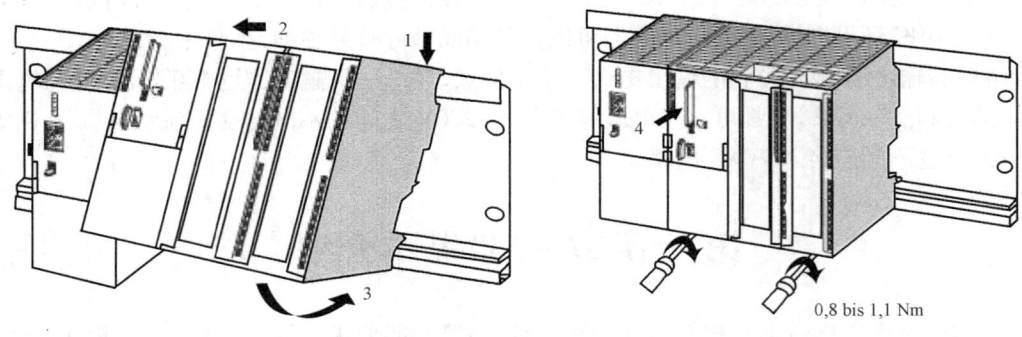

图 6-11 S7-300 模块安装示意图

DIN 标准导轨安装只需简单地将模块钩在 DIN 标准的安装导轨上,转动到位,然后用螺栓锁紧。集成的背板总线背板总线集成在模块上,模块通过总线连接器相连,总线连接器插在机壳的背后。可靠的接线端子对于信号模块可以使用螺钉型接线端子或弹簧型接线端子。TOP 连接采用一个带螺钉或夹紧连接的 1~3 线系统进行预接线,或者直接在信号模块上进行接线。没有槽位的限制信号模块和通信处理模块可以不受限制地插到任何一个槽上,系统自行组态。如果用户的自控系统任务需要多于 8 个信号模块或通信处理器模块时,则可以扩展 S7-300 机架(CPU314 以上)。独立安装每个机架可以距离其他机架很远进行安装,两个机架间(主机架与扩展机架,扩展机架与扩展机架)的距离最长为 10m。灵活布置机架(CR/ER)可以根据最佳布局需要,水平或垂直安装。

三、通信方式

可编程序控制器有多种通信模块,利用这些通信模块,配以适当的通信适配器可以构成 PLC-PLC 网络和微机-PLC 网络。

(一)网络主站与从站的概念

有的设备如上位 PC 机、PG 编程器等可以读取其他节点的数据,向其他节点写入数据,对其他节点进行初始化。这类设备掌握了通信的主动权,称为主站。还有些设备只能让主站读取数据,让主站写入数据,而不能读取其他节点的数据,也无权向其他节点写入数据,这类设备在这种通信网络中是被动的,把这类设备称为从站。

(二)网络协议的概念

PPI 方式(PPI 是一个主、从协议)。

MPI 方式(MPI 可以是主、主协议,也可以是主、从协议)。

PROFIBUS 方式(PROFIBUS 协议用于分布式 I/O 设备的高速通信)。

(三)网络部件

网络部件包括:通信接口、网络连接器、网络电缆、网络中继器。

(四)网络参数

网络参数包括:波特率、起始符、结束符、校验位、字符数等。

四、工作过程

(1)基本逻辑运算:

与

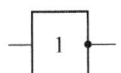

或

非

(2)程序执行方式如图 6-12 所示。

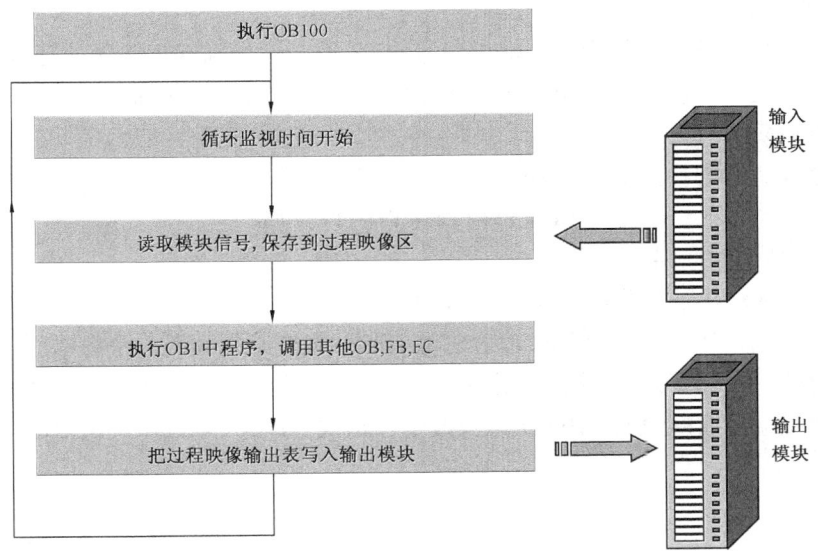

图 6-12 程序执行方式

PLC采用循环执行用户程序的方式。OB1是用于循环处理的组织块(主程序),它可以调用别的逻辑块,或被中断程序(组织块)中断。在启动完成后,不断地循环调用OB1,在OB1中可以调用其他逻辑块(FB、SFB、FC或SFC)。循环程序处理过程可以被某些事件中断。在循环程序处理过程中,CPU并不直接访问I/O模块中的输入地址区和输出地址区,而是访问CPU内部的输入、输出过程映像区,批量输入、批量输出。

(3) PLC的扫描周期:

PLC最主要的方式是周期扫描方式,可以细分成以下过程:

① 上电处理过程:

PLC上电后,要进行上电的初始化处理,占用的时间为T0。

② 共同处理过程:

共同处理的主要任务是复位监视计时器、检查I/O总线、检查扫描周期、检查程序存储器,该过程占用的时间为T1。

③ 通信服务过程:

当PLC和微机构成通信网络或由PLC构成网络时,需要有通信服务过程,该过程占用的时间为T2。

④ 外设服务过程:

当PLC接有外部设备,如编程器、打印机等,则需要进行外设服务过程,该过程占用的时间为T3。

⑤ 程序执行过程:

该过程用于执行用户程序,从输入映像区读入输入信息,根据用户程序进行运算操作,并向输出映像区送出控制信息,该过程占用的时间为T4,T4和PLC的速度、用户程序长短及指令种类有关。

⑥ I/O刷新过程:

这个过程可分为输入信号刷新和输出信号刷新,输入信号刷新为输入处理过程,输出信号刷新为输出处理过程。该过程占用时间为T5,显然T5和可编程序控制器所带的输入、输出模块的种类和点数多少有关。

可编程序控制器的扫描周期T和上述各个过程的关系录为

$$T = T1 + T2 + T3 + T4 + T5$$

⑦ 关于PLC的时间滞后问题:

PLC对输入和输出信号的响应是有延时的,这就是滞后现象。为了确保PLC在任何情况下都能正常无误地工作,一般情况下,输入信号的脉冲宽度必须大于一个扫描周期T。

⑧ 还应该注意一个问题是输出信号的状态是在输出刷新时才送出的。因此,在一个程序中若给一个输出端多次赋值时,中间状态只改变输出映像区,只有最后一次赋的值才能送到输出端。

五、面板

S7-300面板如图6-13所示。

第六章 可编程序控制器的应用

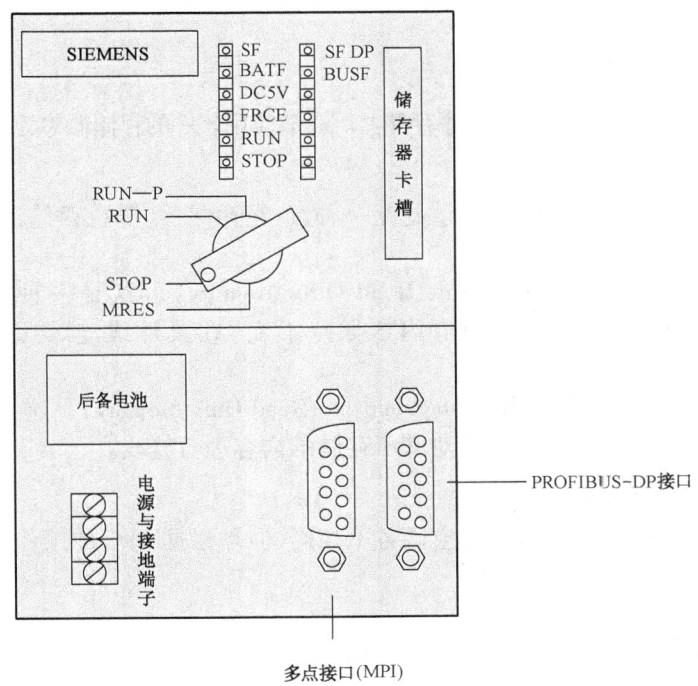

图 6-13 S7-300 面板

(一)模式开关的选择

(1) RUN—P(运行—编程)位置:运行时还可以读出和修改用户程序,改变运行方式。

(2) RUN(运行)位置:CPU 执行、读出用户程序,但是不能修改用户程序。

(3) STOP(停止)位置:不执行用户程序,可以读出和修改用户程序。

(4) MRES(清除存储器):不能保持,将钥匙开关从 STOP 状态搬到 MRES 位置,可复位存储器,使 CPU 回到初始状态。

复位存储器操作:通电后从 STOP 位置扳到 MRES 位置,"STOP" LED 熄灭 1s,亮 1s,再熄灭 1s 后保持亮,放开开关,使它回到 STOP 位置,然后又回到 MRES,"STOP" LED 以 2Hz 的频率至少闪动 3s,表示正在执行复位,最后"STOP" LED 一直亮。某些 CPU 模块上有集成 I/O。

PLC 使用的物理存储器:RAM,ROM,快闪存储器(Flash EPROM)和 EEPROM。

(二)状态、故障指示灯含义

SF(系统出错/故障显示,红色):CPU 硬件故障或软件错误时亮。

BATF(电池故障,红色):电池电压低或没有电池时亮。

DC 5V(+5V 电源指示,绿色):5V 电源正常时亮。

FRCE(强制,黄色):至少有一个 I/O 被强制时亮。

RUN(运行方式,绿色):CPU 处于 RUN 状态时亮;重新启动时以 2Hz 的频率闪亮;HOLD(单步、断点)状态时以 0.5Hz 的频率闪亮。

STOP(停止方式,黄色):CPU 处于 STOP,HOLD 状态或重新启动时常亮。

BUSF(总线错误,红色)。

六、PLC 储存器类型介绍

存放系统软件的存储器称为系统程序存储器。存放应用软件的存储器称为用户程序存储器。

(一)PLC 常用的存储器类型

(1)RAM(Random Assess Memory)。这是一种读/写存储器(随机存储器),其存取速度最快,由锂电池支持。

(2)EPROM(Erasable Programmable Read Only Memory)。这是一种可擦除的只读存储器。在断电情况下,存储器内的所有内容保持不变(在紫外线连续照射下可擦除存储器内容)。

(3)EEPROM(Electrical Erasable Programmable Read Only Memory)。这是一种电可擦除的只读存储器,使用编程器就能很容易地对其所存储的内容进行修改。

(二)PLC 存储空间的分配

虽然各种 PLC 的 CPU 的最大寻址空间各不相同,但是根据 PLC 的工作原理,其存储空间一般包括以下三个区域:

(1)系统程序存储区。

(2)系统 RAM 存储区(包括 I/O 映像区和系统软设备等)。

系统 RAM 存储区:系统 RAM 存储区包括 I/O 映像区以及各类软设备,如逻辑线圈、数据寄存器、计时器、计数器、变址寄存器、累加器等。

① I/O 映像区。由于 PLC 投入运行后,只是在输入采样阶段才依次读入各输入状态和数据,在输出刷新阶段才将输出的状态和数据送至相应的外设。因此,它需要一定数量的存储单元(RAM)以存放 I/O 的状态和数据,这些单元称为 I/O 映像区。一个开关量 I/O 占用存储单元中的一个位(bit),一个模拟量 I/O 占用存储单元中的一个字(16 个 bit)。因此,整个 I/O 映像区可看作由两个部分组成:开关量 I/O 映像区;模拟量 I/O 映像区。

② 系统软设备存储区。除了 I/O 映像区以外,系统 RAM 存储区还包括 PLC 内部各类软设备(逻辑线圈、计时器、计数器、数据寄存器和累加器等)的存储区。该存储区又分为具有失电保持的存储区域和无失电保持的存储区域,前者在 PLC 断电时,由内部的锂电池供电,数据不会遗失;后者当 PLC 断电时,数据被清零。

a. 逻辑线圈与开关输出一样,每个逻辑线圈占用系统 RAM 存储区中的一个位,但不能直接驱动外设,只供用户在编程中使用,其作用类似于电器控制线路中的继电器。另外,不同的 PLC 还提供数量不等的特殊逻辑线圈,具有不同的功能。

b. 数据寄存器与模拟量 I/O 一样,每个数据寄存器占用系统 RAM 存储区中的一个字(16bits)。另外,PLC 还提供数量不等的特殊数据寄存器,具有不同的功能。

c. 计时器。

d. 计数器。

(3)用户程序存储区系统程序存储区。

在系统程序存储区中存放着相当于计算机操作系统的系统程序,包括监控程序、管理程序、命令解释程序、功能子程序、系统诊断子程序等。由制造厂商将其固化在 EPROM 中,用户不能直接存取。它和硬件一起决定了该 PLC 的性能。

用户程序存储区存放用户编制的用户程序。不同类型的 PLC,其存储容量各不相同。

七、用户程序编辑方式

用户程序编辑常用的几种方式包括:语句表(STL)、梯形图(LAD)、功能块图(FBD)。

(1)语句表(STL):功能强大,语句表可供喜欢用汇编语言编程的用户使用。语句表的输入快,可以在每条语句后面加上注释。设计高级应用程序时建议使月语句表。

A I0.0
A I0.1
 = Q0.0

A(And,与)指令来表示串联的常开触点。

O(Or,或)指令来表示并联的常开触点。

AN(And Not,与非)来表示串联的常闭触点。

ON(Or Not)来表示并联的常闭触点。

输出指令"="将 RLO 写入地址位,与线圈相对应。

(2)梯形图(LAD):直观易懂,适合于数字量逻辑控制,适合于熟悉继电器电路的人员使用。设计复杂的触点电路时最好用梯形图。

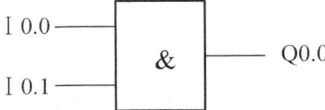

(3)功能块图(FBD):功能块图适合于熟悉数字电路的人使用。

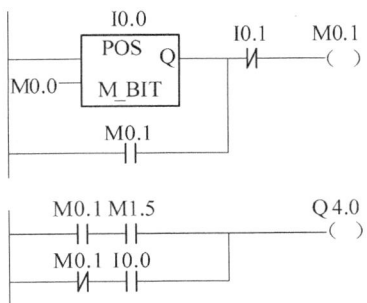

注意:如果程序块没有错误,并且被正确地划分为网络,在梯形图、功能块图和语句表之间可以转换。如果部分网络不能转换,则用语句表表示。

[例1]故障灯控制。

设计故障信息显示电路,故障信号 I0.0 为 1 使 Q4.0 控制的指示灯以 1Hz 的频率闪烁。操作人员按复位按钮 I0.1 后,如果故障已经消失,指示灯熄灭,如果没有消失,指示灯转为常亮,直至故障消失。

梯形图:

注意:设置 CPU 的属性时,在"Cycle/Clock Memory"标签页令 M1 为时钟存储器字节,其中的 M1.5 提供周期为 1s 的时钟脉冲。

[**例 2**]供料车控制。

按下 1 号按钮,小车前进到 1 号位置停止,停 10s 后返回原地。

按下 2 号按钮,小车前进到 2 号位置停止,停 10s 后返回原地。

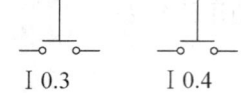

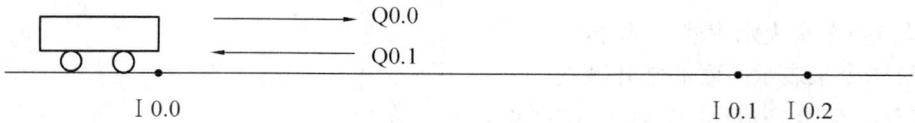

程序设计说明:

I0.0——原地,I0.1——1 号位置,I0.2——2 号位置,I0.3——1 号按钮,I0.4——2 号按钮。

Q0.0——小车前进,Q0.1——小车返回。

M0.0——小车前进到位停止标志。

M0.1——小车到 1 号位前进标志。

M0.2——小车到 2 号位前进标志。

M0.3——小车返回原地后退标志。

T0——小车停留时间。

梯形图如图 6-14 所示。

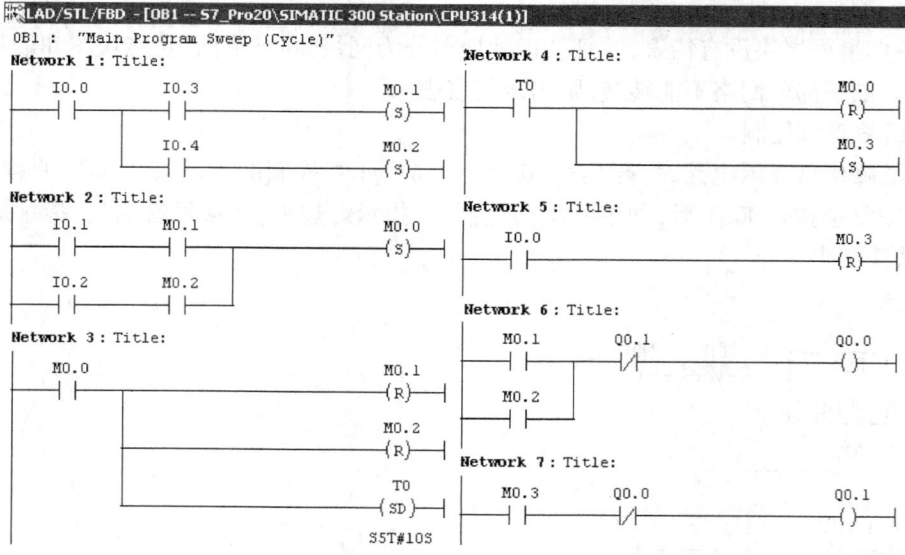

图 6-14 梯形图

第四节 S7-300 的软件环境

一、逻辑操作指令

(一)位逻辑指令

(1)基本逻辑指令与,或:

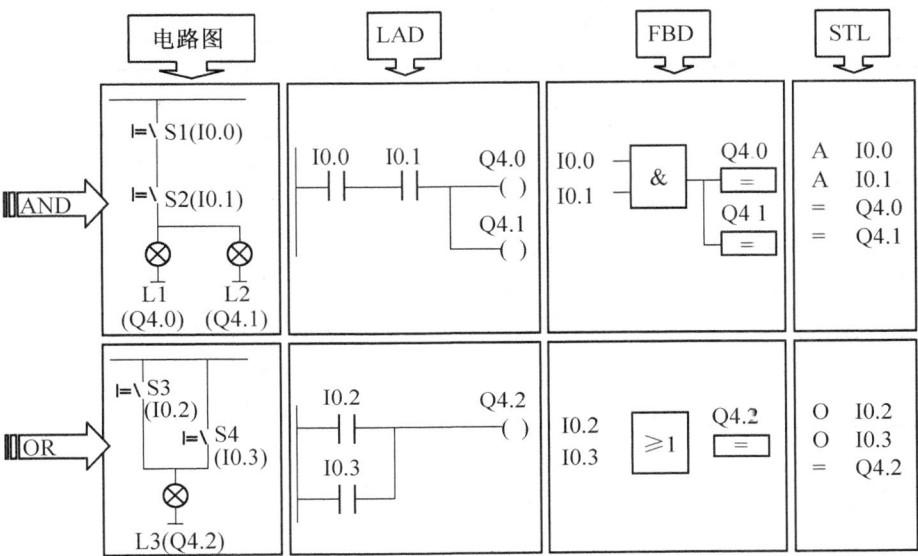

(2)基本逻辑指令异或(XOR):

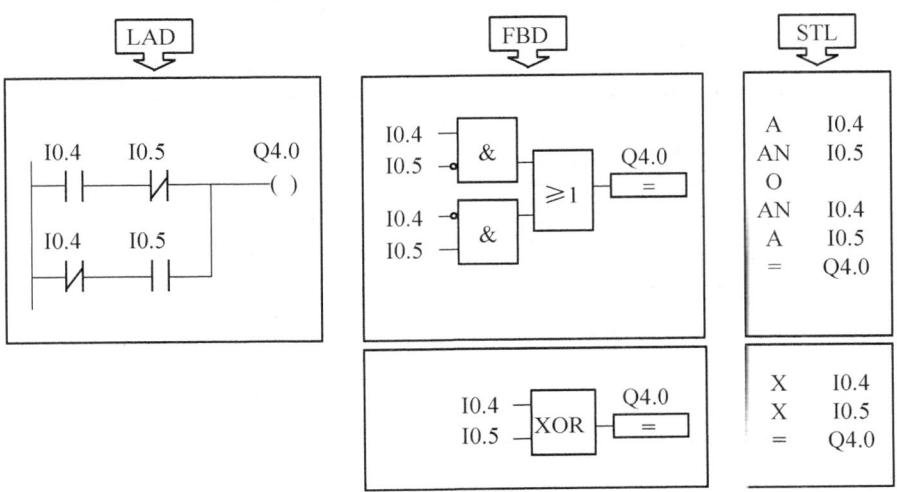

(3) 常开和常闭触点、传感器和符号：

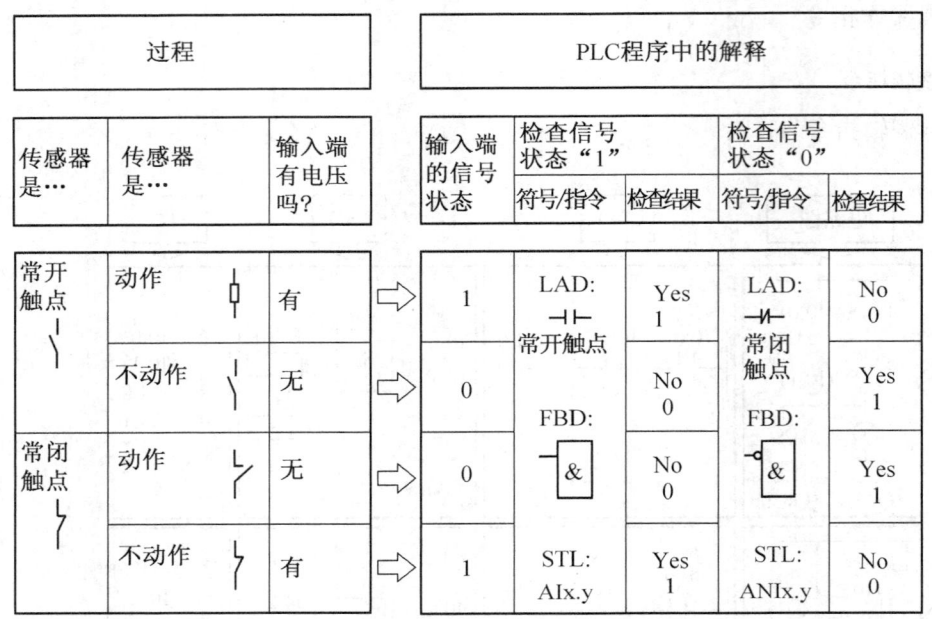

(4) 赋值、置位、复位：

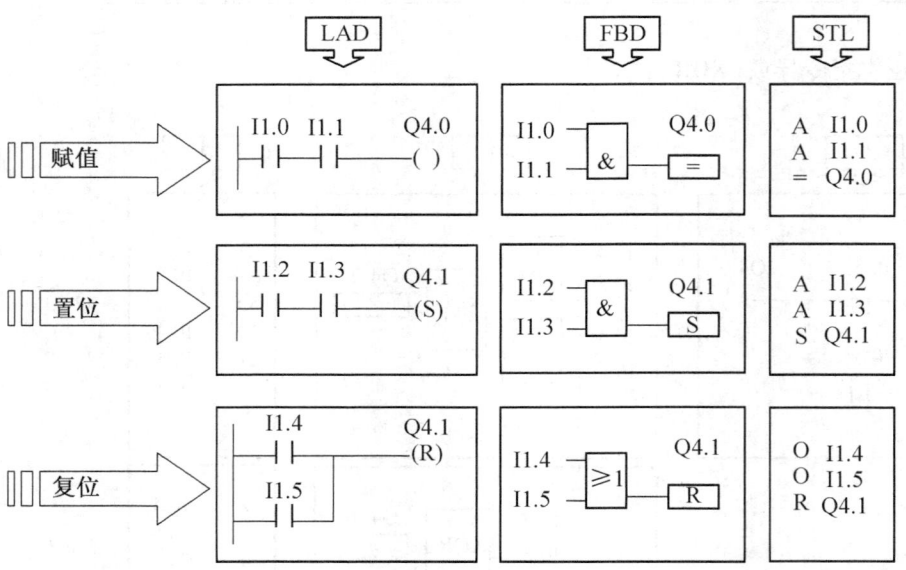

（5）触发器的置位、复位：

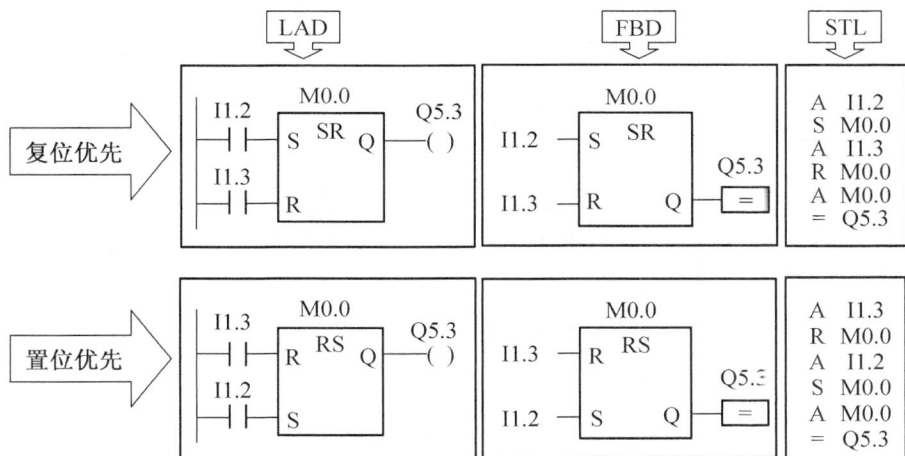

（6）中间输出操作：

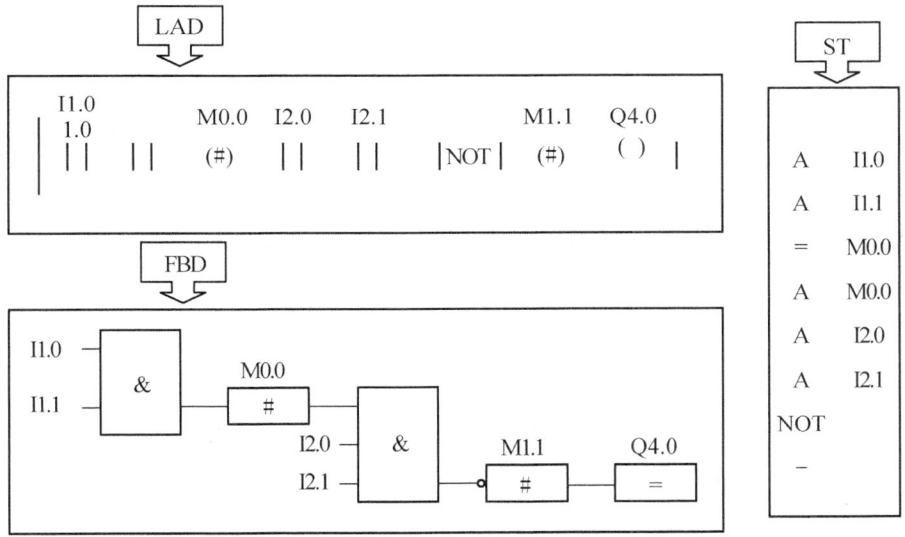

（7）RLO—边沿检测（检测确＞＞I1.0与I1.1的边沿）：

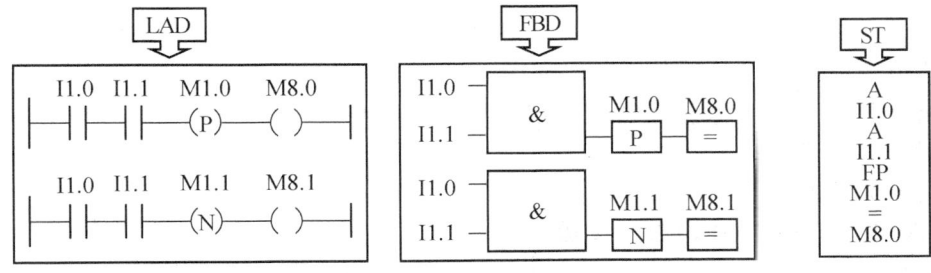

(8)信号—边沿检测(I1.0 = 1 时检测 > > I1.1 的边沿):

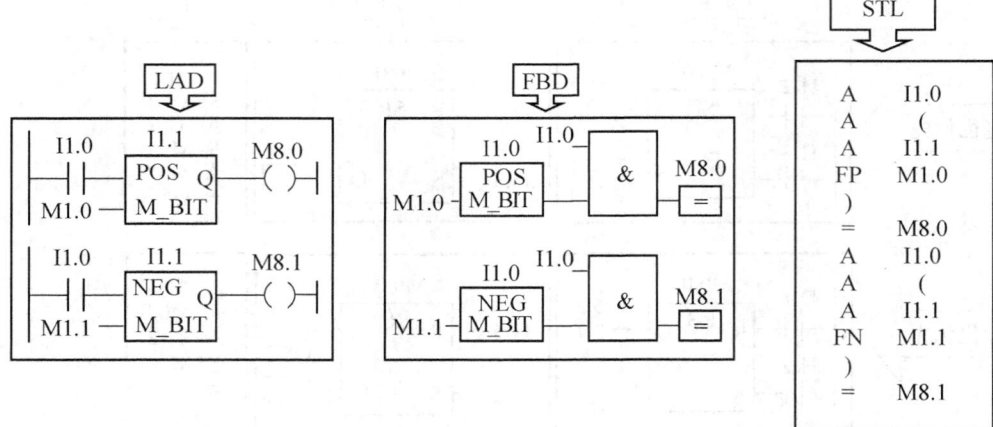

(二)计数器线圈操作

计数器线圈操作如下:
加计数线圈 CU
减计数线圈 CD

I0.0 为置数脉冲,I0.1 为加计数脉冲,I0.2 为减计数脉冲。
CV = 0 时,C5 = OFF。
CV > 0 时,C5 = ON。
Q0.5 = C5,I1.0 = ON,I0.0 = ON CV = 10。
I0.1 脉冲使计数加 1。

I0.2 脉冲使计数减 1。

(三)计时器线圈操作

计时器线圈操作：

```
    I1.0      I0.0                    T5
────┤ ├──┬───┤ ├──────────────────────(SP)───┤
         │                         S5T#10s
         │    I0.1                    T4
         ├───┤ ├──────────────────────(SE)───┤
         │                         S5T#10s
         │    T5                      Q0.5
         ├───┤ ├───────────────────────( )───┤
         │    T4                      Q0.4
         └───┤ ├───────────────────────( )───┤
```

(1)脉冲计时器(SP)：

I1.0 = ON 时：

(2)扩展脉冲计时器(SE)：

I1.0 = ON 时：

其他计时器：

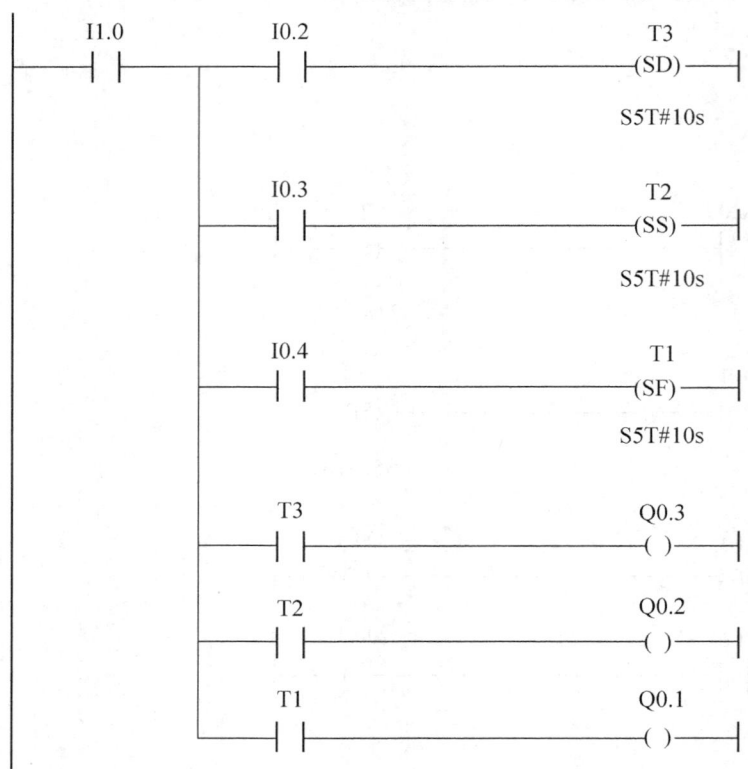

(3) 开通延时计时器(SD)：

I1.0 = ON 时：

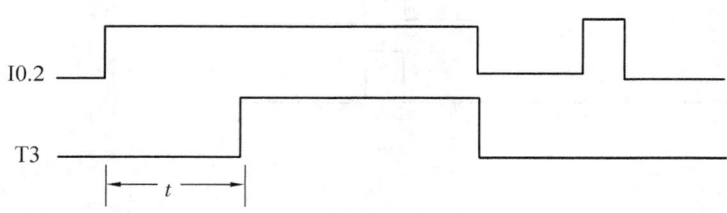

(4) 保持型开通延时计时器(SS)：

I1.0 = ON 时：

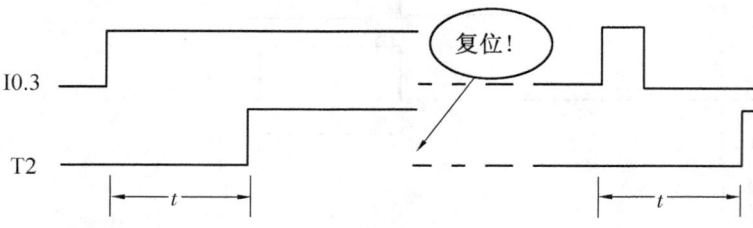

(5) 关断延时计时器(SF)：

I1.0 = ON 时：

二、程序控制指令

（一）主控继电器功能

主控继电器（MCR）是梯形逻辑主控开关，控制信号流的通断，包括：
主控继电器的启动指令（MCRA）；
主控继电器的开通指令（MCR<）；
主控继电器的关断指令（MCR>）；
主控继电器的停止指令（MCRD）。
举例说明：

Network 1:Title:

```
├─────────────────────────(MCRA)─┤
```

Network 2:Title:

```
    I0.0
├────┤ ├──────────────────(MCR<)─┤
```

Network 3:Title:

```
    I0.1                      Q0.1
├────┤ ├───────────────────────( )─┤
```

Network 4:Title:

```
├─────────────────────────(MCR>)─┤
```

Network 5:Title:

```
├─────────────────────────(MCRD)─┤
```

Network 6:Title:

```
    I0.2                      Q0.2
├────┤ ├───────────────────────( )─┤
```

I0.0 = ON 时：

执行"MCR <"和"MCR >"之间的指令。

I0.0 = OFF 时：

不执行"MCR <"和"MCR >"之间的指令。

其中置位信号不变，赋值信号被复位。

（二）无条件跳转指令

无条件跳转指令：

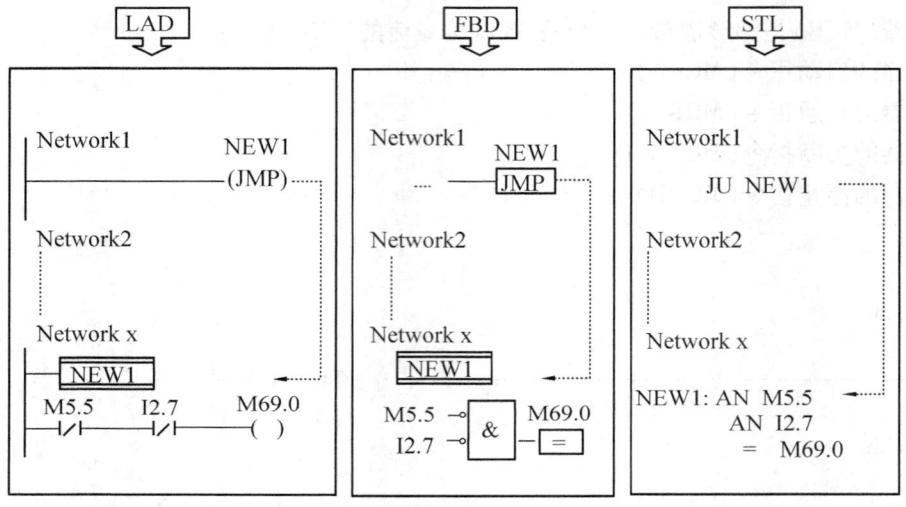

（三）条件跳转指令

条件跳转指令：

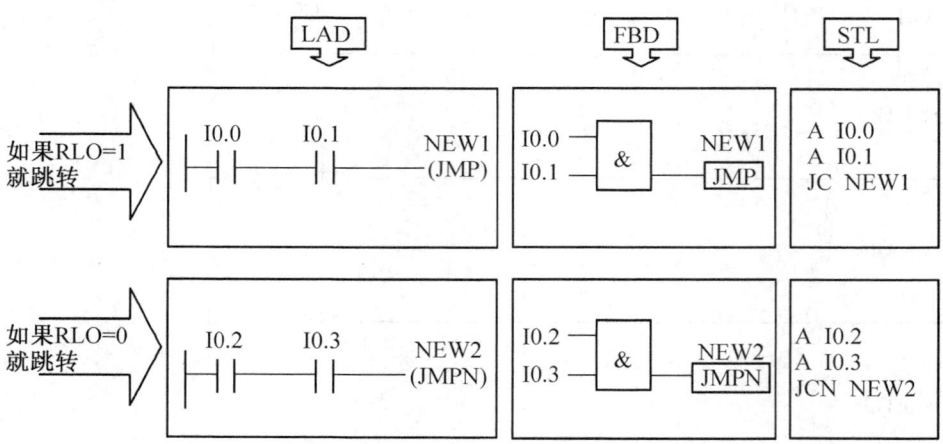

三、传送和比较指令

(1)传送指令：
字节、字、双字…传送。
(2)比较指令：
整数、双整数、实数比较。
比较符：
EQ_I，NE_I，GT_I，
LT_I，GE_I，LE_I。
EQ_D，NE_D，GT_D，
LT_D，GE_D，LE_D。
EQ_R，NE_R，GT_R，
LT_R，GE_R，LE_R。

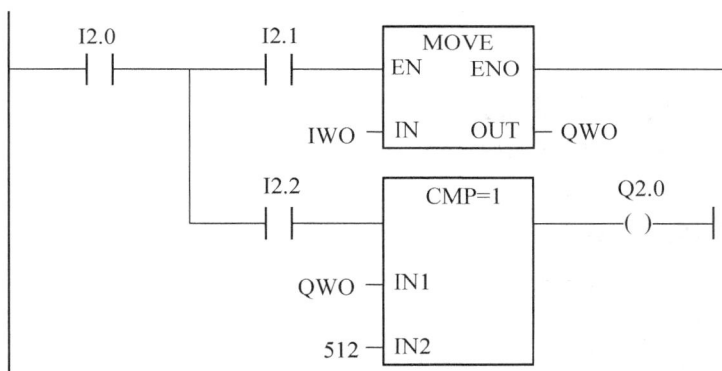

四、运算指令

(1)整数运算：
运算符：
ADD_I. SUB_I.
MUL_I. DIV_I.
ADD_DI.SUB_DI.
MUL_DI.DIV_DI.
MOD_DI.
(2)实数运算：
运算符：
ADD_R. SUB_R.
MUL_R. DIV_R.
SIN，COS，TAN，ASIN，ACOS，ATAN，LN，EXP…

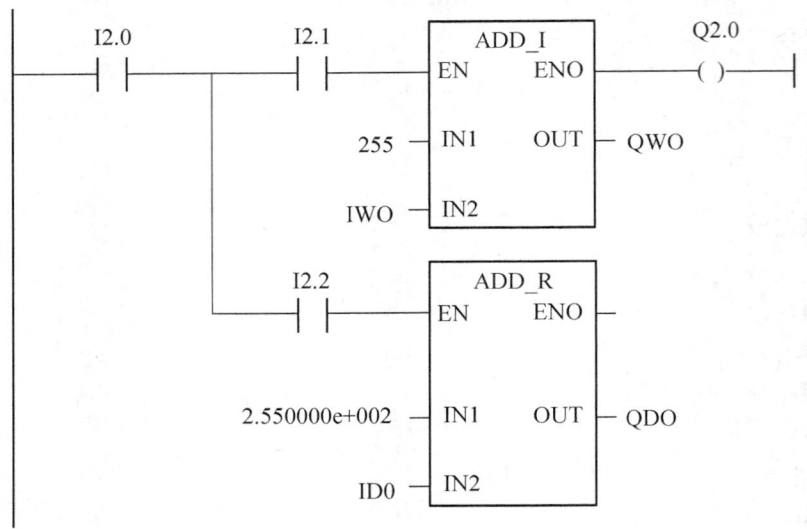

五、转换指令

（1）BCD 码与整数转换：

BCD_I 把通道中的 BCD 码转换为整数存入通道中。

I_BCD 把通道中的整数转换为 BCD 码存入通道中。

（2）双整数与实数转换：

DI_R，ROUND，…BCD_DI，DI_BCD，I_DI，DI_I。

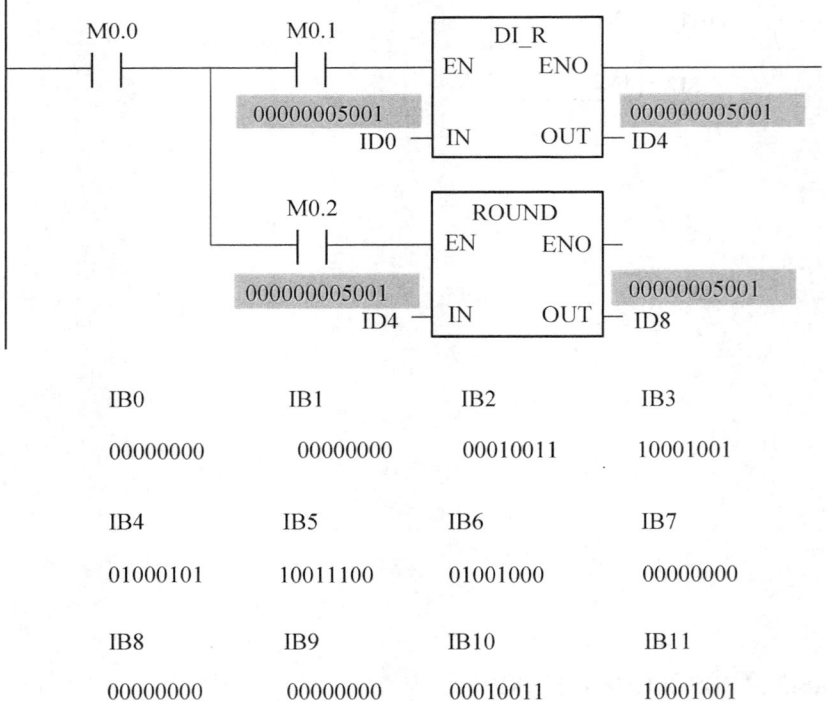

IB0	IB1	IB2	IB3
00000000	00000000	00010011	10001001

IB4	IB5	IB6	IB7
01000101	10011100	01001000	00000000

IB8	IB9	IB10	IB11
00000000	00000000	00010011	10001001

六、计数器指令

计数器指令：

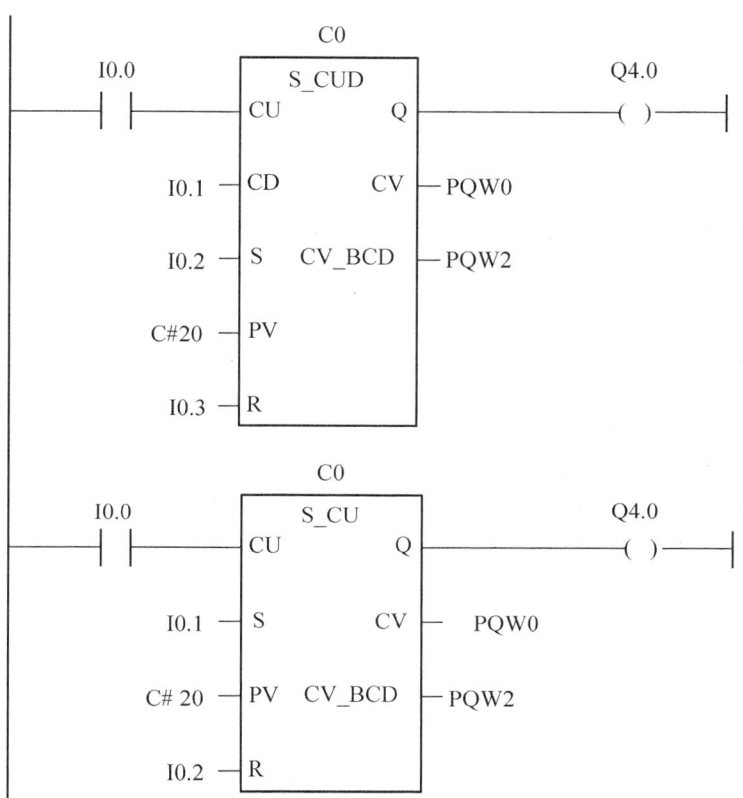

(1) 双向计数器：
I0.0 为加计数脉冲；
I0.1 为减计数脉冲；
I0.2 为置数脉冲；
I0.3 为复位脉冲；
CV > 0 时，C0 = ON。
(2) 向上计数器：
I0.0 为加计数脉冲；
I0.1 为置数脉冲；
I0.2 为复位脉冲；
CV > 0 时，C0 = ON。
(3) 向下计数器：
I0.3 为减计数脉冲；
I0.4 为置数脉冲；

I0.5 为复位脉冲；

CV > 0 时，C0 = ON。

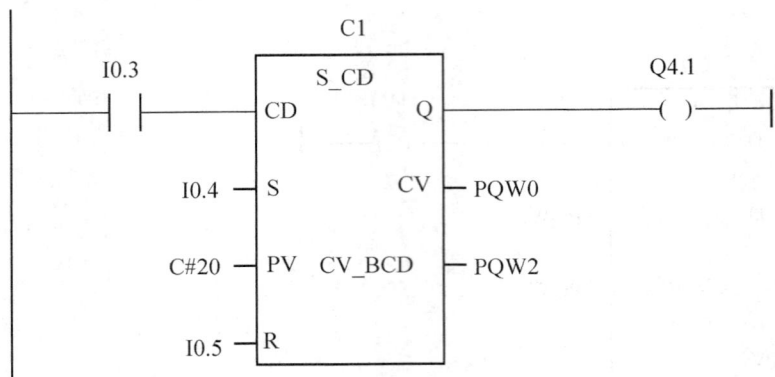

说明：

梯形图中 CV 为用十六进制表示的计数器的当前值。

梯形图中 CV_BCD 为用 BCD 码表示的计数器的当前值。

梯形图中的 PV 值可以用 BCD 码表示的数值由通道送入。

七、计时器指令

(1) 脉冲计时器(SP)指令：

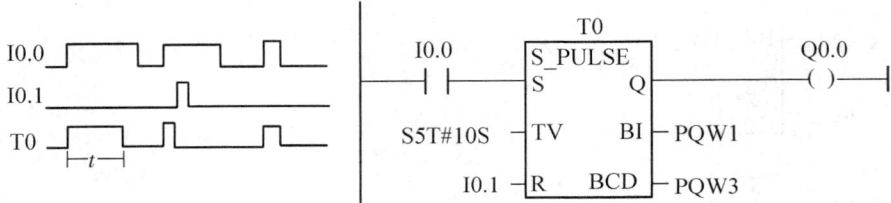

(2) 扩展脉冲计时器(SE)指令：

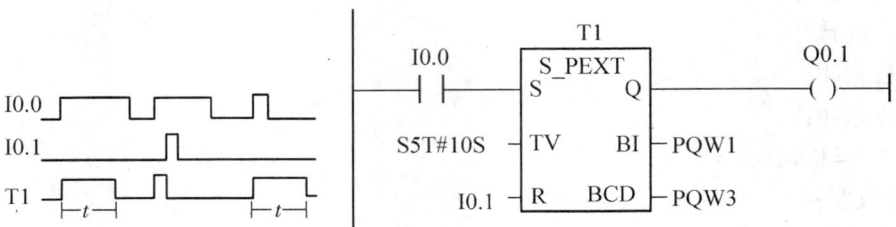

(3) 开通延时计时器(SD)指令：

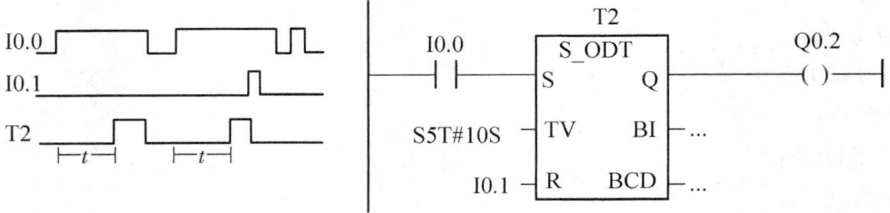

(4) 保持型开通延时计时器(SS)指令：

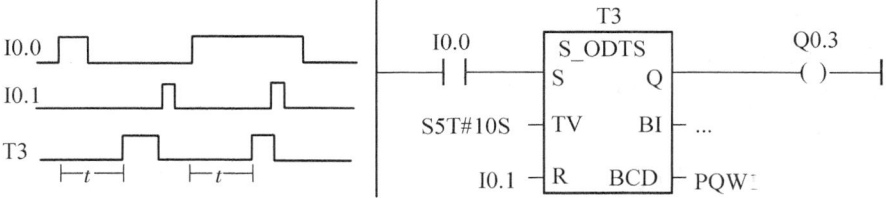

(5) 关断延时计时器(SF)指令：

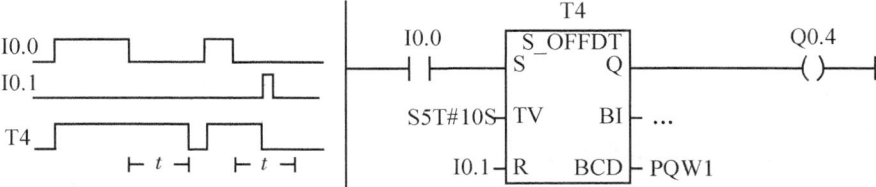

说明：

梯形图中 BI 为用十六进制表示的计数器的当前值。

梯形图中 BCD 为用 BCD 码表示的计数器的当前值。

梯形图中的 TV 值可以用 BCD 码表示的数值由通道送入。

八、各种块含义

(1) 组织块(OB)：
操作系统和用户程序的接口；
各层次的优先级(1~26)；
局部数据堆栈中的特殊启动信息。
(2) 功能块(FB)：
带参数/数据保持；
不带参数/数据保持；
不带参数/数据不保持。
(3) 功能(FC)：
只传递一个返回值(调用时必须分配参数)；
数据不保持；
可带参数。
(4) 数据块(DB)：
结构化,局部存储(背景 DB)；
结构化,全局数据存储；
(在整个程序中均有效)。
(5) 系统功能(SFC)：
存储在 CPU 的操作系统中；

用户可以调用此功能(不需要存储器)。

(6) 系统功能块(SFB)：

存储在 CPU 的操作系统中；

用户可以调用此功能(需要存储器)。

(7) 系统数据块(SDB)：

用于组态数据和参数的数据块。

第五节 S7-300 日常检查与维护

一、硬件安装注意事项

(一)使用隔离电路时的接地与电路参考点

(1)使用隔离电路时的接地与电路参考点应遵循以下几点：

① 应该为每一个安装电路选一个参考点(0V)，这些不同的参考点可能会连在一起，这种连接可能会导致预想不到的电流，它们会导致逻辑错误或损坏电路。产生不同参考电势的原因，经常是由于接地点在物理区域上被分隔的太远，当相距很远的设备被通信电缆或传感器连接起来的时候，由电缆线和地之间产生的电流就会流经整个电路，即使在很短的距离内，大型设备的负载电流也可以在其与地电势之间产生变化，或者通过电磁作用直接产生不可预知的电流。那些不正确选定参考点的电源，相互之间的电路中有可能产生毁灭性的电流，以致破坏设备。

② 当把几个具有不同地电位的 CPU 连到一个 PPI 网络时，应该采用隔离的 RS-485 中继器。

③ PLC 产品已在特定点上安装了隔离元件，以防止安装中所不期望的电流产生。安装时，应考虑到哪些地方有这些隔离元件，哪些地方没有。同时也应考虑到相关电源之间的隔离以及其他设备的隔离，还有相关电源的参考点都在什么地方。

④ 最好选择一个接地参考点，并且用隔离元件来破坏可能产生不可预知电流的无用的电流回路。在暂时性连接中可能引入新的电路参考点，比如说编程设备与 CPU 连接时。

⑤ 在现场接地时，一定要随时注意接地的安全性，并且要正确地操作隔离保护设备。

⑥ 在大部分的安装中，如果把传感器的供电 M 端子接到地上可以获得最佳的噪声抑制。

(2) S7-300 的隔离特性：

① CPU 逻辑参考点与 DC 传感器提供的 M 点类似。

② CPU 逻辑参考点与采用 DC 电源供电的 CPU 输入电源提供的 M 点类似。

③ CPU 通信端口与 CPU 逻辑口(DP 口除外)，具有同样的参考点。

④ 模拟输入及输出与 CPU 逻辑不隔离，模拟输入采用差动输入并提供低压公共模式的滤波电路。

⑤ 逻辑电路与地之间的隔离为 500VAC。

⑥ DC 数字输入和输出与 CPU 逻辑之间的隔离为 500VAC。

⑦ DC 数字 I/O 组的点之间隔离为 500VAC。
⑧ 继电器输出、AC 输出和输入与 CPU 逻辑之间的隔离为 1500VAC。
⑨ 继电器输出组的点之间隔离为 1500VAC。
⑩ AC 电源线和零线与地、CPU 逻辑以及所有的 I/O 之间的隔离为 1500VAC。

(二)电源的安装

1. 交流输入 PLC 安装

下列条目是 AC 交流接线安装时需要注意的。

(1)用一个单刀开关将电源与 CPU、所有的输入电路和输出(负载)电路隔离。

(2)用一台过流保护设备以保护 CPU 的电源、输出点以及输入点,也可以为每个输出点加上熔断丝进行范围更广的保护。

(3)当使用 Micro PLC 24V DC 传感器电源时,可以取消输入点的外部过流保护,因为该传感器电源具有短路保护功能。

(4)将 S7-300 的所有地线端子和最近接地点相连接,以获得最好的抗干扰能力。建议所有都使用 1.50mm² 的电线连接到独立导电点上(一点接地)。

(5)该仪器单元的直流传感器电源可用作为该仪器单元的输入和扩展 DC 输入,以及扩展继电器线圈供电,这一传感器电源具有短路保护功能。

(6)在大部分的安装中,如果把传感器的供电 M 端子接到地上可以获得最佳的噪声抑制。

2. 直流输入 PLC 安装

下列条目是 DC 隔离安装接线需要注意的。

(1)用一个单刀开关将电源同 CPU、所有的输入电路和输出(负载)电路隔离开。

(2)用过流保护设备以保护 CPU 电源、输出点,以及输入点,也可以在每个输出点加上熔断丝进行过流防护。使用 Micro 24V DC 传感器电源时,可以取消输入点的外部过流保护,因为传感器电源内部具有限流功能。

(3)确保 DC 电源有足够的抗冲击能力,以保证在负载突变时,可以维持一个稳定的电压,这时需要一个外部电容。

(4)在大部分的应用中,把所有的 DC 电源接到地可以得到最佳的噪声抑制。在未接地 DC 电源的公共端与保护地之间接以电阻与电容并联电路。电阻提供了静电释放通路,电容提供高频噪声通路,它们的典型值是 $1M\Omega$ 和 4700pF。

(5)将 S7-300 所有的接地端子同最近接地点连接,以获得最好的抗干扰能力。建议所有的接地端子都使用 1.5mm² 的导线连接到独立导电点上(一点接地)。

(6)24V DC 电源回路与设备之间,以及 120/230VAC 电源与危险环境之间,必须提供安全电气隔离。

二、PLC 的检查

PLC 系统在长期运行中,可能会出现一些故障。PLC 自身故障可以靠自诊断判断,外部故障则主要根据程序分析。常见故障有电源系统故障、主机故障、通信系统故障、模块故障、软件故障等。

(一)电源故障检查与处理

PLC 系统主机电源、扩展机电源、模块中电源等任何电源显示不正常时都要进入电源故障检查流程,如果各部分功能正常,只能是 LED 显示有故障,否则应首先检查外部电源,如果外部电源无故障,再检查系统内部电源故障。故障检查顺序和内容见表 6-1。

表 6-1 电源故障检查

故障现象	故障原因	解决方法
电源指示灯不亮	指示灯坏或熔断丝断	更换
	无供电电压	检查电源接线及插座正常
	供电电压超限	调整电源电压在规定范围内
	电源坏	

(二)异常故障检查与处理

PLC 系统最常见的故障是停止运行(运行指示灯灭)、不能启动、工作无法进行,但是电源指示灯亮。这时,需要进行异常故障检查。异常故障检查顺序和内容见表 6-2。

表 6-2 异常故障检查

故障现象	故障原因	解决方法
不能启动	供电电压超上限	降压
	供电电压超下限	升压
	内存自检系统出错	清内存,初始化
	CPU 内存板故障	更换
工作不稳定,频繁停机	供电电压不稳定	调整电压
	主机系统模块接触不良	清理、重新插拔
	CPU 内存板元件松动	清理、重新插拔
	CPU 内存板故障	更换
与编程器不通信	通信电缆插头松动	重新插拔
	通信电缆故障	更换
	内存自检出错	内存清零,拔下记忆电池,几分钟后再联机
	通信口有参数设置不对	检查参数,重新设定
	主机通信故障 编程器通信口故障	更换 更换
程序不能装入	内存没有初始化	清内存,重新写入
	CPU 内存板故障	更换

(三)通信故障检查与处理

通信是 PLC 网络工作的基础。PLC 网络的主站、各从站的通信处理器、通信模块都有工作正常指示。当通信不正常时,需要进行通信故障检查。通信故障检查顺序和内容见表 6-3。

表 6-3 通信故障检查

故障现象	故障原因	解决方法
单一模块不通信	插接不好	重新插拔
	模块故障	更换
	组态不对	重新组态
从站不通信	分支通信电缆故障	更换
	通信处理器松动	重新插拔
	通信处理器开关地址错误	调整开关
	通信处理器故障	更换
主站不通信	通信电缆故障	排除故障,更换
	调制解调器故障	断电重启,更换
	通信处理器故障	更换
通信正常,但通信故障灯亮	某模块插入或接触不良	插入并按紧

(四)输入、输出故障的检查与处理

输入、输出模块直接与外部设备相连,是容易出故障的部位,虽然输入、输出模块故障容易判断,更换快,但是必须查明原因,而且往往都是由于外部原因造成损坏,如果不及时查明故障原因,及时消除故障,对 PLC 系统危害很大。输入、输出故障检查顺序和内容见表 6-4。

表 6-4 输入、输出故障检查

故障现象	故障原因	解决方法
输入模块单点损坏	过电压,特别是高压串入	消除高电压
输入全部不接通	未加外部输入电源	接通电源
	外部输入电压过低	稳定电压
	端子螺钉钉松动	紧固
	端子连接器接触不良	紧固或更换
输入全部断电	输入回路不良	更换模块
特定编号输入不接通	输入器件不良	更换
	输入配线断线	检查配线故障
	接线端子螺钉松动	紧固
	端子板连接器接触不良	紧固或更换
	输入信号接通时间过短	调整输入器件
	输入回路不良	更换模块
	OUT 指令用了该输入号	修改程序
特定编号输入不关断	输入回路不良	更换模块
	输出指令使用了该输入号	修改程序

续表

故障现象	故障原因	解决方法
输入不规则的通、断	外部输入电压过低	调整外部电压
	噪声引起误动作	采取抗干扰措施
	端子螺钉松动	紧固
	端子连接器接触不良	紧固或更换
异常输入点编号连续	输入模块公共端螺钉松动	紧固
	端子连接器接触不良	紧固或更换
	CPU 不良	更换
输入动作指示灯不亮	指示灯坏	更换
输出模块单点损坏	过电压，特别是高压串入	消除高电压
输出全部不接通	未加负载电源	接通电源
	负载电源电压低	调整电压
	端子螺钉松动	紧固
	端子连接器接触不良	紧固或更换
	熔断丝熔断	更换熔断丝
	I/O 总线插座接触不良	更换
	输出回路不良	更换
输出全部不关断	输出回路不良	更换
特定编号输出不接通	输入信号接通时间过短	更换
	程序中继电器编号重复	修改程序
	输出器件不良	更换
	输出配线断线	检查配线故障
	接线端子螺钉松动	紧固
	端子板连接器接触不良	紧固或更换
	输出继电器不良	更换
	输出回路不良	更换
输出不规则的通、断	外部输出电压过低	调整外部电压
	噪声引起误动作	采取抗干扰措施
	端子螺钉松动	紧固
	端子连接器接触不良	紧固或更换
异常输入点编号连续	输入模块公共端	紧固
	端子连接器接触不良	紧固或更换
	CPU 不良	更换 CPU
	熔断丝坏	更换熔断丝
输出动作指示灯不亮	指示灯坏	更换

三、PLC 日常维护

对检修工作要定为一个制度,按期执行。每个 PLC 都有确定的检修时间,一般以每 6 个月到 1 年检修一次。

（1）供电电源范围:测量电压,上限不高于 110%,下限不低于 85%。
（2）外部环境:温度:0~55℃;湿度:35%~85%RH 不结露;积尘情况:不积尘。
（3）输入、输出电压:测量电压,以输入、输出规格为准。
（4）安装状态:各单元是否连接紧固;电缆连接器是否完全插紧;外部配线的螺钉是否松动。
（5）检查电子干扰和接地状态。
（6）检查隔离情况是否正常。

第六节 三菱 FX2N 微型控制器功能介绍及应用实例

三菱 FX2N 微型控制器系列是 PLC FX 家族中最先进的系列。FX2N 系列具有最大范围地包容了标准特点、程式执行更快、全面补充了通信功能、适合世界各国不同的电源以及满足单个需要的大量特殊功能模块,它可以为工厂自动化应用提供最大的灵活性和控制能力。

一、FX2N 微型控制器的组成

FX2N 微型控制器的组成如图 6-15 所示。

（1）CPU 的构成:中央处理单元（CPU）;FX2 系列采用可编程控制器使用的微处理器是 16 位的 8096 单片机。

（2）I/O 模块:输入、输出单元（I/O）:是 PLC 与被控对象间传递输入、输出信号的接口部件。输入部件是开关、按钮、传感器等;输出部件是电磁阀、接触器、继电器。

（3）存储器:包括系统存储器和用户存储器。系统存储器存放系统管理程序;用户存储器存放用户编制的控制程序。

（4）电源:一般市电（220V）;直流24V;PLC 有 24V（DC 直流）输出。

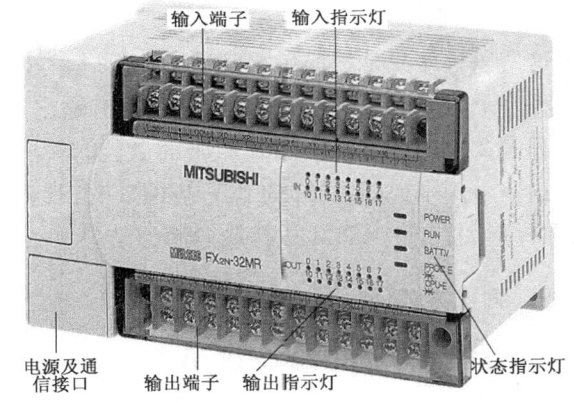

图 6-15 FX2N-32MR 可编程序控制器

（5）编程器:利用编程器将用户程序送入 PLC 的存储器,检查程序;通信接口。

二、工作原理

一般来说,PLC 的扫描周期包括自诊断、通信等,如图 6-16 所示,即一个扫描周期等于自诊断、通信、输入采样、用户程序执行、输出刷新等所有时间的总和。

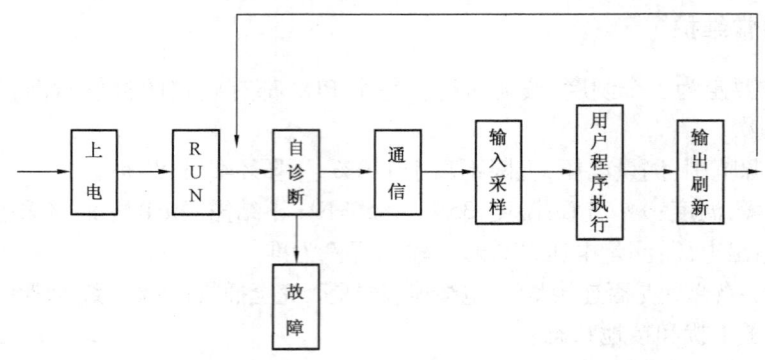

图 6-16 可编程序控制器的工作原理

比较下述两个程序的异同：

程序 1：

```
   X001
───┤├──────────────────────────[SET    Y001]

   Y001
───┤├──────────────────────────[RST    Y001]
```

程序 2：

```
   Y001
───┤├──────────────────────────[RST    Y001]

   X001
───┤├──────────────────────────[SET    Y001]
```

这两段程序只是把前后顺序反了一下，但是执行结果却完全不同。

程序 1 中的 Y001 在程序中永远不会有输出。

程序 2 中的 Y001 当 X001 接通时就能有输出。

这两个例子说明：同样的若干条梯形图，其排列次序不同，执行的结果也不同，顺序扫描时，在梯形图程序中，PLC 执行最后面的结果。

三、编程方式

三菱 FX2N 可编程序控制器，基本上经常采用两种编程方式，即梯形图和语句表，前者比较直观、易懂；后者功能强大，适合精通高级编程语言使用者。

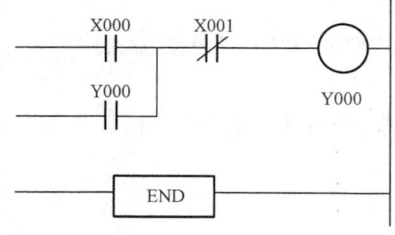

图 6-17 梯形图例

（1）三菱公司的 FX2N 系列产品的最简单的梯形图例，如图 6-17 所示。

本梯形图例有两个程序行，第一程序行用以实现启动、停止控制；第二程序行仅有一个 END 指令，用以结束程序。

（2）将上述梯形图转换成语句表形式：

步序	指令	器件号
0	LD	X000
1	OR	Y000
2	ANI	X001
3	OUT	Y000
4	END	

(3) FX 系列产品,它内部的编程元件,也就是支持该机型编程语言的软元件,分别称为继电器、定时器、计数器等,但它们与真实元件有很大的差别,一般称它们为"软继电器"。这些编程用的继电器,它的工作线圈没有工作电压等级、功耗大小和电磁惯性等问题;触点没有数量限制、没有机械磨损和电蚀等问题。它在不同的指令操作下,其工作状态可以无记忆,也可以有记忆,还可以做脉冲数字元件使用。一般情况下,X 代表输入继电器,Y 代表输出继电器,M 代表辅助继电器,SPM 代表专用辅助继电器,T 代表定时器,C 代表计数器,S 代表状态继电器,D 代表数据寄存器,MOV 代表传输等。

(4) 介绍基本逻辑指令:

① 输入、输出指令(LD/LDI/OUT):

LD/LDI/OUT 三条指令的功能、梯形图表示形式、操作元件以列表的形式说明如下:

符号	功能	梯形图表示	操作元件
LD(取)	常开触点与母线相连	⊢⊦	X,Y,M,T,C,S
LDI(取反)	常闭触点与母线相连	⊢⊬	X,Y,M,T,C,S
OUT(输出)	线圈驱动	⊢○	Y,M,T,C,S,F

LD 与 LDI 指令用于与母线相连的接点,此外还可用于分支电路的起点。

OUT 指令是线圈的驱动指令,可用于输出继电器、辅助继电器、定时器、计数器、状态寄存器等,但不能用于输入继电器。输出指令用于并行输出,能连续使用多次。

说明:如图 6-18 所示,同一个输入点的常开、常闭点可以在程序里重复循环使用,没有数量的限制,只要在内存容量内,可以重复使用多次。

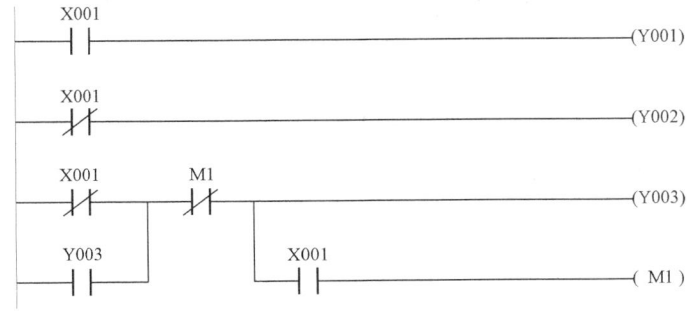

图 6-18 梯形图

常开、常闭触点用法:当外部信号接通时,程序中的常开触点接通;常闭触点断开当外部信号断开时,程序中的常开触点断开,常闭触点接通。

② 触点串联指令(AND/ANI)、并联指令(OR/ORI):

符号(名称)	功能	梯形图表示	操作元件
AND(与)	常开触点串联连接		X,Y,M,T,C,S
ANI(与非)	常闭触点串联连接		X,Y,M,T,C,S
OR(或)	常开触点并联连接		X,Y,M,T,C,S
ORI(或非)	常闭触点并联连接		X,Y,M,T,C,S

AND、ANDI 指令用于一个触点的串联,但串联触点的数量不限,这两个指令可连续使用。
OR、ORI 是用于一个触点的并联连接指令。

③ 电路块的并联和串联指令(ORB、ANB):

符号(名称)	功能	梯形图表示	操作元件
ORB(块或)	电路块并联连接		无
ANB(块与)	电路块串联连接		无

含有两个以上触点串联连接的电路称为串联连接块,串联电路块并联连接时,支路的起点以 LD 或 LDI 指令开始,而支路的终点要用 ORB 指令。ORB 指令是一种独立指令,其后不带操作元件号。因此,ORB 指令不表示触点,可以看成电路块之间的一段连接线。电路块的并联和串联指令(ORB、ANB)梯形图如图 6-19 所示。ANB 同理。

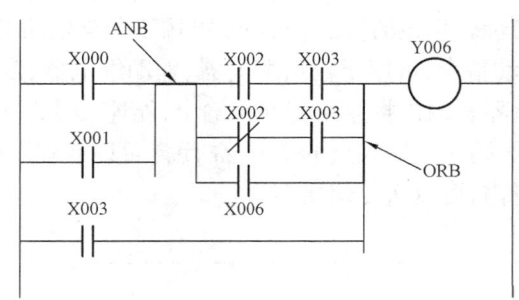

图 6-19 电路块的并联和串联指令梯形图

梯形图转换成语句表形式:
步序 指令 器件号
0   LD   X000
1   OR   X001
2   LD   X002
3   AND X003

4	LDI	X004
5	AND	X005
6	OR	X006
7	ORB	
8	ANB	
9	OR	X003
10	OUT	Y006

④ 程序结束指令(END)：

符号(名称)	功能	梯形图表示	操作元件
END(结束)	程序结束	─[END]─	无

在程序结束处写上 END 指令，PLC 只执行第一步至 END 之间的程序，并立即输出处理。若不写 END 指令，PLC 将以用户存储器的第一步执行到最后一步。因此，使用 END 指令可缩短扫描周期。另外，在调试程序时，可以将 END 指令插在各程序段之后，分段检查各程序段的动作，确认无误后，再依次删去插入的 END 指令。

⑤ 其他的一些指令，如主控指令[MCMCR]、脉冲指令[PLS]，[PLF]、置位复位指令、清除指令、位移指令、主控触点指令、空操作指令、跳转指令等。

(5) 编程原则：

① 每个继电器的线圈和它的触点均用同一编号，每个元件的触点使用时没有数量限制。

② 梯形图每一行都是从左边开始，线圈接在最右边（线圈右边不允许再有接触点），如图 6-20 所示。

(a)错　　　　　　　　(b)正确

图 6-20 梯形图

③ 线圈不能直接接在左边母线上。

④ 在一个程序中，同一编号的线圈如果使用两次，称为双线圈输出，它很容易引起误操作，应尽量避免。

⑤ 在梯形图中没有真实的电流流动，为了便于分析 PLC 的周期扫描原理和逻辑上的因果关系，假定在梯形图中有"电流"流动，这个"电流"只能在梯形图中单方向流动，即从左向右流动，层次的改变只能从上向下。

四、实例

[例 1] 吊车或某些生产机械的提升机构需要做左右上下两个方向的运动，拖动它们的电动机必须能做正、反两个方向的旋转。

由异步电动机的工作原理可知，要使电动机反向旋转，需对调三根电源线中的两根以改变定子电流的相序。因此，实现电动机的正、反转需要两个接触器。主回路，控制回路如图6-21所示。

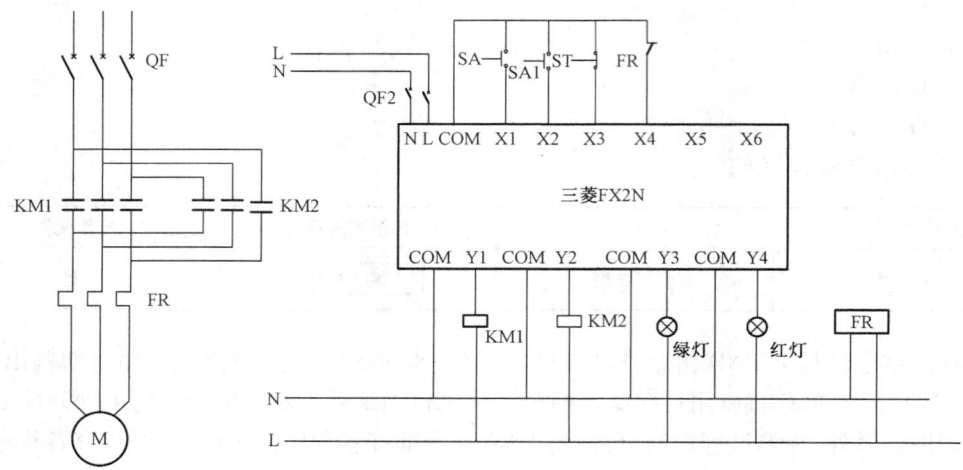

图6-21 主回路、控制回路

梯形图使用FX3.30中文界面编程软件，编辑出梯形图如图6-22所示。

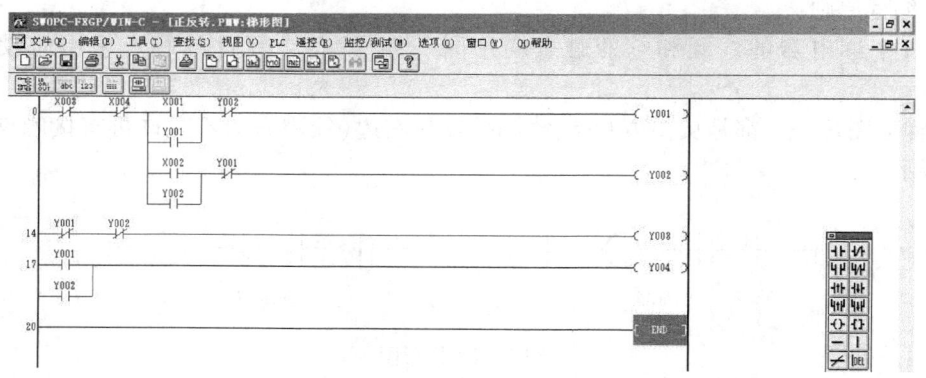

图6-22 梯形图界面

说明：看图6-22所示梯形图与日常正反转控制二次原理图基本上没有什么差别，所不同的就是实际二次使用的是实在电器元件的各个辅助点，而三菱FX2N使用的是PLC内部的软继电器。值得一提的是这里正反接触器的互锁，使用的是内部软继电器的触点，大大提高了互锁的可靠性。按图接线，将程序通过通信电缆下载到PLC中就可以控制电动机的正反转了。

[例2] 电动机控制里常遇到的Y—△转换控制，采用PLC以后大大提高了设备的安全性及稳定性，因为未使用PLC的电器元件使用的是元件本身的辅助触点，受环境和使用寿命的限制，经常出现损坏现象，使用PLC后用的都是"软继电器"，没有这一方面的顾虑，主回路及控制回路接线如图6-23所示。

梯形图使用FX3.30中文界面编程软件，用置复位的形式编辑出梯形图如图6-24所示。

第六章 可编程序控制器的应用

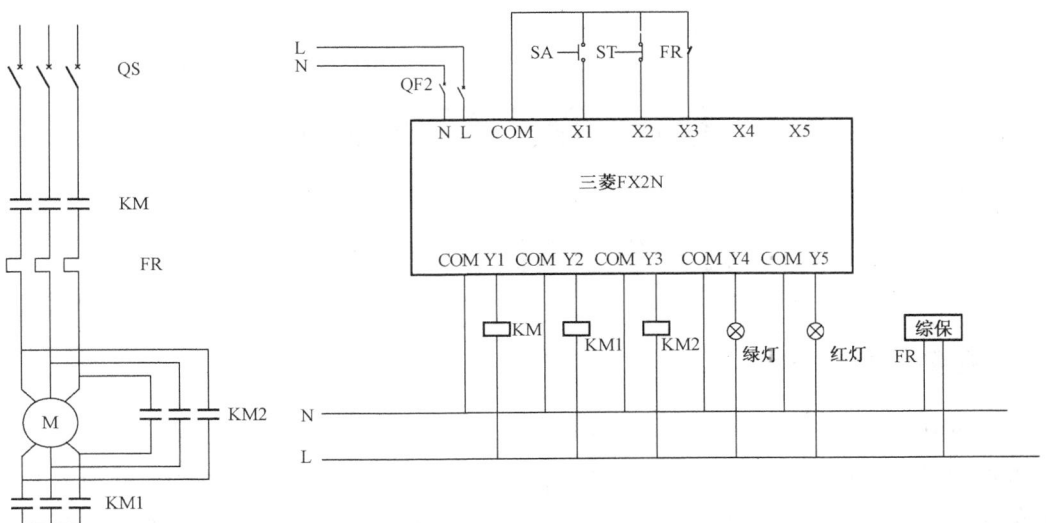

图 6-23 主回路、控制回路

图 6-24 梯形图界面

说明：对照图 6-24，可以看出：

第一步，当 X001 闭合时（启动按钮）接触器 Y001，Y002 被置位，KM，KM1 得电并保持，Y 接；

第二步，当内部 Y002 得电后，时间继电器 T0 K50 开始计时；

第三部，计时时间到达后，KM 依然保持地点状态，Y002 被复位 KM1 失电，Y002 被置位，KM2 得电，转△接；

第四步，当 X002（停止），X003（热保护）闭合时，三个接触器均被复位断开。

第七章 变频器的应用

第一节 变频器基础知识

一、变频器的基础知识

(一)应用

变频器是把工频电源(50Hz 或 60Hz)变换成各种频率的交流电源,以实现电动机的变速运行的设备,其中控制电路完成对主电路的控制,整流电路将交流电变换成直流电。直流中间电路对整流电路的输出进行平滑滤波,逆变电路将直流电再逆变成交流电。对于矢量控制变频器这种需要大量运算的变频器来说,有时还需要一个进行转矩计算的 CPU 以及一些相应的电路。变频调速是通过改变电动机定子绕组供电的频率来达到调速的目的。

(二)分类

变频器的主电路大体上可分为两类:电压型是将电压源的直流变换为交流的变频器,直流回路的滤波是电容,一般电动机没有特殊要求的都使用这种变频器,现在大部分变频器都是电压型的;电流型是将电流源的直流变换为交流的变频器,其直流回路滤波是用电感,用于要求类似直流电动机快速响应性的应用场合,可快速控制异步电动机转矩。

(三)工作原理

电动机的旋转速度是可以改变的,电动机每分钟旋转次数,也可表示为 r/min。例如,2 极电动机 50Hz,3000r/min;4 极电动机 50Hz,1500r/min;电动机的旋转速度与频率成比例。本文中所指的电动机为感应式交流电动机,在工业中所使用的大部分电动机均为此类型电动机。感应式交流电动机(以后简称为电动机)的旋转速度近似地取决于电动机的极数和频率。由电动机的工作原理决定电动机的极数是固定不变的。由于该极数值不是一个连续的数值(为 2 的倍数,例如,极数为 2,4,6),所以一般不适合通过改变该值来调整电动机的速度。另外,频率能够在电动机的外面调节后再供给电动机,这样电动机的旋转速度就可以被自由地控制。因此,以控制频率为目的的变频器,是作为电动机调速设备的优选设备。变频器的调速特性为

$$n = 60f/p$$

式中 n——同步速度,r/min;
  f——电源频率,Hz;
  p——电动机磁极对数。

改变频率和电压是最优的电动机控制方法,如果仅改变频率而不改变电压,频率降低时会使电动机出现过电压(过励磁),导致电动机可能被烧坏。因此,变频器在改变频率的同时必

第七章 变频器的应用

须要同时改变电压。输出频率在额定频率以上时,电压却不可以继续增加,最高只能是等于电动机的额定电压。例如,为了使电动机的旋转速度减半,把变频器的输出频率从50Hz改变到25Hz,这时变频器的输出电压就需要从400V改变到约200V。

(四)变频器的主电路

变频器的主电路一般分为整流电路、滤波电路、控制电路、逆变电路等几大部分,如图7-1所示。

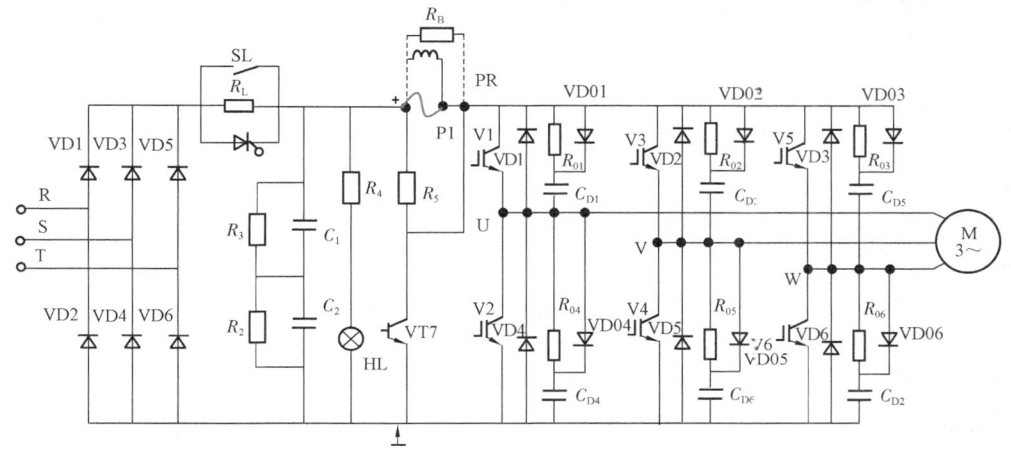

图7-1 变频器主电路

(1)整流电路。

三相桥式整流电路由六个二极管VD1~VD6组成,整流电路块如图7-2所示。利用二极管的单向导通特性,将工频交流电整流为脉动直流。

(2)滤波电路。

组成:C_1、C_2、R_2、R_3。

功能:将脉动直流电变为较平滑的直流电。

原理:C_1、C_2在波峰时电容器可吸收电场能,波谷时电容释放电场能,从而达到直流电稳定的目的。滤波电容器如图7-3所示。

图7-2 整流电路块

图7-3 滤波电容器

电阻均压原理：在两组电容的两端必存在电位差异，为了防止电容的长期不平衡电压造成电容损坏，使用 R_2、R_3 调整电容电压使之均衡。

(3) 逆变电路。

组成：逆变电路块如图 7-4 所示。

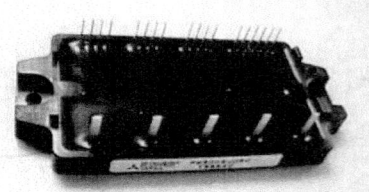

图 7-4 逆变电路块

功能：将直流电变为频率和电压可调的三相交流电。

逆变原理：IGBT 可控开关、SPWM 原理。

(4) 指示电路。

组成：R_4、HL，它不作为变频器是否通电的指示，作为在断电维修时，电容是否放电完毕的指示。

(5) R_L：限流电阻，防止通电瞬间产生很大的冲击电流，损坏整流二极管，待电容充电完毕后将限流电阻切除。

(6) 制动单元。

组成：VT7、R_5。

功能：消耗电动机制动过程中的回馈能量，保护变频器。

工作原理：电动机制动时，回馈电流给 C_1、C_2 充电。当电容两端电压升到一定程度时，计算机控制 VT7 导通，电容通过 R_5 和 VT_7 放电，电阻发热消耗能量，电容两端电压降低，电动机制动。

(7) 输入端子：R、S、T，连接电源。

(8) 输出端子：U、V、W，连接电动机。

(五) 控制电路

控制电路为主电路提供控制信号，以完成电路输出调节和各种保护，实现输出指示的弱电电路。

控制电路各部分功能：

(1) 主控制板：单片机，变频器的控制中心，其功能主要有七类。

(2) 操作面板包括键盘及显示屏等。

键盘：进行运行操作或程序预置，有运行键、模式转换键、读出、写入键、数据增减键、位移键、复位键、数字键等。

显示屏：显示控制面板提供的各种显示数据，分为 LED 数码显示屏（显示无单位的数字量和简单的英文代码）和液晶显示屏（显示数字和文字）。

显示屏显示的数据类型：运行数据、运行时的各种输出数据。

功能参数码：编程时的功能代码和数据。

故障代码：故障状态下的故障代码。

(3) 电源：为控制电路提供直流电源，其内部电源具有电压稳定性好、抗干扰能力强等优点，并与主电路有很好的电气隔离。

(4) 外部端子：

① 主电路的端子：

电源输入端子：R、S、T；

电动机输出端子：U、V、W；

滤波后直流电路正、负端子：P、N；

整流桥输出"+"端子：P+出厂时P+与P用铜片相连，需要接电抗器时拆除接入。

② 控制电路的端子：输入模拟控制端子接收模拟信号调节运行频率。

输入接点控制端子：接收开关信号进行运行控制。

输出监视端子：输出开关信号用于报警或运行状态指示。

③ 输出指示端子：输出与频率成正比的模拟信号，用于指示各种输出数据。

图7-5所示为控制保护电路框图。

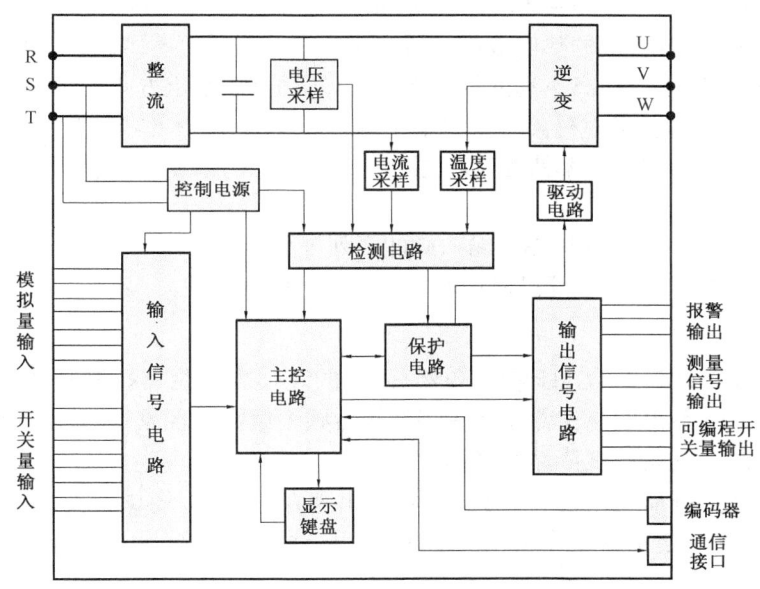

图7-5 控制保护电路框图

(六) 接地

变频器各部分均有独立的接地端，这些接地端不能连接在一起。

(1) 主电路接地端：PE。

(2) 输入接点控制端子接地端：CM。

(3) 输入模拟控制端子接地端：GND。

二、变频器的频率给定

要调节变频器的输出频率，必须首先向变频器提供改变频率的信号，这个信号，称为频率给定信号，也有称为频率指令信号或频率参考信号。

(一)面板给定方式

(1)键盘给定频率的大小通过键盘上的升键(↑键)和降键(↓键)来进行给定。键盘给定属于数字量给定,精度较高。

(2)部分变频器在面板上设置了电位器,频率大小也可以通过电位器来调节。电位器给定属于模拟量给定,精度稍低。

优点:面板功能强大,即时显示各种运行参数及故障代码。

缺点:不能远距离操作,受连接线长度的限制。

(二)外部给定方式

从外接输入端子输入频率给定信号来调节变频器输出频率的大小。

(1)外接模拟量给定:电压信号给定范围:0~10V、2~10V、0~±10V、0~5V、1~5V、0~±5V等。电流信号给定范围:0~20mA、4~20mA等。两者相比电流信号在传输过程中,不受线路电压降、接触电阻及杂散的热电效应和感应噪声等的影响,抗干扰能力较强,但由于电流信号电路比较复杂,因此在距离不远的情况下,仍以选用电压给定方式居多。

(2)外接数字量给定:通过外接开关量端子输入开关信号进行给定。

其优点是数字量给定时频率精度较高,数字量给定通常用触点操作,不易损坏,且抗干扰能力强。

(3)外接脉冲给定:通过外接端子输入脉冲序列进行给定。

(4)通信给定:由PLC或计算机通过通信接口进行频率给定。

(三)实例

某炼化企业生产线有一台11kW变频器,采用的是远方电位器控制频率的给定,距离30余米。使用半年后突然出现电位器无法控制变频器频率给定的现象,经万用表测试,电位器完好,线路无断点,从新安装调试依然不好用。

使用电位器在变频器现场进行调试,问题就出现在导线上,经试验使用备用芯线双线并行,变频器调试正常。这是由于连接导线过长,使用一段时间后氧化层加厚,导致电压信号减弱,调频不正常。

第二节 变频器常用参数

一、变频器参数设置原则

变频器出厂时,厂家对每个参数都预设一个值,这些参数值称为出厂值。一般出厂值并不能满足大多数传动系统的要求,用户在正确使用变频器之前,要求对变频器参数做如下设置:

(1)确认电动机参数。设定电动机的功率、电流、电压、转速、最大频率。这些参数可以从电动机铭牌中直接得到。

(2)变频器采取的控制方式,即速度控制、转矩控制、PID或其他方式。选定控制方式后,一般要根据控制精度需要进行静态或动态辨别。

(3)设定变频器的启动方式。一般变频器在出厂时设定从面板启动,用户可以根据实际情况选择启动方式,可以用面板、外部端子、通信方式等几种启动方式。

(4) 给定信号的选择。一般变频器的频率给定也可以有多种方式:面板给定、外部给定、外部电压或电流给定、通信方式给定等。当然对于变频给定也可以是这几种方式的一种或几种方式之和。

正确设置以上参数后,变频器基本能正常工作,如要获得更好的控制效果则只能根据实际情况修改相关参数。一旦发生参数设置故障,可根据说明书进行修改参数。如果不行,可将数据初始化,恢复出厂值,然后按上述步骤重新设置,对于不同品牌的变频器其参数恢复出厂值方式也不同。

二、常用参数及实例

变频器功能参数很多,一般都有数十甚至上百个参数供用户选择。实际应用中,没必要对每一参数都进行设置和调试,多数只要采用出厂设定值即可。但有些参数由于和实际使用情况有很大关系,且有的还相互关联,因此要根据实际进行设定和调试。

(一) 极限频率

极限频率变频器输出频率的上、下限幅值。频率限制是为防止误操作或外接频率设定信号源出故障,而引起输出频率的过高或过低,以防损坏设备的一种保护功能,在应用中按实际情况设定即可。此功能还可作限速使用,如有的皮带输送机,由于输送物料不太多,为减少机械和皮带的磨损,可采用变频器驱动,并将变频器上频率设定为某一频率值,这样就可使皮带输送机运行在一个固定、较低的工作速度上。极限频率包括:

(1) 最高频率 f_{max} 变频器允许输出的最高频率,一般为电动机的额定频率。

(2) 基本频率 f_b:又称基准频率或基底频率,只有在 U/f 模式下才设定,它是指当输出电压 $U = U_N$ 时,f 达到的值 f_N,一般为额定频率。

(3) 上限频率 f_H 和下限频率 f_L:

① 上限频率 f_H:允许变频器输出的最高频率。

② 下限频率 f_L:允许变频器输出的最低频率。

设置 f_H、f_L 的目的是限制变频器的输出频率范围,从而限制电动机的转速范围,防止由于误操作造成事故。

上限频率与下限频率如图 7-6 所示。

(4) 注意:上限频率小于最高频率,上限频率比最高频率优先。这是因为,上限频率是根据生产机械的要求来决定的,所以具有优先权。生产机械根据工艺过程的实际需要,常常要求对转速范围进行限制。

[实例] 某纺丝企业丝束切割机使用的是富士变频器,为了配合传动辊的速度,不至于过紧或落丝,切割盘变频器设定上限频率为 50Hz,下限频率 30Hz。

(二) 加速时间和减速时间

加速时间就是输出频率从 0 上升到最大频率所需

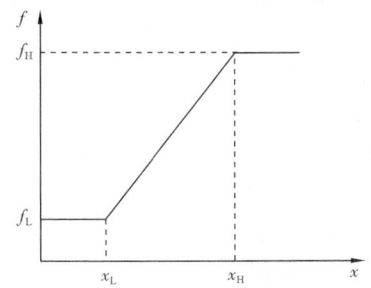

图 7-6 上限频率与下限频率

时间;减速时间是指从最大频率下降到0所需时间。通常用频率设定信号上升、下降的加减速时间。在电动机加速时限制频率设定的上升率以防止过电流,减速时则限制下降率以防止过电压。

(1)加速时间设定要求:将加速电流限制在变频器过电流容量以下,不使过流失速而引起变频器跳闸;减速时间设定要点是防止平滑电路电压过大,不使再生过压失速而使变频器跳闸。加减速时间可根据负载计算出来,但在调试中常采取按负载和经验先设定较长加减速时间,通过启、停电动机观察有无过电流、过电压报警,然后将加减速设定时间逐渐缩短,以运转中不发生报警为原则,重复操作几次,便可确定出最佳加速和减速时间。

(2)变频器的实际加速和减速时间一般小于等于理论设定的加速和减速时间。

(3)加速时间设定的原则及方法:兼顾启动电流和启动时间,一般情况下负载重时加速时间长,负载轻时加速时间短。

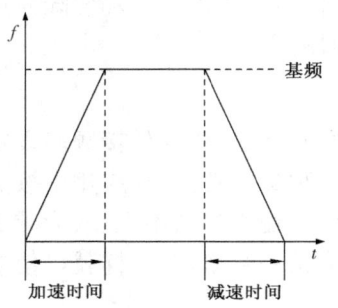

图7-7 加速时间和减速时间

加速时间设置方法:用试验的方法,使加速时间由长而短,一般使启动过程中的电流不超过额定电流的1.1倍为宜,有些变频器还有自动选择最佳加速时间的功能。

(4)减速时间设定的必要性及设置原则:

重负载制动时,制动电流大可能损坏电路,设置合适的减速时间,可减小制动电流;水泵制动时,快速停车会造成管道"空化"现象,使管道损坏。

减速时间的设定原则:兼顾制动电流和制动时间。

(5)变频器在不同的段速可设置不同的加速和减速时间,如图7-7所示。

[**实例**]某换热站,使用一台西门子75kW变频器,用于采暖系统,经常出现停机后电动机反转,负载在突然断电时,由于泵管道中的液体重力而倒流。若逆止阀不严或没有逆止阀,将导致电动机反转(水锤现象),而使变频器发生故障或烧坏。

在变频器系统设计时,应使变频器按减速曲线停止,在电动机完全停止后再断开主电路,或者设定"断电减速停止"功能,可避免该现象的发生。

(三)加速曲线和减速曲线

(1)加速曲线:有三种加速曲线,如图7-8所示。

① 线性上升曲线:频率随时间呈正比的上升,适用于一般要求的场合。

② S形上升曲线:先慢、中快、后慢,启动、制动平稳,适用于传送带、电梯等对启动有特殊要求的场合。

③ 半S形上升曲线:反(上)半S形上升曲线:适用于泵类和风机类负载;正(下)半S形上升曲线:适用于大惯性负载。

(2)减速曲线与加速曲线类似。

(3)组合曲线的设置:根据不同的机型可分为三种情况:

① 只能预置加速、减速的方式,曲线形状由变频器内定,用户不能自由设置。

② 用户可选择不同加速、减速时间的s区(如0.2s、0.5s、1s等)。

③ 用户可在一定的非线性区内设置时间的长短。

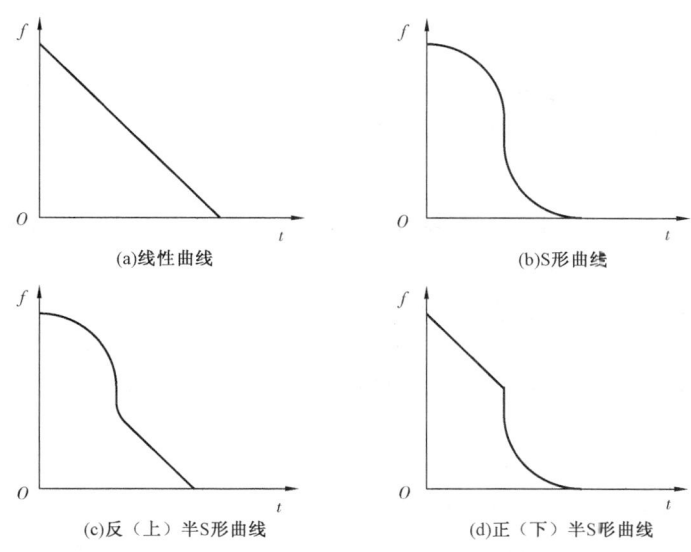

图 7-8 加速曲线

[**实例**]调试一台锅炉引风机的变频器时,先将加速、减速曲线选择非线性曲线,启动运转变频器时就跳闸,调整改变许多参数无效果,后改为 S 形曲线后就正常了。

究其原因是:启动前引风机由于烟道烟气流动而自行转动,且反转而成为负向负载,这样选取了 S 形曲线,使刚启动时的频率上升速度较慢,从而避免了变频器跳闸的发生。当然这是针对没有启动直流制动功能的变频器所采用的方法。应该根据现场实际情况适当采用加速、减速方式。

(四)回避频率

(1)回避频率也称跳跃频率或跳转频率,表示变频器跳过而不运行的频率,一般情况下一个系统可设三个以上回避频率,如图 7-9 所示。

(2)设置回避频率是为了避免系统共振。

(3)设置回避频率的方法:

① 设定回避频率的上端和下端频率,如 43Hz、39Hz;

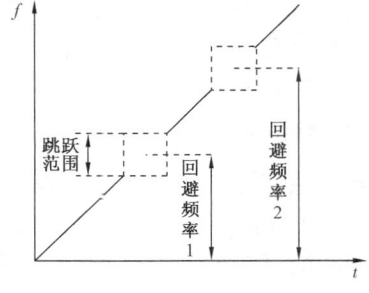

图 7-9 回避频率曲线

② 设定回避频率值和回避频率的范围,如 41Hz、3Hz;

③ 回避频率范围由变频器内定。

[**实例**]某化纤纺丝行业使用变频器控制打包机进丝量,在运行到某一速度时发生过电流指示 OC,经多次观察发现运行到这一速度时机械部分发生强烈振动,判断为机械共振,并将此速度时显示的频率设为回避频率,问题即得到解决。

(五)段速频率设置功能

(1)段速控制功能:指不同时间段对应的输出频率不同,它是通用变频器的基本功能。

(2)段速运行控制参数:段速频率、段速时间、段速开始指令、段速运行模式,一般有

4～16段。

(3) 段速功能的设置与执行:

按程序设置,设置和执行步骤为:设置段速频率→设置段速时间→设置加速时间→设置减速时间→设置运转方向→设置运行模式→按运行键。

(六) 频率偏置

频率偏置是指输入模拟控制信号和输出频率不同时为 0 的现象,分为正向偏置和反向偏置两种情况。

(1) 正向偏置:输入模拟信号为 0 时输出频率大于 0。

(2) 反向偏置:输入模拟信号大于某一值时才有输出频率。

设置频率偏置的目的是配合频率增益,调整多台变频器联动的比例精度,也可作为防止噪声的措施。

[**实例**] 多单元拖动系统的同步运行。

在造纸、印染、纺丝等机械中,整台机器具有若干个单元,每个单元都有各自独立的拖动系统,第 1 单元由电动机 M1 拖动,第二单元由电动机 M2 拖动⋯通常,把第 1 单元称为主令单元,后面的各单元称为从动单元。在这种情况下,总是要求被加工物在各单元的线速度一致。显然,如果后面速度低于前面,将导致被加工物的堆积;反之,如果后面的速度高于前面,得导致被加工物的撕裂。因此,对于多单元拖动系统的要求是:在调速时,各单元必须同时调节,各单元的运行线速度必须步调一致,即实现同步运行。主令单元为固定频率,从令单元除了固定频率外,通过外部测速反馈,通过频率偏置、叠加,保持与主令单元同步。

(七) 电子热过载保护

电子热过载保护为保护电动机过热而设置,它是变频器内 CPU 根据运转电流值和频率计算出电动机的温升,从而进行过热保护。本功能只适用于"一拖一"场合,而在"一拖多"时,则应在各台电动机上加装热继电器。

电子热保护设定值(%) = (电动机额定电流/变频器额定输出电流) × 100%

(八) 转矩限制

转矩限制可分为驱动转矩限制和制动转矩限制两种。它是根据变频器输出电压和电流值,经 CPU 进行转矩计算,可对加速、减速和恒速运行时的冲击负载恢复特性有显著改善。转矩限制功能可实现自动加速和减速控制。假设加速、减速时间小于负载惯量时间时,也能保证电动机按照转矩设定值自动加速和减速。驱动转矩功能提供了强大的启动转矩,在稳态运转时,转矩功能将控制电动机转差,而将电动机转矩限制在最大设定值内,当负载转矩突然增大时,甚至在加速时间设定过短时,也不会引起变频器跳闸。在加速时间设定过短时,电动机转矩也不会超过最大设定值。驱动转矩大对启动有利,以设置为 80%～100% 为合适。制动转矩设定数值越小,其制动力越大,适合急加速、减速的场合,如制动转矩设定数值设置过大会出现过压报警现象,如制动转矩设定为 0%,可使加到主电容器的再生总量接近于 0,从而使电动机在减速时,不使用制动电阻也能减速至停转而不会跳闸。但在有的负载上,如制动转矩设定为 0% 时,减速时会出现短暂空转现象,造成变频器反复启动,电流大幅度波动,严重时会使变频器跳闸,应引起注意。

[**实例**]变频器在电动机空载时工作正常,但不能带负载启动。这种问题常常出现在恒转矩负载。某厂一台 FRN160P7.4EX 变频器在试车时电动机空试正常,但一带负荷即跳闸,提高了加速和减速时间后仍无法带载。继续检查转矩提升值,将转矩提升值由"2"改为"7"后,提高了低频时的电压输出,改善了低频时的带载特性,电动机带载正常。

遇到上述问题时应重点检查加速和减速时间设定及转矩提升设定值。

第三节 变频器主要故障及处理

一、变频器的主回路故障检查及处理

变频器的整体结构主要由主回路、驱动电路、开关电源电路、保护检测电路、通信接口电路、控制电路等组成。

在这些电路中,中央微处理器、数字处理器、ROM、RAM、EPROM 等集成电路涉及程序问题。程序资料每个厂商都是绝对保密的,各厂家、各品牌其内容各不相同,一旦这方面出现故障,只有厂方和委托代理方能够解决。除此之外,变频器的故障,原则上都是能够解决的。

本节对主要电路故障和处理,做较详细的介绍。

主回路主要由整流电路、限流电路、滤波电路、能耗制动电路、逆变电路电路等组成。

(一)整流电路

整流电路实际上就是一块整流模块。它的作用是把三相(或单相)50Hz、380V(220V)的交流电源,通过桥式整流模块变成脉动直流电。

(1)整流电路(整流模块)的故障现象:

① 整流模块中的整流二极管一个或多个损坏而开路,导致主回路 P、N 电压值下降或无电压值;

② 整流模块中的整流二极管一个或多个损坏而短路,导致变频器输入电源短路,供电电源跳闸,变频器无法接上电源。

(2)整流电路(整流模块)的故障原因:

① 自身老化损坏;

② 主回路有短路现象,损坏整流模块。

(3)查找方法:

① 首先换下整流模块,用万用表检测主回路,若主回路无短路现象,说明整流模块是自然损坏,更换新元件即可;

② 若主回路有短路现象,要检测出是哪一个元件引起短路的,可能是制动电路中的制动电阻 R_b 和制动单元 VT7 均短路;滤波电容短路;逆变模块短路等。通过检测具体落实主回路短路的原因,处理完毕,更换新元件。

[**实例**]某毛纺厂使用富士 E9 系列变频器,用于长丝切割。使用一年多,突然打出"UV"代码停机,使用万用表检查 P、N 端子无电压,P、+N 也没有电压,说明变频器整流部分出现问题。打开变频器测量整流器件,发现已经开路。经观察分析,由于环境原因,灰尘比较大,发现

整流元件散热片积满了灰尘,影响其散热,清理散热片,更换整流元件,变频器箱体做密封,问题得到解决。需要注意的是外部电源对整流元件影响比较大,允许范围在 ±10%,更换完整流元件不要盲目送电,应检查电源电压。

(二)限流电路

限流电路是限流电阻和继电器触点(或可控硅)相并联的电路。变频器开机瞬间会有一个很大的充电电流,为了保护整流模块,充电电路中串联限流电阻以限制充电电流值。随着充电时间的增长,它的充电电流减少,当减少到某一数值时,继电器动作触点闭合,短接限流电阻。正常运行时,主回路电流流经继电器触点。

(1)限流电路故障现象:

① 短路现象变频器跳闸,过流故障显示;

② 断路现象为主回路 P、N 端,无电压值。

(2)限流电路故障原因:

① 继电器触点氧化,接触不良,导致变频器工作时,主回路电流部分或全部流经限流电阻,限流电阻被烧毁;

② 继电器触点烧毁,不能恢复常开态,导致开机时,限流电阻不起作用,过大的充电电流损坏整流模块;

③ 继电器线圈损坏不能工作,导致变频器工作时,主回路电流全部流经限流电阻,限流电阻被烧毁;

④ 限流电阻烧毁,由原因(2)中①、②所致,再就是限流电阻老化损坏。变频器接通电源,主回路无直流电压输出,因此,也就无低压直流供电,操作盘无显示,直流指示灯不亮。

(3)查找方法:

拆除充电电阻,用万用表测量电阻值,判断是开路,还是短路,并且查找继电器是否有损坏。一些变频器限流电路中,不用继电器,而用可控硅等开关器件。可控硅等开关器件损坏分开路、短路和无触发信号三种情况。

[**实例**]有一台11kW 的变频器用了三年多后,偶尔上电时显示"AL5"(alarm5 的缩写),说明书中说 CPU 被干扰。经过多次观察发现是在充电电阻短路,接触器动作时出现的,怀疑是接触器造成的干扰,在控制脚加上阻容滤波后故障即被解除。

(三)滤波电路

滤波电路是将整流电路输出的脉动直流电压,变成为波动较小的直流电压。通常变频器为电压型,由滤波电解电容器稳定整流电路的输出。对于 380V 电源的变频器,是两个电解电容器并联后再串联起来。两个均压电阻是为了使直流电压平分加到每组电容上。

(1)滤波电路故障现象及原因:

① 滤波电容器老化,其容量低于额定值的 85%,变频器运行时,输出电压低于正常值;

② 滤波电容器损坏成开路,导致变频器运行时输出电压低于正常值;电容器损坏成短路,会导致另一只滤波损坏,进而可能损坏限流电路中的继电器、限流电阻,损坏整流模块;

③ 均压电阻损坏,均压电阻损坏后,会由于两个电容器受压不均而逐个因超压被损坏。

(2)查找方法:

拆除均压电阻及电容器,电阻用万用表进行测量,对滤波电容器进行容量与耐压测试,观察电容器上的安全阀是否爆开,有没有漏液现象来判断其好坏。

[**实例**]132kW 变频器停机一段时间(大概几天),用户发现滤波电容器漏液了,电容器漏液大多数是因为电压长期过高造成的,当然也有电容器本身质量不良的案例。滤波电容器在变频器内部是并、串结构,串联增加耐压(电容器一般的耐压 400~450V),并联增加容量。同时,中性点并联有两组均压电阻,电阻有问题也会影响电容器的运行状态。经过仔细检查发现电阻由于氧化造成阻值增大,引起相对应电容器组长期过电压,造成漏液。

(四)能耗制动电路

制动电路工作时,可以使变频器在减速过程中,增加电动机的制动转矩,同时吸收制动过程中产生的泵升电压,使主回路的直流电压不至于过高。

(1)制动电路的故障现象及原因:

在减速停车过程中,电动机的再生电能回馈,使变频器直流回路电压异常升高,有时会因过电压故障而停机。制动控制管 VT7 损坏,造成开路,失去制动功能;若造成短路,制动电路始终处于工作状态,制动电阻 R_b 会损坏,同时增加整流模块的负荷,整流模块易老化,甚至损坏。

(2)查找方法:

找到控制管和内置制动功率电阻,检查其是否损坏。

[**实例**]一台东元 7300PA 75kW 变频器,因 IGBT 模块炸裂送修。检查 U、V 相模块俱已损坏,驱动电路受强电冲击也有损坏元件。将模块和驱动电路修复后,带 75kW 电动机试机,运行正常。运行约一个月时间,模块又炸裂,检查为两相模块损坏。在生产现场,找到了损坏的原因。原来变频器的负载为风机,因工艺要求,运行 3min,又需要在 30s 内停机,采用自由停车方式,现场做了个试验,因风机为大惯性负荷,电动机完全停住需要 20min。为快速停车,用户将控制参数设置为减速停车,将减速时间设置为 30s。在减速停车过程中,电动机的再生电能回馈,使变频器直流回路电压异常升高,有时即跳出过电压故障而停机。用户往往实施故障复位后,又强制开机。正是这种回馈电能,使直流回路电压异常升高,超出了 IGBT 的安全工作范围,而导致模块炸裂。

(五)逆变电路

逆变电路的基本作用是在驱动信号的控制下,将直流电源转换成频率和电压可以任意调节的交流电源,即变频器的输出电源,它有六个开关器件(如 GTR、IGBT 等),组成三相桥式逆变电路。这些开关器件都是做成模块形式,通常由同一桥臂上下两个开关器件组成一个模块,或由六个开关器件组成一个模块。

(1)逆变电路故障现象及原因:

六个开关器件中的一个或一个以上损坏,造成输出电压波动、断相或无输出现象。同一桥臂上下两个开关器同时损坏短路(主回路短路),造成限流电路的继电器或可控硅、整流模块损坏。

损坏原因是负载电流过大,主回路直流电压过高,而过流保护和过压保护又未起到保护作用;驱动信号不正常,出现同一桥臂上下两个开关器件同时导通,逆变模块老化等。

同时,已有许多小功率变频器采用集成功率模块或智能功率模块。智能功率模块内部高度集成了整流模块、限流电路中的可控硅、逆变模块、驱动电路、保护电路及各种传感器。它的优点是使变频器外围电路减少,只有一块功率模块,安装方便、体积减小。缺点是智能模块中只要其中的一个部件损坏,整个模块就要更换,导致修理费用增加或无修理价值。

(2)查找方法:

查看电路板逆变模块是否有打火现象,一般情况下,逆变在过压、过流状态下容易出现击穿现象。判断方法是将万用表拨在 $R \times 10k$ 挡,用黑表笔接 IGBT 的集电极 C,红表笔接 IGBT 的发时极 E,此时万用表的指针在零位,用手指同时触及栅极 G 和集电极 C,这时工 GBT 被触发导通,万用表的指针摆向阻值较小的方向,并稳定指示在某一位置,然后再用手指同时触及栅极 G 和发射极 E,这时 IGBT 被阻断,万用表的指针回零,此时即可判断 IGBT 是好的。

[**实例**]安川616G5,3.7kW 的变频器,故障现象为三相输出正常,但在低速时电动机抖动,无法进行正常运行。首先怀疑变频器驱动电路损坏,正确的解决办法应该是确定故障现象后将变频器打开,将 IGBT 逆变模块从印刷电路板上卸下,使用电子示波器观察六路驱动电路打开时的波形是否一致,找出不一致的那一路驱动电路,更换该驱动电路上的光耦,一般为 PC923 或者 PC929,然后再用示波器观察,待六路波形一致后,装上 IGBT 逆变模块,进行负载试验,抖动现象即可消除。

二、变频器常见故障类型及处理

(一)过流(OC)类故障原因分析及处理

1. 过电流故障

过电流是变频器报警最为频繁的现象,出现这种故障显示时,首先检查电动机连接端 U、V、W 电路有无相间短路现象或对地短路现象;其次检查负载是否太重,减少负载;最后检查加速、减速时间参数是否太短,转矩提升参数是否太大,减少转矩提升量。如果无这些现象,可以断开输出侧的电流互感器和直流侧的霍尔电流检测点,复位后运行,看是否出现过流现象,如果出现的话,很可能是保护模块出现故障。因为保护模块内含有过压过流、欠压、过载、过热、缺相、短路等保护功能,而这些故障信号都是经模块控制引脚的输出传送到微控器的,微控器接收到故障信息后,一方面封锁脉冲输出,另一方面将故障信息显示在面板上。更换保护模块可解决此现象。加速或减速中过电流,这往往是由于加速或减速过快而引起的,可通过增大加(减)速时间或准确预置升(降)速自处理(防失速)功能而解决。

2. 变频器常见的三类过电流故障

(1)重新启动时,一升速就跳闸,这是过电流十分严重的现象。故障主要原因:负载短路,机械部位有卡住;逆变模块损坏;电动机的转矩过小等现象引起。

(2)上电就跳,这种现象一般不能复位。故障主要原因:模块损坏、驱动电路损坏、电流检测电路损坏。

(3)重新启动时并不立即跳闸,而是在加速时跳闸,其主要原因:加速时间设置太短、电流上限设置太小、转矩补偿设定较高。

3. 实例分析

a. 一台 LG 3.7kW 变频器一启动就跳,显示"OC"

分析与维修:打开机盖没有发现任何烧坏的迹象,在线测量整流管没有问题,为进一步判断问题,把整流管拆下后测量 7 个单元的大功率晶体管开通与关闭都很好。在测量上半桥的驱动电路时发现有一路与其他两路有明显区别,经仔细检查发现一只光耦输出脚与电源负极短路,更换后三路基本一样。模块装上上电运行一切良好。

b. 一台巴马格 2.2kW 变频通电就跳,显示"OC",且"OC"不能复位

分析与维修:首先检查逆变模块没有发现问题。其次检查驱动电路也没有异常现象,估计问题不在这一块,可能出在过流信号处理这一部位,将其电路传感器拆掉后上电,显示一切正常,故认为传感器已坏,找一新品换上后带负载实验一切正常。

(二)过电压(OU)类故障原因分析及处理

变频器的过电压集中表现在直流母线的直流电压上。正常情况下,变频器直流电为三相全波整流后的平均值,若以 380V 线电压计算,则平均直流电压为 513V。在过电压发生时,直流母线的储能电容器将被充电,电压升高,过电压保护阈值为 800V,当电压上升至过电压保护值时,变频器过电压保护动作。因此,对变频器来说,都有一个正常的工作电压范围,当电压超过这个范围时就很可能损坏变频器。

变频器常见的过电压有三类:OU1 加速过电压、OU2 减速过电压、OU3 恒速过电压。过电压报警一般是出现在停机的时候,其主要原因是减速时间太短或没有安装制动电阻及制动单元。变频器出现过电压故障,一般是雷雨天气,由于雷电串入变频器的电源中,使变频器直流侧的电压检测器动作而跳闸,在这种情况下,通常只需断开变频器电源 1min 左右,再合上电源,即可复位;另一种情况是变频器驱动大惯性负载时,其减速时间设置"较短",因为这种情况下,变频器的减速停止属于再生制动,在停止过程中,变频器的输出频率按线性下降,而负载电动机的频率高于变频器的输出频率,负载电动机处于发电状态,机械能转化为电能,并被变频器直流侧的平波电容吸收,当这种能量足够大时,就会产生所谓的"泵升现象",变频器直流侧的电压会超过直流母线的最大电压而跳闸。

对于这种故障,一是将"减速时间"参数设置长些;二是安装制动单元,增大制动电阻;三是将变频器的停止方式设置为"自由停车"。还有一种情况是变频器在电动机空载时工作正常,但不能带负载启动,这种问题常常出现在恒转矩负载。遇到此类问题时应重点检查加速、减速时间设定或提升转矩功能,因而变频器直流回路电压升高,超过其保护值,易出现故障。

[**实例**]一台安川系列 3.7kW 变频器在停机时跳"OU"。

分析与维修:在修这台机器之前,首先要搞清楚"OU"报警的原因何在,这是因为变频器在减速时,电动机转子绕组切割旋转磁场的速度加快,转子的电动势和电流增大,使电动机处于发电状态,回馈的能量通过逆变环节中与大功率开关管并联的二极管流向直流环节,使直流母线电压升高所致,因此应该着重检查制动回路,测量放电电阻没有问题,在测量制动管时发现管子已被击穿,更换后上电运行,且快速停车没有问题,故障得到解决。

(三)欠压(LU)类故障原因分析及处理

欠电压也是在使用中经常碰到的问题。其现象主要是主回路电压太低(380V 系列低于

400V）。故障主要原因：整流桥某一路损坏或可控硅三路中有某相工作不正常的都有可能导致欠压故障的出现；其次是主回路接触器损坏，导致直流母线电压损耗在充电电阻上面有可能导致欠压；还有就是电压检测电路发生故障而出现欠压问题。多数变频器的母线电压下限为400V，当直流母线电压降至400V以下时，变频器才报告直流母线低电压故障。当两相输入时，直流母线电压为 $380 \times 1.2 = 452V > 400V$。当变频器不运行时，由于平波电容的作用，直流电压也可达到正常值，新型的变频器都是采用pwm控制技术，调压、调频的工作在逆变桥完成，所以在低频段输入缺相仍可以正常工作，但因为输入电压低，输出电压也低，造成异步电动机转矩低，频率上不去。

[实例1] 一台富士FRN18.5G11-4CX变频器上电跳"LU"。

分析与维修：经检查这台变频器的整流桥充电电阻都是好的，但是上电后没有听到接触器动作，因为这台变频器的充电回路不是利用可控硅，而是靠接触器的吸合来完成限制充电电流过程的，因此认为故障可能出在接触器或控制回路，以及电源部分。拆掉接触器单独加24V直流电，接触器工作正常。继而检查24V直流电源，经仔细检查该电压是经过LM7824稳压管稳压后输出的，测量该稳压管已损坏，找一新品更换后上电工作正常。

[实例2] 一台富士FRN280G11-4CX变频器在运行时，显示欠电压"LU"。

分析与维修：在启动大功率设备（如2号氮氢压缩机4000kW同步电动机）时，与其在同一电源上的其他两台富士FRN5.5G11-4CX变频器在运行时没有跳，唯独这台变频器在运行时跳，显示欠电压"LU"报警。断电后，打开外壳，检查这台变频器的内部一二次回路中压接线无松动现象；检查电动机接线盒内部接线无接触不良现象。上电后，检查变频器的设定参数，F14设定值为"1"（瞬停再启动不动作），修改变频器的设定参数F14，设定值为"3"（瞬停再启动动作），变频器检出欠电压后保护功能不动作，停止输出，电源恢复时自动再启动。自从修改完变频器的设定参数后，在启动大功率设备时，此台变频器在运行时没有发生欠电压"LU"跳过。

（四）过载故障（OLU）原因分析及处理

过载也是变频器跳动比较频繁的故障之一。看到过载现象，首先应该分析是电动机过载还是变频器自身过载。一般来讲电动机由于过载能力较强，只要变频器参数表的电动机参数设置得当，一般不大会出现电动机过载。而变频器本身由于过载能力较差很容易出现过载报警。可以检测变频器输出电压，其过载可能原因是加速时间太短、电网电压太低、负载过重等原因引起的。一般可通过延长加速时间、延长制动时间、检查电网电压来解决；负载过重，减小负载；所选的变频器不能拖动该负载，更换、增大变频器容量；若是由于机械润滑不好引起，对生产机械应进行检修。

[实例] 一台富士FRN11G11-4CX变频器拖动一台7.5kW电动机，投入运行时，跳停频繁，显示（OLU）。

分析与维修：现场检查机械，机械部分盘车轻松，无堵转现象；参考其使用说明书，检查变频器的参数，经检查，偏置频率原设定为3Hz，变频器在接到运行指令但未给出调频信号之前，电动机将一直接收3Hz的低频运行指令而无法启动。经测定该电动机的堵转电流达到50A，约为电动机额定电流的3倍；变频器过载保护动作属正常。修改变频器的参数，将"偏置频率"恢复出厂值，修改偏置频率为0Hz，电动机启动得以恢复正常。

(五)过热(OH)故障原因及分析

变频器过热时发出温度过高报警,经检查温度传感器正常,则可能是干扰引起的,可以把故障屏蔽。另外,还应检查变频器的冷却风扇及散热片通风情况,更换堵转冷却风扇,转动慢风机进行修复,清扫变频器,消除散热片堵塞;周围环境温度过高,需降低周围环境温度。

[**实例**]一台 ABB ACS500 22kW 变频器客户反映在运行半小时左右跳"OH"。

分析与维修:由于是在运行一段时间后才有故障,所以温度传感器坏的可能性不大,由于变频器的温度确实太高,通电后发现风机转动缓慢,防护罩里面堵满了很多棉絮(因该变频器是用在纺织行业),经打扫后开机运行良好,数小时后没有再发生跳"OH"故障。

(六)外部条件故障原因分析及处理

外部条件故障也是一种比较常见的故障。此故障无报警代码显示,故障比较隐蔽,不便于查找。如变频器运行后,用"电位器"外部模拟输入电压命令值,调节频率正常,而用"DC4~20MA"外部模拟输入电流命令值,无法调节频率。其可能原因:一是"dc4~20mA"外部模拟输入电流命令信号弱,达不到工作要求;一是"dc4~20ma"外部模拟输入电流命令信号"+、-极性"颠倒,接反。

[**实例**]一台艾默生 TD1000-4T37P,3.7kW 变频器,在现场用"电位器"调速正常,而在控制室用 DCS"DC 4~20mA"自动无法调速。

分析与维修:根据变频器故障现象,检查变频器的设定参数没有发生变化,拆下后更换了同型号的一台变频器,参数设定完毕,开机后故障仍没有消除。断电后,打开变频器外壳,用数字万用表测量变频器控制端子 CCI、GND 的"模拟电流"信号,数字万用表显示为 10mA。原因是检修人员更换变频器时,恢复二次线时,误将变频器控制端子 CCI、GND 的两根线接错位置。将变频器控制端子 CCI、GND 的两根线拆下后调换,处理完毕,上电后试车,此故障消除。

第四节 变频器的选用及使用技巧

一、变频器的选用原则

(1)在下列情况下,变频器容量可以按使用说明书中配用的电动机容量来选择,即配用电动机与实际电动机的容量相同。

① 连续不变的负载,即负载是连续的,在运行过程中,其工作电流保持不变。

② 电动机的裕量很大,即负载虽然是变动的,但由于电动机的裕量大,负载的最大电流不超过变频器的额定电流。

③ 电动机启动时冲击电流时间很短,负载惯性不大,偶尔产生冲击电流,维持时间不可超过 1min。

(2)下列情况需要加大变频器容量:

① 对于一些负载经常变化的变频器,应注意测量电动机的最大运行电流,选择变频器时变频器的额定电流必须大于电动机的最大运行电流。变频器短时间过载还可以承受,长时间就不行了,这是因为变频器过载能力比较差。

② 对加速、减速时间有特殊要求的，即要求能够快速启动和停机，点动频繁的变频器。

③ 有冲击负荷的机械机构，例如，电动机与机械部分是通过离合装置连接的，在离合的瞬间，将会有大的运行电流产生，需要加大变频器容量。

二、变频器一拖多容量的选择

（1）多台电动机同时启动和运行，那么变频器额定电流大于多台电动机额定电流即可，公式为

$$I_N > 1.05 \sim 1.1 \times \sum I_{MN}$$

式中 I_{MN}——是多台电动机额定电流之和。

（2）多台电动机分别启动，需要考虑电动机得直接启动电流，公式为

$$I_N > (1.05 \sim 1.1 \times \sum I_{MN} + K_1 \times \sum I_{ST})/K_2$$

式中 I_{ST}——电动机启动电流（为额定的 $5 \sim 7$ 倍）；

$\sum I_{ST}$——同时启动电动机得总启动电流；

K_1——安全系数，1.2；

K_2——变频器过载能力，1.5。

三、安装变频器需要注意的问题

（一）工作温度

变频器内部是大功率的电子元件，极易受到工作温度的影响，产品一般要求工作温度为 $0 \sim 55$℃，但为了保证工作安全、可靠，使用时应考虑留有余地，最好控制在40℃以下。在控制箱中，变频器一般应安装在箱体上部，为了保证良好的通风，变频器必须垂直安装，两侧不小于100mm、上下不小于150mm，绝对不允许把发热元件或易发热元件紧靠变频器的底部安装。

（二）环境温度

温度太高且温度变化较大时，变频器内部易出现结露现象，其绝缘性能就会大大降低，甚至可能引发短路事故。必要时，必须在箱中增加干燥剂和加热器。在水处理间，一般水气都比较重，如果温度变化大的话，这个问题会比较突出。

（三）腐蚀性气体

使用环境如果腐蚀性气体浓度大，不仅会腐蚀元器件的引线、印刷电路板等，而且还会加速塑料器件的老化，降低绝缘性能。

（四）振动和冲击

装有变频器的控制柜受到机械振动和冲击时，会引起电气接触不良。这时除了提高控制柜的机械强度、远离振动源和冲击源外，还应使用抗震橡皮垫固定控制柜外和内电磁开关之类易产生振动的元器件。设备运行一段时间后，应对其进行检查和维护。

（五）电磁波干扰

变频器在工作中由于整流和变频，周围会产生很多的干扰电磁波，这些高频电磁波对附近

的仪表、仪器有一定的干扰。因此,柜内仪表和电子系统,应该选用金属外壳,屏蔽变频器以减少对仪表的干扰。所有的元器件均应可靠接地。除此之外,各电气元件、仪器及仪表之间的连线应选用屏蔽控制电缆,且屏蔽层应接地。如果处理不好电磁干扰,往往会使整个系统无法工作,导致控制单元失灵或损坏。

变频器正确接地是提高系统稳定性,抑制噪声能力的重要手段。变频器的接地端子的接地电阻越小越好,接地导线的截面不小于4mm,长度不超过5m。变频器的接地应和动力设备的接地点分开,不能共地。信号线的屏蔽层一端接到变频器的接地端,另一端浮空。变频器与控制柜之间电气应相通。

四、限流电阻的选配

(1)限流电阻的阻值,原则上可以根据变频器额定电流来选择。例如,变频器额定电流为10A,限流电阻的阻值$R_L \geq 537/10 = 53.7(\Omega)$。实际上常常不需要计算,估算就可以,即:

容量较小的变频器:选用$R_L = 50 \sim 100\Omega$;
容量较大的变频器:选用$R_L = 10 \sim 40\Omega$。

(2)限流电阻的容量,因为充电时间较短,所以电阻中电流衰减很快,而且还会被开关器件短路,因此限流电阻的容量无需太大,通常选用$P_{RL} \geq 50 \sim 100W$就已经足够。

五、变频器与电动机之间允许的最长距离

(1)由于变频器的输出电压是高压脉冲系列,其频率等于载波频率,峰值等于直流回路电压(513V),当变频器与电动机之间距离很长时,线间的分布电容与电动机的漏磁电感之间有可能因接近谐振点而使电动机的输入电压偏高,从而影响电动机的运行状态。不同的变频器与电动机之间的距离规定见表7-1。

表7-1 不同的变频器与电动机之间的距离规定

变频器型号	相关条件	规定距离,m
森兰 SB40	$f_c \leq 3k \cdot Hz$	≤100
	$f_c \leq 3k \cdot Hz$	≤100
	$f_c \leq 3k \cdot Hz$	≤100
康沃		≤30
英威腾 CVF-G2	$f_c \leq 3k \cdot Hz$	≤100
	$f_c \leq 3k \cdot Hz$	≤100
	$f_c \leq 3k \cdot Hz$	≤100
惠丰 HF-G		≤200
艾默生 TD3000		≤100
富士 G11S	$P_N \leq 3.7kW$	≤50
	$P_N > 3.7kW$	≤100
日立 SJ300		≤20

续表

变频器型号	相关条件	规定距离, m
三菱 FR-540	$P_N \leq 0.4\text{kW}$	≤300
	$P_N > 0.75\text{kW}$	≤500
安川 CIMR-G7	$f_c \leq 5\text{kHz}$	≤100
	$f_c \leq 10\text{kHz}$	≤100
	$f_c \leq 15\text{kHz}$	≤50
ABB ACS800	直接转矩控制 $R_2 \sim R_3$ 外壳	≤100
	直接转矩控制 $R_4 \sim R_6$ 外壳	≤300
	标量控制 R_2 外壳	≤150
	标量控制 $R_3 \sim R_6$ 外壳	≤300
瓦萨 CX	$P_N \leq 1.1\text{W}$	≤50
	$P_N = 1.5\text{W}$	≤100
	$P_N \geq 2.2\text{W}$	≤200

(2)变频器与电动机之间距离较远时,可以采用在变频器输出侧接入输出电抗器。

六、变频器之间的干扰及处理方法

(1)多台变频器在同一控制柜中,因互相感应、干扰,结果各个变频器无法正常运行。

① 从控制线布线入手,尽量远离其他变频器主回路,防止与其他变频器主回路平行布线。

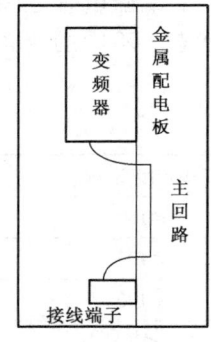

图 7-10 主回路布线

② 从主回路布线入手,控制柜使用金属配电板的,应将主回路由板后布线,如图 7-10 所示。

(2)多台变频器在同一电路中,容易使线路电压波形发生畸变,导致变频器"过压"或"欠压"而误动作。"过压"或"欠压"分两种情况:

① 变频器容量大台数少,应将所有变频器配置交流电抗器;

② 变频器容量小台数多,同时运行时电压波形不一定发生畸变,但是有许多时间很短,瞬间出现的"毛刺"现象,导致变频器跳闸,最好在每个变频器输入侧加滤波器,也可以通过设置变频器"重合闸"功能来防止变频器停止运行。

七、变频器绝缘电阻的正确测定方法

(1)外部接线绝缘电阻测试:为了防止兆欧表的直流高电压施加到变频器上,从而损坏变频器内部的控制回路,应将外部接线拆除,进行测量。

(2)变频器主电路绝缘测试:测量时必须将变频器进线端(R、S、T)和出线端(U、V、W)都连接起来,然后进行绝缘测量。

(3)变频器控制电路绝缘测试:只需使用万用表高阻挡进行测量就可以了,不要用兆欧表或其他高电压仪表测量。

八、安装制动电阻的场合、阻值、容量的选择

（1）有必要加装制动电阻的场合：
① 启动和制动比较频繁的场合；
② 要求快速制动的场合；
③ 有位能负载的场合，如起重机械等。

（2）精确计算制动电阻的阻值是比较繁琐的，也没有必要，因为制动电阻的阻值允许在一定范围内变化。下面介绍一种粗略算法，其公式为

$$R_B = 2.5 U_{DH}/I_{MN}$$

式中 R_B——制动电阻阻值，Ω；
U_{DH}——直流电压上限值，V；
I_{MN}——电动机额定电流，A。

（3）制动电阻应用于不同场合，容量选取应视具体情况进行修正：

$$P_{BO} = U_{DH}^2/R_B$$

$$P_B = P_{BO}\alpha_B$$

式中 P_{BO}—制动电阻接入电路消耗的功率，kW；
α_B—修正系数。
式中，当变频器≤18.5kW 时，α_B 取 0.11~0.3；当变频器≥22kW 时，α_B 取 0.25~0.4。

九、闭环矢量控制原理、作用及应注意的问题

（一）原理

仿照直流电动机的调速特点，使异步电动机也能通过两个互相垂直的直流磁场进行调节，如图 7-11 所示。

（1）将频率给定信号分解成在空中旋转的两个互相垂直的直流磁场信号，分别称为磁场分量 i_M 和转矩分量 i_T，以模拟直流电动机的主磁场和电枢磁场。

（2）在通过一系列的等效变换，将两个分量等效变换成三相旋转磁场的控制信号 i_A、i_B、i_C，用来控制逆变桥工作。

（3）当给定信号发生改变时（转速反馈），仿照直流电动机调速原理，保持主磁场不变，电枢磁场得到调整，从而获得与直流电动机相仿的调速特性。

（二）作用

使电动机的转速严格地与给定速度保持一致，电动机机械特性是很硬的，并且具有很高的动态响应能力。

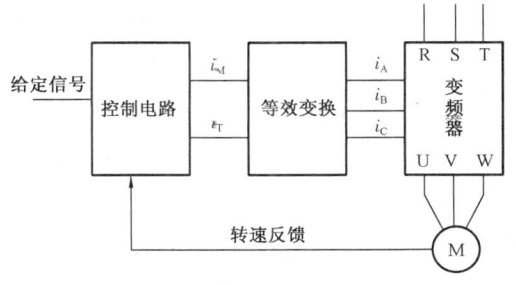

图 7-11 闭环控制原理示意图

(三)应注意的问题

矢量控制是根据电动机参数进行的一系列变换运算,所以一切影响精度计算的场合不适合使用。

(1)变频器与电动机容量相匹配,不可超过50%,否则计算不准确。例如,如110kV·A的变频器应配用75kW的电动机,如果配用了低于37kW的电动机,由于参数相差太大,不宜采用矢量控制。

(2)磁极对数,变频器在设计时是按照4极电动机参数进行设计的,变频器允许的磁极对数可以差一个档次,也就是2极、6极可以进行矢量控制,8极以上不宜采用。

(3)变频器进行一拖多的情况下,不可以采用矢量控制。

(4)装有输出接触器的不宜采用矢量控制,因为当接触器在运行中断开时,则变频器反馈信息消失,变频器为故障状态。

十、变频器正确控制电动机的启动和停止

(1)直接使用变频器上电带电动机运行,有人认为这个无关紧要,大部分变频器是允许上电启动的,而实际上上电启动有2个缺点:

① 可靠性差:变频器在内部控制电路还未充电至正常电压之前,其工作状态会出现紊乱,控制的准确性、可靠性难以保证,甚至还有可能损坏逆变模块;

② 干扰:在变频器启动瞬间,充电电流最大,频繁启动变频器对电网是有很大的干扰。

(2)正确启动、停止电动机的方法:

① 通电对启动的制约:变频器未接通电源之前,正转控制电路不能工作,电动机不能启动,图7-12中KA线圈回路中KM常开触点作用就是只有当接触器已经得电,变频器通电后,继电器KA才能通电。

② 运行对断电的制约:在电动机停止运行前,变频器不能切断电源,图7-12中KM线圈回路中KA常开触点的作用就是只有当继电器已经断电,电动机停机后,接触器KM才能断电。

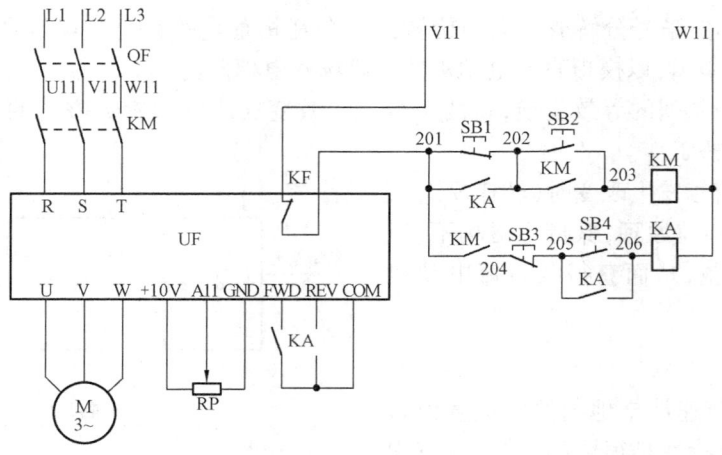

图7-12 变频器启动、停止控制电路

十一、解决工频、变频转换时常出现的炸机现象

所谓的炸机就是变频器由变频向工频转换时,出现自动空气开关跳闸的现象。

(一)工频、变频转换出现大电流的原因

(1)变频转换工频时间太长,转速下降太快,一般来说速度不应小于额定转速的70%。

(2)在转换时,KM2切断电动机电源后,电动机将处于同步发电机状态(电磁过渡过程),将在定子绕组中产生感应电动势,当KM3动作时,会产生定子电动势与电源电压叠加的现象,最大可以产生2倍的冲击电流。

(3)变频器严禁输出侧接入电源。

(二)解决方法

(1)工频、变频转换接触器(KM2、KM3)使用机械互锁接触器,确保变频器输出端不接触电源。

(2)对于惯性较大的机械,例如风机,断电后,转速下降比较慢,电磁过渡过程只有1s左右,所以只要大于1s,基本可以躲开大电流冲击;惯性较小的机械,例如水泵,断电后,转速下降比较快,一般来说选择100ms,一方面保证电动机转速,另一方面100ms是电源电压的5倍周期,可以为定子电动势和电源电压找到同相点(或接近同相点),不会产生较大冲击电流。

十二、电源电压瞬间降低造成变频器跳闸

为了防止因为雷击时,电源电压瞬间降低,造成变频器跳闸现象从而影响生产,其解决办法是:

(1)预置重合闸功能(多数变频器都具有瞬间停电后的自动重合闸功能)。

① 电源停电后,控制系统的电压能够维持的时间较长,只要控制电源电压未衰减到下限值以下,电源恢复时,都可以重合闸。一次预置瞬时停电后重合闸功能的一个很重要参数就是变频器允许停电时间 T_0。

② 重合闸工作过程:变频器瞬间停电,电动机处于自由制动状态;T_0 后,变频器自动将输出频率恢复到跳闸前的频率,检测电流大小,若电流超过限制,则降低频率再试,直至电流大小在正常范围内以后,将频率上升至跳闸前状态,如图7-13所示。

(2)在变频器输入侧串联交流电抗器。交流电抗器除了能改善功率因数外,还可以缓解电源电压的突变。

十三、简要判断变频器故障的过程

在变频器日常维护过程中,经常遇到各种各样的问题,如外围线路问题,参数设定不良或机械故障等一系列问题,同时也有可能是变频器出现故障。

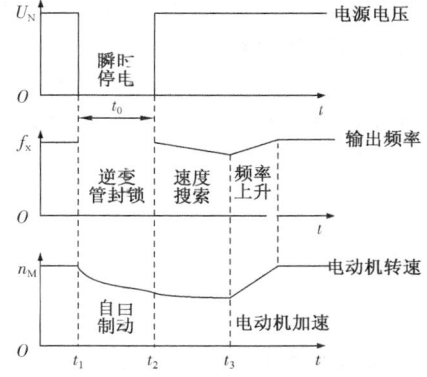

图7-13 停电瞬间,电压、频率、转速关系

(一)静态测试

(1)测试整流电路,找到变频器内部直流电源的 P 端和 N 端,将万用表调到电阻×10 挡,红表笔接到 P,黑表笔分别接到 R、S、T,应该有大约几十欧的阻值,且基本平衡。相反将黑表笔接到 P 端,红表笔依次接到 R、S、T,有一个接近于无穷大的阻值。将红表笔接到 N 端,重复以上步骤,都应得到相同结果。如果有以下结果,可判定电路已出现异常:

① 阻值三相不平衡,可以说明整流桥故障;

② 红表笔接 P 端时,电阻无穷大,可以判定整流桥故障或启动电阻出现故障。

(2)测试逆变电路,将红表笔接到 P 端,黑表笔分别接 U、V、W 上,应该有几十欧的阻值,且各相阻基本相同,相反则应该为无穷大。将黑表笔接到 N 端,重复以上步骤应得到相同结果,否则可以确定逆变模块故障。

(二)动态测试

在静态测试结果正常以后,才可以进行动态测试,即上电试机。在上电前后必须注意以下几点:

(1)上电之前,应确认输入电压是否有误,将 380V 电源接入 220V 变频器之中会出现炸机(炸电容、压敏电阻、模块等)。

(2)检查变频器各接口是否已正确连接,连接是否有松动,连接异常可能导致变频器出现故障,严重时会出现炸机等情况。

(3)上电后检测故障显示内容,并初步断定故障原因。

(4)如未显示故障,首先检查参数是否异常,并将参数复归后,进行空载(不接电动机)情况下启动变频器,并测试 U、V、W 三相输出电压值,如出现缺相、三相不平衡等情况,则模块或驱动板等有故障。

(5)在输出电压正常(无缺相、三相不平衡)的情况下,带载测试。测试时,最好是满负载测试。

十四、长期闲置的变频器可能出现的问题

解决长期闲置变频器或停工上电的变频器容易出现炸机现象。这是因为,闲置变频器电容充电回路充电过程中出现大电流,影响整流模块,造成整流模块故障。这种现象不一定经常出现,但是还是有一定的危险性,应采取简单稳妥的方法来避免这种危险性,这种方法称为预充电,就是在变频器上电前,找一微动开关(就是小容量空气开关),与将要运行的变频器进行连接,电源接在微动开关上侧,接通电源,由于大电流影响,微动开关马上会动作,这样的操作反复进行几次,给电容器及其他电器元件充电,完毕后拆除充电回路,加入全回路,正常运行变频器,这样会大大减少变频器重新上电时的故障。

第五节 常用变频器型号介绍

一、富士 5000G11S 变频器

富士 5000G11S 变频器如图 7-14 所示。

图 7-14 富士 5000G11S 变频器

(1) 型号含义：

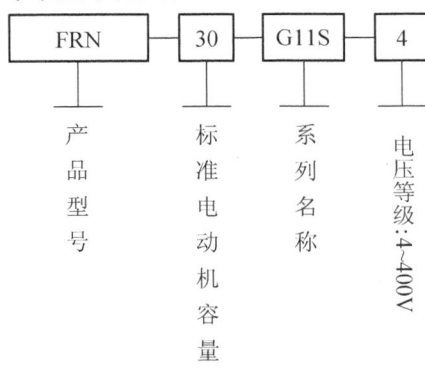

(2) 接线端子如图 7-15 所示。

(3) 常用参数设定见表 7-2。

表 7-2 富士 5000G11S 变频器常用参数

参数	含义	数值	备用
F00	数据保护	0 可改变数据 1 不可改变数据	
F001	频率设定	0 键盘面板 1 电压输入端子 2 电流输入端子 3 电压+电流	
F002	运行操作	0 键盘面板 1 远方通过正反转端子	
F003	最高频率	60 默认	
F004	基本频率	50 默认	
F005	额定电压	380 默认	
F007	加速时间	根据负荷自行设定	

续表

参数	含义	数值	备用
F008	减速时间	根据负荷自行设定	
F009	转矩提升	根据负荷自行设定	
F010	热继电器动作使能	0 不动作 1 通用电动机动作 2 变频器专用电动机动作	
F011	热继电器动作值	根据负荷一般选择150%	
F012	热继电器动作时间	5s 默认	
F015	频率上限	70 默认	
F016	频率下限	0 默认	
F017	频率增益	100% 默认,根据要求自行设定	
F018	频率偏置	0.0 默认,根据要求自行设定	
F023	启动频率	5 默认	
F024	保持时间	0.0 默认	
F025	停止频率	2 默认	
E01 – E09	设置 X1~X9 端子功能	根据要求自行设定	数字端子
E020 – E24	设置 Y1~Y5 功能	根据要求自行设定	
P01	电动机极数		
P02	电动机容量		
P03	电动机额定电流		
P04	自整定		
P05	在线自整定		
P06	空载电流		
H03	数据初始化		
H04	自动复位次数		
H05	自动复位时间		
H06	冷却风扇控制		
H07	加减速模式		
H09	启动模式		
H12	瞬间过电流限制		
H16	运行命令保持时间		
H26	热敏电阻动作选择		
H27	热敏电阻动作值		
U48	缺相保护		
C20	点动频率	5 默认	

第七章 变频器的应用

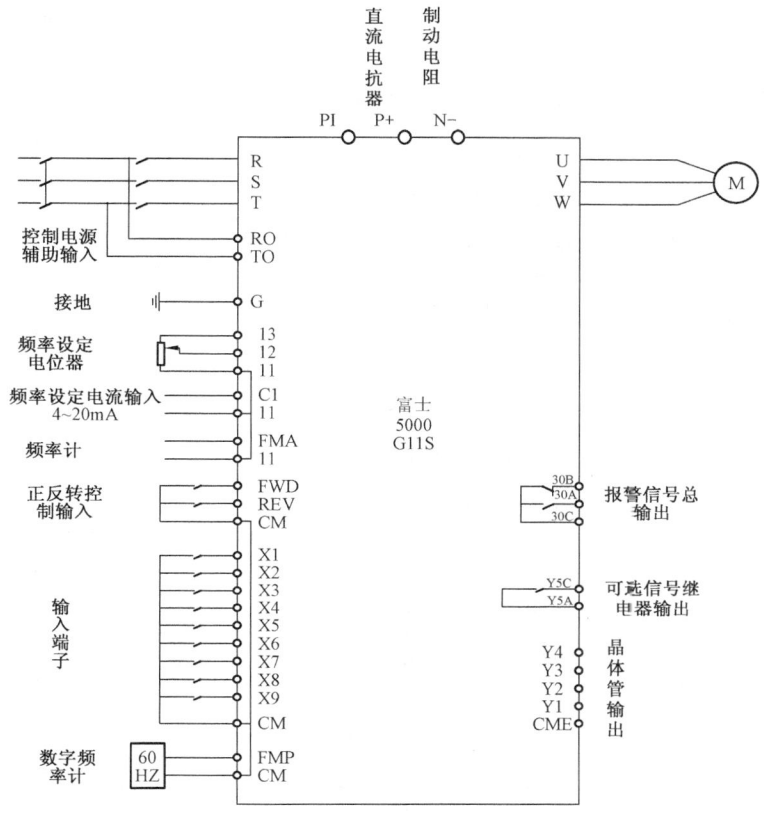

图 7-15 富士 5000G11S 变频器接线端子

根据表 7-2 中常用参数设定,可以保证没有特殊要求的电动机的运行,如有特殊要求请参照富士 G5000 的使用说明书。

(4)常用故障代码见表 7-3。

表 7-3 富士 5000G11S 变频器常用故障代码

参数	含义	数值	备用
OC1	加速时过电流		
OC2	减速时过电流		
OC3	恒速时过电流		
EF	对地短路故障		
OU1	加速时过电压		
OU2	减速时过电压		
OU3	恒速时过电压		
LU	欠电压		
Lin	缺相		
OH1	散热片过热		

续表

参数	含义	数值	备用
OH2	外部报警(制动单元、外部热继电器等)		
OH3	变频器内部过热		
DbH1	制动电阻过热(F13 有效)		
OL1	电动机过载(F10 有效)		
OL2	电动机过载(电动机驱动2)		
OLU	变频器过负载		
FUS	变频器内部熔断器熔断		
Er1	储存器故障		
Er2	面板通信异常		
Er3	CPU 异常		
Er4	选件通信异常故障		
Er5	选件异常故障		
Er6	操作错误		
Er7	自整定不良		
Er8	RS485 通信错误		

二、东芝 VF – P7 变频器

东芝 VF – P7 变频器如图 7 – 16 所示。

图 7 – 16 东芝 VF – P7 变频器

(1)型号含义：

第七章 变频器的应用

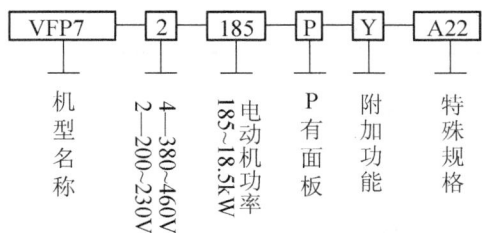

（2）接线端子如图 7-17 所示。

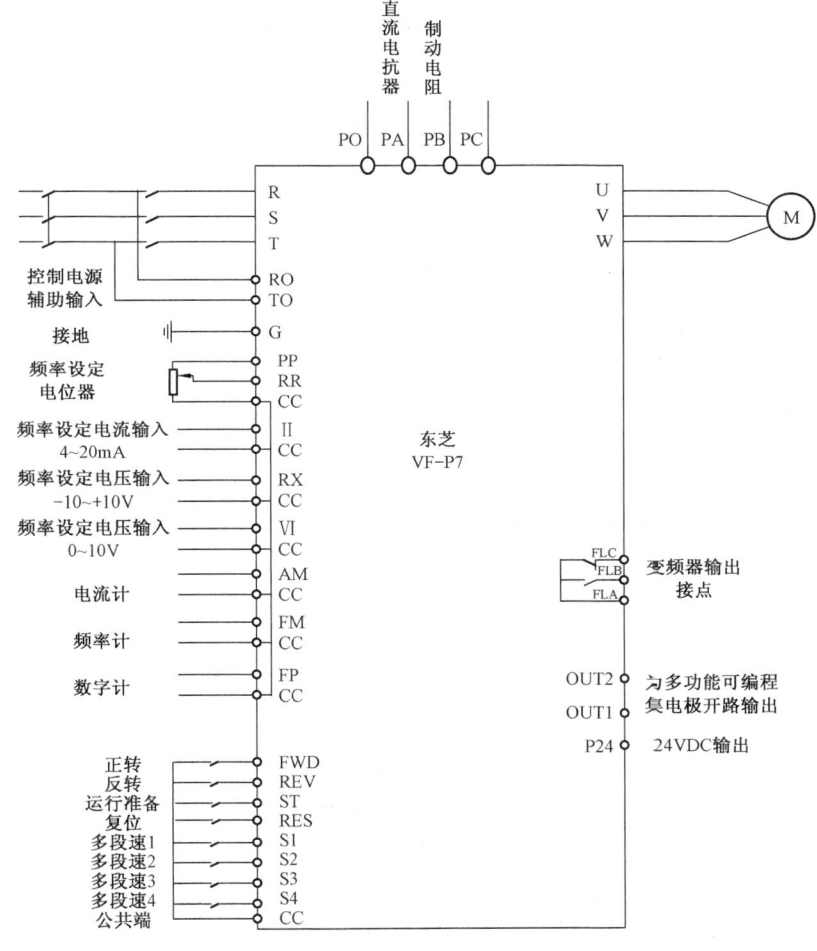

说明
1. 控制电源端子 RO/TO 22kW 以上电动机使用；22kW 以下电动机使用内部控制电源；
2. 出厂时 PO/PA 端子间用铜片短路安装，需接直流电抗器时，拆除短路片

图 7-17 东芝 VF-P7 变频器接线端子

(3) 常用参数设定见表 7-4。

表 7-4 东芝 VF-P7 变频器常用参数

序号	名称显示	功 能	修正范围	出厂设定
1	AU1	自动加速/减速	0:手动加/减速 自动控制	0
2	AU2	自动控制	0:- 1:自动转矩提升和自动调节 2:无传感器矢量控制(速度)和自动调节 3:自动节能和自动调节	0
3	CMOd	指令模式选择	0:端子输入有效 1:操作面板输入有效 2:通信通用串行选购件 3:通信 RS485 4:通信外接选购件有效	0
4	FMOd	速度指令选择	1:VI/II(输入电压/电流) 2.RR(电位计/电压输入) 3:RX(输入电压) 4:RX2[输入电压(可选)] 5:操作面板 6:二进制/BCD 码输入 7:通信通用串行选购件 8:通信 RS485 9:通信外接选购件有效 10:上下频率 11:脉冲输入1(适合矢量控制的选购件)	2
5	FMSL	与 FM 端子的测量计连接选择	0~30	0
6	FM	与 FM 端子的测量计调整	—	—
7	tYP	标准出厂设定	0:- 1:50Hz 标准设定 2:60Hz 标准设定 3:出厂标准设定 4:跳闸解除 5:解除累计工作时间 6:型号信息初始化 7:用户设定参数记忆 8:用户设定参数重新设定	0
8	Fr	选择正/反转(操作面板专用)	0:正转 1:反转	0
9	ACC	加速时间 1	0.1(0.01)~6000(s)	因机型而异
10	dEC	减速时间 1	0.1(0.01)~6000(s)	因机型而异
11	FH	最大频率	30.0~400(Hz)	80
12	UL	上限频率	0.0~FH(Hz)	80
13	LL	下限频率	0.0~UL(Hz)	0.0

续表

序号	名称显示	功能	修正范围	出厂设定
14	uL	基准频率1	25~400(Hz)	60
15	Pt	V/f控制选择	0:转矩一定 1:平方降低转矩特性 2:自动转矩提升 3:无传感器矢量控制(速度控制) 4:自动转矩提升和自动节能 5:无传感器矢量控制(速度)和自动节能 6:V/f5点设定 7:无传感器矢量控制(转矩/速度控制变换) 8:PG反馈矢量控制(转矩/速度控制变换) 9:PG反馈矢量控制(速度/位置控制变换)	0
16	ub	手动转矩提升量	0~30%	因机型而异
17	OLn	电子过热保护继电器保护特性选择	设定 / 过载保护 / 过载失速 0 标准电动机 O X 1 标准电动机 O O 2 标准电动机 X X 3 标准电动机 X O 4 VF电动机(特殊电动机) O X 5 VF电动机(特殊电动机) O O 6 VF电动机(特殊电动机) X X 7 VF电动机(特殊电动机) X O	0
18	Sr1	多级速度运转频率1	LL~UL(Hz)	0.0
19	Sr2	多级速度运转频率2	LL~UL(Hz)	0.0
20	Sr3	多级速度运转频率3	LL~UL(Hz)	0.0
21	Sr4	多级速度运转频率4	LL~UL(Hz)	0.0
22	Sr5	多级速度运转频率5	LL~UL(Hz)	0.0
23	Sr6	多级速度运转频率6	LL~UL(Hz)	0.0
24	Sr7	多级速度运转频率7	LL~UL(Hz)	0.0
25	F1-- ~ F9--	扩展参数	扩展参数的设定	—
26	GrU	变更设定检索	显示与标准设定值不同的参数	—

(4)故障代码见表7-5。

当变频调速器因出于保护目的而跳闸时,显示跳闸内容。

表 7-5 东芝 VF-P7 变频器故障代码

显示	内容
OC1、OC1P	加速期间过电流
OC2、OC2P	减速期间过电流
OC3、OC3P	恒速运转期间过电流
OCL	启动时负荷侧过电流
OCA1	U 相支线过电流
OCA2	V 相支线过电流
OCA3	W 相支线过电流
EPH1	输入缺相
EPHO	输出缺相
OP1	加速期间过电压
OP2	减速期间过电压
OP3	恒速运转期间过电压
OL1	变频调速器过载跳闸
OL2	电动机过载跳闸
OCr	发电制动电阻器过电流跳闸
OLr	发电制动电阻器过载跳闸
OH	过热跳闸
E	紧急停止
EEP1	E^2PROM 异常（写入出错）
EEP2	初始读出异常
EEP3	初始读出异常
Err2	本体 RAM 异常
Err3	本体 ROM 异常
Err4	CPU 异常
Err5	通信运转指令异常中断
Err6	门阵列故障
Err7	输出电流检测器异常
Err8	选购件异常

续表

显示	内容
Err9	快速存储器异常
UC	低电流运转状态跳闸
UP1	电压不足跳闸（主电路电源）
UP2	电压不足跳闸（控制电路电源）
Ot	过转矩跳闸
EF1	接地跳闸
EF2	
EFU	直流熔断丝熔断
Etn	自动调节错误
EtyP	变频调速器型号错误
E-10	sink/source 切换异常
E-11	电磁制动器故障
E-12	编码器断开
E-13	速度异常
E-14	位置偏差过大
E-17	键异常

三、西门子 MM440 变频器

西门子 MM440 变频器如图 7-18 所示。

图 7-18 西门子 MM440 变频器

(1) 型号含义（以具体型号 6SE6440 - 2AD22 - 2BA1 为例）：

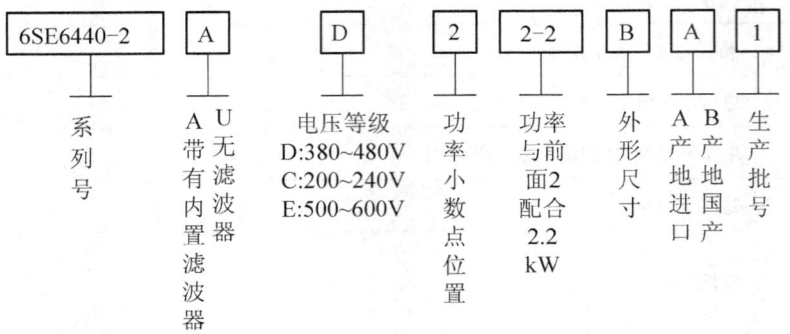

(2) 接线端子如图 7 - 19 所示。

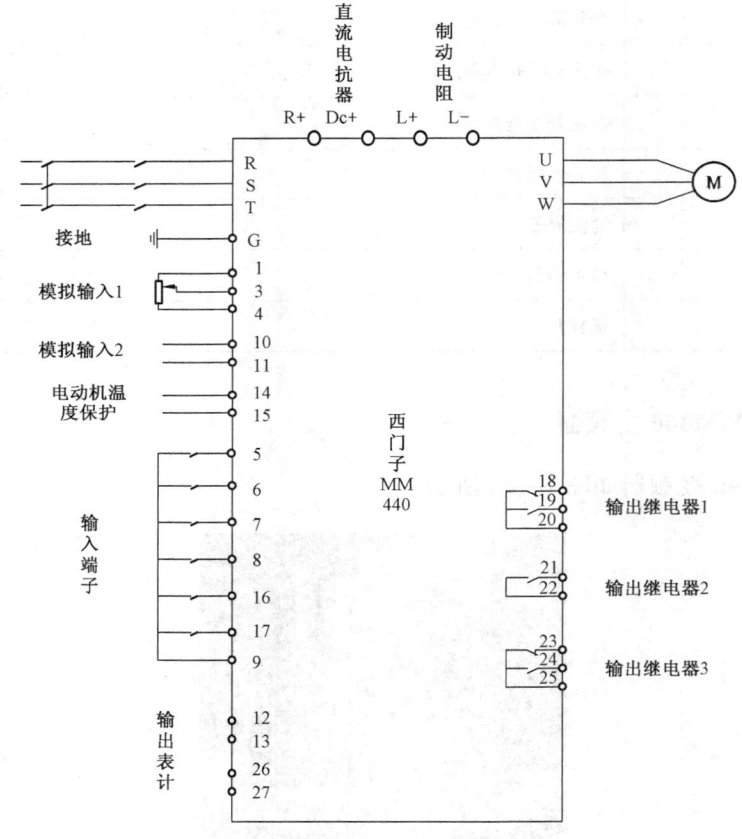

图 7 - 19 西门子 MM440 变频器接线端子

(3) 常用参数设定见表 7 - 6、表 7 - 7。

表7-6 西门子MM440变频器常用参数(一)

端子	参数	含义
F	F111	选择输入端子功能1(F)2(正转)
R	F112	选择输入端子功能2(R)4(反转)
ST	F113	选择输入端子功能3(ST)6(运转准备)
RES	F114	选择输入端子功能4(RES)8(复位)
S1	F115	选择输入端子功能5(S1)10(多级速度1)
S2	F116	选择输入端子功能6(S2)12(多级速度2)
S3	F117	选择输入端子功能7(S3)14(多级速度3)
S4	F118	选择输入端子功能8(S4)16(多级速度4)
OUT1	F130	输出端子功能选择10 1154 低速信号
OUT2	F131	输出端子功能选择20 1156 加减速结束
FL	F132	输出端子功能选择30 11510 故障FL

表7-7 西门子MM440变频器常用参数(二)

参数	含义	数值	备用
恢复工厂设置：			
P0010		30	
P0970		1	
快速设置：			
P0003	权限	3 访问级别专家	
P0010 = 1		1 进入快速调试模式	
P0100 = 0		(kW)缺省频率50Hz 欧洲/北美	
P0205 = 0	变频器的应用对象	0 恒转矩 1 变转矩	
P0300 = 1	选择电动机的类型	1 异步电动机 2 同步电动机	
P0304	电动机的额定电压	电动机参数	
P0305	电动机的额定电流	电动机参数	
P0307	电动机的额定功率	电动机参数	
P0308	电动机的额定功率因数	电动机参数	
P0309	电动机的额定效率	电动机参数	
P0310	电动机的额定频率	电动机参数	
P0311	电动机的额定速度	电动机参数	
P0320	电动机的磁化电流	电动机参数	
P0335	电动机的冷却	电动机参数	
P0640	150% 电动机的过载倍数(%)	根据需要调整	

续表

参数	含义	数值	备用
P0700	选择命令源	1 BOP 键盘设置 2 由端子排输入	
P1000	选择频率设定值		
P1080	最小频率		
P1082	最大频率		
P1120	斜坡上升时间		
P1121	斜坡下降时间		
P1135	停车时的斜坡下降时间	OFF3	
P1300 = 0	控制方式	0 线性特性的 V/f 控制 1 带磁通电流控制 FCC 的 V/f 控制 2 带抛物线特性平方特的 V/f 控制 3 特性曲线可编程的 V/f 控制 4 ECO 节能运行方式的 V/f 控制 5 用于纺织机械的 V/f 控制 6 用于纺织机械的带 FCC 功能的 V/f 控制 19 具有独立电压设定值的 V/f 控制 20 无传感器的矢量控制 21 带有传感器的矢量控制 22 无传感器的矢量转矩控制 23 带有传感器的矢量转矩控制	
P1500	选择转矩设定值	0	
P1910	选择电动机数据自动检测 1 默认	0 禁止自动检测功能 1 所有参数都自动检测并改写参数数值 2 所有参数都自动检测但不改写参数数值	
P1960	速度控制优化 1 默认	0 禁止优化 1 使能优化	
P3900	快速调试结束 1 默认	0 结束快速调试不进行电动机计算或复位为工厂缺省设置值 1 结束快速调试进行电动机计算和复位为工厂缺省设置值推荐的方式 2 结束快速调试进行电动机计算和 I/O 复位 3 结束快速调试进行电动机计算但不进行 I/O 复位	
保护参数:			
P0601	电动机的温度传感器		
P0604	电动机温度保护动作的门限值		

参数	含义	数值	备用
P0610	电动机 I2t 温度保护		
P0625	电动机运行的环境温度		
P0640	电动机的过载因子(%)		
数字输入功能:			
P0700	选择命令源		
P0701	选择数字输入 1 的功能		
P0702	选择数字输入 2 的功能		
P0703	选择数字输入 3 的功能		
P0704	选择数字输入 4 的功能		
P0705	选择数字输入 5 的功能		
P0706	选择数字输入 6 的功能		
P0707	选择数字输入 7 的功能		
P0708	选择数字输入 8 的功能		
P0731[3]	BI 选择数字输出 1 的功能		
P0732[3]	BI 选择数字输出 2 的功能		
P0733[3]	BI 选择数字输出 3 的功能		

(4) 常用故障代码见表 7-8。

表 7-8 西门子 MM440 变频器故障代码

代码	含义
F0001	过流
F0002	过电压
F0003	欠电压
F0004	变频器过热
F0005	变频器 I2T 过热保护
F0011	电动机过热
F0012	变频器温度信号丢失
F0015	电动机温度信号丢失
F0020	电源断相

续表

代码	含义
F0021	接地故障
F0022	功率组件故障
F0023	输出故障
F0024	整流器过热
F0030	冷却风机故障
F0035	在重试再启动后自动再启动故障
F0040	自动校准故障
F0041	电动机参数自动检测故障
F0042	速度控制优化功能故障
F0051	参数 EEPROM 故障
F0052	功率组件故障
F0053	I/O EEPROM 故障
F0054	I/O 板错误
F0060	Asic 超时内部通信故障

四、ABB 变频器

ABB 变频器如图 7-20 所示。

图 7-20 ABB 变频器

(1) 型号介绍：

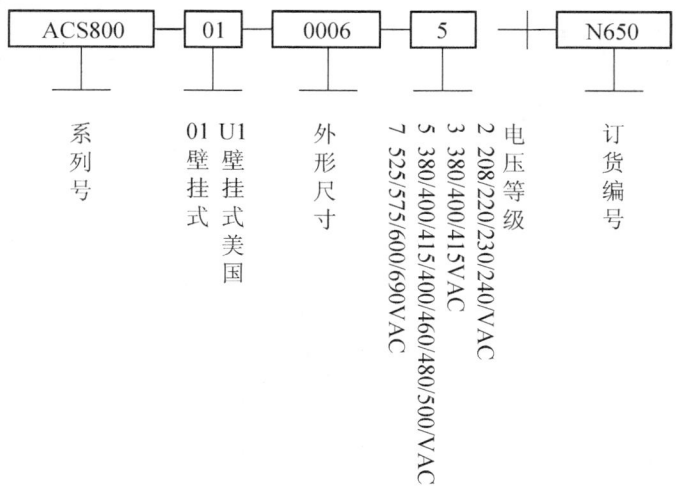

(2) 接线端子如图 7-21 所示。

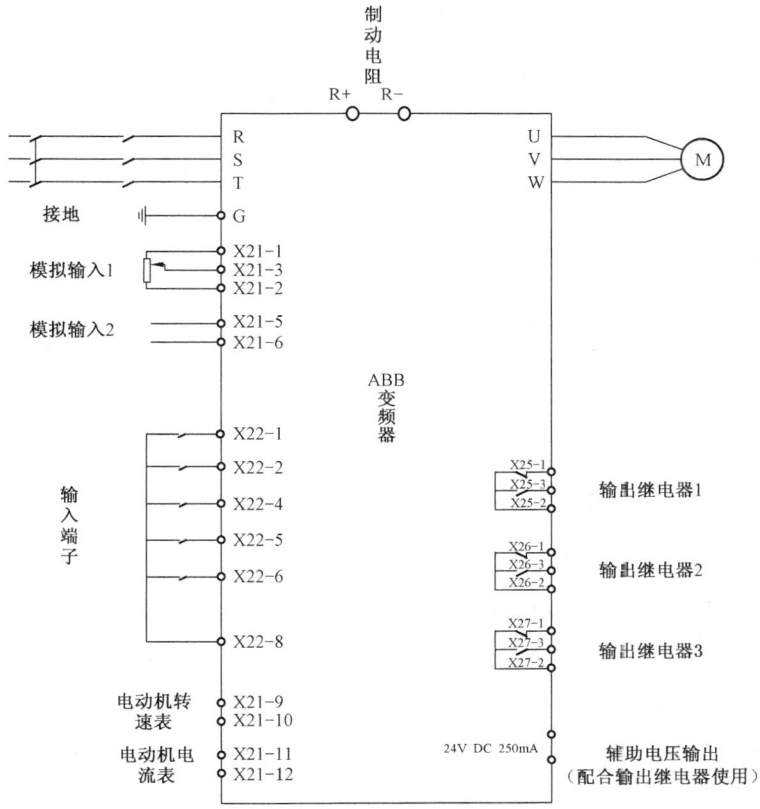

图 7-21 ABB 变频器接线端子

(3)常用参数设定见表7-9。

表7-9 ABB变频器常用参数

参数	含义
99.02 = FACTORY	选择应用宏程序
99.04 = DTC	电动机控制模式
99.05	电动机额定电压
99.06	电动机额定电流
99.07	电动机额定频率
99.08	电动机额定转速
99.09	电动机额定功率
99.10 = ID MAGN	电动机识别模式
20.01	电动机最大转速
20.02	电动机最小转速
22.02	电动机加速时间
22.03	电动机减速时间
30.04 - 30.09	热敏电阻保护(PTC)
30.10 - 30.12	堵转保护
30.13 - 30.15	欠载保护
30.16	缺相保护
30.17	接地保护
10.01	外部启动、停机和转向控制信号源
10.03	允许改变电动机的转向或固定转向1:正向2:反向
11.03	选择外部给定模拟量的信号源
14.01	设置输出继电器功能
01.17 DI6 - 1	数字输入状态

(4)常用故障代码见表7-10。

表7-10 ABB变频器常用故障代码

代码	含义
ACS 800 TEMP(4210)	ACS 800 内部温度过高
AI < MIN FUNC(8110)	模拟控制信号低于最小允许值
BR OVERHEAT(7112)	制动电阻器过载
CHOKE OTEMP(ff82)	传动输出滤波器的温度过高
COMM MODULE(7510)	传动单元和主机之间失去通信

续表

代码	含义
DC OVERVOLT(3210)	中间电路直流电压过高
MOTOR STALL(7121)	电动机堵转
MOTOR TEMP(4310)	电动机过温
SHORT CIRC(2340)	电动机电缆或电动机短路
THERMISTOR(4311)	电动机温度过热,电动机温度保护模式选择为THERMISTOR(电热调节器)
CURR MEAS(2211)	输出电流测量回路出现电流互感器故障
DC HIGH RUSH(FF80)	传动电源电压过载
LINE CONV(ff51)	进线侧整流单元出现故障
MOTOR PHASE(ff56)	电动机缺相
OVERFREQ (7123)	电动机超速

五、安川 G7 变频器

安川 G7 变频器如图 7-22 所示。

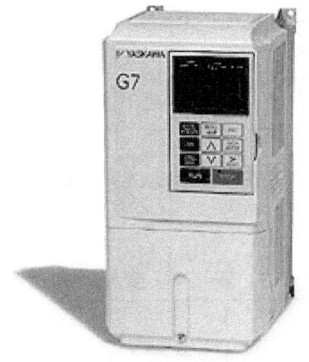

图 7-22 安川 G7 变频器

(1) 型号含义:

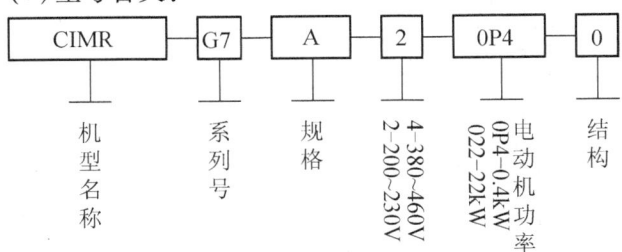

(2) 接线端子如图 7-23 所示。

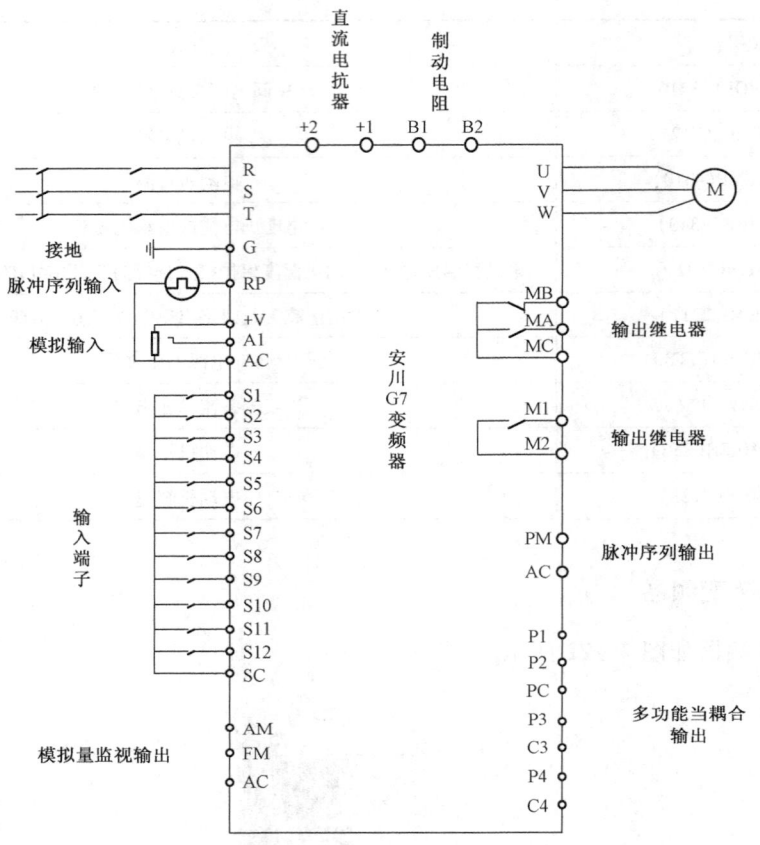

图 7-23 安川 G7 变频器接线端子

(3)常用参数设定,见表 7-11。

表 7-11 安川 G7 变频器常用参数

参数	含义	数值	备用
A1-02	控制模式	0 无 PG 的 V/f 控制 1 带 PG 的 V/f 控制 2 无 PG 的矢量 1 控制 3 带 PG 的矢量控制 4 无 PG 的矢量 2 控制	
b1-01	频率指令的选择	0 数字式操作器 1 控制回路端子(模拟量输入) 2 MEMOBUS 通信 3 选购卡 4 脉冲序列输入	
b1-02	运行指令的选择	0 数字式操作器 1 控制回路端子(顺控输入) 2 MEMOBUS 通信 3 选购卡	

续表

参数	含义	数值	备用
b1-03	停止方法选择	0 减速停止 1 自由运行停止 2 全域直流制动(DB)停止(不进行再生动作,比自由运行停止还快) 3 带定时的自由运行停止(忽视减速时间内的运行指令输入)	
C1-01	加速时间1	以秒为单位设定最高输出频率从0%变到100%的加速时间	
C1-02	减速时间1	以秒为单位设定最高输出频率从100%变到0%的减速时间	
C6-02	载波频率的选择	选择F后,可使用C6-03~05的参数进行详细设定	
C6-11	无PG的矢量2控制的载波频率选择	1 2.0kHz 2 4.0kHz 3 6.0kHz 4 8.0kHz	
d1-01	频率指令1	用01~03中设定的单位来设定频率指令	
d1-02	频率指令2	多功能输入"多段速指令1"ON时的频率指令	
d1-03	频率指令3	多功能输入"多段速指令2"ON时的频率指令	
d1-04	频率指令4	多功能输入"多段速指令1,2"ON时的频率指令	
d1-17	点动频率指令	多功能输入"点动频率选择"、"FJOG指令"、"RJOG指令"ON时的频率指令	
E1-01	输入电压设定	该设定值为保护功能等的基准值	
E1-03	V/f曲线选择	0~E:从15种固定V/f曲线中选择 F:任意V/f曲线(可设定E1-04~10)	
E1-04	最高输出频率(FMAX)		
E1-05	最大电压(VMAX)		
E1-06	基本频率(FA)		
E1-09	最低输出频率(FMIN)		
E1-13	基本电压(VBASE)	仅在恒定功率输出域对V/f进行微调整时设定,通常无需设定	
E2-01	电动机额定电流	以A为单位设定电动机额定电流,该设定值为电动机保护、转矩限制、转矩控制的基准值	
E2-04	电动机极数	设定电动机极数	
E2-11	电动机额定容量	以0.01kW为单位设定电动机额定容量	
F1-01	PG参数设定	使用的PG(脉冲发生器、编码器)脉冲数	

续表

参数	含义	数值	备用
H1-01~10	多功能输入端子	端子 S3~S12 的功能选择	
H2-01~5	多功能输出端子	端子 M1、M2、P1~P4 的功能选择	
H4-02	多功能模拟量输出1端子 FM 增益		
H4-05	多功能模拟量输出2端子 AM 增益		
L1-01	电动机保护功能选择设定电子热保护的电动机过载保护功能的有效/无效	0 无效 1 通用电动机的保护 2 变频器专用电动机的保护 3 矢量专用电动机的保护	
L3-04	减速中防止失速功能选择	0 无效（按设定减速,减速时间过短,则主回路有发生过电压的危险） 1 有效（主回路电压达到过电压值时,减速停止,电压恢复后再减速） 2 最佳调整（根据主回路电压判断在最短时间减速,忽视设定的减速时间） 3 有效（带制动电阻）	

（4）常用故障代码见表 7-12。

表 7-12 安川 G7 变频器常用故障代码

代码	含义	备用
OC	输出过电流	
GF	输出接地故障	
PUF	熔断丝熔断	
OV	主回路过电压	
UV1	主回路欠电压	
UV2	控制回路欠电压	
UV3	冲击防止回路故障	
PF	输入缺相	
LF	输出缺相	
OH(OH1)	散热片过热	
FAN	内部风扇故障	
OH2	电动机过热警告	

第七章 变频器的应用

续表

代码	含义	备用
RH	制动电阻过热	
RR	制动晶体管故障	
OL1	电动机过载	
OL2	变频器过载	
OS	电动机过速	
DEV	电动机速度偏差过大	
CF	控制故障	
EFO	选件卡外部故障	
CE	通信故障	

六、英威腾 CHE 系列变频器

英威腾 CHE 系列变频器如图 7-24 所示。

图 7-24 英威腾 CHE 系列变频器

(1) 型号含义：

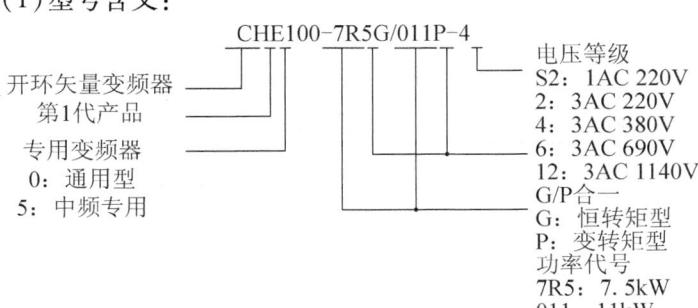

(2) 接线端子如图 7-25 所示。
(3) 常用参数见表 7-13。

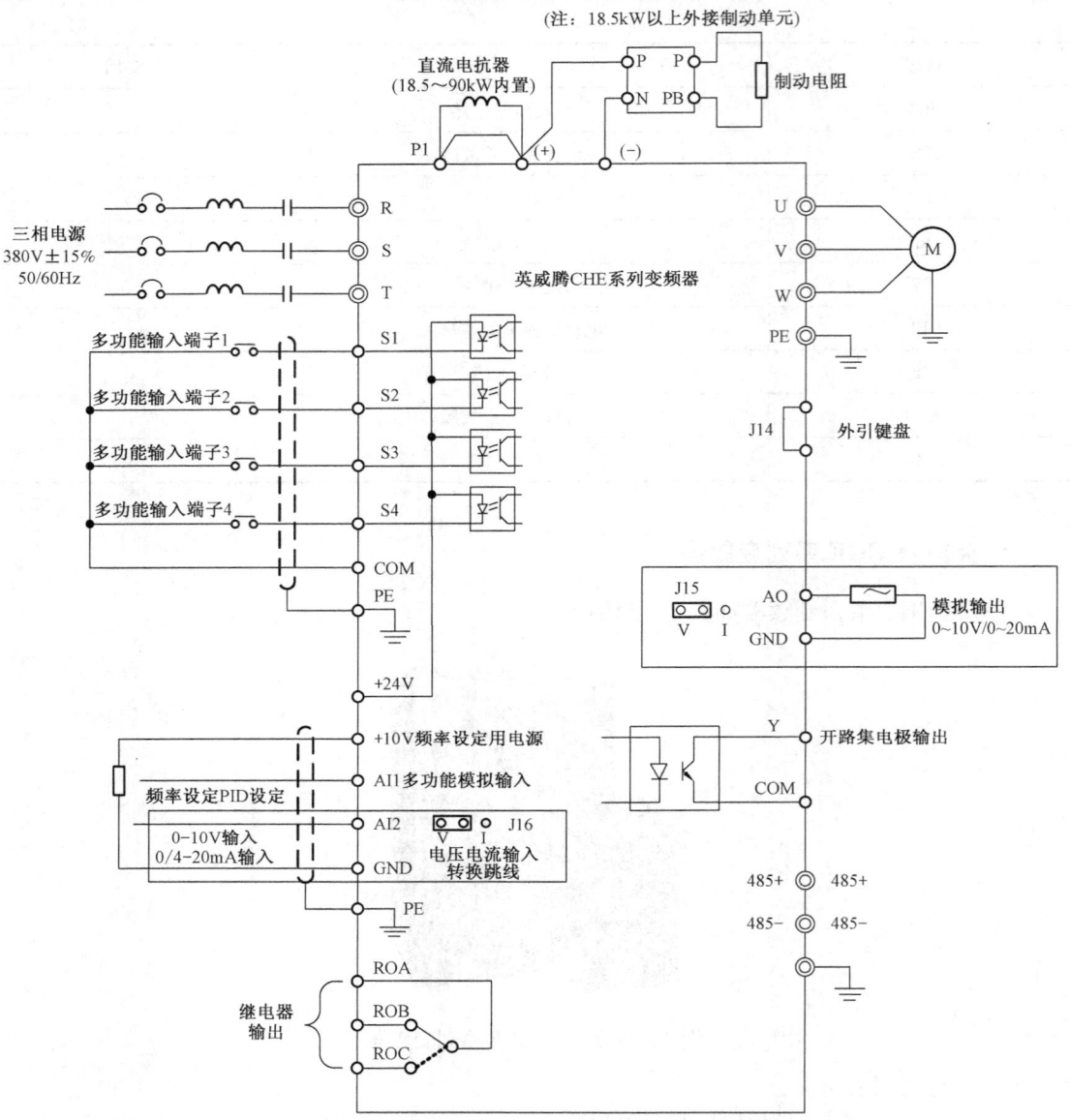

图 7-25 英威腾 CHE 系列变频器接线端子

表 7-13 英威腾 CHE 系列变频器常用参数

参数	含义	数值	备用
(1) P0 基本功能组			
P0.00	速度控制模式	0 无 PG 矢量控制 1 V/F 控制	
P0.01	运行指令通道	0 键盘指令通道 1 端子指令通道 2 通信指令通道	

续表

参数	含义	数值	备用
P0.02	键盘及端子 UP/DOWN 设定	0 有效,且变频器掉电存储 1 有效,且变频器掉电不存储 2 无效	
P0.03	频率指令选择	0 键盘设定 1 模拟量 AI1 设定 2 模拟量 AI2 设定 3 AI1 + AI2 4 多段速运行设定 5 PID 控制设定 6 远程通信设定	
P0.04	最大输出频率		
P0.05	运行频率上限		
P0.06	运行频率下限		
P0.07	键盘设定频率		
P0.08	加速时间 1		
P0.09	减速时间 1		
P0.10	运行方向选择 1		
P0.12	电动机参数自学习		
P0.13	功能参数恢复		
(2) P1 启停控制组			
P1.00	启动运行方式	0 直接启动 1 先直流制动再启动 2 转速追踪再启动	
P1.01	直接启动开始频率		
P1.02	启动频率保持时间		
P1.05	停机方式选择	0 减速停车 1 自由停车	
P1.07	停机制动等待时间		
(3) P2 电动机参数组			
P2.00	电动机类型	0 G 型机 1 P 型机	
P2.01	电动机额定功率		
P2.02	电动机额定频率		
P2.03	电动机额定转速		
P2.04	电动机额定电压		
P2.05	电动机额定电流		

续表

参数	含义	数值	备用
(4)P4 V/F 控制组			
P4.00	V/F 曲线设定	0 直线 V/F 曲线 1 2.0 次幂降转矩 V/F 曲线	
P4.01	转矩提升		
(5)P5 组 输入端子组			
P5.00	S1 端子功能选择	0 无功能 1 正转运行 2 反转运行 3 三线式运行控制 4 正转寸动 5 反转寸动 6 自由停车 7 故障复位 8 外部故障输入 9 频率设定递增(UP) 10 频率设定递减(DOWN) 11 频率增减设定清除 12 多段速端子 1 13 多段速端子 2 14 多段速端子 3 15 加减速时间选择 16 PID 控制暂停 17 摆频暂停(停在当前频率) 18 摆频复位(回到中心频率) 19 加减速禁止 20~25 保留	
P5.01	S2 端子功能选择		
P5.02	S3 端子功能选择		
P5.03	S4 端子功能选择		
(6)P6 组 输出端子组			
P6.00	Y 输出选择		
P6.01	继电器输出选择	0 无输出 1 电动机正转运行中 2 电动机反转运行中 3 故障输出 4 频率水平检测 FDT 输出 5 频率到达 6 零速运行中 7 上限频率到达 8 下限频率到达 9~10 保留	

续表

参数	含义	数值	备用
P6.02	AO 输出选择	0 运行频率 1 设定频率 2 运行转速 3 输出电流 4 输出电压 5 输出功率 6 输出转矩 7 模拟 AI1 输入值 8 模拟 AI2 输入值	
(7) Pb 组 保护参数组			
Pb.00	电动机过载保护选择	0 不保护 1 普通电动机(带低速补偿) 2 变频电动机(不带低速补偿)	
Pb.01	电动机过载保护电流		
Pb.02	瞬间掉电降频点		
Pb.03	瞬间掉电频率下降率		
Pb.04	过压失速保护		
Pb.05	过压失速保护电压		

(4) 故障代码见表 7-14。

表 7-14 英威腾 CHE 系列变频器故障代码

故障代码	故障类型	可能的故障原因	对策
OUT1	逆变单元 U 相故障	1. 加速太快 2. 该相 IGBT 内部损坏 3. 干扰引起误动作 4. 接地是否良好	1. 增大加速时间 2. 寻求支援 3. 检查外围设备是否有强干扰源
OUT2	逆变单元 V 相故障		
OUT3	逆变单元 W 相故障		
OC1	加速运行过电流	1. 加速太快 2. 电网电压偏低 3. 变频器功率偏小	1. 增大加速时间 2. 检查输入电源 3. 选用功率大一挡的变频器
OC2	减速运行过电流	1. 减速太快 2. 负载惯性转矩大 3. 变频器功率偏小	1. 增大减速时间 2. 外加合适的能耗制动组件 3. 选用功率大一挡的变频器
OC3	恒速运行过电流	1. 负载发生突变或异常 2. 电网电压偏低 3. 变频器功率偏小	1. 检查负载或减小负载的突变 2. 检查输入电源 3. 选用功率大一挡的变频器

续表

故障代码	故障类型	可能的故障原因	对策
OV1	加速运行过电压	1. 输入电压异常 2. 瞬间停电后,对旋转中电动机实施再启动	1. 检查输入电源 2. 避免停机再启动
OV2	减速运行过电压	1. 减速太快 2. 负载惯量大 3. 输入电压异常	1. 减小减速时间 2. 增大能耗制动组件 3. 检查输入电源
OV3	恒速运行过电压	1. 输入电压发生异常变动 2. 负载惯量大	1. 安装输入电抗器 2. 外加合适的能耗制动组件
UV	母线欠压	电网电压偏低	检查电网输入电源
OL1	电动机过载	1. 电网电压过低 2. 电动机额定电流设置不正确 3. 电动机堵转或负载突变过大 4. 大马拉小车	1. 检查电网电压 2. 重新设置电动机额定电流 3. 检查负载,调节转矩提升量 4. 选择合适的电动机
OL2	变频器过载	1. 加速太快 2. 对旋转中的电动机实施再启动 3. 电网电压过低 4. 负载过大	1. 减小加速度 2. 避免停机再启动 3. 检查电网电压 4. 选择功率更大的变频器
SPI	输入侧缺相	输入 R,S,T 有缺相	1. 检查输入电源 2. 检查安装配线
SPO	输出侧缺相	1. U,V,W 缺相输出(或负载三相严重不对称) 2. 若未接电动机,预励磁期间预励磁无法结束	1. 检查输出配线 2. 检查电动机及电缆
OH1	整流模块过热	1. 变频器瞬间过流 2. 输出三相有相间或接地短路 3. 风道堵塞或风扇损坏 4. 环境温度过高 5. 控制板连线或插件松动 6. 辅助电源损坏,驱动电压欠压 7. 功率模块桥臂直通 8. 控制板异常	1. 参见过流对策 2. 重新配线 3. 疏通风道或更换风扇 4. 降低环境温度 5. 检查并重新连接 6. 寻求服务 7. 寻求服务 8. 寻求服务
OH2	逆变模块过热		
EF	外部故障	SI 外部故障输入端子动作	检查外部设备输入
CE	通信故障	1. 波特率设置不当 2. 采用串行通信的通信错误 3. 通信长时间中断	1. 设置合适的波特率 2. 按 STOP/RST 键复位,寻求服务 3. 检查通信接口配线

续表

故障代码	故障类型	可能的故障原因	对策
ITE	电流检测电路故障	1. 控制板连接器接触不良 2. 辅助电源损坏 3. 霍尔器件损坏 4. 放大电路异常	1. 检查连接器，重新插线 2. 寻求服务 3. 寻求服务 4. 寻求服务
TE	电动机自学习故障	1. 电动机容量与变频器容量不匹配 2. 电动机额定参数设置不当 3. 自学习出的参数与标准参数偏差过大 4. 自学习超时	1. 更换变频器型号 2. 按电动机铭牌设置额定参数 3. 使电动机空载，重新辨识 4. 检查电动机接线，参数设置
EEP	EEPROM 读写故障	1. 控制参数的读写发生错误 2. EEPROM 损坏	1. 按 STOP/RST 键复位，寻求服务 2. 寻求服务
PIDE	PID 反馈断线故障	1. PID 反馈断线 2. PID 反馈源消失	1. 检查 PID 反馈信号线 2. 检查 PID 反馈源
BCE	制动单元故障	1. 制动线路故障或制动管损坏 2. 外接制动电阻阻值偏小	1. 检查制动单元，更换新制动管 2. 增大制动电阻

七、森兰 SB100 变频器

森兰 SB100 变频器如图 7-26 所示。

图 7-26 森兰变频器

(1) 型号含义：

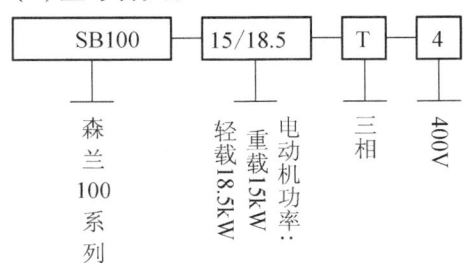

(2) 接线端子如图 7-27 所示。

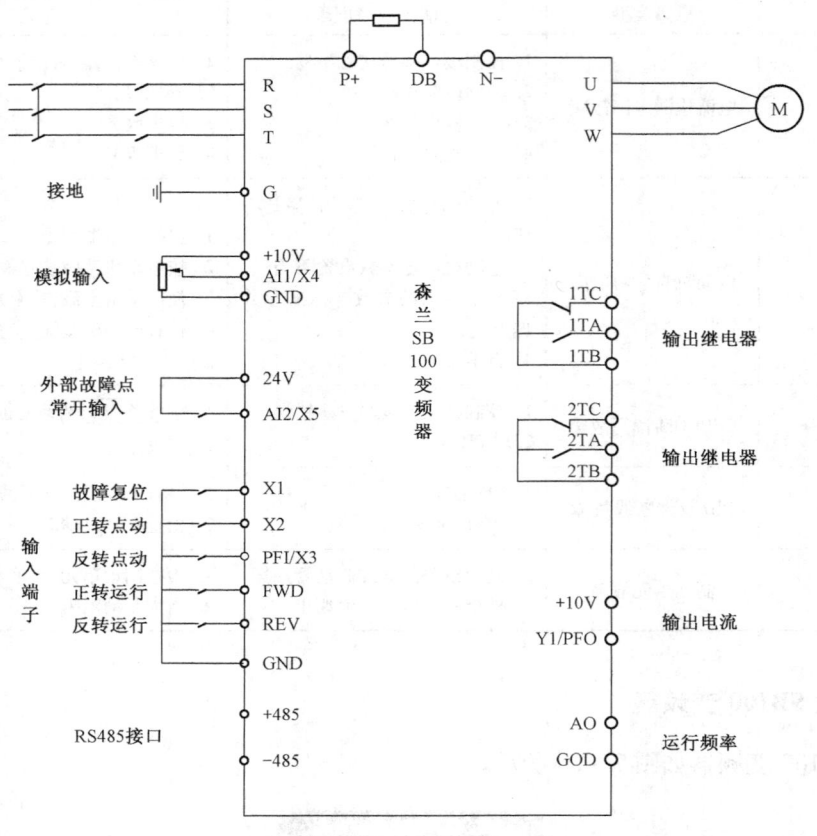

图 7-27 森兰 SB100 变频器接线端子

(3) 常用参数,见表 7-15。

表 7-15 森兰 SB100 变频器常用参数

参数	含义	数值	备用
(1) F0 基本参数			
F0-00	数字给定频率		
F0-01	普通运行主给定通道	0 F0-00 数字给定 11 通信给定 22 AI1 33 AI2 44 PFI(F4-02 为 0) 55 UP/DOWN 调节值 6 面板电位器	
F0-02	运行命令通道选择	1 操作面板 22 端子,无效 33 端子,有效 44 通信,无效 5 通信,有效	

续表

参数	含义	数值	备用
F0-05	旋转方向锁定	0 正反均可 1 锁定正向 2 锁定反向	
F0-06	最大频率		
F0-07	频率上限		
F0-08	频率下限		
F0-09	变频器额定功率		

(2) F1 加减速,启动、点动、停机控制参数

参数	含义	数值	备用
F1-00	加速时间1		
F1-01	减速时间1		
F1-02	加速时间2		
F1-03	减速时间2		
F1-04	启动方式	0 从启动频率启动 1 转速跟踪启动	
F1-05	启动频率		
F1-06	启动频率保持时间		
F1-07	停机方式	0 减速停机 1 自由停机 2 减速+直流制动	
F1-12	点动运行频率		

(3) F2 V/F 控制参数

参数	含义	数值	备用
F2-08	V/F 曲线设定		
F2-09	基本频率		
F2-05	转矩提升选择	0 无 1 手动提升 2 自动提升 3 手动提升+自动提升	

(4) F3 电动机参数

参数	含义	数值	备用
F3-00	电动机额定功率		
F3-01	电动机极数		
F3-02	电动机额定电流		
F3-03	电动机额定频率		
F3-04	电动机额定转速		
F3-05	电动机散热条件	0 普通电动机 1 变频电动机	

续表

参数		含义	数值	备用
(5) F4 数字输入端子及多段速				
	F4-00	X1 数字输入端子功能	可设值如下： 0 不连接到下列信号 ±1 多段频率选择 1 ±2 多段频率选择 2 ±3 多段频率选择 3 ±4 加减速时间 2 选择 ±5 外部故障输入 ±6 故障复位 ±7 正转点动 ±8 反转点动 ±9 自由停机/运行禁止 ±10 UP/DOWN 增 ±11 UP/DOWN 减 ±12 UP/DOWN 清除 ±13 过程 PID 禁止 ±14 三线式停机指令 ±15 内部虚拟 FWD 端子 ±16 内部虚拟 REV 端子 ±17 加减速禁止 ±18 运行命令通道切换到端子或面板 ±19 给定频率切换至 AI1 ±20 多段 PID 选择 1 ±21 多段 PID 选择 2 注：设为正低电平有效，设为负则高电平有效	
	F4-01	X2 数字输入端子功能		
	F4-02	X3/PFI 端子功能		
	F4-03	X4/AI1 端子功能		
	F4-04	X5/AI2 端子功能		
	F4-05	FWD 端子功能		
	F4-06	REV 端子功能		
(6) F5 数字输出和继电器输出设置				
	F5-00	Y1/PFO 数字输出端子功能	可设置为 0 运行准备就绪 ±1 运行中 ±2 频率到达 ±3 频率水平检测信号 ±4 故障输出 ±5 欠压封锁 ±6 故障自复位过程中 ±7 瞬时停电再上电动作中 ±8 报警输出 ±9 反转运行中 注：设为负表示输出取反	
	F5-01	T1 继电器输出功能		
	F5-02	T2 继电器输出功能		
	F5-03	T2 闭合延时		
	F5-04	T2 分断延时		
(7) Fb 保护功能及变频器高级设置				
	Fb-00	电动机过载保护值		

续表

参数	含义	数值	备用
Fb-01	电动机过载保护动作选择	0 不动作 1 报警 2 故障并自由停机	
Fb-02	模拟输入掉线动作	0 不动作 1 报警 2 报警,按 F0-00 运行 3 故障,并自由停机	
Fb-03	缺相保护	0 不动作 1 仅输入 2 仅输出 3 均动作	
Fb-06	直流母线欠压动作	0 自由停机,并报欠压故障 11 自由停机,电源恢复再启动	
Fb-07	直流母线欠电点		
Fb-08	故障自动复位次数		
Fb-09	自动复位间隔时间		
Fb-10	自动复位期间故障输出	0 不输出 1 输出	
Fb-11	上电自启动允许	0 禁止 1 允许	
Fb-15	冷却风扇控制	0 待机 3min 后关闭 1 一直运转	

(4)故障代码见表 7-16。

表 7-16 森兰 SB100 变频器故障代码

代码	含义	备用
Er. ocb(1)	启动瞬间过流	
Er. ocA(2)	加速运行过流	
Er. ocd(3)	减速运行过流	
Er. ocn(4)	恒速运行过流	
Er. ouA(5)	加速运行过压	
Er. oud(6)	减速运行过压	
Er. oun(7)	恒速运行过压	
Er. ouE(8)	待机时过压	
Er. dcL(9)	运行中欠压	
Er. PLI(10)	输入缺相	
Er. PLo(11)	输出缺相	

续表

代码	含义	备用
Er. oHI(13)	变频器过热	
Er. oLI(14)	变频器过载	
Er. oLL(15)	电动机过载	
Er. EEF(16)	外部故障	
Er. Aco(19)	模拟输入掉线	

第八章 电源设备

第一节 小型发电机

小型发电设备中的汽油和柴油发电机组是以汽油和柴油等为燃料,以汽油和柴油机为原动机带动发电机发电的动力机械。整套机组一般由汽油机、柴油机、发电机、控制箱、燃油箱、启动和控制用蓄电瓶、保护装置、应急柜等部件组成。整体可以固定在基础上,定位使用,也可装在拖车上,供移动使用。汽油和柴油发电机组属非连续运行发电设备,若连续运行超过12h,其输出功率将低于额定功率约90%。若使用者需要长时间不间断使用,则需要配置常用型发电机组。常用功率和备用功率的关系是:如用户需要100kW汽油和柴油发电机组,常用100kW的汽油和柴油发电机组的备用功率为100kW×110% = 110kW,也就是备用100kW的汽油和柴油发电机组的常用功率为90kW。尽管汽油和柴油发电机组的功率较低,但由于其体积小、灵活、轻便、配套齐全,便于操作和维护,所以广泛应用于矿山、铁路、野外工地、道路交通维护,以及工厂、企业、医院等部门,作为备用电源或临时电源。汽油和柴油发电机组属自备电站交流供电设备,是一种小型独立的发电设备,以内燃机作动力,驱动同步交流发电机而发电。

汽油和柴油发电机组基本设备主要由机油润滑系统、燃油系统、控制保护系统、冷却散热系统、排气系统、启动系统等组成。因柴油发电机应用较多,下面就以柴油发电机为例进行介绍。

一、柴油发电机组的使用

(一)柴油发电机组的启动

为了获得机组最大的运行安全性和使用寿命,对机组定期进行维护保养至关重要,如果能严格遵守机组维护保养的相关条例,就可保证机组的性能和避免对环境的破坏。正确识别并严格遵守柴油发电机组机身上的标识(图形、文字、警告等),对维护保养的正确性及操作使用的安全性有着很大的帮助。对发电机组进行维护保养时,必须在停机下进行,且需将发电机组启动蓄电池负极电缆拆除,以确保机组不会误启动。

1. 启动前检查

(1)检查润滑油油位。

(2)检查冷却液液位。冷却液应该由水和防冻液或水和防锈液混合组成,其中,水的pH值应该在6~8之间,通常建议选用纯净水,在有结冰的地区,冷却液应采用防冻液,防冻能力在-30℃左右。

(3)检查空气滤清器阻塞指示器。

(4)低压油路内空气的排放、检查散热器与外部通风情况。

(5)检查发动机传动皮带组。
(6)检查燃油供油情况。
(7)检查启动系统的线路和蓄电池的接线。
(8)发电机组控制柜内部接线的检查。
(9)检查发电机组碳刷。

2. 柴油发电机组的启动

启动前应做好以下准备工作：
(1)保证供油良好。
(2)确保蓄电池的容量和电压。
(3)对柴油机进行人工盘车。
(4)对进、排气门进行减压启动。
(5)对冷却水进行加热。
(6)减小启动的阻力。

3. 启动后的工作

柴油发电机组启动后不能马上供电，高速运转 5~8min 水温、油温达到 60℃ 左右方可进行正常供电。否则容易导致拉缸和气缸盖产生裂纹。

(二)柴油发电机组在运转中的监控

(1)经验监控：听、摸、看、闻。
(2)分系统监控：操作系统、燃油系统、润滑系统、冷却系统、供电系统。
(3)停机，先关空气开关、再关断励磁按钮，逐步降低柴油发电机组的转速。冬季机体要放水，发电机组紧急停机后，一定要人工盘动柴油发电机组飞轮 3~4 圈，以防因热应力过大而使活塞卡死。

(三)柴油发电机组的调整

(1)调整供油提前角。
(2)调整气门间隙。
(3)调整机油压力。

二、运行中常见的问题

(一)蓄电池的性能和容量试验

电池劣化到定额容量的 80% 时必须换掉，也就是说如果一个电池系统新的时候能供电 100A·h，到后来只能供电 80A·h 就必须更换。如果 100A 是实际负载而且必须供电至少 1h，那么电池新的时候原设计供电能力为 125A·h。在原先设计电池时 1.25 这个因子就称为老化因子。电池容量降到定额的 80% 是指极板格栅已经腐蚀和膨胀，极板活性材料已经劣化，电解液已经开始干涸。此时，电池容量下降，就应退出服务。调换电池还有其他原因，例如，不再支持负载最小的要求时间当到达定额的 80% 这一点时，即使是最小的负载，电池也不应继续工作。

电池各项数据是在温度为 77°F(25°C)时的值。在较高温度下连续工作会使电池加速老化,比 77°F(25°C)每高出 18°F(10°C)电池老化就会比正常快 1 倍。

(二)发电机组的接地与接零

为了人身安全和电力系统工作的需要,要求电气设备采取接地措施。平常按接地目的的不同,一般分为工作接地、保护接地和保护接零三种。接地体是埋入地中并且直接与大地接触的导体。

1. 工作接地

电力系统由于运行和安全的需要,常将中性点接地,这种接地方式称为工作接地。工作接地有下列目的:

(1)降低触电电压。在中性点不接地的系统中,当一相接地而人体触及另外两相之一时,触电电压为相电压的 1.732 倍,而在中性点接地的系统中,触电电压就降低到等于或接近相电压。

(2)迅速切断故障设备。在中性点不接地的系统中,当一相接地时,接地电流很小(因为导线和地面间存在电容和绝缘电阻,也可构成电流的通路)不足以使保护装置动作而切断电源,接地故障不易被发现,将长时间持续下去,对人身不安全。而中性点接地的系统中,一相接地后的接地电流较大(接近单相短路)保护装置迅速动作,断开故障电路。

(3)降低电气设备对地的绝缘水平。在中性点不接地的系统中,一相接地时将使另外两相的对地电压升高到线电压。而在中性点接地的系统中,则接近于相电压,故可降低电气设备和输电线的绝缘水平,节省投资。同时,中性点不接地也有其好处:一相接地往往是瞬间的,能自动消除,在中性点不接地系统中,不会跳闸而发生停电事故;一相接地故障可以允许短时存在,这样,以便寻找故障和修复。

2. 保护接地

保护接地就是将电气设备的金属外壳(正常情况下是不带电的)接地,宜用于中性点不接地的低压系统中。例如,发电机组的保护接地。

(1)当发电机组某一相绕组的绝缘损坏使外壳带电未接地的情况下,人体触及外壳,相当于单相触电。这时接地电流(经过故障点流入大地的电流)的大小决定于人体电阻和绝缘电阻,当系统的绝缘性下降时,就有触电危险。

(2)当发电机组某一相绕组的绝缘损坏使外壳带电而外壳接地的情况下,人体触及外壳时,由于人体的电阻与接地电阻并联,而通常人体电阻远大于接地电阻,所以通过人体的电流很小,不会有危险。

3. 保护接零

保护接零就是将电气设备的金属外壳接到零线上,宜用于中性点接地的低压系统中。例如,当发电机组某一相绕组的绝缘损坏而与外壳相接时,就形成单相短路,迅速将这一相中的熔丝熔断,因而外壳便不再带电。即使在熔丝熔断前人体触及外壳时,也由于人体电阻远大于线路电阻,通过人体的电流也是极为微小的。同时注意,中性点接地的系统中不采用保护接地。

(三)柴油机机底油箱的优缺点

许多用户在订购发电机组时会选配机底油箱,下面结合实际维护工作分析机底油箱的优缺点。

（1）优点：机底油箱作为油机的一部分，整体性好，结构紧凑，外形美观，不易漏油，也适合于野外作业。

（2）缺点：机底油箱存在着不少使用和维护上的不便，机底油箱通常用有机合成塑料制成，容易与柴油相溶，国产柴油中有机杂物和水分较多，更催化了这种胶合，而机底油箱又不易于排污和维护，从而使油污形成沉积。例如，某台发电机组启动困难，启动后转速不稳，有时会无故停机，经检查发现，正是由于这种柴油与油箱的胶合形成的混合物堵塞了进油管，致使油路不通畅所造成。

另外，机底油箱作为机组选配件，随机组进口，其价格较高。因此，用户最好还是使用外接油箱，便于维护和保养，而且也能增加进油压力。若已经配备了机底油箱，最好将机组垫高或设置排污管道，便于清洁和维修。

（四）润滑油相关知识

1. 润滑油的主要作用

（1）润滑及减低摩擦阻力。润滑油的作用，就是润滑发动机内的各种机件，并在两者表面之间形成一层油膜，以减低摩擦阻力，使运作更加顺畅。

（2）密封性作用。润滑油必须能在活塞环与气缸之间形成有效的密封性，以防气体的泄漏和外界的污染物侵入。

（3）冷却作用。在运转过程中，机件与机件的相互摩擦产生很大的热量或高温，润滑油的作用就是冷却及减低发动机的温度。

（4）清洁性。把机件中的有害杂质和未及燃烧的不溶性物质带走，使这些污染物远离润滑表面及时避免油泥的形成。

（5）防腐蚀功能。润滑油如能提供接触部件完全分离的油膜，减少机件接触及磨损的机会，避免金属表面受到腐蚀。

2. 润滑油的等级

（1）美国汽车工程师协会对润滑油粘度等级的规定简称为 SAE，有 0W、5W、10W、15W、20W、25W，为多级油在寒冷地区使用，数字越小，其低温性能越好。SAE20、SAE30、SAE40、SAE50 为粘度等级，它表示 100℃ 的粘度数，数字越大，粘度越大。例如，15W40 表示此油在低温下符合 15W 的要求和 100℃ 的粘度符合 SAE40 的要求。

（2）美国石油协会对机油品质等级评定标准简称为 API。汽油机油的级别以 S 打头，字母越往后，级别越高：SA、SB、SC、SD、SE、SF、SG、SH、SJ；柴油机油，以 C 打头，有 CA、CB、CC、CD、CE、CF 等。例如，SAE15W40APISG/CD 表示冬夏通用南北适用的多级油，具有汽油、柴油两性能通用的机油。

（五）机房的降噪与散热

在实际工作中，有很多做过降噪的机房或多或少都存在一些问题。其中，比较普遍的问题是机房的降噪效果达到了，但却牺牲了通风量，导致机房散热不良。尤其在炎热的夏季，几乎所有做过降噪的机房，在开机时都要打开门窗，以保证机房的通风散热。机房的降噪与散热是一对尖锐的矛盾，并且随季节的变更矛盾双方互有侧重，降噪若要达到理想效果，就要尽量防止噪声外泄,少开门窗。降噪使用的材料都有保温隔热作用,不利于散热,机房若要散热充分,就必须有足够的通风量,否则会影响发动机的输出功率和机房温升。那么如何更好地协调这一矛盾呢?

一般在设计机房降噪时,首先要考虑机房的通风量,通风量是根据发动机燃烧所需的空气量和机组散热所需的换气量来计算的,燃气量与换气量之和便是机房的通风量。这是一个变化值,是随机房的温升而变化。通常发电机组厂商会给出机房温升控制在 5~10℃ 机组所需的通风量,在考虑机房降噪时,应当按照比较严格的标准来计算机房的通风量,也就是机房温升控制在 5℃ 以内,机组所需的通风量最大。根据此通风量和机房进排风消声器的最低空气流速,即可计算出进排风口的截面积,据此设计的进排风口在一般的情况下都能满足机房的散热要求。当然,这是比较高的标准,代价也较高,需要专业的降噪厂商进行设计和施工,在施工过程中还要确保施工质量及使用合格的材料,才能同时满足理想的降噪效果和充分的散热条件,有效解决这一矛盾。现在很多降噪的机房都存在着这方面的问题,为了降低成本,忽视了施工质量和使用材料的要求,但为了达到降噪的标准,又不得不牺牲机房的散热条件(缩小进排风口面积)。

另外,机房的降噪和散热与用户的要求也有关系,用户可根据环境温度的变化,对降噪与散热有不同的侧重。比如在冬天时,可适当追求降噪方面的效果;在炎热的夏季,为满足机房的充分散热,在降噪方面可做出些让步。

三、柴油发电机组的维护、保养与管理

(一)运行维护

(1)长期运行机组每 6~8h 应检查一次,备用机组停机后必须再检查一次。
(2)新柴油发电机组运行 200~300h,检查气门间隙和喷油器。
(3)每运行 50h,排放油水分离器中的积水,检查启动电瓶电解液位。
(4)每运行 50~600h 或至少每 12 个月,更换润滑油和润滑油滤清器;根据润滑油的品质和燃油含硫量及发动机消耗润滑油的不同,柴油发电机组更换润滑油的周期也会有所不同。
(5)每运行 400h,检查并调整传动皮带,必要时更换;检查清洗散热器芯片;排放燃油箱内淤泥物。
(6)每运行 800h,更换油水分离器;更换燃油滤清器;检查涡轮增压器是否泄漏;检查进气管道有无泄漏;检查并清洗燃油管道。
(7)每运行 1200h,调整气门间隙。
(8)每运行 2000h,更换空气滤清器;更换冷却液;彻底清洗水箱散热器芯片及水道。
(9)每运行 2400h,检查喷油器;彻底检查清洗涡轮增压器;全面检查发动机设备;针对具体的机组,用户还应参阅发动机有关维护保养资料给予正确实施。

(二)柴油发电机组的维护保养

交流发电机组的内部和外部都应定期清洁,而清洁的次数则要视机组所在地的环境而定。当需要清洁时,可按下列步骤进行:将所有电源断开,把外表所有的灰尘、污物、油渍、水或任何液体擦掉,通风网也要清洁干净,因为这些东西进入线圈,就会使线圈过热或破坏绝缘。灰尘

和污物最好用吸尘器吸掉，不要用吹气或高压喷水来清洁。发电机组回潮而引起绝缘电阻降低，必须将发电机组进行烘干，烘干办法及详细的维护保养参阅随机"发电机组使用及维护说明书"。

（三）控制屏的保养

柴油发电机组控制屏日常维护应保证其表面的清洁，使仪表显示明确直观，操作按钮（键）灵活可靠。机组在运行中，振动会引起控制屏仪表零位偏离，紧固件松动，所以定期对控制屏校表，紧固连接件、连接线的工作是很有必要的。

（四）启动电瓶的维护保养

长期存放的电瓶，在使用前必须给予适当的充电，以保证电瓶正常的容量（可通过密度计检测电瓶的实际容量）。正常的操作及充电会导致电瓶内一些水被蒸发，这就需要经常对电瓶进行补液，补液前，首先应清洁加注口周围的污物，防止其落入电瓶格中，然后把加注口打开，加入适量的蒸馏水或纯净水，切勿加得过满（以电瓶极板刻度为标准），否则，电瓶放电、充电时，内部的电解液会从加注口的溢流孔涌出，造成对周围物体、环境的腐蚀破坏。避免电瓶在低温下启动机组，低温环境下电瓶容量将无法正常输出，长时间放电有可能造成电瓶故障（开裂或爆炸）。

备用机组电瓶应定期对电瓶进行维护充电，可配备浮充电器。

（五）柴油发电机组技术性能评定

(1) 功率——可以分析、判断柴油发电机组各机件的磨损程度。

(2) 燃油消耗量——反映喷油器工作的好坏。

(3) 机油消耗量——反映柴油机的性能。

(4) 气缸压力——反映燃烧室各部分的磨损程度。

(5) 机油压力——反映轴承磨损程度。

(6) 机油内的杂质——可分析柴油机的磨损程度。

四、故障检修

判断柴油发电机组故障的方法有很多种，目前较多采用的是隔离法、比较法、验证法和仪器仪表法。

(1) 隔离法。就是停止柴油机的单个缸工作或逐个停止几个甚至全部缸的喷油，观察柴油机在停止喷油前后的工作变化，用这种方法检查各气缸的工作情况，特别是检查各气缸的排烟颜色最有效。

(2) 比较法。比较法用得比较普遍，柴油发电机组出现故障后，如果对某个部件或哪一个系统有怀疑，更换一个质量好的部件或某一个正常的系统，观察故障是否排除，即可确认是否是该部件出了问题。

(3) 验证法。验证法是对已知的故障原因，通过试探性的调整或拆卸，用以检查过去分析的正确性，从而找出问题的所在。

(4) 仪器仪表法。仪器仪表检查法是运用仪器或仪表对柴油发电机组进行测试，找出故障隐患，了解机组的性能和状况。

总之,对于不同的故障现象要灵活运用排除故障的不同方法,要从柴油发电机组的原理、结构入手找寻问题来解决故障。

五、柴油发电机组常见故障现象及解决方法

(1) 柴油机正常运转的先决条件是雾化良好的柴油能准确及时地喷入燃烧室内,并且燃烧室里的压缩空气要达到足够的温度才能着火、爆发。要满足这两个条件,就必须在柴油机启动时有足够高的转速和使气缸内有一定的温度。柴油机不能启动时,应从启动工作、柴油机燃油供给系统和压缩等方面寻找原因。

① 环境温度太低。在气温低的情况下,应做好柴油机的预热工作,否则不易启动。

② 启动转速低。对于手摇启动的柴油机来说,应逐渐加大转速,然后将减压手柄扳到非减压位置,使气缸内有正常的压缩。如果减压机构调整不当或是气门顶住了活塞,往往会感到摇车很费力。其特点是曲轴转到某一部位就转不动了,但能退回来。此时,除了检查减压机构外,还应查看正时齿轮啮合关系是否错了。而对于使用电启动机的柴油机,如果启动转速极其缓慢,大多系启动机无力,并不说明柴油机本身有故障,应对电器线路方面进行详细检查,判断蓄电池是否充足电,各导线连接是否紧固及启动机工作是否正常。

(2) 从发动机排气的颜色判断发动机的技术状态。发动机工作时,燃料在气缸内燃烧后生成废气排出机外。当发动机工作正常和燃料完全燃烧时,废气中主要有水蒸气(H_2O)、二氧化碳(CO_2)和氮气(N_2),废气一般呈浅灰色。当燃料不完全燃烧或发动机工作不正常时,废气中还会有碳氢化合物(CH)、一氧化碳(CO)、氮氧化合物(NO_X)和碳粒等有害物质存在,使废气的颜色呈现白色、黑色或蓝色。可见,发动机排气的颜色能反映燃料燃烧状况和发动机技术状态。因此,汽车驾驶员和汽车维修人员可以通过发动机排气的颜色来判断发动机的技术状态。

① 排气冒黑烟。排气中的黑烟主要是燃料不完全燃烧的碳粒。因此,燃油供给系统燃料的过量供给,进气系统空气量减少,缸体、缸盖与活塞构成的燃烧室的密封性差,喷油器喷射质量差等因素都会使燃料燃烧不完全,从而使排气冒黑烟。排气冒黑烟主要有以下原因:

a. 高压油泵供油量过大或各缸供油量不均匀;

b. 气门密封不严,造成漏气,气缸压缩压力低;

c. 空气滤清器进气道阻塞、进气阻力大,使进气量不足;

d. 缸套、活塞、活塞环严重磨损;

e. 喷油器工作不良;

f. 发动机超负荷运转;

g. 喷油泵供油提前角过小,燃烧过程后移到排气过程进行;

h. 汽油电喷系统控制失效故障等。

② 排气冒白烟。排气中的白烟主要是未充分雾化和燃烧的燃油颗粒或水汽,因此,凡是导致燃油无法雾化或水进入气缸内都会使排气冒白烟,归纳起来主要有以下原因:

a. 气温低且气缸压力不足,燃油雾化不好,特别是冷启动初期排气冒白烟;

b. 缸垫损坏,冷却水渗入气缸内;

c. 缸体裂,冷却水渗入气缸内;

d. 燃油中含水量大等。

冷启动时排气冒白烟，发动机暖机后白烟消失应视为正常，若车辆正常运行时仍冒白烟则为故障，应通过观察水箱内冷却水是否不正常消耗，各缸工作是否正常，油水分离器是否水量过多等进行检查和分析，排除故障部位。

③ 排气冒蓝烟。排气中的蓝烟主要是机油过量窜入燃烧室参与燃烧的结果。因此，凡是导致机油窜入燃烧室的原因都会使排气冒蓝烟，归纳起来主要有以下原因：

 a. 活塞环断；
 b. 油环上回油孔被积炭堵塞，失去刮油作用；
 c. 活塞环开口转到一起，造成机油从活塞环开口上窜；
 d. 活塞环磨损严重或被积炭卡滞在环槽内，失去密封作用；
 e. 气环上下方向装反，把机油刮入气缸内烧掉；
 f. 活塞环弹力不够，质量不合格；
 g. 气门导管油封装配不当或老化失效，失去密封作用；
 h. 活塞、缸筒严重磨损；
 i. 机油加入量过多，使机油飞溅过多，油环来不及刮下缸壁多余的机油等排气冒蓝烟油消耗增多。机油、燃油消耗比一般为 0.5%~0.8%，机油消耗超过此值时排气中将有蓝烟产生。发动机冒蓝烟的故障，一般要通过发动机解体、检查，才能找出原因并确定排除故障的方案。冷机状态排烟发蓝，但机油消耗正常的，与燃料有关，视为正常。发动机排烟一般应在发动机暖机状态时检查，通过发动机低速、中速、高速及加速过程中排烟颜色的变化进行分析。

第二节 不间断电源系统（UPS）

不间断电源系统（UPS），是英文 Uninterruptiblepowersupplysystem 的缩写。

一、UPS 介绍

UPS 是伴随计算机和通信设备的诞生而出现的，作为电子信息系统的外围设备，UPS 是一种含有储能装置，以逆变器为主要元件、稳压稳频输出的电源保护设备。UPS 可以解决现有电力的断电、低电压、高电压、突波、杂讯等现象，使计算机等电子信息系统和精密仪器的工作更安全而可靠，被称为"计算机的生命线"，是电脑及其他先进仪器不可缺少的电源保护天使。因此，随着电子信息技术及应用的普及和发展，UPS 在生产、工作和生活中，将占据重要的一面。

UPS 可以分为后备式 UPS、在线式 UPS、在线互动式 UPS 等几类。后备式 UPS 采用抗干扰分级调压稳压技术，当市电供应正常或电压变化时，均能向负载提供高频干扰的稳压电源，当电网供电故障时，电池逆变供电需要 4~10ms 转化时间，对于一些对供电质量要求较高的设备来说不太合适。在线式 UPS 则当电网供电故障时，其输出不需要开关转换时间，其负载电能供应平滑稳定，一般用在金融、证券及电信等部门。在线互动式 UPS 集中后备式 UPS 效率高和在线式 UPS 供电质量高的优点，但稳频特性不理想，不适合做常延时的 UPS 电源。UPS 之所以能够在断电后，继续为计算机等设备供电，就是因为它的里面有一种储存电能的装置在起作用,这种储能的装置就是 UPS 电池,当市电正常时,将电能转换成化学能储存在电池内部,当市电故障时,将化学能转换成电能提供给逆变器或负载。

UPS 电池的优劣直接关系到整个 UPS 系统的可靠程度,然而蓄电池却又是整个 UPS 系统中平均无故障时间(MTBF)最短的一种器件。如果用户能够正确使用和维护,就能够延长其使用寿命,反之其使用寿命会显著缩短。蓄电池的种类一般分为铅酸电池、铅酸免维护电池及镍镉电池等。蓄电池是 UPS 的心脏,不管 UPS 系统多么复杂,其性能最终取决于它的电池,如果电池失效,再好的 UPS 也无法提供后备电源。如何监视电池以精确地预测其临界失效期和如何延长电池的有效寿命,是保证 UPS 供电系统稳定、可靠的关键。考虑到负载条件、使用环境、使用寿命及成本等因素,一般选择铅酸免维护电池。用户千万不要因贪图便宜而选用劣质电池,因为这样做会影响整个系统的可靠性,并可能因此造成更大的损失。

(一) UPS 软件管理

许多 UPS 提供了一套电源管理软件,通过这套软件,可以远程监视和控制 UPS 的工作状态,在紧急情况出现时,软件能给管理员发送电子邮件或向管理员的传呼机发送信息,大大方便了系统管理员的管理工作。

(二) 输出过载能力

输出过载能力是指在市电异常或负载异常时,UPS 的输出稳定程度。过载能力是 UPS 的关键,因为在正常运行时一般都不会出问题。最需要 UPS 显示能力的时候是在市电异常和负载异常时,因为在市电和负载正常时,UPS 只是一个稳压器和滤波器的作用,而这个功能用一台廉价的交流稳压器就完全可以实现。因此,如果 UPS 只起这么一点作用那就不值得了,所以要抓住 UPS 主要功能,市电异常时 UPS 要能不间断地接续上去,负载异常时 UPS 要能酌情处理,即对于正常的过载要能经受得住考验,对于短路,UPS 要有能力及时采取必要的措施。

(三) 输入电压频率

UPS 输入电压频率,即 UPS 能自动跟踪市电、保持同步的频率范围。一般电网标准频率是 50Hz 或者是 60Hz,UPS 允许市电频率有一定的变化范围,即输入电压频率范围,这个数值可波动范围通常在 ±2% 左右,在这个范围内,UPS 同步跟踪市电频率,超出则以本机频率输入。

(四) 输出电压频率

一般电网标准频率是 50Hz 或者 60Hz,UPS 允许市电频率有一定的变化范围,在这个范围内,UPS 同步跟踪市电频率,超出则以本机频率输出。这个实际输出的频率就是输出电压频率。

(五) UPS 转换

UPS 的转换时间是指 UPS 从市电切换到电池状态或从电池状态切换到市电所需要的时间。通常 UPS 的转换时间不能大于 10ms。UPS 的转换时间指标希望是越小越好,但有些容性负载可以承受短时间的转换,UPS 如采用继电器,则存在 4 ~ 10ms 的转换时间,对采用电子开关则小一些,关键是看该 UPS 采用何种技术。通常认为后备式与在线互动式有转换时间,在线式 UPS 则不存在转换时间,即零转换时间。

对于家庭个人使用或 SOHO 小型办公应用来讲,建议购买具有转换时间的后备式 UPS 不要大于 10ms,比较合算,而对于交通、银行、证券或大企业等,则建议购买零转换时间的在线式 UPS。

(六)输入电压范围

输入电压范围即 UPS 允许市电电压的变化范围,因为当地的电压波动情况直接影响 UPS 的运行,特别是有些地区电网比较恶劣,白天和晚上的电压相差很大。如果 UPS 要 24h 工作,在如此大的变化范围里,UPS 能否工作至关重要。如不能工作,只有转换电池,这样一则电池并没有用于真正的断电,二则频繁转换电池会影响电池的寿命。如果该 UPS 的转换电池装置为继电器,则对继电器的损坏特别严重,大大增加了 UPS 的故障率。

二、蓄电池组

不间断电源系统的一个重要组成部分是蓄电池组,蓄电池组担负着在停电状态下向 UPS 供电的功能,UPS 将蓄电池组提供的直流电再逆变成交流电向负载设备输出,因此蓄电池的选配是否合适直接关系到 UPS 系统的可靠性。

(一)阀控式铅酸免维护蓄电池

目前一般都采用容量大而成本又较低的铅酸蓄电池作为 UPS 备用电池,但绝非所有铅酸蓄电池都适合 UPS 使用,首先需要加电解液的非免维护电池因可靠性差、一致性差而不能选用,其次免维护电池中的汽车摩托车电池也不能选作 UPS 备用电池。因为这类电池偏重于瞬间启动性能而持续放电能力差。UPS 系统应选用可靠性高、一致性好、持续放电能力稳定的专用蓄电池,针对这些要求,世界领先的蓄电池厂商美国 RGB 公司推出了 UPS 专用的阀控式铅酸免维护蓄电池 BA 系列,该系列主要有下述特点。

1. 适应 UPS 系统的浮充状态,提高蓄电池的寿命与可靠性

(1)专有的固化和化成技术。

固化是阀控式密封铅酸(VRLA)电池生产的重要工序,对电池的初期容量、寿命都有较大影响。传统的固化工艺生成 $3PbO_2 \cdot PbO_2 \cdot H_2O(3BS)$,美国 RGB 采用 80℃ 高温和膏技术得到 $4PbO_2 \cdot PbO_2 \cdot H_2O(4BS)$,4BS 制造的电池不仅容量高,而且寿命长。同时在化成过程中采用软件监控,可以提高化成工序的生产质量,采用红丹可缩短固化与化成时间,使固化易于控制,从而提高初期容量和生产效率。

(2)独特的催化栓技术。

铅酸蓄电池一般用在浮充状态下,正极电位很高,氧析出严重,美国 RGB 将催化栓放于密封电池内部的上端,则可补充传统氧气再复合机理的负极作用,即正极析出的氧被直接复合,从而减轻了负极的去极化负担,同时减少了水损失。

(3)电池内部压力自动调节技术。

采用设计独特动作灵敏的安全阀,根据电池内部的情况自动向外排除多余气体,使电池内部压力在规定的范围之内,不会发生安全事故。

2. 从独特配方的材质上保证蓄电池的放电性能与一致性

(1)采用新型板栅合金。

传统的耐腐蚀饭栅不但制造复杂,而且还易引起早期容量损失、正极膨胀、伸长和寿命缩短等问题。BA 系列的板栅材料有以下特点:一是快速冷却合金,使所有元素均匀混合,耐蚀性大大提高;二是采用轻型板栅,用铝、铜网做基材,表面热挤压包覆铅锡合金,成为铅丝,再编织成铅布作为板栅;三是在板栅合金中添加适量的微量元素可大大提高板栅的性能。

(2) 采用新型聚乙烯隔板作为玻璃棉隔板。

隔板的重要性可比喻为"第三电极",对电池的性能有很大影响,它吸收电解液,作为正极析出的氧向负极扩散的通道,防止正负极短路。新型聚乙烯隔板可以有效地减少 Sb_3+(锑)的迁移和穿透,减少水损失和自放电,提高隔板中细纤维的含量,还可以加强隔板的拉伸强度,使深循环寿命加长。

美国 RGB 的生产工艺与材料技术代表了当今最先进的蓄电池生产技术,这使得 BA 系列蓄电池充电快速,适于高倍率电流放电使用,并且以其正常使用下 5~10 年的长寿命成为 UPS 专用蓄电池领域的首选。

(二) 蓄电池的使用和维护

在使用不间断电源系统的过程中,人们往往片面地认为蓄电池是免维护的而不加重视。然而有资料显示,因蓄电池故障而引起 UPS 主机故障或工作不正常的比例大约为 1/3。由此可见,加强对 UPS 电池的正确使用与维护,对延长蓄电池的使用寿命,降低 UPS 系统故障率,有着越来越重要的意义。除了选配正规品牌蓄电池以外,应从以下几个方面入手正确地使用与维护蓄电池。

1. 保持适宜的环境温度

影响蓄电池寿命的重要因素是环境温度,一般电池生产厂家要求的最佳环境温度是在 20~25℃。虽然温度的升高对电池放电能力有所提高,但付出的代价却是电池的寿命大大缩短。据试验测定,环境温度一旦超过 25℃,每升高 10℃,电池的寿命就要缩短一半。目前 UPS 所用的蓄电池一般都是免维护的密封铅酸蓄电池,设计寿命普遍是 5 年,这在电池生产厂家要求的环境下才能达到。达不到规定的环境要求,其寿命的长短就有很大的差异。另外,环境温度的提高,会导致电池内部化学活性增强,从而产生大量的热能,又会反过来促使周围环境温度升高,这种恶性循环,会加速缩短电池的寿命。

2. 定期充电、放电

UPS 电源中的浮充电压和放电电压,在出厂时均已调试到额定值,而放电电流的大小是随着负载的增大而增加的,使用中应合理调节负载。一般情况下,负载不宜超过 UPS 额定负载的 60%。在这个范围内,电池的放电电流就不会出现过度放电。

UPS 因长期与市电相连,在供电质量高、很少发生市电停电的使用环境中,蓄电池会长期处于浮充电状态,日久就会导致电池化学能与电能相互转化的活性降低,加速老化而缩短使用寿命。因此,一般每隔 2~3 个月应完全放电一次,放电时间可根据蓄电池的容量和负载大小确定。一次全负荷放电完毕后,按规定再充电 8h 以上。

3. 利用通信功能。

目前,绝大多数大、中型 UPS 都具备与微机通信和程序控制等可操作性能。在微机上安装相应的软件,通过串/并口连接 UPS,运行该程序,就可以利用微机与 UPS 进行通信。一般具有信息查询、参数设置、定时设定、自动关机和报警等功能。通过信息查询,可以获取市电输入电压、UPS 输出电压、负载利用率、电池容量利用率、机内温度和市电频率等信息;通过参数设置,可以设定 UPS 基本特性、电池可维持时间和电池用完告警等。通过这些智能化的操作,大大方便了 UPS 电源及其蓄电池的使用管理。

4. 及时更换废、坏电池。

目前大中型 UPS 电源配备的蓄电池数量,从 3 只到 80 只不等,甚至更多。这些单个的电池通过电路连接构成电池组,以满足 UPS 直流供电的需要。在 UPS 连续不断的运行使用中,因性能和质量上的差别,个别电池性能下降、储电容量达不到要求而损坏是难免的。当电池组中某个(些)电池出现损坏时,维护人员应当对每只电池进行检查测试,排除损坏的电池。更换新的电池时,应该力求购买同厂家同型号的电池,禁止防酸电池和密封电池、不同规格的电池混合使用。

三、UPS 的检修

(一)在没有图纸资料的情况下检修 UPS

在 UPS 的检修过程中,最难解决的问题莫过于图纸资料的缺乏,有时费了很大周折找来了图纸,与实物也不一定能对得上,因此在 UPS 的检修中,一味地依靠图纸或测绘线路是不现实的。在这种情况下如何检修 UPS 呢? 笔者认为采用有重点的普查法不失为一种好方法。有重点的普查法就是按照元器件的故障频率高低直接到线路板上找故障。

使用普查法检修的另外一个前提条件是必须掌握 UPS 内常用元件的检测数据(最好有相应的备件),其中的主要难点是集成电路的好坏不易判断(因为 UPS 中的许多数字集成电路靠测试在路电阻或开路电阻有时反映不出好坏)。不过 UPS 内的集成电路种类并不是很多,如果能备好常用的型号,检修时用对比法或替换法就能够较好地解决问题。常用集成电路的型号有:SG3524、LM339、LM393、NE555、NE556、LM317(337)、78、79 系列的三端稳压器,主要是 7812,带微处理器的 UPS 需 7805、LM324、uA741、uA4558 等。

根据大量维修实践所做的统计表明,UPS 内元器件按故障频率由高到低的排列顺序是:电瓶(即机内的免维护铅酸蓄电池,包括因过放电或充电电路故障造成的假性损坏)、交流进线电路(含熔断丝、压敏电阻、电源开关等)、逆变管(含推动管)、功率电阻、取样变压器、中小功率二极管、三极管、集成电路、可调电阻、继电器、电解电容、小功率电阻、主电源变压器。因此,在接修一台损坏的 UPS 时,如果找不到电路图纸,可直接到机内找故障,在普查可疑元件的同时,还要注意检查一些虚焊、假焊类故障。一般可采用对比法(与好的元件对比)和替换法(用好的元件替换)进行判断,只要 UPS 没有人为的故障(如将可调元件调乱等)和调整性故障,一般都能较快地解决问题。

(二)UPS 一些常见故障的检修

(1)市电完全正常。开机后立刻进入逆变状态这种故障的原因多是市电未能送入 UPS,应首先检查机后的电源熔断管(一般为 3~5A)是否断路,若正常则应再检查机内的交流进线电路,其中包括电源开关、线路板、接插件、压敏电阻、取样变压器等。

[实例]现象 SKS-500 型 UPS 接交流电后不能进入稳压状态,而是处于逆变状态。

分析与检修：查机后发现电源熔断管已被一只螺栓代替（UPS 的熔断管很多是 $\phi 6mm \times 30mm$ 的，而市售的熔断管一般是 $\phi 5mm \times 20mm$ 的，当熔断管烧断后，许多用户因买不到合适的熔断管，喜欢用一些其他金属物品来代替）。再查机内电路，发现电源开关与线路板间的连接插件内部已经发黑，拔下后检查插件以及插件下面的双面线路板铜箔均已烧坏。将烧坏部分挖去，去掉损坏的插件，将电源开关引线直接焊至线路板的相应焊点上，再换上 3A 的电源熔断管，开机后工作正常。

（2）开机后机内无任何反应。接入市电也无任何反应。这种故障现象说明机内低压电路（主要是控制电路）不能工作，最常见的原因是机内低压电路的供电不正常，而这种供电不正常一般是因机内电瓶损坏（或过放电）、低压熔断丝损坏引起（20~40A 插片式熔断）。

对于电瓶的好坏，可通过测量电瓶两端是否有 12V 电压来判断（对于采用两块或两组电瓶串联供电的机型，每块电瓶都应是 12V）。若电瓶两端电压很低或无电压，则说明电瓶有问题（注意有时是过放电造成的假性损坏）。

[实例] SANTAK UPS – 500 型 UPS 接上市电后机内毫无反应，既不稳压，也不逆变，就像没电一样。

分析与检修：经询问用户得知该 UPS 原来一直工作正常，但因在仓库中存放了一年多，再使用时就不能工作了，曾怀疑是电瓶没电，但插上电源插头长时间充电仍不能工作。查机内低压熔断丝正常，电瓶两端仅有不足 5V 的电压，用新电瓶替换，将电源插头插入市电，开机后立刻正常，在带电情况下（注意安全）将新电瓶拔下并将原机电瓶接上，充电 10h 左右，该机一切正常，证明原电瓶并未损坏，而是因长期搁置不用，自然放电造成的假性损坏。为什么用户自己充电却没有效果呢？这是因为在 UPS 的电路中，控制电路本身也要耗电，这部分电能往往需要由机内电瓶来提供。当机内电瓶电压不足甚至无电后，控制电路将不能正确地工作，此时即使接上正常的市电，机内的控制电路也无法切换到市电稳压状态，同样也不能给电瓶充电，除非先用一块正常的电瓶"发动"一下，待 UPS 进入市电稳压状态，电瓶也进入充电状态后（此时将电瓶断开不影响 UPS 的工作），再将原电瓶换回才能将电充上。需要提醒的是，不同机型的 UPS 电瓶损坏（或假性损坏）出现的故障现象并不完全一样，具体出现什么现象完全取决于电路的设计。除以上较常见的现象外，还有逆变维持时间过短（甚至一转入逆变状态立刻失败）、接入市电开机后机内继电器发出"嗡嗡"声、工作状态混乱、指示灯乱闪、机内继电器不停地"咔嗒"作响等。当然也有极个别的机型在电瓶无电的情况下开机后能自动进入市电稳压状态。

对于机内低压熔断丝损坏的情况，一般均伴有逆变管的击穿短路，此时应先通过测量电阻找出损坏的逆变管，以免换上新熔断丝后扩大故障。

[实例] SANTAK TwinGuard – 500 超小型高频逆变 UPS 不能开机。

分析与检修：这是山特公司近年来新开发的高频逆变机型，目前市面上非常流行，这种 UPS 使用了微处理器对整机进行控制，并采用了低压开机方式（按住电源开关 3s 以上即可开、关机）。检查机内电瓶两端电压正常，但低压熔断丝已烧断。进一步检查各逆变管，发现 Q09、Q10（IRF740）各极间均已击穿，换新管并更换 30A 低压熔断丝后开机，工作正常。

（3）市电稳压状态正常，但逆变状态下机内有强烈交流声。同时逆变输出电压偏低（150V 以下）这种故障现象是单端逆变的典型表现，UPS 的逆变是由两只（或两组）逆变管以推挽工作方式共同完成的,两只(或两组)逆变管分别承担了正负半周的逆变任务,如果其中一只(或一组)出现开路性损坏,这时的 UPS 往往还能逆变,只是逆变输出电压很低,而且机内变压器会发出剧烈的"嗡嗡"声。这种故障的常见原因是逆变管或推挽管开路,有时是 SG3524 的两个逆变信号输出脚(⑪和⑭脚)中的一个出了问题(注意内部电路或外部电路都有可能造成这类故障)。

[**实例**] FuDA500W 型 UPS 能进入市电稳压状态,但逆变输出电压仅 100V 左右,同时机内有剧烈的"嗡嗡"声。

分析与检修:该机的逆变管采用摩托罗拉公司生产的大功率达林顿管 MJ11016,断电后测两只逆变管的各脚间在路电阻,发现有较明显的差别,焊下进一步测量,发现其中的一只基极与发射极间正、反向电阻都已很大,且完全一致,说明此管发射结已呈开路状态,所测得的阻值实际是管子内部复合的保护电阻的阻值(该电阻接在管子的基极和发射极之间),将坏管换新,开机后逆变正常,测逆变输出电压为 250V(注意普通 UPS 的逆变输出是 50Hz 方波电压,当用普通万用表的交流电压挡测量时,读数偏高是正常的,不要去调 UPS 内的可调电阻)。

(三)如何代换 UPS 中的专用元器件

UPS 内的元器件除普通的阻容元件、二极管、三极管、继电器等通用元件外,其他均属专用元件,从电子元件商店或电料商店均不易购到。下面介绍如何用通用的元器件来代换 UPS 内的专用元器件。

1. 电瓶的代换

UPS 内的电瓶是免维护式铅酸蓄电池,其额定电压是 12V,容量是 7A·h(或 6.5A·h),尺寸一般为 150mm×95mm×65mm。这种电瓶一般需到专门的计算机配件商店去购买,而且价格不菲,如果当地无法买到这种电瓶,可用市场上常见的 6V,7A·h 免维护电瓶两块串联起来代换,而实际代换效果基本相仿,许多经过代换修理的 UPS 至今已使用了 3 年左右,未发现任何不良现象。

6V、7A·h 的电瓶尺寸是 70mm×50mm×100mm(注意市场上同样尺寸的 6V 电瓶容量有 4A·h 和 7A·h 两种,由于电瓶串联使用容量并不增加,所以应买 7A·h 的,这种电瓶除标注为 7A·h 外,其重量明显重于 4A·h 的),不难看出两块合起来后的尺寸除高度比原电池高 5mm 外,其他尺寸均接近或小于原电池,这在维修固定时并不麻烦,一般只要加长原电瓶压板的固定螺栓即可。

2. 逆变管的代换

UPS 中的逆变管主要有达林顿管和 VMOS 管两类,前者一般用于大体积的 UPS 上;后者则多用于小体积的 UPS 上。逆变管的数量在不同功率的 UPS 中不完全一致,一般 500W 的 UPS 不少于两只,1000W 的不少于四只(分两组并联工作以加大输出功率)。两只(或两组)逆变管的工作是推挽式工作,应尽量配对使用以保证逆变波形正负半周的对称性,因此在代换逆变管时,若有条件,应尽量用参数接近的型号代换,必要时干脆全部换成同一型号。

VMOS 系列逆变管的种类及型号相对达林顿管要多得多,这种 VMOS 管由于是绝缘栅型场效应管,栅极与源、漏两极是不通的,而漏极与源极间的测试电阻则取决于栅极电位,因此即使同型号的管子,如果不施加相同的栅极偏压,漏源间电阻的测量值也不一样,甚至有的通有的不通。其正确的测试方法为首先将栅、漏、源(G、D、S)三脚短路一下以将栅极上的电压放掉,然后用黑表笔接漏极测漏源间应为高阻状态(注意不要碰到栅极以免栅极又感应上电压),此后可找一个 6~9V 的直流电源(积层电池等),负极接源极,正极接栅极,给栅极充上电(碰一下即可),此时管子应能开启,漏源间呈低阻状态即为正常。

VMOS 逆变管的损坏一般为击穿性损坏,有时伴有炸裂现象,这一系列的原型号逆变管往往很难购买到,但只要备好了 MTP60N06 和 2SK727 两种管子,一般就可"包打天下"。维修实践证明,MTP60N06 基本可代换所有工频逆变型 UPS 中的 VMOS 管,这种 UPS 的特点是机内有一个大体积的工频逆变变压器。2SK727 则可代换所有高频逆变 UPS 中的 VMOS 管,这种 UPS 的特点是体积非常小。

3. 取样变压器的代换

大多数 UPS 机内都有一只取样变压器,由于长期处于通电状态,在市电电压偏高的地区较易损坏。取样变压器一般是一只直焊式带引脚的小变压器,其作用是对市电进行取样,UPS 内的稳压电路根据此取样电压的高低调整相应的继电器分合主变压器的抽头,以实现对市电的稳压,同时逆变电路根据此电压的有无和是否超限(市电是否在 150~260V 的范围内)决定是否进入逆变状态。因此,如果此变压器损坏,UPS 将以为市电停电,开机后即进入逆变状态。

UPS 的取样变压器功率一般为 3W,次级输出电压一般有双 15V(或双 12V)以及单 15V(或单 12V)两类,并以前者居多,这种小变压器损坏后一般可用普通收录机等小电器上使用的小电源变压器来代换,功率 3~5W 即可。代换时如果不知道次级电压可试验一下,通过测量代换后 UPS 的输出电压(不在逆变状态下测量)来判断代换是否正确,如果输出电压过高,则说明变压器的次级输出电压偏低(此时 UPS 内的稳压电路误认为市电电压偏低,所以要对其进行升压),反之亦然。

需要说明的是,某些小体积 UPS 机内无此变压器,它们的低压电路(弱电部分)没有与市电进行隔离,所以可用阻容元件直接对市电进行取样。另外,一些新进口的高档高频逆变 UPS 使用了光电耦合器进行隔离取样,这种产品目前相对较少。

4. 集成电路的代换

UPS 内的集成电路基本都是通用集成电路。尽管这些集成电路型号的字母部分有些差别,但数字后缀是一致的,原则上都可相互代换。例如,SG3524、KA3524、UC3524 均可互相代换;同样 AN7812 与 UA7812、LM7812、MC7812、UPC7812、W7812、CW7812、L7812、NJM7812、KA7812 等也可互相代换。至于机内常见的 4000 系列或 74LS 系列的通用集成电路,目前国内外有近十家公司生产,只要型号的数字后缀相同,即可直接互换(但要注意摩托罗拉公司生产的 MC 系列数字后缀前面都多了个"1",如 NCl4011 和 CD4011、TC4011 属同类电路)。

5. 其他元件的代换

整流桥损坏后可用四只普通整流二极管代换。压敏电阻损坏后可用 431 或 471 型代换,也可用两只 200V 的串联后代换。普通小三极管一般均可用 2N5401(PNP) 或 2N5551(NPN) 来代换,普通小二极管用 1N4005 代换即很耐用。

在检修 UPS 的过程中,应注意安全问题。许多 UPS(特别是小体积的)都采用了热底板,机内低压电路未与市电隔离,并且电源开关是低压开关(有些甚至是轻触开关),所以插上市电检修是非常不安全的。若确需带电检修,应使用隔离变压器。另外,由于电瓶的短路电流很大,检修测量时若不慎误短路,有时会严重烧损器件。因此,提倡断电检修(断开电瓶引线)。如果 UPS 的交流熔断管损坏,务必不要图省事省去熔断管不装,否则一旦遇到短路可能会造成严重的损坏,甚至会烧毁机内主变压器。

第三节 直流电源

能提供电流和电压方向不变的电源称为直流电源,比如各式充电器、干电池、蓄电池、直流稳压电源、直流发电机等。直流电源有正负两个电极,正极的电势高,负极的电势低,当两个电极与电路连通后,直流电源能维持两个电极之间的恒定电势差,从而在外电路中形成由正极到负极的恒定电流。

要使直流电源两极间的电势差保持恒定必须使在外电路中由正极流到负极的正电荷,在电源内部逆着电场力的方向,由负极返回到正极去。这个过程不能靠静电力,只能靠某种与静电力方向相反的"非静电力"来实现。因此,电源就是一种提供非静电力的装置,通过非静电力做功,把非电能转化为正负电极之间的电势能。表征电源特征的重要物理量有两个:一个是电源电动势 E,另一个是电源的内电阻(简称内阻)r_0。

直流电源的类型很多,不同类型的直流电源,非静电力的性质不同,能量转换的过程也不同。例如,在化学电池中,非静电力来自与离子的溶解和沉积过程相联系的化学作用,化学电池放电时,化学能转化为电能和电路中的内能。在直流发电机中,非静电力来自电磁感应作用,直流发电机供电时,机械能转化为电能和电路中的内能。

一、直流电源的分类

直流稳定电源按习惯可分为化学电源、线性稳定电源和开关型稳定电源,它们又分别具有各种不同类型。

(一)化学电源

平常所用的干电池,铅酸蓄电池,镍镉、镍氢、锂离子电池均属于这一类,各有其优缺点。随着科学技术的发展,又产生了智能化电池,在充电电池材料方面,美国研制人员发现锰的一种碘化物,用它可以制造出便宜、小巧、放电时间长,多次充电后仍保持性能良好的环保型充电池。

(二)直流稳压电源

1. 线性稳定电源

线性稳定电源有一个共同的特点就是它的功率器件调整管工作在线性区,靠调整管之间的电压降来稳定输出。由于调整管静态损耗大,需要安装一个很大的散热器给它散热,而且由于变压器工作在工频(50Hz)上,所以重量较大。

该类电源优点是稳定性高、纹波小、可靠性高,易做成多路输出连续可调的成品。缺点是体积大、较笨重、效率相对较低。这类稳定电源又有很多种,从输出性质上可分为稳压电源和稳流电源及集稳压、稳流于一身的稳压稳流(双稳)电源。从输出值来看可分定点输出电源、波段开关调整式和电位器连续可调式几种。从输出指示上可分为指针指示型和数字显示式型等。

2. 开关型直流稳压电源

与线性稳压电源不同的一类稳电源就是开关型直流稳压电源,它的电路形式主要有单端反激式、单端正激式、半桥式、推挽式和全桥式。它和线性电源的根本区别在于它的变压器不工作在工频而是工作在几十千赫兹到几兆赫兹。功能管不是工作在饱和及截止区,即开关状态,因此而得名。

开关电源的优点是体积小、重量轻、稳定可靠;缺点是相对于线性电源来说纹波较大[一般不大于1%V(P-P),好的可做到十几毫伏(P-P)或更小]。它的功率可几瓦至几千瓦均有产品。下面就一般习惯分类介绍几种开关电源。

1) AC/DC 电源

该类电源也称一次电源,它自电网取得能量,经过高压整流滤波得到一个直流高压,供DC/DC 变换器在输出端获得一个或几个稳定的直流电压,功率从几瓦至几千瓦均有产品,用于不同场合。属此类产品的规格型号繁多,根据用户需要而定通信电源中的一次电源(AC220输入,DC48V 或 24V 输出)也属此类。

2) DC/DC 电源

在通信系统中也称二次电源,它是由一次电源或直流电池组提供一个直流输入电压,经DC/DC 变换以后在输出端获得一个或几个直流电压。

3) 通信电源

通信电源其实质上就是 DC/DC 变换器式电源,只是它一般以直流 -48V 或 -24V 供电,并用后备电池作 DC 供电的备份,将 DC 的供电电压变换成电路的工作电压,一般又分为中央供电、分层供电和单板供电三种,以后者可靠性最高。

4) 电台电源

电台电源输入 AC220V/110V,输出 DC13.8V,功率由所供电台功率而定,几安培、几百安培均有产品。为防止 AC 电网断电影响电台工作,而需要有电池组作为备份,所以此类电源除输出一个 13.8V 直流电压外,还具有对电池充电自动转换功能。

5) 模块电源

随着科学技术飞速发展,对电源可靠性,容量、体积比要求越来越高,模块电源越来越显示其优越性,它工作频率高、体积小、可靠性高,便于安装和组合扩容,所以越来越被广泛被采用。目前,国内虽有相应模块生产,但因生产工艺未能赶上国际水平,故障率较高。

DC/DC 模块电源目前虽然成本较高,但从产品的漫长的应用周期的整体成本来看,特别是因系统故障而导致的高昂的维修成本及商誉损失来看,选用该电源模块还是合算的。在此还值得一提的是罗氏变换器电路,它的突出优点是电路结构简单,效率高和输出电压、电流的纹波值接近于零。

6) 特种电源

高电压小电流电源、大电流电源、400Hz 输入的 AC/DC 电源等,属于特种电源,可根据特殊需要选用。

二、直流电源的用途

直流电源广泛应用于国防、科研、大专院校、实验室、工矿企业、电解、电镀、直流电机、充电设备等。

直流稳压电源的供电电源大都是交流电源,当交流供电电源的电压或负载电阻变化时,稳压器的直流输出电压都会保持稳定。直流稳压电源随着电子设备向高精度、高稳定性和高可靠性的方向发展,对电子设备的供电电源提出了高的要求。

当今社会人们极大地享受着电子设备带来的便利,但是任何电子设备都有一个共同的电路——电源电路。大到超级计算机、小到袖珍计算器,所有的电子设备都必须在电源电路的支持下才能正常工作。当然,这些电源电路的样式、复杂程度千差万别,超级计算机的电源电路本身就是一套复杂的电源系统,通过这套电源系统,超级计算机各部分都能够得到持续稳定、符合各种复杂规范的电源供应。袖珍计算器则是简单得多的电池电源电路,完全具备电池能量提醒、掉电保护等高级功能。可以说电源电路是一切电子设备的基础,没有电源电路就不会有如此种类繁多的电子设备。

由于电子技术的特性,电子设备对电源电路的要求就是能够提供持续稳定、满足负载要求的电能,而且通常情况下都要求提供稳定的直流电能。提供这种稳定的直流电能的电源就是直流稳压电源。直流稳压电源在电源技术中占有十分重要的地位。按稳压电路与负载的连接方式分有串联稳压电源和并联稳压电源;按调整管的工作状态分有线性稳压电源和开关稳压电源;按电路类型分有简单稳压电源和反馈型稳压电源。这些看似繁多的分类方法之间有着一定的层次关系,只要理清了这个层次自然就可以分清楚电源的种类。实际应用中稳压电源有两个区别很大的种类:一种是各种比较简单的电子设备中广泛使用的线性稳压电源,如收音机、小型音响等;一种是各种复杂电子设备中广泛使用的开关稳压电源,如大屏幕彩电、微型计算机等。

(一)基本功能和要求

(1)输出电压值能够在额定输出电压值以下任意设定和正常工作。

(2)输出电流的稳流值能在额定输出电流值以下任意设定和正常工作。

(3)直流稳压电源的稳压与稳流状态能够自动转换并有相应的状态指示。

(4)对于输出的电压值和电流值要求精确地显示和识别。

(5)对于输出电压值和电流值有精准要求的直流稳压电源,一般要用多圈电位器和电压电流微调电位器,或者直接数字输入。

(6)要有完善的保护电路。直流稳压电源在输出端发生短路及异常工作状态时不应损坏,在异常情况消除后能立即正常工作。

(二)技术指标

直流稳压电源的技术指标可以分为两大类:一类是特性指标,反映直流稳压电源的固有特性,如输入电压、输出电压、输出电流、输出电压调节范围;另一类是质量指标,反映直流稳压电源的优劣,包括稳定度、等效内阻(输出电阻)、纹波电压及温度系数等。

(1)输出电压范围:符合直流稳压电源工作条件情况下,能够正常工作的输出电压范围。

该指标的上限是由最大输入电压和最小输入—输出电压差所规定,而其下限由直流稳压电源内部的基准电压值决定。

(2)最大输入—输出电压差:表征在保证直流稳压电源正常工作条件下,所允许的最大输入—输出之间的电压差值,其值主要取决于直流稳压电源内部调整晶体管的耐压指标。

(3)最小输入—输出电压差:表征在保证直流稳压电源正常工作条件下,所需的最小输入—输出之间的电压差值。

(4)输出负载电流范围:又称为输出电流范围,在这一电流范围内,直流稳压电源应能保证符合指标规范所给出的指标。

(三)质量指标

1. 电压调整率 S_V

电压调整率是表征直流稳压电源稳压性能的优劣的重要指标,又称为稳压系数或稳定系数,它表征当输入电压 U_I 变化时直流稳压电源输出电压 U_O 稳定的程度,通常以单位输出电压下的输入和输出电压的相对变化的百分比表示。

2. 电流调整率 S_I

电流调整率是反映直流稳压电源负载能力的一项主要自指标,又称为电流稳定系数。它表征当输入电压不变时,直流稳压电源对由于负载电流(输出电流)变化而引起的输出电压的波动的抑制能力,在规定的负载电流变化的条件下,通常以单位输出电压下的输出电压变化值的百分比来表示直流稳压电源的电流调整率。

3. 纹波抑制比 S_R

纹波抑制比反映了直流稳压电源对输入端引入的市电电压的扣制能力,当直流稳压电源输入和输出条件保持不变时,纹波抑制比常以输入纹波电压峰—峰值与输出纹波电压峰—峰值之比表示,一般用分贝数表示,但是有时也可以用百分数表示,或直接用两者的比值表示。

4. 温度稳定性 K

集成直流稳压电源的温度稳定性是以在所规定的直流稳压电源工作温度 T_i 最大变化范围内($T_{min} \leqslant T_i \leqslant T_{max}$)直流稳压电源输出电压的相对变化的百分比值。

(四)极限指标

(1)最大输入电压:保证直流稳压电源安全工作的最大输入电压。

(2)最大输出电流:保证稳压器安全工作所允许的最大输出电流。

第九章 电气防雷防爆技术

雷电是自然界的一种自然放电现象。雷电袭击发电厂、变电所及生活设施时,将造成厂房、设备损坏和发生人身伤亡事故,故电力工程必须充分研究雷电的形成及特点,提出预防措施。

本章着重讨论雷电对电力系统、人身的危害以及防止发生雷害事故的措施。

第一节 防 雷

一、雷电放电及其特点

随着空中云层电荷的积累,其周围空气中的电场强度不断加强,当空气中的电场强度达到一定程度时,在两块带异号电荷的雷云之间或雷云与地之间的空气绝缘就会被击穿而剧烈放电,出现耀眼的电光,同时,强大的放电电流所产生的高温,使周围的空气或其他介质发生猛烈膨胀,发出震耳欲聋的响声,这就是通常所说的雷电。

雷电是带有电荷的"雷云"之间或"雷云"对大地(或物体)之间产生急剧放电的一种自然现象。关于雷云形成的理论或学说较多,但比较普遍的看法是,在闷热的天气里,地面的水汽蒸发上升,在高空低温影响下凝成冰晶。冰晶受到上升气流的冲击而破碎分裂,气流挟带一部分带正电的小冰晶上升,形成"正雷云",而另一部分较大的带负电的冰晶则下降,形成"负雷云"。由于高空气流的流动性,所以正雷云和负雷云均在空中飘浮不定。据观测,在地面上产生雷击的雷云多为负雷云。

空中的雷云靠近大地时与大地之间形成一个很大的雷电场,由于静电感应作用,使地面出现与雷云的电荷极性相反的电荷,如图9-1所示。雷电放电多数发生在带异性电荷的高空雷云之间,也有少部分发生在雷云与大地之间。雷云与地面间的空气绝缘被击穿而发生雷云对地的放电现象,就是所谓的落地雷。雷电对电气设备和人身的危害,主要来源于落地雷。

落地雷具有很大的破坏性。当雷击地面电气设备时,雷电流通过电气设备泄入地中,高达几十千安培甚至数百千安培的雷电流通过设备时,必然在其电阻(设备的自身电阻和接地电阻)上产生压降,其值可高达数百万伏甚至数千万伏,这一压降称为"直击雷过电压"。若雷电并没有直击设备,而是发生在设

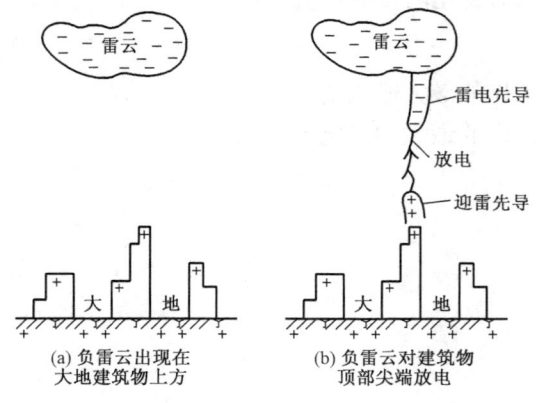

图9-1 雷云对大地放电

备附近的两块雷云之间或雷云对地面的其他物体之间,由于电磁和静电感应的作用,也会在设备上产生很高的电压,称为感应雷过电压。

架空线路在其附近出现对地雷击时极易产生感应电压。当雷云出现在架空线路上方时,线路上由于静电感应而积聚大量异性束缚电荷,如图9-2所示。当雷云对地放电后,线路上的束缚电荷被释放而形成自由电荷,向线路两端泄放,形成电位很高的过电压。高压线路上的感应过电压可高达几十万伏,低压线路上的感应过电压也可达几万伏,对供电系统的危害都很大。

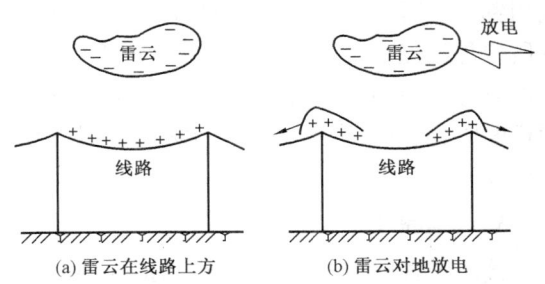

图9-2 架空线路上的感应过电压

二、防雷设备

电力系统的防雷措施主要是装设防雷装置。一方面,防止雷直击导线、设备及其他建筑物;另一方面,当雷击产生过电压时,限制过电压值,保护设备和人身安全。

防雷装置主要有避雷针、避雷线、避雷网、避雷带及避雷器等。它们主要用于露天的变配电设备保护;避雷线主要用于保护电力线路及配电装置;避雷网、避雷带主要用于建筑物的保护;避雷器主要用于限制雷击产生过电压,保护电气设备的绝缘。

(一)避雷针

为了防止建筑物、构筑物和露天的变配电设备遭受直击雷的袭击,装设避雷针是最有效的方法。避雷针一般采用镀锌圆钢(针长1m以下时直径不小于12mm,针长1~2m时直径不小于16mm)或镀锌钢管(针长1m以下时直径不小于20mm,针长1~2m时直径不小于25mm)制成。它通常安装在电杆(支柱)、构架或建筑物上。它的下端要经引下线与接地装置连接。

避雷针的保护原理就其本质而言,并非"避雷",而是"引雷"。当雷云接近地面时,雷电放电朝着电场强度大的方向发展。它能对雷电场产生一附加电场(这附加电场是由于雷云对避雷针产生静电感应引起的)使雷电场畸变,从而将雷云放电的通道由原来可能向被保护物体发展的方向吸引到避雷针本身,然后经与避雷针相连的引下线和接地装置将雷电流泄放到大地中去,使被保护物免受直接雷击。所以,避雷针实质是引雷针,它把雷电流引入地下,从而保护了线路、设备及建筑物等。避雷针利用在空中高于其被保护对象的有利地位,把雷电引向自身,将雷电流引入大地,而达到使被保护物"避雷"的目的。

避雷针由三部分组成:雷电接受器、接地引下线和接地装置。

1. 雷电接受器

雷电接受器也称为接闪器,是指避雷针耸立天空的"针"的部分,装在整套装置的最上面,用以引雷放电。接闪器一般由镀锌或镀铬的圆铜或钢管制成,长1~2m,圆钢的直径不小于25mm,钢管的直径不小于40mm,壁厚不小于2.75mm。

2. 接地引下线

接地引下线是避雷针的中间部分,其作用是将雷电流引到地下,引下线的截面积不但应根据雷电流通过时的短时发热热稳定条件计算，而且要考虑其机械强度。一般引下线可采用载流量较大，且熔化温度较高的多股钢绞线，也可采用价格便宜，截面不小于 $48mm^2$ 的扁钢。若采用钢筋混凝土杆或钢铁钩架时，也可采用钢筋或钢铁构架作引下线。引下线入地前 2m 的一段应加以保护，以防腐蚀和机械损伤。为了减小阻抗，接地引下线应选择最短的路径敷设，敷设时应避免转角或尖锐的弯曲，要使引下线到接地体之间形成一条平坦的通道。若中间必须弯曲时，应减小弯曲半径，否则，将使引下线电抗增大，雷电流流过时产生大的压降，造成反击事故。

3. 接地装置

接地装置即接地体，避雷针的最低部分。接地体的作用不仅是将雷电流安全地导入地中，而且还要进一步将雷电流均匀地散开，不至于在接地体上产生过高的压降。因此，避雷针的接地装置所用材料的最小尺寸应稍大于其他接地装置所用材料的最小尺寸，以求得较小的接地电阻。避雷针的接地采用人工接地体，一般用直径为 40～50mm 的钢管，$40mm \times 40mm \times 4mm$ 或 $50mm \times 50mm \times 5mm$ 的角钢、圆钢、扁钢等制成。接地体可垂直埋设或水平埋设，垂直埋设的接地装置一般以 2 根以上 2.5m 长左右的角铁或钢管打入地下，并在上端用扁钢或圆钢将它们连成一体。接地体可以成排放置，也可以环形布置。水平埋设的接地装置一般在多岩地区使用，可呈放射形，也可以成排或环形布置。

在一定高度的避雷针下面，有一个安全区，在这个区域中的物体基本能保证不受雷击，这个安全区即避雷针的保护范围。被保护物必须都在避雷针的保护范围中，才可能避免遭受直击雷的袭击。同时，避雷针与被保护设备及其接地装置的距离不能太近，以防避雷针落雷时对设备造成反击。避雷针的保护范围是以它能防护直击雷的空间来表示的。我国过去的防雷设计规范和过电压保护设计规范对避雷针和避雷线的保护范围都是按"折线法"来确定的，而新颁布的国家标准则规定采用"滚球法"来确定。所谓"滚球法"，就是选择一个半径为 h_r（滚球半径）的球体，沿需要防护直击雷的部位滚动，如果球体只接触到避雷针与地面，而不触及需要保护的部位，则该部位就在避雷针的保护范围内。

（二）避雷线

避雷线由架空地线、接地引下线和接地体组成。避雷线一般采用截面不小于 $35mm^2$ 的镀锌钢绞线，架设在架空线路的上面，以保护架空线路或其他物体（包括建筑物）免遭直接雷击。由于避雷线既是架空又要接地，因此它又称为架空地线。架空地线是悬挂在空中的接地导体，其作用和避雷针一样，对被保护物起屏蔽作用，将雷电流引向自身，通过引下线安全地泄入地下。因此，装设避雷线也是防止直击雷的主要措施之一。

避雷线的保护范围是带状的，对伸长的被保护物最为合适，同时，由于避雷线对输电线路有屏蔽、耦合、对雷电流有分流的作用，可以有效降低输电线杆塔遭受雷击时的过电压的幅值和陡度，限制沿输电线入侵到发电厂、变电所的雷电波，故它主要用于输电线路的防雷保护。当建筑物、配电装置面积较大，用避雷针保护不经济时，也可用避雷线拉成网状，组成避雷带、避雷网保护。避雷线保护输电线路时，避雷线对外侧导线的保护作用通常用保护角来表示，保护角越小，其可靠程度就越高；保护角越大，雷电绕过避雷线路直击于输电线路即绕击的可能性就越大。对于雷电活动频繁、电压等级较高的输电线路可以用双避雷线保护。经验证明，保

第九章 电气防雷防爆技术

护角在 20°～25°以下时,绕击的几率能够下降到很低的程度。

(三)避雷器

避雷器是电力系统广泛使用的防雷设备,是用来防止雷电产生的过电压波沿线路侵入变、配电所或其他建筑物内,限制过电压幅值,保护电气设备的绝缘,以免危及被保护设备的绝缘。避雷器应与被保护设备并联装在被保护设备的电源侧,如图 9-3 所示。当线路上出现危及设备绝缘的雷电过电压时,在过电压作用下,间隙击穿,避雷器的火花间隙就被击穿或由高阻变为低阻,将雷电流通过避雷器、接地装置引入大地,降低了入侵波的幅值和陡度;过电压之后,避雷器迅速截断在工频电压

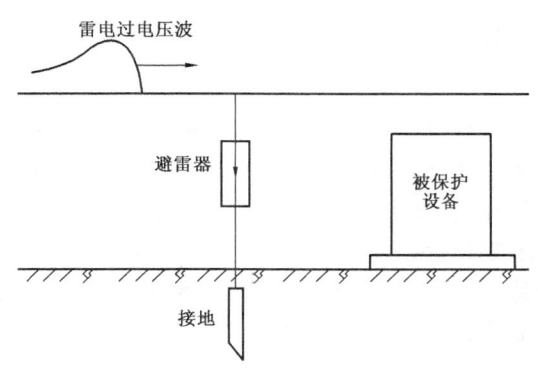

图 9-3 避雷器的连接

作用下的电弧电流即工频续流,而恢复正常。电力系统所使用的避雷器主要有管型避雷器、阀型避雷器和氧化锌避雷器三种。

1. 管型避雷器

管型避雷器由产气管、产气管内的间隙和外部间隙等三部分组成。产气管内的产气材料

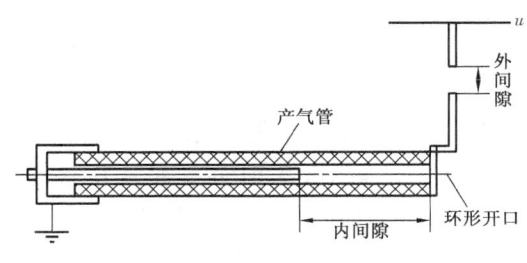

图 9-4 管型避雷器的结构

与电弧接触时,能产生气体。其原理结构如图 9-4 所示。过电压时,管式避雷器的内、外部间隙相继击穿,雷电流通过间隙接地装置流入大地,将过电压降到一定的数值,达到保护设备绝缘的目的。当过电压过去之后,通过放电间隙的是电力系统的工频接地短路电流,其数值相当大,在管子内部间隙之间产生强烈的电弧,管子材料气化,压力升高,气体从管口喷

出,纵吹灭弧,电弧熄灭,使管式避雷器接地部分与系统断开,恢复正常运行。管型避雷器的伏秒特性较陡,动作后产生截波,对有绕组的设备(发电机、变压器)的绝缘不利,故一般用于输电线路的防雷保护。

2. 阀型避雷器

阀型避雷器的基本元件是火花间隙(或称放电间隙)和非线性特性的电阻片(俗称阀片,由 Sic 为主要原料绕结而成)。它们串联叠装在密封的瓷套管内,上部接电力系统,下部接接地装置。阀型避雷器的保护原理如图 9-3 所示。当电力系统中出现危险的过电压时,火花间隙很快被击穿,大的冲击电流通过阀片流入大地。由于阀片电阻的非线性特性,通过大的冲击电流时,阀片的电阻变小,在阀片上产生的冲击压降较低,与被保护设备的绝缘水平相比,尚留有一定的裕度,使被保护物不致为过电压所损坏。过电压过去以后,避雷器处于电网额定电压下工作,冲击电流变成工频续流,其值较雷电冲击电流小得多,阀片电阻升高,进一步限制工频续流,在电流过零时熄弧,系统恢复正常状态。阀型避雷器主要分为普通阀型避雷器和磁吹阀

型避雷器。阀型避雷器具有较好的保护特性,故作为发电厂、变电所的发电机、变压器等电气设备的主要防雷设备。阀型避雷器在泄放雷电流时,由于阀片还有一定的电阻,在其两端仍会产生较高的电压,在这个高电压下会发生绝缘的击穿,对附近的工作人员产生伤害,且对于存在缺陷的避雷器,在雷雨天气还有爆炸的可能性,故工作人员应注意对避雷器危险性的防护。

3. 氧化锌避雷器

氧化锌避雷器是一种新型避雷器。这种避雷器的阀片以氧化锌为主要原料,附加少量能产生非线性特性的金属氧化物,经高温熔烧而成。氧化锌阀片具有理想的非线性特性,当作用在阀片上的电压超过某一值(此值称为动作电压)时,阀片电阻很小,相当于导通状态。导通后的氧化锌阀片上的残压与流过它的电流基本无关且为一定值,而在工作电压下,流经氧化锌阀片的电流很小,仅为1mA,实际上相当于绝缘,不存在工频续流。同时,这样小的电流不会使氧化锌阀片烧坏。因此,氧化锌避雷器的结构简单,不需要用串联间隙来隔离工作电压。

三、防雷措施

(一)高压电动机的防雷措施

高压电动机的定子绕组是采用固体介质绝缘的,其冲击耐压试验值大约只有同电压等级的电力变压器的1/3。加之长期运行时固体绝缘介质还要受潮、腐蚀和老化,会进一步降低其耐压水平。因此,高压电动机对雷电波侵入的防护,不能采用普通的 FS 型和 FD 型阀型避雷器,而要采用专用于保护旋转电动机的 FCD 型磁吹阀型避雷器,或采用具有串联间隙的金属氧化物避雷器。

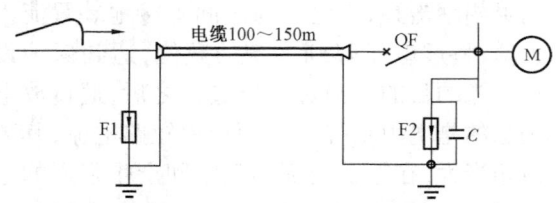

图9-5 高压电动机的防雷保护接线
F1—阀型避雷器;F2—磁吹阀型避雷器

对于定子绕组中性点能引出的高压电动机,就在中性点装设磁吹阀型避雷器或金属氧化物避雷器。对于定子绕组中性点不能引出的高压电动机,可采用如图9-5所示接线。为降低沿线路侵入的雷电波波头的陡度,减轻其对电动机绕组绝缘的危害,可在电动机前面加一段100~150m 的引入电缆,并在电缆前的电缆头处安装一组阀型避雷器,而在电动机的电源端(母线上)安装一组并联有电容器的 FCD 型磁吹阀型避雷器。

(二)架空线路的防雷措施

(1)架设避雷线。这是防雷的有效措施,但造价高,因此只在 66kV 及以上的架空线路上才沿全线装设。35kV 的架空线路上,一般只在进出变配电所的一段线路上装设,而 10kV 及以下线路上一般不装设避雷线。

(2)提高线路本身的绝缘水平。在架空线路上,可采用木横担、瓷横担或耐压水平高一级的绝缘子,以提高线路的防雷水平。这是 10kV 及以下架空线路防雷的基本措施。

(3)利用三角形排列的顶线兼作防雷保护线。由于 3~10kV 的线路是中性点不接地的系统,因此,可在三角形排列的顶线绝缘子上装以保护间隙。在出现雷电过电压时,顶线绝缘子上的保护间隙被击穿,通过其接地引下线对地泄放雷电流,从而保护了下面两根导线,也不会

第九章　电气防雷防爆技术

引起线路断路器跳闸。

(4) 装设自动重合闸装置。线路上因雷击放电而产生的短路是由电弧引起的,在断路器跳闸后,电弧即自行熄灭。如果采用一次自动重合闸装置,使断路器经 0.5s 或稍长一点时间后自动重合闸,电弧通常不会复燃,从而能恢复供电,这对一般用户不会有什么影响。

(三) 变电所和配电所的防雷措施

1. 装设避雷针

室外配电装置应装设避雷针来防护直接雷击。如果变电所和配电所处在附近高建(构)筑物上防雷设施保护范围之内或变电所和配电所本身为室内型时,不必再考虑防护直击雷。

2. 高压侧装设避雷器

高压侧装设避雷器主要用来保护主变压器,以免雷电冲击波沿高压线路侵入变电所时损坏变电所的关键设备。为此要求安装避雷器时应尽量靠近主变压器。阀型避雷器至 3~10kV 主变压器的最大电气距离见表 9-1。

表 9-1　阀型避雷器至 3~10kV 主变压器的最大电气距离

项目	参数			
雷雨季节经常运行的进线路数	1	2	3	≥4
避雷器至主变压器的最大电气距离,m	15	23	27	30

避雷器的接地端应与变压器低压侧中性点及金属外壳等连接在一起并接地。3~10kV 高压配电装置中装设避雷器以防雷电波侵入的接线图如图 9-6 所示。在每路进线终端和每段母线上,均装有阀型避雷器。如果进线是具有一段引入电缆的架空线路,则在架空线路终端的电缆头处装设阀型避雷器,其接地端与电缆头外壳相连后接地。

(四) 建筑物的防雷措施

建筑物根据其重要性、使用性质、发生雷电事故的可能性和后果,按防雷要求可分为三类。

1. 第一类防雷建筑物

(1) 凡制造、使用或储存炸药、火药、起爆药、二硫化碳、二甲苯等大量爆炸物质的建筑物。

(2) 凡存放有未经坚固包装的爆炸危险物质的建筑物。

(3) 凡因电火花而能引起爆炸的,会造成巨大破坏和人身伤亡的建筑物。

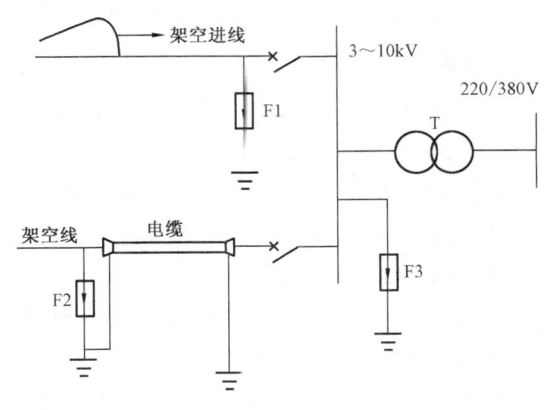

图 9-6　高压配电装置中避雷器的装设

2. 第二类建筑物

(1) 国家级重点文物保护的建筑物。

(2)对国民经济具有重要意义的建筑物,如国家级计算中心、国际通信枢纽等。

(3)建筑物年预计雷击次数 $N>0.06$ 次/年的重要或人员密集的公共建筑物。

(4)电火花不易引起爆炸或不致造成巨大破坏和人身伤亡的建筑物。

(5)工业企业内有爆炸危险的露天钢质封闭气罐。

(6)建筑物年雷击次数 $N>0.3$ 次/年的一般民用建筑物。

3. 第三类建筑物

凡不属于第一、二类的一般建筑物。

根据国标规定,第一类建筑物和第二类建筑物中有爆炸危险的场所,应有防直击雷、防感应雷和防雷电波侵入的措施。除有爆炸危险的场所的第二类建筑物及第三类建筑物外,应有防直击雷和防雷电波侵入的措施。

四、防雷设备的检查、维护及运行管理

为使防雷装置的保护功能可靠,不仅要设计合理、施工正确,还必须适时维修、测试。每年雷暴日到来之前进行定期检查测试,特殊情况及时检查测试。

(一)避雷针的检查

(1)接闪器有无因雷击而熔化或折断;避雷器瓷套有无裂缝、碰伤,并按规定进行预防性测试。

(2)引下线有无锈蚀、机械损伤、折断等情况,锈蚀使截面减小30%以上时必须更换。

(3)引下线在地面以上2m至地下0.3m有无被破坏情况。

(4)断接卡连接处有无接触不良,接地装置周围土壤是否沉陷。

(5)维修建筑物、设备及建筑物本身变形时,防雷装置的保护功能是否变化。

(6)有无因挖土、植树等动土作业将接地装置毁坏。

(7)检测全部防雷装置的接地电阻是否符合规定值。

(二)避雷器的检查

(1)巡视检查电气设备时要检查避雷器上端引线和下端接地线是否良好,有无断开现象。

(2)每次出现雷电活动后,应检查避雷器的瓷管表面有无闪络痕迹(损坏),内部不进潮,上下连接线完好无损;检查计数器是否动作,每月抄录一次计数器动作情况,并记录动作次数。

(3)避雷器每年雷雨季节过后,应送电力部门进行电气试验,合格后第二年雷雨季节之前装上,并测定绝缘值不低于 $1M\Omega$。

(4)瓷质应清洁无裂缝、破损,无放电现象和闪络痕迹。

(5)避雷器内部应无响声。

(6)引线应完整,无松股、断股;接头连接应牢固,且有足够的截面,导线不要过紧或过松,不锈蚀,无烧伤痕迹。

(7)底座牢固、无锈烂,接地完好。

(8)安装不偏斜。

(9)均压环无损伤,环面应保持水平。

第九章 电气防雷防爆技术

（三）控制油品流失

减少油气逸散，积聚雷雨时，停止通风、收发油、测量等作业，盖好油罐与大气相通的孔口，并将有关设备的电源开关拉开。这些也是预防雷电危害必不可少的环节。

（四）检查注意事项

避雷器在雷雨、大风、大雾及冰雹天气时应加强巡视，巡视项目如下：
（1）雷雨时不得接近防雷设备，可在一定距离范围内检查避雷针的摆动情况。
（2）雷雨后检查放电计数器的动作情况，检查避雷器表面有无闪络痕迹，并做好记录。
（3）对大风天气应检查避雷器、避雷针上有无搭挂物，以及摆动情况。
（4）大雾天应检查瓷质部分有无放电现象。
（5）冰雹后应检查瓷质部分有无损伤痕迹，计数器是否损坏。

避雷器在运行中常发生异常现象和故障，运行值班人员应对异常现象进行分析判断，并及时采取措施进行处理。例如，天气正常时，发现避雷器瓷套有裂缝，则应按调度规程规定向有关部门申请停电，将故障相避雷器退出运行，更换合格的避雷器，如当时没有备品更换，又在短时间内不至于威胁安全运行时，可在瓷套裂缝深处涂漆或环氧树脂以防受潮，然后再安排换上合格的避雷器。如果在雷雨中发现避雷器瓷套有裂缝，则应尽可能不使避雷器退出运行，待雷雨过后再行处理。若因避雷器瓷套裂缝而造成闪络，但未引起系统接地时，在可能的条件下应停用故障相避雷器。

发现避雷器内部有异常声响或套管有炸裂现象并引起系统接地故障时，运行值班员应避免靠近，此时可用断路器或人工接地转移的方法断开故障相避雷器。避雷器在运行中突然爆炸，但尚未造成系统永久性接地时，可在雷雨过后拉开故障相的隔离开关将避雷器停用，并及时更换避雷器。若爆炸后已引起系统永久性接地，则禁止用拉开隔离开关来停用故障相避雷器。发现避雷器动作指示器内部烧黑或烧毁，以及接地引下线连接点上有烧痕或烧断现象时，可能存在阀片电阻失效、火花间隙灭弧特性变坏等内部缺陷，这是引起工频续流增大等所致，故应及时对避雷器做电气试验或解体检查。

五、接地的范围及防雷要求

（一）电气设备接地范围

下列电气设备中的外露可导电部分均应可靠接地：
（1）电动机、变压器及其他电器的金属底座或外壳。
（2）配电、控制盘（台、箱）的框架。
（3）穿线的钢管、电缆铠装层、屏蔽层。
（4）防爆灯具、插销、开关、接线盒等小型电器设备（包括移动设备）的外壳。
（5）各种安装电器设备的金属支架。

（二）防雷电接地范围

下列设备应进行防雷电接地：
（1）金属油罐。
（2）输油管道。

(3) 信息系统。

(4) 易燃油品泵房（棚）。

(5) 可燃油品泵房（棚）。

(6) 装卸油品鹤管和油品装卸栈桥。

(7) 在爆炸危险区域内的输油（油气）管道。

(8) 油库生产区的建筑物内 400V、230V 供配电系统。

（三）钢油罐防雷接地要求

(1) 为降低雷击点的电位、反击电位和跨步电位，钢油罐必须做防雷接地，接地点不应少于 2 处。接地点沿油罐周长的间距，不宜大于 30m，接地电阻不宜大于 10Ω。

(2) 当油罐钢板厚度不小于 4mm 时，对雷电具有自身保护能力，钢板厚度小于 4mm 保护作用较弱。凡装置阻火器的地上卧式油罐的壁厚和地上固定顶油罐的顶板厚度不小于 4mm 时，不应装设避雷针。铝质顶油罐和顶板厚度小于 4mm 的钢油罐，应装设避雷针（网）。避雷针（网）应保护整个油罐。

(3) 由于浮顶油罐采取了密封措施，浮顶上油气少，达不到爆炸下限，不应装设避雷针，但浮顶与油罐用两根截面不小于 $25mm^2$ 的铜质复绞软线做电气连接。对于内浮顶油罐，钢质浮盘油罐连接导线应选用横截面不小于 $16mm^2$ 的铜质复绞软线；铝质浮盘油罐连接导线应选用直径不小于 $1.8mm^2$ 的不锈钢钢丝绳。使用不锈钢钢丝绳主要是防止接触点发生电化学腐蚀，影响接触效果，造成火花隐患。

(4) 当覆土油罐的覆土厚度在 0.5m 以上时，雷击土层可将雷电流疏散导走，起到保护作用，可不设避雷针。但其呼吸阀、阻火器、采光孔、量油孔等金属附件，应做电气连接并接地，接地电阻不宜大于 10Ω。

(5) 储存可燃油品的钢油罐内的气体空间，油气浓度一般达不到爆炸下限，油品闪点高，雷电作用时间短（一般在几十微秒），雷电火花不能点燃油品而造成火灾，故不应装设避雷针（线），但必须做防雷接地。

(6) 山洞易燃油品油罐预防高电位引入要求。当洞外金属呼吸管和金属通风管在遭受直击雷、感应雷的高电位时，会通过管道引入洞内，就可能在间隙处放电引燃油气造成爆炸着火。所以，金属通气管和金属通风管的露出洞外部分，应装设独立避雷针。爆炸危险 1 区应在避雷针的保护范围以内；避雷针的尖端应设在爆炸危险 2 区之外。

（四）信息系统防雷接地要求

(1) 为减少雷电波沿配线电缆传入控制室，将信息系统击坏，装于地上钢油罐上的信息系统的配线电缆应采用屏蔽电缆。电缆穿钢管配线时，其钢管上下两处应与罐体做电气连接并接地。

(2) 为防止雷电电磁脉冲过电压损坏信息装置的电子器件，油库加油站内信息系统的配电线路首末端需与电子器件连接时，应装设与电子器件耐压水平相适应的过电压保护（电涌保护）器。

(3) 为了尽可能减少雷电波侵入，避免发生雷电火花引发事故，油库加油站内的信息系统配线电缆，宜采用铠装或屏蔽电缆，电缆敷设宜埋于地下。电缆金属外皮两端及在进入建筑物处应接地。当电缆采用穿钢管敷设时,钢管两端及在进入建筑物处应接地。建筑物内电气设备的保护接地与防感应雷接地应共用一个接地装置,接地电阻值按其中的最小值确定。

(4)为防止信息装置被雷电过电压损坏,油罐上安装的信息系统装置,其金属外壳应与油罐做电气连接。

(5)因信息系统连线存在电阻和电抗,若连线过长,电压降过大,会产生反击,将信息系统的电子元件损坏。因此,油库加油站的信息系统接地,宜就近与接地连接。

(五)其他爆炸危险区域防雷要求

1. 易燃油品泵房(棚)

(1)易燃油品泵房(棚)属于爆炸和火灾危险场所,应采用避雷带(网)。网格为均压分流,降低反击电压,将雷电流顺利泄入大地。避雷带(网)的引下线不应少于两根,并应沿建筑物四周均匀对称布置,其间距应不大于18m。网格不应大于10m×10m或12m×8m。

(2)若雷击金属管道及电缆金属外皮,或其附近发生雷击,都会在其上产生雷电过电压。为防止过电压进入危险场所,进出油泵房(棚)的金属管道、电缆的金属外皮或架空电缆金属槽,在泵房(棚)外应当作一处接地,接地装置应与保护接地装置及防感应雷接地装置合用。

2. 可燃油品泵房(棚)

(1)可燃油品泵房(棚)属于火灾危险场所,防雷要求低于易燃油品泵房(棚)。在平均雷暴日大于40d/a的地区,油泵房(棚)宜装设避雷带(网)防直击雷。避雷带(网)的引下线不应少于两根,其间距不应大于18m。

(2)进出油泵房(棚)的金属管道、电缆的金属外皮或架空电缆金属槽,在泵房(棚)外侧应做一处接地,接地装置宜与保护接地装置及防感应雷接地装置合用。

3. 装卸易燃油品鹤管和油品装卸栈桥

(1)露天装卸油作业设施,雷雨天不允许作业。没有作业就不存在爆炸危险区域,所以不装设避雷针(带)。

(2)在棚内进行装卸油作业设施,雷雨天也可能进行作业,这样就会存在爆炸危险区域。在棚内爆炸性混合物有存在概率,且1区概率高于2区概率,雷击棚的概率也有。因此,在棚内进行装卸油作业的设施应装设避雷针(带)。避雷针(带)的保护范围应为爆炸危险1区。

(3)油品装卸作业区是爆炸危险场所,进入油品装卸区的输油(油气)管道在进入点应接地。接地可将沿管道传输的雷电流泄入地中,减少作业区雷电流侵入,防止反击雷电火花。其接地电阻不应大于20Ω。

4. 在爆炸危险区域内的输油(油气)管道

(1)输油(油气)管道的法兰连接处应跨接,其主要原因是防止法兰连接处发生雷击火花。当不少于五根螺栓连接时(接触电阻不应大于0.03Ω),在非腐蚀环境下可不跨接。

(2)为防止平行管道之间产生雷电反击火花,平行敷设于地上或管沟的金属管道,其净距离小于100mm时,应用金属线跨接,跨接点的间距不应大于30m。管道交叉点的净距离小于100mm时,交叉点应用金属线跨接,这样管道之间形成等电位,雷电反击火花就不会产生。

5. 油库生产区的建筑物内400V、230V供配电系统的防雷

(1)当电源采用TN系统时,从建筑物内总配电柜(箱)开始引出的配电线路和分支线路

必须采用 TN－S 系统,使各用电设备形成等电位,对人身安全、设备安全都有好处。

(2)工艺管道、配电线路的金属外壳(保护层或屏蔽层),在防雷区的界面处应做等电位连接。在各被保护的设备处,应安装与设备耐压水平相适应的过电压(电涌)保护器。

(3)避雷针(网、带)的接地电阻,不宜大于 10Ω。

六、雷电触电的人身防护

发电厂、变电所、输电线路等电力系统的电气设备及建筑物等,都安装了尽可能完善的防雷保护,使雷电对电气设备及工作人员的威胁大大减小。考虑电力系统运行特点,工作人员及人们的正常生活的特殊性,根据雷电触电事故分析的经验,还必须注意雷电触电的防护问题,以保证人身安全。

(1)雷暴时,发电厂变电所等用电场所的工作人员应尽量避免接近容易遭到雷击的户外配电装置。在进行巡回检查时,应按规定的路线进行。在巡视高压屋外配电装置时,应穿绝缘鞋,并不得靠近避雷针和避雷器。

(2)雷电时,禁止在室外和室内的架空引入线上进行检修和试验工作,若正在做此类工作时,应立即停止,并撤离现场。

(3)雷电时,应禁止屋外高空检修、试验工作,禁止户外高空带电作业及等电位工作。

(4)对输配电线路的运行和维护人员,雷电时,严禁进行倒闸操作和更换熔断器的工作。

(5)雷暴时,非工作人员应尽量减少外出,如果外出工作遇到雷暴时,应停止高压线路上的工作,并就近进入下列场所暂避:

① 有防雷设备的或有宽大金属架或宽大的建筑物等内;

② 有金属顶盖和金属车身的汽车、封闭的金属容器等;

③ 依靠建筑物屏蔽的街道或有高大树木屏蔽的公路,但最好要离开墙壁和树干 8m 以外。进入上述场所后,切不要紧靠墙壁、车身和树干。

(6)雷暴时,应尽量不到或离开下列场所和设施:

① 小丘、小山、沿河小道;

② 河、湖、海滨和游泳池;

③ 孤立突出的树木、旗杆、宝塔、烟囱和铁丝网等处;

④ 输电线路铁塔,装有避雷针和避雷线的木杆等处;

⑤ 没有保护装置的车棚、牲畜棚和帐篷等小建筑物和没有接地装置的金属顶凉棚;

⑥ 帆布篷的吉普车,非金属顶或敞篷的汽车和马车。

(7)在旷野中遇着雷暴时,应注意:

① 铁锹、长工具、步枪等不要扛在肩上,要用手提;

② 不要将有金属的伞撑开打着,要提着;

③ 人多时不要挤在一起,要尽量分散隐蔽;

④ 遇球雷(滚动的火球)时,切记不要跑动,以免球雷顺着气流追赶。

(8)雷暴时室内人员应注意:

① 应尽量远离六线:电灯线、电话线、有线广播线、收音机一类的电源线、电视天线和电视机天线等;

② 不工作时,少打电话,不要套耳机看电视;
③ 在无保护装置的房屋内,尽量远离梁柱、金属管道、窗户和带烟囱的炉灶;
④ 要关闭门窗,防止球雷随穿堂风而入。

第二节 防 静 电

一、静电

(一)工业静电的产生

当两种物质逸出功不同且以固体形态紧密接触时,在接触面上就会产生电子转移现象。逸出功较小的一方失去电子,逸出功较大的另一方就获得电子,在接触界面上形成了达到某种电位平衡的双电层。例如,玻璃与丝绸摩擦,玻璃总是带正电,丝绸却带负电;毛皮和橡胶棒摩擦,毛皮总是带正电,橡胶棒总是带负电,这就是它们逸出功不同的缘故。

当两种物质电阻率不同时,由电阻率高的物质制成的物体,其导电性很差,其多(或少)电子的区域难以具备失去(或获得)电子的机会,这就构成了静电荷积聚的条件。例如,绝缘物体上吸附了带电灰尘,电荷难以通过绝缘体泄掉,从而使物体对外显示带电性。

物质的电阻率在 $10^{15} \sim 10^{19} \Omega \cdot mm^2/m$ 之间容易带静电,这是防静电的重点对象;当电阻率大于 $10^{19} \Omega \cdot mm^2/m$,物体就不易产生静电,但一旦带有静电,就难消除。例如,汽油、苯等的电阻率在 $10^{15} \sim 10^{19} \Omega \cdot mm^2/m$ 之间,它们很容易起电,石油(原油)的电阻率降低于 $10^{14} \Omega \cdot mm^2/m$,一般很少有带电问题。

必须指出,水是静电良导体,但当少量水混在绝缘油品中,因为水滴与油品相对流动时要产生静电,反而会使油品静电量增加。金属是良导体,但当它被悬空后(即与大地绝缘),就和绝缘体一样,金属也会带静电。

产生静电的外因如下:
(1)两种物体紧密接触并快速分离就会形成电子转移,即形成双电层。
(2)带电离子或带电粉尘附着到与地绝缘的物体上,能使该物本带上静电或改变其带电状况。
(3)带静电物体附近不相连的导体,如金属管道、零件表面的不同部位会出现电荷的现象。
(4)极化起电绝缘体在静电场内,其外表能出现电荷。
(5)流动带电利用管路输运液体,液体与管路等固体接触时,在液体和固体的接触面形成双电层,随着液体流动,双电层中的一部分电荷被带走而产生静电。
(6)带电粉体、液体和气体从截面很小的出口喷出时,这些流动物体与喷口激烈摩擦,同时流体本身分子之间又相互碰撞,会产生大量的静电。
(7)飞沫带电喷在空中的液体,由于扩散和分离,出现了许多由细小液滴组成的新的液面,因而产生静电。

在现代工厂中,静电的产生可能是由多种原因综合作用的结果。

(二)静电的危害

静电可以造成多种危害。例如，由于出现静电火花而引起火灾和爆炸；静电可能直接给人以电击等。在这些危害中，由静电引起的火灾和爆炸是最为严重的危害。静电电量虽然不大，但因其电压很高而容易产生火花放电，如果所在场所有易燃物品，又有由易燃物品形成的爆炸性混合物，包括爆炸性气体和液体蒸气，以及爆炸性粉尘等，就可能由静电火花引起火灾和爆炸。因此，在现代工厂生产中，必须消除静电的危害。

曾有医学专家研究证实，皮肤静电干扰可以改变人体体表的正常电位差，影响心肌正常的电生理过程。这种静电能使病人加重病情，持久的静电还会使血液的碱性升高，导致皮肤瘙痒、色素沉着，影响人的机体生理平衡，干扰人的情绪等。由于老年人的皮肤相对年轻人干燥以及老年人心血管系统的老化、抗干扰能力减弱等因素，老年人更容易受静电的影响。

二、静电的防护

现代工厂的生产中，消除静电的危害有两个主要途径：其一是创造条件加速生产过程中所产生静电的泄放或中和，限制静电的积累，使其不超过安全限度；其二是控制生产工艺过程，限制静电的产生。第一条途径包括两种方法，即泄放法和中和法。供电系统的接地、生产环境的增湿、加入抗静电剂、涂导电涂层等均属于泄放法；运用各种形式的中和器消除静电危害的方法属于中和法。第二条途径包括材料选择、工艺设计、设备结构等方面所采取的措施。

日常生活中预防静电主要有以下措施：

(1)卧室内尽量不放或少放家用电器，这样可以避免人体与电器在近距离产生电场而碰触起静电，看电视最好距离电视机 2～3m。

(2)用"第三者"消除静电。为避免静电击打，可用小金属器件、棉抹布等先碰触可引起静电的大门、门把手、水龙头、椅背、床栏等消除静电，再用手触及。

(3)用纯天然织物。内衣、床单、被罩等尽量使用棉、麻、丝等天然纺织物，尽量不要用或穿化纤质地的家纺用品和服装。

(4)梳头使用木梳，洗发时使用润发露，能消除静电。

(5)保持室内温度，这样静电就不容易产生。冬季室内最好使用加湿器，还可摆放花草，以避免产生静电。

(6)地板、墙面、天花板等使用防空间静电材料。

(7)多吃蔬菜、水果、酸奶，多饮水，同时补充钙质和维生素 C，以减轻静电影响。

三、防止和消除静电火花

(一)控制静电的产生

摩擦和冲击会产生静电，因此，在生产中选择适当的工艺条件和操作方法，可以限制静电的产生。

(1)适当选配工艺设备和工具的材料。选配导电性能好的材料作传动皮带可防止传动皮带打滑；以齿轮传动代替皮带传动以减小摩擦。

(2)限制流体流速和摩擦强度以限制静电荷的产生。例如，为了限制烃类燃油在管道内

流动时产生静电,要求其流速与管径满足下式关系

$$u^2 D \leqslant 0.64$$

式中 u——燃油流速,m/s;
　　　D——管径,m。

（3）减小物料的冲击和分裂。实验证明,人字形管口和45°斜管口造成的冲击和分裂比平管口小,产生的静电也少。

（4）消除油罐或管道内的杂质,可以减少附加静电。

（二）采取静电接地

所谓静电接地是通过接地装置将静电荷泄入大地,以消除导体上的静电。

（1）静电感应导体的接地。当导体上的静电是由静电感应引起,如果只在导体的一端接地,则只能消除接地端的静电荷,而导体另一端的静电荷不能消除,为彻底消除导体上的感应静电,导体的两端应同时接地。例如,输油管道的两端均应接地。

（2）加工、储存、运输各类易燃易爆液体、气体、粉体的设备均应接地。例如,运输汽油的油罐汽车,在行车过程中,汽车底盘上会产生高压静电,因此,底盘应通过金属链条将油罐与地面连通,以泄放静电荷。

（3）危险场所旋转机械的接地。例如,皮带轮、滚筒、电动机等旋转机械,除机座接地外,其转轴通过滑环电刷接地,且采用导电性润滑油。

（4）同一场所多个带静电金属物件的接地。同一场所两个及以上带静电的金属物件,除分别接地外,它们之间应做金属性等电位连接,以防止相互间存在电位差而放电。

（三）采取静电屏蔽接地

静电屏蔽接地就是用金属丝或金属网在绝缘体上缠绕若干圈后再接地。对于绝缘体上的静电,不能用导体直接与接地体相连接构成接地,而应采用 $10^6 \sim 10^3 \Omega$ 的高电阻接地。绝缘体采用静电屏蔽接地后,其上的静电可以得到限制或防止绝缘体静电放电。

（四）采用抗静电添加剂

抗静电添加剂是指具有良好吸湿性能和导电性能的化学药剂,如碱金属和碱土金属构成的盐类等。实验证明,在易起静电的材料中加入极微量的抗静电添加剂,可大大提高材料的静电泄放能力,消除产生静电的危险。

（五）采用静电中和器

静电中和器（又称静电消除器）是借助静电中和器提供的电子和离子来中和物体上异号静电荷的设备。按照工作原理的不同,可分为感应式、高压式、离子流式和放射线式等类型的静电中和器。

（六）提高空气湿度

随着工作环境相对湿度的增加,绝缘体的表面将结成一层薄薄的水膜,致使绝缘体的表面电阻大为降低,从而加速静电的泄放。增湿的主要方法有:安装空调器、喷雾器或悬挂湿布等。

从消除静电危害方面看,工作环境湿度在70%以上为好,当相对湿度低于30%时,可考虑增湿来消除静电积聚。

四、防静电接地范围

在油库除已进行防雷电措施的设施、设备,无需再做静电接地外,还应考虑的防静电接地的设施和设备有:

(1)金属油罐、输油管线、泵房工艺设备。

(2)钢质栈桥、鹤管、铁路钢轨。

(3)铁路油罐车、汽车油罐车、油轮。

(4)零发油工艺设备、加油站工艺设备、灌桶设备、加油枪(嘴)。

(5)非金属油罐的外露金属构件、附件。

(6)金属管道。

(7)洗桶设备。

(8)油库局域网。

(9)信息设备。

五、防静电接地的运行管理

(1)油库必须对全体工作人员进行防静电危害安全教育,在每年的业务训练中安排相应的训练内容。油库规章制度、设备检查、安全评比都要有防静电方面的具体内容。

(2)油库技术部门应了解油库所储油品的静电特性参数,并掌握测量方法;了解静电危害的安全界限及减少静电产生的措施。

(3)所有防静电设施、设备必须有专人负责定期检查、维修,并建立设备档案。静电防护用品应符合国家有关规范规定,不得使用伪劣、无合格证号或过期失效的产品。

(4)油库必须配备静电测试仪表,根据不同环境条件及对象,进行静电产生状况普查和检测,并针对实际存在的问题,制定整改及预防措施。

(5)及时检查清除油罐(舱)内未接地的浮动物。

(6)在爆炸危险场所,作业人员必须使用符合安全规定的防静电劳动保护用品和工具;严禁在爆炸危险场所穿、脱、拍打任何服装,不得梳头和互相打闹。

(7)落实好防静电措施,减少静电产生、促进静电流散、避免火花放电。

六、电气火灾的扑灭

从灭火角度来看,电气火灾有两个显著特点:一是着火的电气设备可能带电,扑灭火灾时,若不注意,可能发生触电事故;二是有些电气设备充有大量的油,如电力变压器、油断路器、电动机启动装置等。发生火灾时,可能发生喷油甚至爆炸,造成火势蔓延,扩大火灾范围。因此,扑灭电气火灾必须根据其特点,采取适当措施进行扑救。

(一)切断电源

发生电气火灾时,首先设法切断着火部分的电源,切断电源时应注意下列事项:

(1)切断电源时应使用绝缘工具操作。因发生火灾后,开关设备可能受潮或被烟熏,其绝缘强度大大降低,因此,拉闸时应使用可靠的绝缘工具,防止操作中发生触电事故。

(2)切断电源的地点要选择得当,防止切断电源后影响灭火工作。

(3)要注意拉闸的顺序。对于高压设备,应先断开断路器,后拉开隔离开关;对于低压设备,应先断开磁力启动器,后拉开闸刀,以免引起弧光短路。

(4)当剪断低压电源导线时,剪断位置应选在电源方向的支持绝缘子附近,以免断线线头下落造成触电伤人发生接地短路;剪断非同相导线时,应在不同部位剪断,以免造成人为短路。

(5)如果线路带有负荷,应尽可能先切除负荷,再切断现场电源。

(二)断电灭火

在着火电气设备的电源切断后,扑灭电气火灾的注意事项如下:

(1)灭火人员应尽可能站在上风侧进行灭火。

(2)灭火时若发现有毒烟气(如电缆燃烧时),应戴防毒面具。

(3)若灭火过程中,灭火人员身上着火,应就地打滚或撕脱衣服,不得用灭火器直接向灭火人员身上喷射,可用湿麻袋或湿棉被覆盖在灭火人员身上。

(4)灭火过程中应防止全厂停电,以免给灭火带来困难。

(5)灭火过程中,应防止上部空间可燃物着火落下危害人身和设备安全,在屋顶上灭火时,要防止坠落及坠入"火海"中。

(6)室内着火时,切勿急于打开门窗,以防空气对流而加重火势。

(三)带电灭火

在来不及断电,或由于生产,以及其他原因不允许断电的情况下,需要带电灭火。带电灭火的注意事项如下:

(1)根据火情适当选用灭火剂。由于未停电,应选用不导电的灭火剂,如喷粉灭火机使用的二氧化碳、四氯化碳、二氟一氯一溴甲烷(1211)、二氟二溴甲烷或干粉等灭火剂都是不导电的,可直接用来带电喷射灭火。泡沫灭火机使用的灭火剂有一定的导电性,且对电气设备的绝缘有腐蚀作用,宜用于带电灭火。

(2)采用喷雾水枪灭火。用喷雾水枪带电灭火时,通过水柱的泄漏电流较小,比较安全。若用直流水枪灭火,通过水柱的泄漏电会威胁人身安全,为此,直流水枪的喷嘴应接地,灭火人员应戴绝缘手套、穿绝缘鞋或均压服。

(3)灭火人员与带电体之间应保持必要的安全距离。用水灭火时,枪喷嘴至带电体的距离为:110kV 及以下不小于 3m;220kV 及以上不小于 5m。用不导电灭火剂灭火时,喷嘴至带电体的最小距离为:10kV 不小于 0.4m;35kV 不小于 0.6m。

(4)对高空设备灭火时,人体位置与带电体之间的仰角不得超过 45°,以防导线断落危及灭火人员人身安全。

(5)若有带电导线落地,应划出一定的警戒区,防止跨步电压触电。

第三节 防爆电器

油田常用防爆电气设备主要有防爆电动机、防爆断路器、防爆启动器、防爆主令电器、防爆连接件、防爆箱、防爆灯具、其他防爆电气设备。这些防爆设备将油田爆炸性危险场所用电形成一个完整的防爆电气系统。

一、常用防爆电气设备

(一)防爆电动机

1. 防爆电动机的分类

防爆电动机可按使用场所、防爆类型、电动机类型和用途及其他特征进行分类。

(1)根据使用场所的不同,可分为工厂用防爆电动机和煤矿井下用(矿用)防爆电动机。油库选用厂用防爆电动机。

(2)根据防爆类型划分,有隔爆电动机、增安型电动机(通风充气型电动机)、无火花型电动机和粉尘防爆电动机。油库一般选用隔爆型和增安型防爆电动机。

(3)根据电动机类型,可分为防爆同步电动机、防爆直流电动机、防爆异步电动机。油库选用防爆异步电动机。

(4)按照用途划分,可分为管道泵用隔爆型、风机用隔爆型、阀门电动装置用隔爆型、球阀电动装置用隔爆型、煤矿井下装岩机用隔爆型、运输机械用隔爆型、绞车用隔爆型、振动给料机用隔爆型三相异步电动机等。

(5)此外还可按其他特征,如机座号的大小、防腐、耐湿热等特征进行分类。

2. 油库中常用防爆电动机型号的含义

油库中常用防爆电动机的型号含义如下:

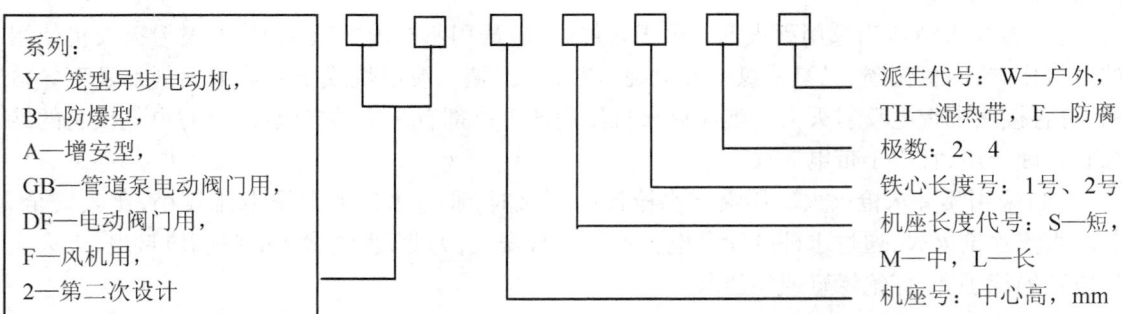

3. YB 系列隔爆型三相异步电动机

YB 系列电动机是全封闭自扇冷笼型隔爆型三相异步电动机,它是我国 20 世纪 80 年代取代 BJ02 系列新设计的更新换代防爆电动机基本系列,具有效率高、启动转矩大、噪声低、振动小、温升裕度大、隔爆结构先进合理等优点,适用于爆炸性气体混合物存在的场所,作为拖动泵、风机、压缩机等各种机械设备的动力。

YB 系列的功率范围为 055～315kW,同步转速为 3000r/min、1500r/min、750r/min、660r/min,额定电压为 220V、380V、660V、220/380V、380V、660V、660/1140V,频率50Hz,绝缘等级为F,但温升按 B 级考核。

YB 系列电动机防爆标志为 dI、dIIAT4、dIIBT4、dIICT4,外壳防护等级主体为 IP44,接线盒为 IP54。YB 系列还可制成户外型(W)、湿热带型(TH)、户外湿热带型(WTH)和户外防中等腐蚀型(WF)。

使用条件为海拔不超过 1000m,环境空气温度不超过 40℃,频率为 50Hz;工作方式为连续工作方式(S)。

4. YB2 系列隔爆型三相异步电动机

YB2 系列隔爆型三相异步电动机是全封闭自扇冷隔爆型笼型三相异步电动机,它是 20 世纪 90 年代在 YB 系列隔爆型三相异步电动机的基础上换代的新产品,具有使用寿命长、运行安全、性能优良、安装和使用维修方便等优点,电动机整体水平达到国际同类产品的先进水平。YB2 系列电动机功率范围为 0.12～315kW,同步转速为 3000r/min、1500r/min、1000r/min、750r/min、600r/min,额定电压 380V、660V、380/660V,3kW 及以下电动机无 660V、380/660V,频率为 50Hz,绝缘等级为 F 级,但温升按 B 级考核。YB2 系列电动机防爆标志为 dI、dIIAT4、dIIBT4、dIICT4,外壳防护等级主体为 IP55,冷却方法为 IC411;机座号 180 及以上的电动机设有注排油装置,可实现不停机加油,维修方便。

使用条件为海拔不超过 1000m,环境空气温度为 -15～40℃,频率为 50Hz;作方式为连续工作方式(S1),最大湿月平均相对湿度为 90%。

5. YBGB 系列管道泵用隔爆型三相异步电动机

YBGB 系列管道泵用隔爆型三相异步电动机是全封闭自扇冷笼型异步电动机,是我国 20 世纪 80 年代取代 BJGB 系列而新设计的更新换代隔爆电动机产品,具有效率高、启动转矩大、噪声低、振动小、温升裕度大、隔爆结构先进合理等优点,主要用于化工、石油等部门及其他工业户内外环境中存在的爆炸混合物及轻腐蚀介质的场所,驱动输送管道上的立式泵。YBGB 系列电动机除轴伸尺寸、形状因泵的特殊要求有差异外,额定功率、类型、功率等级与安装尺寸的对应关系均与 YB 系列相同。防爆标志有 dIIAT4、dIIBT4 两种类型。电动机外壳防护等级户内为 IP44,户外为 IP55。电动机的冷却方法为 IC141。YBGB 系列电动机的机座无底脚,端盖有凸缘,轴伸向下,立式安装。接线盒分别制成橡套电缆或钢管布线两种结构。电压分为 380V、660V、380/660V 三种。使用条件为海拔不超过 1000m,环境空气温度为 -20～40℃,频率为 50Hz,电压 380V;工作方式为连续工作方式(S1)。

6. YA 系列增安型三相异步电动机

YA 系列增安型三相异步电动机,是我国 20 世纪 80 年代统一设计的更新换代的增安型防爆电动机产品,分为 YA(增安型)、YA-W(户外增安型)、YA-WF(户外防腐增安型)三种。功率等级、安装尺寸的对应关系对于 eIIBT2 组与 Y 系列相同,对于 eIIBT3 组考虑到增安型电动机有降低温升时间不得小于 5s 的要求,2 极电动机从 H160、4 极电动机从 H180 起,较 Y 系列电动机降低一级功率,其余的功率等级与 Y 系列保持一致。

YA 系列电动机适用于工厂中引燃温度为 T_2 和 T_3 飞组的可燃性气体或蒸气与空气形成的爆炸性混合物及腐蚀性介质场所。电动机的功率范围为 0.55~280kW,同步转速为 3000r/min、1500r/min、1000r/min、750r/min、600r/min,额定电压 380V,频率为 50Hz,绝缘等级为 B 级,温度组别为 T_2 和 T_3,防护等级主体外壳为 IP54,接线盒为 IP55。

使用条件为海拔不超过 1000m,环境空气温度为 -15~40℃,频率为 50Hz,电压 380V;工作方式为连续工作方式(S1)。

7. YBTF 系列隔爆型电动阀门用三相异步电动机

YBTF 系列电动机的防爆标志为 dBT4,适用于Ⅱ类 A、B 级 T1、T2、T3、T4 组的可燃性气体或蒸气与空气形成的爆炸混合物的场所,驱动电动阀门执行机构。

YBTF 系列电动机的功率范围为 0.09~30kW、同步转速 1500r/min、额定电压为 380V、频率 50Hz;绝缘等级为 E 级。安装结构形式为 IMB5,机座无底脚,端盖有凸缘,卧式安装,无接线盒,三根引出线经隔爆连接轴套引出。

使用条件为海拔不超过 1000m,环境空气温度为 -20~40℃,频率为 50Hz,电压为 380V;工作方式为短时工作方式(S2),时限为 1min。

(二)防爆断路器

1. 定义和分类

当电网出现不正常情况时,例如,过载、失压、欠压、短路等,能自动地把负载从电网上断开。防爆断路器由于易出现电弧、电火花等,多为隔爆型。

防爆断路分类如下:

(1)按保护特性可分为供电系统总开关或分支开关用断路器、电动机不频繁启动保护用断路器。

(2)按内部所装的断路器可分为电磁式断路器、电子式断路器、本质安全式断路器。

2. BLK 系列隔爆型防爆断路器

BLK 系列隔爆型防爆断路器有 BLK51、BLK52、BLK53 三种形式,其中 BLK52 与 BLK53 适用于Ⅱ类 B 级 T6 组及以下,BLK51 适用于Ⅱ类 B 级 T4 组的爆炸性气体混合物场所的 1 区、2 区,在频率 50Hz,电压 380V 的线路中,做电路不频繁转换及电动机的不频繁启动与停止使用,并起过载和短路保护作用。

隔爆型防爆断路器型号的含义:

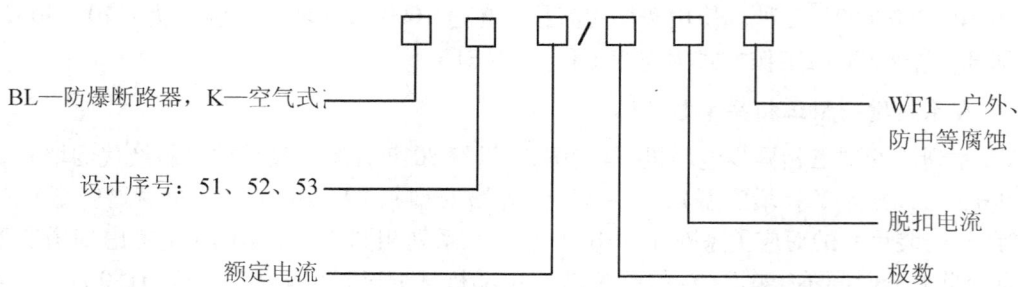

3. BAD 系列隔爆型防爆断路器

BAD 系列隔爆型防爆断路器产品适用于石油、化工等工业企业,在爆炸气体混合物场所的 1 区和 2 区,Ⅱ类,A、B 级,$T_1 \sim T_5$ 组的户内或户外有遮蔽场所;在频率 50Hz、电压 380V 的线路中,用来保护电动机的过载和短路,或在配电网络中用来保护线路及电源设备的过载与短路,也可作为电动机不频繁启动及线路的不频繁转换使用。

隔爆型空气断路器主要技术数据见表 9-2。

表 9-2 隔爆型空气断路器技术数据

型 号	额定电压 V	额定电流 A	各级脱扣电流档次	进线口	防爆标志	外形尺寸 mm
BA-100	380	100	100、80、63、50、40、32	G11/2	dⅡBT5	475×300×166

隔爆型空气断路器型号含义:

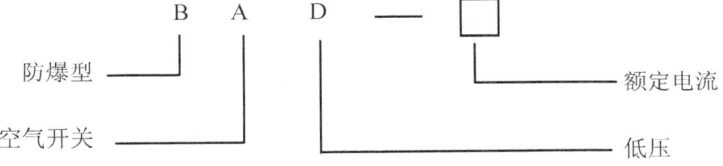

(三)防爆启动器

1. 分类和结构

防爆启动器是控制与保护电动机的电器。它可安装在爆炸性混合物危险场所来控制防爆电动机启动、停止或运转。其性能是在正常使用中,当启动器的内部由于触头接通、断开时,或者发生短路时,所产生的电弧、火花,均不能引燃该启动器周围环境的爆炸性混合物。

防爆启动器的分类如下:

(1)按使用场所可分为矿用启动器和工厂用启动器。

(2)按操作方式可分为电磁式启动器和手动启动器。

(3)按防爆类型可分为隔爆型启动器和防爆充油型启动器。

(4)按用途可分为不可逆启动器、可逆启动器及多回路启动器。

(5)按灭弧介质可分为空气式启动器、真空式启动器。

防爆启动器的基本结构有电气联锁和机械联锁装置,以保证开盖时电路不能接通。同时,连接在接触器(或继电器)线圈电路中的联锁触头应超前切断控制回路,使切断控制回路的时间小于切断隔离开关的时间,这就避免了隔离开关直接分断负载的可能。隔爆型电磁启动器结构取决于控制电动机的类型、供电系统和所选择的保护方式,根据不同的保护方式、结构有所不同。防爆电磁启动器有 BQD 系列防爆自耦减压电磁启动器、BQJ 系列防爆自耦减压电磁启动器、BQD 系列防爆启动器三大系列。

BQD51 防爆自耦减压电磁电动器技术数据见表 9-3。

表 9-3 BQD51 防爆自耦减压电磁启动器技术数据

型　号	额定电压 V	额定电流 A	AC3 功率,kW	整定电流 A	防爆标志	防护等级	质量 kg	外形尺寸 mm
BQD51-9/□W□□□	380	9	4	0.1~10	ExdeⅡCT6	IP54	16	210×428×174
BQD51-12/□W□□□		12	5.5	0.1~12.5				
BQD51-16/□W□□□		16	7.5	0.1~16				
BQD51-22/□W□□□		22	11	0.1~25				
BQD51-32/□W□□□		32	15	0.1~32				
BQD51-45/□W□□□		45	22	0.1~45			25	
BQD51-63/□W□□□		63	30	0.1~63				
BQD51-9/□NW□□□		9	4	0.1~10			27	320×600×225
BQD51-12/□NW□□□		12	5.5	0.1~12.5				
BQD51-16/□NW□□□		16	7.5	0.1~16				
BQD51-22/□NW□□□		22	11	0.1~25				
BQD51-32/□NW□□□		32	15	0.1~32				
BQD51-45/□NW□□□		45	22	0.1~45			30	
BQD51-63/□NW□□□		63	30	0.1~63				

2. BQD 系列防爆自耦减压电磁启动器

BQD 系列防爆自耦减压电磁启动器适用于石油、化工、成品油库、码头等工业企业,在爆炸性混合物为 1 区、2 区的 Ⅱ 类,A、B 级,T_1~T_4 组的户内或户外有遮蔽的场所,在频率 50Hz,电压 220/380V 的线路中,作为控制三相笼型异步电动机降压启动。

BQD 系列防爆自耦减压电磁启动器主要技术数据见表 9-4。

表 9-4 BQD 防爆自耦减压电磁启动器技术数据

型　号	额定电压,V	额定电流,A	可控电动机功率 kW	继电器整定电流 A	防爆标志	外形尺寸,mm
BQD-55	220/380	110	55	120	dⅡBT4	895×602×410
BQD-75		142	75	142		
BQD-100		190	100	3.5		1770×900×580
BQD-110		209	110	5		

3. BQJ 系列防爆自耦减压电磁启动器

BQJ 系列防爆自耦减压启动器适用于 Ⅱ 类 B 级 T4 组及以下级别的爆炸性气体混合物场所的 1 区和 2 区,作为控制频率 50Hz、电压 380V 的三相异步电动机的不频繁自耦降压启动和停止使用,启动电流不超过电动机额定电流的 3~4 倍,启动时间在 5~120s 内可调,若连续时间总和达 120s,启动后冷却时间应不小于 4h 方能再启动。因此,该产品仅作长时间间歇启动用,不宜在频繁操作条件下使用。

BQJ 系列防爆自耦减压电磁启动器技术数据见表 9-5。

表 9-5 BQJ 系列防爆自耦减压电磁启动器技术数据

型号	被控电动机功率,kW	额定电流A	额定电流自耦变压器功率,kW	电流互感器比值,A	防爆标志	使用类别	防护等级	热保护整定电流,A
BQD-14	14	28	14	500/5	Ex(e)dⅡBT4	AC3	IP54	28
BQD-22	22	40	20					40
BQD-28	28	58	28					58
BQD-40	40	80	40					80
BQD-55	55	100	55					40
BQD-75	75	142	75					3.8
BQD-80	80	150	115					2.8
BQD-95	95	180						3.8
BQD-100	100	200		300/5				3.5
BQD-110	110	220						3.8
BQD-115	115	230						4
BQD-125	125	250	185					3.3
BQD-130	130	260		400/5				3.4
BQD-135	135	270						3.5

4. BQD 系列防爆启动器

BQD 系列防爆启动器适用于石油、化工、成品油库、码头等工业企业,在爆炸性气体混合物为 1 区和 2 区,爆炸性气体混合物为 Ⅱ 类,A、B、C 级,$T_1 \sim T_6$ 组的户内或户外有遮蔽场所。在频率 50Hz、电压 380/220V 的线路中作为控制三相异步电动机启动、停止用。

BQD 系列防爆启动器技术数据见表 9-6。

表 9-6 BQD 系列防爆启动器技术数据

型号	额定电压,V	额定电流,A	可控电机功率 kW	继电器整定电流 A	防爆标志	外形尺寸,mm
BQD-40	220/380	40	20	25~45	dⅡCT6	816×432×340
BQD-40N		40	20	25~45		
BQD-100		100	50	63~100		
BQD-150		150	75	10~150		

(四)防爆主令电器

主令电器是指按钮、操作柱(箱)、行程开关、灯开关等,通过电器元件的启动、停止系统状态改变等操作,实现电动机、照明灯具的控制及自动控制系统的程序。

防爆主令电器基本上可归纳为防爆控制按钮、防爆操作柱、防爆行程开关(限位开关)、其他防爆主令电器(防爆转换开关、防爆灯开关等)四类。按其防爆结构形式分为防爆型、本质安全型、充油型。

防爆主令电器通常有两种结构：一种结构是将按钮开关、行程开关、转换开关等部件固定在高强度铸铝合金的隔爆外壳内，称为整体防爆结构，适用于1区、2区爆炸性气体环境；另一种结构是将开关、按钮类制成隔爆件，固定在增安型结构的密封外壳内，称为部件隔爆结构，适用于2区爆炸性气体环境。由于这类电器都是手动操作，所以操作按钮、手柄或旋钮的大小、形状、颜色，以及操作指示符号都应便于操作者识别。

1. 防爆操作柱

1) BZC 系列防爆操作柱

BZC 系列防爆操作柱适用于石油、化工等工业企业，在爆炸性气体混合物为1区、2区，Ⅱ类A、B、C级，T1～T6组的室内、室外场所，在频率50Hz，电压220/380V电路中作为电磁电器、信号的远距离切换、控制使用，或者在被控电动机附近就地对电动机进行控制。这类防爆产品，在各厂家的产品中派生号有所不同，用途也有细微差别。

控制较大功率电动机的 BZC 系列防爆操作柱的主要技术数据见表9-7。

表9-7 BZC 系列防爆操作柱的主要技术数据

型号	额定电压,V	额定电流,A	防爆标志
BZC□-□	220/380	5,10,15,20,40	dⅡCT6,dⅡBT6,deⅡBT1～T6

2) BZC57 系列防爆操作柱

BZC57 系列产品适用于含有Ⅱ类，A、B、C级，T1～T6组的爆炸性气体混合物的爆炸危险场所，在频率50Hz，电压220/380V的控制线路中作为远距离控制电磁电器使用。

BZG7 系列防爆操作柱的主要技术数据见表9-8。

表9-8 系列防爆操作柱的主要技术数据

型号	额定电压,V	额定电流,A	使用类别	进线口	防爆标志
BZC57	380	5	AC1,AC3	G3/4	dⅡBT6

3) BZC53 系列防爆操作柱

BZC53 系列防爆操作柱产品适用于Ⅱ类，B级、C级，T1～T6组的爆炸性气体混合物的爆炸危险场所，在频率50Hz，额定电压至380V，直流电压至220V的电路中接通、分断电磁式线圈使用，可带灯光显示或仪表显示。

BZC53 系列防爆操作柱的主要技术数据见表9-9。

表9-9 BZG3 系列防爆操作柱的主要技术数据

型号	额定电压,V	额定电流,A	防爆标志	电缆外径管内径	外形尺寸,mm	质量,kg
BZC53-B	220/380	5～12	deⅡBT1～T6	ϕ10～14mm	268×170×1500	9
BZC53-C			dⅡBT6	G3/4in	180×350×1500	12.2

2. 防爆控制按钮

防爆控制按钮是防爆主令电器中品种最多的一种，在爆炸危险环境中作为远距离控制电磁电器(启动器、接触器、继电器等)和信号装置使用。

油库常用的主要有 LA 系列防爆控制按钮。LA 系列防爆控制按钮适用于含有爆炸性混合物为Ⅱ类,C 级,T6 组及以下的危险场所,在频率 50Hz,电压 220/380V 或直流额定电压至 220V 的电路中,作为控制电磁电器和信号装置使用。

防爆控制按钮的主要技术数据见表 9-10。

表 9-10 LA 系列防爆控制按钮的主要技术数据

型号	额定电压,V	额定电流,A	按钮数量	触头数量	防爆标志	防护等级	防腐等级
LA53-1 LA5821-1			1	一常开,一常闭			
LA53-2 LA5821-1 LA53-2A LA53-2D	380	5	3	二常开,二常闭	EdⅡCT5	IP54	W、WF1、WF2
LA53-3 LA5821-3 LA53-3A			5	三常开,三常闭			

由于各厂家制定产品型号时,标注方式的不同,防爆控制按钮还有 BZA 系列、EF 系列等。油库在订货时应注明所需控制按钮的完整型号、名称、内装元件、防爆级别和数量。

3. 防爆开关

1)SW-10 防爆照明开关

SW-10 防爆照明开关可用于爆炸性气体混合物危险场所的 1 区、2 区,Ⅱ类,A、B、CSW 级,TI~T6 组的场所,在频率 50Hz,电压 220V,电流不超过 10A 的电路中作为接通或切断照明电路,也可作为信号开关使用。

SW-10 防爆开关的主要技术数据见表 9-11、表 9-12。

表 9-11 SW-10 防爆照明开关的主要技术数据(一)

额定电压 V	额定电流 A	极数	防护等级	防爆标志	防腐等级	进线螺纹	电缆外径 mm	质量,kg
220	10	IP+N+BE	IP54	edⅡBT6	W WF1 WF2	G20	φ(8~15)	0.99~1.1

表 9-12 SW-10 防爆照明开关的主要技术数据(二)

型号	工作频率 Hz	额定电压 V	额定电流 A	防护等级	防爆等级	外形表面极限温度,℃	外形尺寸 mm
SW-10	50	220	10	IP44	EeⅡT4	40	185×140×104

2) BZM 系列防爆照明开关

BZM 系列防爆照明开关适用于 E 类 B 级 T6 组及其以下级别、组别的爆炸性气体混合物的 1 区、2 区场所,在频率 50Hz,电压 220V 的线路中作防爆灯具电路的接通和切断使用。

BZM 系列防爆照明开关的主要技术数据见表 9-13。

表 9-13 BZM-10 系列防爆照明开关的主要技术数据

型号	额定电压,V	额定电流,A	防爆标志	防护等级	进出线口螺纹	电缆外径,mm	质量,kg
BZM-10	220	10	ExedBT6	IP55	G3/4	$\phi(8\sim15)$	0.76

另外,还有 BKG、EF 等系列防爆照明开关,油库在选型时应根据现场环境、负荷大小选择合适型号的防爆照明开关,应注意防护、防爆等级。

3) BHZ51 系列防爆组合开关

BHZ51 系列防爆组合开关可用于爆炸性气体混合物危险场所的 1 区、2 区,Ⅱ类,A、B、C 级,T1~T6 组场所。

BE51 系列防爆组合开关的主要技术数据见表 9-14。

表 9-14 系列防爆组合开关的主要技术数据

型号	额定电压,V	额定电流,A	防爆标志	电缆外径,mm	质量,kg
BHZ51-10		10	ExedBT5 ExedBT6	$\phi(8\sim20)$	2.4
BHZ51-25	220/380	25			
BHZ51-60		60		$\phi(18\sim32)$	7.2

4) BH3 防爆负荷开关

BH3 防爆负荷开关适用于含有爆炸性气体混合物为Ⅱ类,A、B、C 级,T1~T6 组及其以下的场所,在频率 50Hz,电压 380V,电流 200A 电气装置和配电设备中作为不频繁接通、切断负荷电路等使用。

BH3 防爆负荷开关的主要技术数据见表 9-15。

表 9-15 BH3-10 防爆负荷开关的主要技术数据

型号	额定电压,V	额定电流,A	防护等级	防爆标志	防腐等级
BH3-10	380	10、20、30、60、100、200	IP54 IP65	dⅡBT5 dⅡBT6	W、WF1、WF2

二、防爆电气设备运行与检修

(一)防爆电气设备管理

1. 防止产生爆炸的基本措施

(1)工艺设计时应消除或减少易燃液体、可燃气体的泄漏,其具体措施有:

① 将爆炸危险物质限制在密闭容器内;

② 防止阀门、油泵、测量孔泄漏和油气逸散;
③ 油槽(罐)车装卸油作业时,必须在口部盖上石棉被或采取油气回收措施;
④ 油罐清洗时,应采取管道排油气;
⑤ 减少打开油罐量油口次数或缩短打开时间。
(2)防止爆炸性混合气体的形成和积聚,降低其达到爆炸极限的概率,可采取下列措施:
① 采用敞开式布置,以有利于场所内气体的扩散和对流;
② 设置必要的机械通风装置,并适时通风;
③ 设置自动测量仪器,对场所内的爆炸性气体浓度实行监测;
④ 在工艺布置及建筑上,限制和缩小危险区域的范围,减少爆炸性气体积聚的可能性。
(3)防爆工具及音像设备使用:
① 在爆炸危险场所必须使用防爆工具(铝青铜或铍青铜合金工具),在 0 区必须经过充分通风后,才准许使用防爆工具;
② 在特殊情况下,1 区、2 区临时使用普通工具,必须采取有效通风措施,并确认爆炸性气体混合物浓度在爆炸下限的 4% 以下时,才可进行;
③ 爆炸危险场所避免铁与铁等一切可能发生火花的碰撞,泵房、罐间和洞库的钢制门窗、门锁等必须采取可靠的防碰撞火花措施,严禁穿金属钉外露的鞋;
④ 在爆炸危险场所严禁使用照相机、摄像机、收音机、录音机、对讲机、移动电话等非防爆音响、声像、通信器材,如工作特需必须使用时,应经过通风并检测油气浓度,确认在爆炸下限的 4% 以下时才可使用,并尽可能避开有汽油场所。

2. 事故情况下的防爆措施

(1)当爆炸危险场所或非爆炸危险场所由于工艺设备事故损坏、误操作等情况发生时,致使该场所达到 0 区程度,在防爆上应采取如下措施:
① 立即切断通向该场所的一切电源(不得直接操作在危险场所的电源开关),禁止使用一切电气设备;
② 采取有效措施,控制爆炸性气体或液体的继续泄漏和扩散;
③ 设立警戒线,严格控制火种,禁止无关人员和一切车辆进入该危险场所;
④ 加强自然通风,当采取机械通风时,只允许正压通风;
⑤ 在收集流洒的易燃液体时,要严防所用工具产生静电和碰撞火花;
⑥ 抢救人员应着防静电服(或棉制品服装),若情况紧急无法着装防静电服时,应采取临时有效措施(如湿润所穿服装),避免产生静电火花,严禁用化纤、丝绸织物用作抢救工具或拖擦地面。
(2)当洞库内发生跑油事故或确认整条洞内油气浓度达到爆炸下限以上时,尚应做到:
① 禁止使用洞内通风机,必要时可使用移动防爆风机由洞外向洞里通风(离心式防爆风机可向外抽风);
② 视实际情况,封闭洞口,防止事故蔓延、恶化;
③ 人员进入洞内必须带呼吸面具,最大限度地减少人员中毒及伤亡事故。

3. 防爆工作必备的仪表和工具

油库除配备常规的电工仪表和工具外,尚需配备其他防爆工具和仪表,见表 9-16。

表 9-16 防爆工作必备的工具和仪表

序号	工具和仪表
1	必须配置的工具和仪表
2	携带式可燃气体测试报警仪
3	防爆袖珍式数字显示静电电压表
4	抢修用防爆工具
5	移动防爆通风机及通风带
6	携带式压缩空气面具
7	结合油库实际选择配置的工具和仪表
8	袖珍式数字显示电容仪
9	便携式电导率测定仪
10	袖珍式数字显示电阻计
11	防爆型便携式氧气含量测定仪

（二）防爆电气设备维护检查

1. 检查制度与检查范围

1) 检查制度

防爆电气设备检查可分日常运行维护检查、专业维护检查和安全技术检查三种。专业维护检查一般每半年一次，安全技术检查每半年或一年一次。

2) 检查范围

防爆电气设备检查，就是对防爆电气设备进行全面细致地检查和测试，努力找出存在的问题和缺陷，准确了解其技术性能和质量状况，为防爆电气设备检修打好基础。

2. 检查内容

1) 日常运行维护检查

日常运行维护检查由运行操作人员进行，其主要内容是：

(1) 应清除有碍防爆电气设备安全运行的杂物和易燃物品，保持防爆电气设备外壳及环境的清洁，经常检测设备周围爆炸性气体混合物的浓度。

(2) 检查设备运行时的通风散热情况，使外壳温度不得超过产品规定的最高温度和温升。

(3) 设备运行时不应受外力损伤，应无倾斜和部件摩擦现象；声音应正常，振动值不得超过规定。

(4) 运行中的电动机应检查轴承部位，应保持清洁和规定的油量，检查轴承表面的温度，不得超过规定范围。

(5) 检查外壳各部位固定螺栓和弹簧是否齐全紧固，不得松动。

(6) 检查设备的外壳有无裂纹和有损防爆性能的机械变形现象。电缆进线装置应密封可靠。不使用的线孔，应使用厚度不小于 2mm 的钢板密封。观察窗的透明板要完整，不得有裂缝。

(7) 检查正压型电气设备内部的气体是否含有爆炸性物质或其他有害物质，气量、气压应符合规定,气流中不得含有火花,出气口气温不得超过规定,微压(压力)继电器应齐全完整,动作灵敏。

(8)检查充油型电气设备的油位,应保持在油标线位置,油量不足时应及时补充,油温不超过规定;同时应检查排气装置有无阻塞情况和油箱有无渗油、漏油的现象。

(9)设备上的各种保护、联锁、检测、报警、接地装置应齐全完整。

(10)检查防爆照明灯具是否按规定保持其防爆结构及保护罩的完整性;检查灯具表面温度不得超过产品规定值。

(11)在爆炸危险场所除产品规定允许频繁启动的电动机外,其他各类防爆电动机不允许频繁启动。

(12)正压型防爆电气设备,启动前均必须先进行通风或充气,当通风或充气的总量达到外壳和管道内部空间总容积的5倍以上时,才准许送电启动;正压型防爆电气设备停用后,应延时停止送风。

(13)防爆电器的接地线应牢固,接地端子无松动,无明显腐蚀、折断,铠装电缆的外绕钢带无断裂。

(14)电气设备运行中发生下列情况时,操作人员应采取紧急措施并停机,通知专业维修人员进行检查和处理:

① 负载电流突然超过规定值或确认断相运行状态时;
② 电动机或开关突然出现高温或冒烟时;
③ 电动机或其他设备因部件松动发生摩擦,产生响声或冒火星时;
④ 机械负载出现严重故障或危及电气、人身安全时。

(15)设备运行操作人员对日常运行维护和日常检查中发现的异常现象可以处理的应及时处理,不能处理的应通知电气维修人员处理,并将发生的问题或事故登记在设备运行记录本上。

2)专业维护检查

专业维护检查应由电气专职维护人员进行,检查维护项目除日常运行维护检查项目外,其主要内容如下:

(1)防爆照明灯具是否按规定保持其防爆结构及保护罩的完整性,按设计规定的规格型号更换照明灯泡、熔断器和本安型设备的电源电池。

(2)清理电气设备的内外灰尘,进行除锈防腐;根据环境条件,更换电缆钢管内吸潮剂或排水。

(3)检查设备和电气线路的完好状况及绝缘情况。

(4)设备上的各种保护、联锁、检测、报警、接地等装置应齐全、完整。

(5)检查接地线的可靠性及电缆、接线盒等完好状况。

(6)停电检查电器内部动作机件是否有超过规定的磨损情况以及接线端子是否牢固可靠。

(7)检查隔爆电器防爆面锈蚀情况,清除锈迹并涂防锈油。

(8)检查各种类型防爆电气设备的防爆结构参数及本安电路参数。

(9)检查控制、检测仪表、电信等设备及保护装置是否符合防爆安全要求;是否齐全完好、灵敏可靠;有无其他缺陷。

(10)检查设备运行记录或缺陷记录上提出的问题,应及时处理,消除隐患;不能处理的应及时上报。

3)安全技术检查

除日常维护和专业维护检查的项目外,还应检查的项目有:

(1)检查爆炸危险场所设备运行操作、维护修理等有关人员是否熟知电气防爆安全技术的基本知识。

(2)检查防爆电气设备和线路的运行操作、维修等规程制度是否齐全及执行情况。

(3)依据技术要求,检查爆炸危险场所存在的问题。

(4)针对存在的问题提出解决的措施,并检查措施的落实情况。

3. 检查注意事项

(1)日常运行维护检查时,严禁打开设备的密封盒、接线盒、进线装置、隔离密封和观察窗等。专业维护检查时,检查人员应了解设备的结构、工作原理和拆装注意事项等。现场不得有超过标准的油气积聚,拆装检查前应检测油气浓度。

(2)除了检查设备的运行状况外,对设备进行其他项目的检查,均应切断设备的电源,并不得约时送电。专业维护检查时,必须切断电源后,在电闸上悬挂警告牌,才能打开设备盖子检查。

(3)不允许用带压力的水直接冲洗防爆电气设备。

(4)非防爆的移动型、携带式电气仪表禁止在爆炸危险场所使用。

(5)专业维护必须打开隔爆型设备的隔爆外壳时,应妥善保护防爆面。

(6)严禁带电更换灯泡,必须在隔爆外壳紧固后才准送电。

(7)严禁拆除或短接线路上的保护、联锁、监视及指示装置,保证设备正常运转。

(8)检查现场要使用不产生冲击火花的防爆工具,必须使用时,应经过通风并检测油气浓度,确认在爆炸下限的4%以下时,才可使用;检测仪器和仪表要有足够的精度,并进行正确的使用。

(9)检查中要谨慎操作,确保设备和人员的安全,严禁随意敲砸、乱扔乱放等违规操作。

(10)运行检查前,要确认设备的电气连接和机械连接全部处于完好状态。

(11)防爆电动机运行检查前应先转动几圈,确认无卡、碰撞现象。

(12)检查中要认真做好检测记录,确保检查质量。

4. 检查的结果及评估分析

对防爆电气设备检查测试结束后,应对检查测试的结果进行分析处理。

(1)通过防爆电气设备检查,基本掌握了防爆电气设备的技术状况。要对所有的防爆电气设备进行分类,分出设备性能的好、中、坏;填写防爆电气设备检查登记表,存档备查。

(2)对照国家防爆电气标准,对设备存在的问题做出科学的分析论证,分清哪些问题最多、哪些设备的问题多、哪些场所的问题多,为什么会出现这种情况,力争发现规律性的东西。

(3)对发现的问题进行分类,分出哪些是需要维护保养的内容,哪些是需要更换部件的内容,哪些是需要进行修理的部件,哪些是需要进行更换的设备。

(4) 根据防爆电气设备检查的结果,通过科学的分析论证,制定出切实可行的防爆电气设备检修方案。

三、防爆电气设备的检修

(一)一般性检修

(1) 一般性检修是对在日常运行维护检查中发现的问题和一部分在专业维护检查中发现的故障进行检修。

(2) 一般性检修的主要内容是:

① 日常的现场维护;
② 老化的零部件和紧固件,或厂家说明不能进行修复的零件;
③ 更换损坏的玻璃、塑料或其他不稳定材料制成的部件;
④ 测试电动机、电器和线路的绝缘电阻值;检查接地线是否完好,测量接地电阻值;
⑤ 补充、更换设备润滑点上的润滑脂(油);
⑥ 调整设备的机械操作机构、联联锁机构以及保护装置的整定值;
⑦ 防爆面清理、除锈、涂防锈脂,并检查隔爆面完好程度;
⑧ 测量隔爆面间隙,检查外壳完好程度;
⑨ 检查设备进出线孔的密封情况,更换损伤变形或老化变质的密封圈;
⑩ 检查设备各接线部位有无松动和其他缺陷,并进行修复。

(二)专业性检修

(1) 防爆电气设备的专业性检修,必须由具有较高防爆电气设备知识和技术的专业人员进行。

(2) 专业性检修的主要内容有:

① 完成一般性检修内容;
② 设备解体检查和检修,并清除清扫设备内的污物;
③ 全面检验电气、机械结构,修理或更换其损伤的零部件;
④ 检查电动机轴承磨损情况,更换不合格轴承;
⑤ 检查隔爆零部件,修复不合格的隔爆结合面;
⑥ 测量并调整隔爆间隙值;
⑦ 修复线圈的绝缘、焊接端子;
⑧ 外壳空腔内壁补涂耐弧漆、外部刷防腐漆;
⑨ 更换局部范围内不合格的电缆和配线钢管;
⑩ 更换已失灵或报废的开关、按钮等小型防爆电气设备。

(三)检修要求和检修注意事项

(1) 防爆电气设备的检修和检验,应由进行过防爆电气设备修理技术培训,并经考核合格的人员承担。

(2) 在爆炸危险场所动火检修防爆电气设备和线路时,必须按规定办理动火作业审批手续。

(3)在爆炸危险场所禁止带电检修电气设备和线路；禁止约时送电、停电，并应在断电处挂上"正在检修，禁止合闸"的警示牌。

(4)防爆电气设备拆至安全区域进行检修时，现场的电源电缆线头应做防爆处理，并严禁通电。

(5)现场检修时，防爆电气设备的旋转部分未完全停止之前不得开盖，如防爆外壳内的设备有储能元件（电容器、油气探测头等），应按规定停电延迟一定时间，放尽能量后再开盖子。

(6)现场检修应首先检测爆炸性气体混合物的浓度，应在安全值以下；使用的检修工具和仪表等应符合防爆要求。

(7)应妥善保护隔爆面，不得损伤，隔爆面不得有锈蚀层，经清洗后涂以磷化膏或204防锈油。

(8)更换防爆电气设备的元件、零部件，一般宜向原生产厂家购买，允许外购时，其尺寸、型号、性能、参数、材质等必须与原件相一致；紧固螺栓不得任意调换或缺少。

(9)禁止改变本安型设备内部的电路、线路，如更换元件，必须与原规格相同；电池更换必须在安全区域内进行，同时必须换上同型号和规格的电池。

(10)严禁带电拆卸防爆灯具和更换防爆灯管（泡），不得随意改动防爆灯具的反光灯罩，不准随意增大防爆灯管（泡）的功率；严禁用普通照明灯具代替防爆灯具。

(11)对检修完毕后不影响防爆性能的电气设备，其防爆标志应保持原样，并将检查项目、修理内容、测试记录、零部件更换、缺陷处理等情况详细记入设备的技术档案。

(12)防爆电气设备的检修人员，应进行防爆电气设备修理知识的培训。

(13)维修前要明确维修内容，要准备好工具、材料和需要更换的零部件，要确认停电维修的必要性和停电的范围，要分清场所的性质，爆炸危险场所的危险程度、危险区域的类别等。

(14)在爆炸危险场所需动火检修防爆电气设备和线路时，必须办理动火审批手续。

(15)在检查、检修防爆电气设备中，发现设备不符合技术要求，但一时又无合格备品时，为了不影响正常作业，可由油库提出安全防范措施并上报主管部门备案，对危险程度比较大的设备必须上报主管部门批准，但对设备问题仍需限期解决。

第十章 电气节能技术

第一节 电气节能概述

能源是经济社会可持续发展的物质基础和保证。为克服能源短缺对经济社会发展的制约,工业的快速发展应遵循节能型模式,坚持能源开发与节约并重,并把节约放在首位。

节约电能是节约能源的重要组成部分。所谓节约电能其根本含义是节约电能用量。其内涵应该包括两个方面:一是必须合理用电,降低损耗,提高电能利用率;二是必须经济用电,以尽可能少的电能消耗生产出尽可能多的优质产品,降低单位产品(产值)电耗指标。为达到节电目的所采取的措施和方法,就称为节电技术。

一、单体设备节电

电能的社会应用是从1875年法国巴黎北火车站用弧光灯照明开始的,但由于其光亮过强,只适用于广场照明。1877年,美国人爱迪生研制出碳素白炽灯后,以电为能源的照明才真正开始用于室内,并在社会上获得推广应用。在白炽灯获得社会推广应用的同时,一种"随手关灯"的节电行为在节约用电意识指引下随之出现,其后随着电能转换器具的发展及其技术进步,各种电气照明设备、电气传动设备、电加热设备、电化学设备不断涌现。基于电能极好的变换性能,电能通过上述设备可以很方便地转化为光能、机械能、热能和化学能,满足不同的工业生产需要,从而促进电能在工业的各个部门获得广泛的应用。随着电能的广泛应用,进而出现了由于社会电力发展的不平衡,电能的发电、输配电、用电在瞬间同时完成,不能大量储存,以及各行业用电负荷时间特性不尽相同等导致了电力供需矛盾。世界上多数国家在一定时期都曾发生过电力供应不足,为了缓解电力供应不足,提高电能使用效率,降低电能消耗,减少电费开支,降低生产成本,增强企业市场竞争能力,普遍的做法是:实行有限制的行政干预;对电力建设采取经济倾斜,加速电力工业发展;开展节约用电和应用节约用电技术。于是节约用电和"随手关灯"的简单行为逐渐发展到单体设备节电技术,如电气照明节电技术、电动机节电技术、变压器节电技术、风机水泵节电技术等。在对各种单体用电设备运用节电技术节约有功功率消耗的同时,还减少了无功功率需要量,如通过改善单体用电设备本身的性能提高自然功率因数,以及采用加装并联电容器,人工提高功率因数的无功补偿等。

二、系统节电、企业节电的发展方向

20世纪70年代初,由于爆发世界性的能源危机,世界多数国家开始了能源政策的研究,能源的节约问题被列为重要课题,能源的节约和节能技术的开发应用由此得到普遍重视,节能和节能技术进入一个前所未有的大发展时期。工业先进国家为克服传统的单体设备节能的局部性,进一步深挖整体节能潜力,将系统工程的方法应用到节能领域,提出多层次总能系统优

化的概念,并由此产生系统节能的新概念,从而将传统的单体设备节能扩展到系统节能的新阶段。节能与系统的有机结合,使系统节能成为节能工作的发展方向。20世纪80年代初,我国鞍钢在有关学院和研究所的配合下,积极研究应用系统节能,到1986年,鞍钢吨钢可比能耗已降到898kg标准煤,达到当时国家特等企业标准。1987年9月,冶金部召开全国钢铁企业第五次节能工作会议,明确提出运用系统工程方法,把注重单体设备节能扩展到系统节能,指出这是深挖企业节能潜力的新途径,此后系统节能在全国冶金企业中展开。2003年宝钢运用系统节能吨钢综合能耗下降到675kg标准煤,低于韩国浦钢、日本新日铁等大型钢铁企业,达到世界先进水平,从而提高了宝钢的国际竞争力。

节约电能是节约能源的重要组成部分,系统节能理应派生出系统节电的理念,并用系统节电推动单体设备节电。然而,国际上迄今未见有系统节电的提法,这仅是事物的一种表象,研究表明,受系统节能的影响,工厂节电按自身的发展规律,在实践中传统的单体设备节电已向全过程、全系统两个方面扩展,形成了系统节电,即一方面把节电和节电技术的开发应用贯穿于工厂机电设备的合理选择、优化用电、运行管理、设备改造的全过程,另一方面把节电和节电技术的开发应用贯穿于工艺用电系统、供配电系统和用电管理系统构成的工厂用电系统中。因此,系统节电是将工厂节电作为一项系统工程,按系统工程的方法和理论,对工厂用电的全系统、全过程实施相应的节电技术,使工厂节电获得整体最佳效益。系统节电是企业节电的发展方向。

第二节 电力系统功率因数补偿

一、功率因教的标准值及其适用范围

世界各国的电力企业要求用户的用电功率因数一般在0.85左右。我国规定的功率因数标准值及其适用范围为:

(1)功率因数标准为0.90,适用于160kV·A及以上的高压供电工业用户、装有带负荷调整电压装置的高压供电电力用户和3200kV·A及以上的高压供电电力排灌站。

(2)功率因数标准为0.85,适用于100kV·A(kW)及以上的其他工业用户、100kV·A(kW)及以上的非工业用户和100kV·A(kW)及以上的电力排灌站。

(3)功率因数标准为0.80,适用于100kV·A(kW)及以上的农业用户等。

二、提高功率因数的主要经济效益

(1)降低电网有功损耗。由于功率因数的改善,可使负荷电流减小,于是线路及变压器的有功损耗相应得以减少,达到节电的目的。

(2)改善电压质量。载流体不仅产生电能损耗,而且会产生电压损失:电压损失值是由输送的电流和所通过的输变电设备(线路和变压器)的阻抗的乘积决定的。因此,提高功率因数,减少了输送电流,就必然减少了电压损失,改善了电压质量。

(3)增加供电能力。当感性负荷接入无功补偿设备后,由于电容器供给相位超前的无功

电流 I_c 的补偿作用,减少了感性负荷滞后的无功电流 I_q,减少了线路及变压器的负荷,相对地说,也就是使线路及变压器有了可增加负荷的裕量,从而增加了网络的供电能力。

(4) 减少电费开支。企业采用无功功率就地补偿,功率因数得到提高,从而改善了功率因数。在我国,为了奖励企业提高功率因数,供电部门逐月按平均功率因数对工业用户进行考核,凡工业用户实际月平均功率因数超过或低于规定标准值时,其电费将按国家批准的功率因数调整电费表所规定的增减百分比值计收电费。

三、企业供配电网络无功功率的平衡

(一) 无功电源

无功电源包括：

(1) 同步发电机。同步发电机既是有功电源,又是无功电源。

(2) 输电线路的充电功率。架空线路的导线是平行排列的,当电压加在输电线路上时,导线之间形成分布电容,输电线路将产生充电功率,从而影响沿线路各点的电压、输电功率和功率因数。

(3) 同步电动机。在企业中同步电动机主要是带机械负荷,但它也是一种无功电源。同步电动机进相运行即过励磁运行,功率因数超前,向电网输送无功功率,从而可以提高企业的功率因数。

(4) 无功补偿设备。在电力系统中,不仅大量的感性网络元件消耗无功功率,大量的感性负荷也需要消耗无功功率。网络元件和负荷所需要的无功功率如果都由作为无功电源的发电机经过长距离传输提供显然是不合理的,而且是不经济的。合理、经济的方法应该是在需要消耗无功功率的地方人工产生无功功率,这种对无功负荷人工提供无功功率的做法称为无功功率补偿(简称无功补偿)。常见的无功补偿设备有同步调相机、并联电容器(电力电容器)、静止无功补偿器(SVC)、静止无功发生器(SVG)。

(二) 无功负荷

在企业中,除需要有功功率外,尚需要大量无功功率。这是由于企业中的绝大多数供用电设备,诸如异步电动机、变压器、高压供电线路等都具有电感特性,因此都是无功功率的需用者。据资料统计,企业取自电力系统的无功功率中,为异步电动机所取用的约占60%,变压器约占20%,其余部分(约20%)为供电线路、变流器等设备所取用。由此可见,企业中的无功负荷主要有异步电动机和变压器,其次是供电线路、变流器及其他设备。

1. 异步电动机

异步电动机所取用的无功功率由两个部分组成:一部分是用作建立电动机旋转磁场所必需的励磁无功功率(空载无功功率);另一部分为漏磁无功功率,它的大小与负荷率的平方成正比。异步电动机需用的无功功率组成中,励磁无功功率占电动机全部无功功率的大部分,其值三随定子与转子间的空气隙大小而定,一般为 $(0.6 \sim 0.7)Q_N$。

2. 电力变压器

电力变压器所取用的无功功率也是由两部分组成:一部分是用作建立变压器磁场所必需的励磁无功功率(空载无功功率),这一无功功率与变压器的负荷大小无关,但与电压有密切

关系；另一部分是变压器绕组中形成漏磁场而产生的漏磁无功功率（短路无功功率），它的数值与变压器中通过的负荷电流平方成正比。

3. 供电线路

高压供电线路对于无功功率的需求，主要是因为它存在感抗的缘故。

四、提高功率因数的措施

提高功率因数的措施有提高自然功率因数和功率因数的人工补偿两种。

（一）提高自然功率因数的措施

所谓自然功率因数，系指未装设人工补偿装置时的功率因数，提高自然功率因数的措施，也就是设法从设备的合理选择和经济运行等方面减少各供电和用电设备本身所需的无功功率，而使自然功率因数得到提高。

（二）功率因数的人工补偿措施

功率因数的人工补偿措施，即装设无功功率补偿设备，而使功率因数提高的措施。由于人工补偿措施需要增加额外的设备，并且在补偿设备中也将引起电能损耗。因此，在选择人工补偿措施时，应优先考虑对企业供电和用电设备采用提高自然功率因数的措施，如经努力尚达不到供电部门对功率因数的规定要求时，才进一步考虑采取适当的人工补偿措施。到目前为止，提高功率因数的措施已发展得较为完善，具有一整套技术。

第三节 节 能 设 备

一、照明设备

在民用照明中，可以采用淘汰白炽灯、推广使用节能灯作为节能的措施。在公共照明节能方案中，一方面是在光源上做文章，可以采用一些 LED 灯、节能灯等作为节能的措施。但是，作为城市公共照明中最重要的耗电大户——道路照明主要应采用高压钠灯，并在这些路灯系统中加装节能系统。在各种光源当中，当属高压钠灯作为路灯的光源主体，这是符合国际和国内技术标准的。目前正在采用的还有其他金属卤化物灯、气体放电灯、节能灯、LED 灯等其他光源。目前我国采用的照明节能系统有下述几种。

（一）可控硅型

（1）由于该类产品采取大功率可控硅展波节能，因此带来巨大的谐波污染反馈至电网，导致严重电网污染。

（2）该类产品结构过于简单，仅仅靠可控硅展波实现降低电压，主要部件就是大功率可控硅，几乎没有电子控制，更没有对不同灯具的工作曲线起辉功能和软启动功能，根本无法起到真正的节能，这类产品目前在市场上已经逐步淘汰。

（二）自耦变压器型

由于该类产品最主要部件为自耦变压器和接触器，所以在功能上比较单一，仅仅靠按输入电压等比降低电压，无法达到按需输出，更谈不上保护灯具。按照传统意义上讲，该类产品应该称为"等比降压器"。这类产品以前多在二三级城市中使用，多数使用效果令人担忧。虽然设备单价较低，但后期维修成本巨大、灯具损坏率高，也就是所谓的"节能不节钱"。

还有一种比较新的系统就是塞里克鲁 ILUEST（伊路斯特）智能照明节能系统，它的技术原理就是对电网情况进行时时监测并进行调整，根据气体放电灯的特性提供按需供电，达到真正的合理用电、节约能源。它技术优势在于：

（1）具有软启动功能，有效保护灯具。在灯具加电的瞬间，由于灯丝处于冷态，灯丝电阻较低，如全压启动，冲击电流较大，不利于节能。

（2）具有较宽范围的降压与稳压功能。输入电压范围宽，对市电适应范围广，能更好地保护灯具，降低运营费用。其电压的输入范围为：如果按输出额定电压 U_n，其输入可在 $+25\% \sim -5\%$ 额定电压范围内，维持输出电压不变。汞灯节电输出电压 U_{vm}，其输入范围可达 $+11\% \sim -19\%$，钠灯节电输出电压 U_{vps}，其输入范围可达 $+10\% \sim -25\%$。

（3）在降压或稳压过程中，保持电流连续、无冲击，确保高压钠灯不熄灭、不重启。

（4）可以升降压，输出电压质量高，精度小于 $\pm 2\%$，效率大于 97%。

（5）由于采用快速可控硅作为电子开关，并采用了可控硅过零触发软开关技术，故其调压速度快，并且调压过程平稳、无冲击，绝对保证负载在任何工作电压下运行时，瞬间的超压不会传输到负载，瞬间的电压跌落也不会使灯具熄灭。

（6）调控器稳态工作纯粹由变压器输出，可控硅工作于开关状态，不会产生调相谐波，其输出波形与输入波形完全相同，均为正弦波。

（三）LED 产品

LED 在室外照明工程中的应用已经非常普遍，但在室内照明工程的应用却处在初步阶段，这一方面是因为流明成本太高的因素，另一方面也是因为 LED 室内照明的产品种类太少，照明设计人员苦于无从选择，而给室内照明产品的推广设置了障碍。LED 设备有下述特点。

1. 产品系列化

应用于室内照明的传统灯具可谓是名目繁多，筒灯、射灯、格栅灯、花灯和吊灯等组成了商业照明和家居照明两大领域，主导着室内照明的方向，而目前应用于室内照明 LED 产品主要就是 LED 杯灯、LED 地砖等装饰性照明灯具。

2. 产品集成化、智能化

LED 的一个最大的优势就是容易控制，且可以集群控制，在一些需要可编程能力的场合，LED 智能化产品能够提供一系列的解决方案，内含三基色 LED 和一个微处理器的智能 LED 产品，配置 DMX512 通信协议，可以在以太网上运行，这为室内照明的智能化管理提供了便捷。

3. 产品人性化

人性化的照明产品成了人们的首选，而 LED 体积小，不像传统光源有玻壳，且光线容易控制，在灯具外观的人性化设计方面给了 LED 灯具生产商无限的发挥空间。

4. 提高光通量利用率，最大限度地降低综合照明成本

虽然 LED 光源不如某些传统光源光效高，但由于 LED 光源发光方向性强，可利用率高，

所以只要通过合理的光学处理,最大限度地利用其光通量,在照度方面,LED完全可以达到功能照明的要求。在相同的条件下测试3WLED和35W卤素灯杯的照度,3m之内LED光源的中心照度比卤素灯杯高很多。

5. 解决大功率LED的散热技术,最大限度地延缓大功率LED的光衰

大功率LED是LED产业未来发展的一个方向,目前因其较高的光效和优越的流明维持率而成为各大厂商竞相开发的产品,但大功率LED对散热技术要求较高,环境温度达到一定的限度就会很快产生光衰,直接导致LED寿命的下降。目前仅1W和3W大功率LED小量应用于市场,而5W和10W的大功率LED还停留在实验室阶段,只有解决大功率LED的散热技术,最大限度地延缓LED的光衰,才能大面积地推广大功率LED的应用。

现阶段,LED已经可以在很多场所代替传统光源使用,特别是大功率LED的出现,加速了LED取代传统照明光源的速度。

6. LED日光灯特点

(1)节能——恒流驱动,超低功耗,电光功率达90%,相同照明效率比传统日光灯管节电70%以上。

(2)环保——无紫外、红外线辐射,光照无热量,没有水银外泄危险。

(3)长寿——两年以上,是传统日光灯寿命的四倍以上,先进的散热技术,使得LED寿命更长。

(4)超亮——全部采用超高亮LED制作,垂直照度已经超过传统日光灯管。

(5)稳定——全部采用高品质材料,自动化设备生产,产品质量合格率98%以上。

7. LED路灯的应用

LED作为路灯的光源,它与传统路灯光源比较有许多优点:

其一,LED是一种半导体二极管,它的寿命非常长,当光通量衰减到80%时,其寿命达到了25000h。而金属卤化物灯的寿命在6000~12000h,高压钠灯的寿命是12000h。

其二,LED的基本结构是一块电致发光的半导体材料,放置在一个有引线的架子上,四周用环氧树脂密封,起到保护内部芯线的作用,所以LED的抗震性能好。

其三,白光LED的光色比高压钠灯好。在中间视觉水平下,人眼在高色温环境里比低色温环境更容易辨别事物。白光LED的显色性也比高压钠灯好很多,高压钠灯的显色指数只有20右左,而白光LED可以达到65~80。

其四,LED能实现较完美的调光功能。由于LED的工作范围较大,其光输出和工作电流成正比,因此可以用减小电流的方法来调光。另外,由于LED进行频繁开关对其没有太大的损伤,LED的调光还可以采用脉冲宽度调节的方法来得到,通过调节电压的占空比和工作频率,能够有效调节LED的发光强度。

其五,在灯具的光学系统内,LED光源的光通量损失最小,与传统光源不同,LED是半空间发光的光源。高压钠灯或金属卤化物灯是全空间发光的光源,需要将一个半空间的出射光线改变180°方向投向另一半空间内,当依赖反射器来完成时,反射器对光线的吸收和光源自身的挡光是不可避免的。而使用LED作为光源,不会存在这方面的损失,光线的利用率比传统光源高。

最后,LED 光源不含有害金属汞,不会在报废时对环境造成危害。

LED 路灯和使用传统光源路灯的光学设计方式是不同的。传统光源路灯是通过使用反射器将一个光源的光通量平均分配到受照路面上。而 LED 路灯的光源由非常多个 LED 组成,通过设计每个 LED 的投射方向,使受照路面获得均匀的照度。

目前,LED 路灯在次干路和支路上的应用前景非常好。次干路是城市中与主干路结合组成路网,起集散交通作用的道路。次干路的照度要求达到 15lx,照度均匀度为 0.4,平均亮度要求达到 1.0cd/m^2,亮度总均匀度为 0.4,亮度纵向均匀度为 0.5,阈值增量不大于 10。达到节能水平的 LED 路灯,在照明质量达到以上要求的同时照明功率密度应小于国家标准的规定,当车道数不少于 4 条时,照明功率密度不大于 0.70,车道数少于 4 条时,照明功率密度不大于 0.85。为满足上述要求,对 LED 路灯的配光形状应有严格的要求。在马路的纵向,光束应投射到较远的地方,使得灯具的间距增大。在路灯的下方,光强应是最小的,随着仰角 γ 增大,光强 I' 增大。当 I' 和 γ 满足一定的函数关系时,路面能得到均匀的照度。

二、高效率三相异步电动机

效率和功率因数是电动机的两项主要性能指标。为了增加单位重量的输出功率和降低成本,标准电动机在设计时效率都定得较低,一般中小型电动机效率约为 86%。20 世纪 70 年代初,为了节约电能提出了高效率电动机的概念。所谓高效率电动机系指额定功率时的有功损耗比标准系列电动机降低 20% 以上的一种电动机。

(一)高效率电动机的特点

(1)国产 YX 系列高效率电动机较 Y 系列标准电动机损耗降低 20%~30%。效率则平均提高 3%,功率因数平均提高 4%,且 YX 系列几何尺寸与 Y 系列电动机相同,互换性强。

(2)效率曲线平坦,有利于经济运行。标准电动机的效率曲线是不平坦的,当负载减小时效率就很快地下降,而高效率电动机的效率曲线不仅高于标准电动机,而且较为平坦,特别是在负荷率 50%~100% 范围内效率曲线更为平坦。高效率电动机的这种比较平坦的效率特性,就能使它在各种负载,包括满载、轻载和空载的场合,都处于高效率运行状态。

(3)启动力矩提高 30%,噪声降低 3~5dB,振动小,温升低,寿命长。

(4)功率因数有所提高。

(5)耗用金属材料较多,成本较标准电动机高 30%。

由于高效率电动机的节电经济效益与年运行时间及负荷率成正比,因此年运行时间及负荷率成为选用高效率电动机的决定因素。对于年运行时间大于 3000h,负荷率大于 60% 的场合,应选用节能高效率电动机。高效率电动机用于长期连续满载运行的场合,节电效果最佳,对于短时工作或断续周期工作的负载,选用高效率电动机并不能从中获益。

(二)风机、水泵节电产品

1. 风机、水泵产品的工作原理

传统风机、水泵流量的设计均以最大需求来设计,其调整方式采用挡板、风门、回流、启停电动机等方式控制,无法形成闭环回路控制。实际使用中流量随各种因素而变化(季节、温度、工艺、产量等),往往比最大流量小的多。要减少流量时,通常情况下只能调节挡板或阀门的开度,即通过关小和开大阀门、挡板的开度来调节流量。阀门控制法的实质是通过改变管网阻力大小来改变流量,而这种控制方式当所需流量减少时,压力反而会增加,故轴功率的降低有限。此时,过剩的风机、水泵功率将导致压力增加,造成很大的能量损耗。

由流体力学原理可知,流量与转速的一次方成正比,压力与转速的开平方成正比,功率与转速的开三次方成正比。STB 风机水泵变频节能控制柜可在保持阀门、挡板开度不变的前提下,通过改变风机的转速来调节流量,其实质是通过减少流体动力来节电。这种控制方式可从根本上消除风机、水泵设备由于选型或负荷变化普遍存在的大马拉小车的动力浪费现象,使风机、水泵始终运行在最佳工作状态。

2. 风机、水泵节电产品特点

(1)安装使用方便,适用性强,节电率可高达 20% 以上。

(2)实现电动机功耗与负荷需求的同步变化,消除"大马拉小车"现象,降低供配电负荷。

(3)具有良好的软启、软停功能,避免强电流及机械冲击,有效延长设备使用寿命。

(4)具有过压、欠压、过载等自动保护功能,防止设备意外损害。

(5)具有手动及自动节电市电转换功能,最大限度地确保设备的正常工作。

(6)高功率因数输出,减少无功损耗及补偿容量,降低电动机发热、额外损耗及噪声。

(7)改善设备运行工况,降低机械磨损及维修、维护人员费用支出。

(8)具有 RS485 通信接口功能,可以实现节能系统组网运行、监控等功能。

第四节 谐波污染防治

电力系统的供电质量包括系统电压、频率的合格率,峰值、超限电压持续时间、停电时间,以及电网谐波含量等诸多方面。其中,谐波问题一直是主要的电能质量问题。谐波存在于电力系统发、输、配、供、用的各个环节。如何找到谐波源,治理好谐波,不仅能降低电能损耗,而且能延长设备使用寿命,改善电磁环境,提高产品质量。

一、谐波的来源

电力网络的每个环节,包括发电、输电、配电、用电都可能产生谐波,其中产生谐波最多的是在用电环节。

(1)发电机发出谐波电势的同时也会有谐波电势产生,其谐波电势取决于发电机本身的结构和工作状况,其值很小。

(2)输电和配电系统中存在大量的电力变压器。因变压器内铁心饱和、磁化曲线的非线特性,以及额定工作磁密位于磁化曲线近饱和段上等诸多因素,致使磁化电流呈尖顶形,内含大量奇次谐波。所以在使用中,避免变压器满负荷及过载导致变压器内铁心饱和是降低输电和配电中谐波的主要方法。

(3)系统中的各种非线性用电设备,如换流设备(变频器、UPS、直流屏)、调压装置、电弧炉、荧光灯、家用电器,以及各种电子节能控制设备是电力系统谐波的主要来源。其中整流设备所产生的谐波占整个谐波的近 40%,是最大的谐波源,也是降低谐波的主要突破口。

二、谐波的危害

(一)对供配电线路安全运行的危害

(1)谐波对于配电系统的影响,表现在对线路上所配置的保护及测量设备的影响。因为这些设备一般采用电磁式继电器、感应继电器元件,容易受到谐波干扰而误动和拒动,系统中存在的不明原因的误动和拒动,与谐波不无关系。所以谐波超标,会严重威胁配电系统的安全稳定运行。

(2)谐波能使电网的电压与电流波形发生畸变。三相配电线路中,相线上的3的整数倍谐波在中性线上会叠加,使中性线的电流值可能超过相线上的电流。

中线电流增大,所有3次及3的整数倍次谐波电流在中线上相叠加,中线上的电流可以达到相线上的电流的1.7倍。其后果会在中线上产生巨大的损耗。因此,中线必须加粗来克服3次及3的整数倍次谐波电流。

另外,相同频率的谐波电压与谐波电流要产生同次谐波的有功功率与无功功率,从而降低了电网电压,浪费电网的容量。

如果负载是一个旋转机械,谐波电流产生的合成转矩为零,即只会形成一个寄生的脉动转矩,而产生振动。对各种电气装置,谐波电流既不会产生有功功率也不会产生无功功率,只是通过焦耳效应产生损耗,即转变为焦耳热。

(二)对电力设备的危害

1. 对电力电容器的危害

当电网存在谐波时,投入电容器后其端电压增大,通过电容器的电流增加得更大,使电容器损耗功率增加,电容器发热,加速老化,从而缩短使用寿命。一般来说,电压每升高10%,电容器的寿命就要缩短1/2左右。在谐波严重的情况下,还会使电容器鼓肚、击穿或爆炸。电容中的电流值表示为

$$I = UC\omega$$

对k次谐波,角频率为$\omega = 2\pi kf$,因此k次谐波电流为

$$I = 2\pi kfUC$$

式中 f——基波的频率;

k——谐波次数。

由此可见电容中的电流随k的增大而增大。

2. 对电力变压器的危害

谐波会大大增加电力变压器的铜损和铁损,其中包括电阻损耗、导体中的涡流损耗与导体外部因漏磁通引起的杂散损耗都要增加,因此会降低变压器有效出力,设计时在选择变压器额定容量时需要考虑留出电网中的谐波含量。

变压器的功率折算系数K由下述经验公式确定

$$K = \frac{1}{\sqrt{1 + 0.1 \sum_{n=2}^{n=\infty} H_n^2 n^{1.6}}}$$

式中 H_n——谐波频谱；

n——脉冲数。

例如，用一台 1000kV·A 的变压器为 6 脉冲整流桥供电，该整流器产生的谐波频谱为：$H_5 = 25\%$，$H_7 = 14\%$，$H_{11} = 9\%$，$H_{13} = 8\%$，代入上式得到功率折算系数为 $K = 0.91$。因此，变压器的视在功率仅为 910kV·A。

3. 对电力电缆的危害

由于谐波次数高频率上升，再加之电缆导体截面积越大趋肤效应越明显，从而导致导体的交流电阻增大，使得电缆的允许通过电流减小。

4. 对电动机的危害

谐波对电动机的危害主要是增加电动机的附加损耗，降低效率，严重时使电动机过热。尤其是负序谐波在电动机中产生负序旋转磁场，形成与电动机旋转方向相反的转矩，起制动作用，从而减少电动机的出力。另外，电动机中的谐波电流，当频率接近某零件的固有频率时还会使电动机产生机械振动，发出很大的噪声。

5. 对低压开关设备的危害

对于配电用断路器来说，全电磁型的断路器易受谐波电流的影响使铁耗增大而发热，且谐波次数越高影响越大；热磁型的断路器，由于导体的集肤效应与铁耗增加而引起发热，使得额定电流降低和脱扣电流降低；电子型的断路器，谐波也要使其额定电流降低，尤其是检测峰值的电子断路器，额定电流降低得更多。

由此可知，上述三种配电断路器都可能因谐波产生误动作。

6. 对弱电系统设备的干扰

对于计算机网络、通信、有线电视、报警与楼宇自动化等弱电设备，电力系统中的谐波通过电磁感应、静电感应与传导方式耦合到这些系统中，产生干扰。其中电感应与静电感应的耦合强度与干扰频率成正比，传导则通过公共接地耦合，有大量不平衡电流流入接地极，从而干扰弱电系统，导致系统误动。

7. 影响电力测量的准确性

电能表是评价电能消耗重要而基本的测量工具，是用户缴费的凭证，而谐波可能使电能表计量产生较大误差，严重时会导致计量混乱。

(三)谐波对人体的影响

从人体生理学来说，人体细胞在受到刺激兴奋时，会在细胞膜静息电位基础上发生快速电波动或可逆翻转，其频率如果与谐波频率相接近，电网谐波的电磁辐射就会直接影响人的脑磁场与心磁场。

三、谐波的治理

解决谐波问题有两种策略：

(1)接受并允许谐波的存在，增大设备的容量：假设谐波电流的副作用是随着电缆和电源阻抗的累计而增大，最显著的解决方法就是限制总阻抗，同时降低电压失真度 THDU 和温升。

图 10-1 给出了当电缆的截面积和电源的额定功率增大一倍时的结果。假设 THDU 主要取决于电感分量和电缆的长度,很显然增大一倍的方案不是非常有效的,它仅仅限制了电缆的温升。

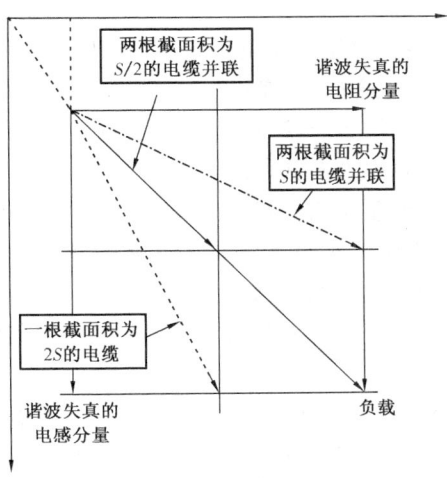

图 10-1 增大电缆截面来限制失真和损耗

图 10-2 中给出了对于最强的谐波分量($H_3 \sim H_7$)的结果:当电缆的截面积为 36mm^2 时,$L\omega/R$ 的比值等于 1。因此,大于 36mm^2 的电缆必须采用多根电缆来提供并联阻抗,从而降低总阻抗。

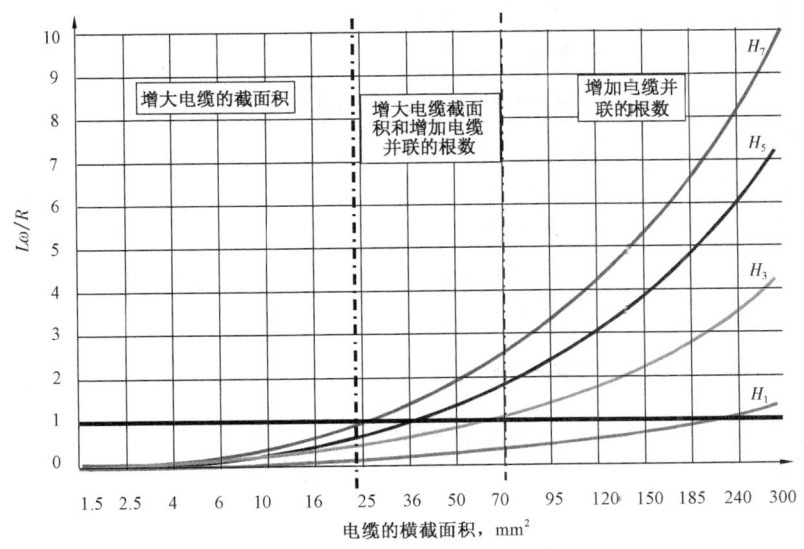

图 10-2 电缆截面积与 $L\omega/R$ 的关系

(2)消除谐波。使用滤波器或有源谐波调节器来部分或全部地消除谐波,常用的有以下几种方法:

① 增加换流装置的相数或脉冲数，可以减少换流装置产生的谐波电流，从而减少注入电网的谐波电流。

谐波中，低次谐波含量要大得多，如果能够很好地控制低次谐波，就可以抑制电力系统中的大部分谐波。

多脉动整流很好地解决了变频器输入端的谐波抑制问题，尤其对低次谐波的抑制效果明显，且输入波形近似为正弦，很好地满足了要求。12 脉动时主要谐波为 $12K \pm 1$ 次，而且完全不包含 5 次谐波 $H_5 = 33\%$；7 次谐波 $H_7 = 2.7\%$，达到了抑制谐波的目的。

② 改变非线性负荷接入电网的接入点。由于高压电网的短路容量大，有承担较大谐波的能力，所以把谐波产生容量大的设备接入到高一级电网的母线，或增加非线性负荷到对谐波敏感负荷之处的电气距离。还可以把线性负荷和非线性负荷从公共连接点分别用电路馈电，以使由非线性负荷产生的电压畸变不会达到线性负荷上去。

③ 在谐波源处或在适当的母线上加装电感、电容式或其他形式的滤波器，吸收谐波电流，防止谐波电流注入公用电网。

如在含有较多变频器等变流装置的变电所母线上安装滤波器。装设滤波器的方式、容量和地点应根据谐波源的情况、实测谐波情况、电力系统运行方式，以及谐波源附近其他负荷对谐波的要求程度来确定。而且在装设滤波器后要进行测量，防止投入后出现某几次谐波的谐振，导致这几次谐波电流被放大。

④ 对于无功冲击很大的负荷，有时需要同时加装静止无功补偿装置和滤波器，才能有效抑制谐波。

⑤ 对于三角形/星形（△/Y）接法，不平衡和 $3n$ 次谐波电流在一次绕阻循环流动而不会传到电源系统中去。这种接法是配电变压器中最常用的一种。

各种消除谐波的策略及其优缺点，见表 10－1。

表 10－1 消除谐波的策略及其优缺点

策略		优点	缺点
允许谐波存在	增大电源容量或增大电缆截面积	降低阻抗以降低电源的 THDU，降低焦耳热损耗	(1)在已有的系统上难以采用；对于小截面的电缆，只降低电阻分量(电感分量保持不变)，且费用昂贵； (2)对于大截面的电缆需并联使用，不能避免负载上线的骚扰，不符合国际标准
	给非线性负载独立供电	通过隔离这些负载可限制对相邻负载的骚扰	
部分消除谐波	调谐式无源滤波器	简单的解决方案	仅能消除某一两次的谐波；宽频带滤波器效果不好；有谐振的危险；设计成本较高
	在非线性负载上线加装串联电抗器	可降低谐波电流，限制瞬间过压的副作用	(1)增大了负载端的电压失真度 THDU； (2)降低了负载上的电压有效值，降低了效率
	特殊变压器		仅消除某一次谐波。非标准结构
完全消除谐波	有源谐波调节器	可以完全消除 25 次以下的谐波；灵活性更强、实用性更广（其运行方式可以设置），并可重复使用	成本较无源滤波器略高

附录 新能源技术简介

一、太阳能

(一)太阳能电池

太阳能电池是通过光电效应或者光化学效应直接把光能转化成电能的装置。以光电效应工作的薄膜式太阳能电池为主流,而以光化学效应工作的湿式太阳能电池则还处于萌芽阶段。

1. 太阳能电池的原理

太阳光照在半导体 P-N 结上,形成新的空穴—电子对,在 P-N 结电场的作用下,空穴由 N 区流向 P 区,电子由 P 区流向 N 区,接通电路后就形成电流。这就是光电效应太阳能电池的工作原理。

太阳能发电方式有两种:一种是光—热—电转换方式;另一种是光—电直接转换方式。

(1)光—热—电转换方式。通过利用太阳辐射产生的热能发电,一般是由太阳能集热器将所吸收的热能转换成工质的蒸气,再驱动汽轮机发电。前一个过程是光—热转换过程;后一个过程是热—电转换过程。与普通的火力发电一样,太阳能热发电的缺点是效率很低而成本很高,估计它的投资至少要比普通火电站高 5~10 倍。因此,目前只能小规模地应用于特殊的场合。

(2)光—电直接转换方式。该方式是利用光电效应,将太阳辐射能直接转换成电能,光—电转换的基本装置就是太阳能电池。太阳能电池是一种由于光生伏特效应而将太阳光能直接转化为电能的器件,是一个半导体光电二极管,当太阳光照到光电二极管上时,光电二极管就会把太阳的光能变成电能,产生电流。当许多个电池串联或并联起来就可以成为有比较大的输出功率的太阳能电池方阵了。太阳能电池是一种大有前途的新型电源,具有永久性、清洁性和灵活性三大优点。太阳能电池寿命长,只要太阳存在,太阳能电池就可以一次投资而长期使用;与火力发电、核能发电相比,太阳能电池不会引起环境污染;太阳能电池可以大中小并举,大到百万千瓦的中型电站,小到只供一户用的太阳能电池组,这是其他电源无法比拟的。

2. 太阳能电池的分类

太阳能电池按结晶状态可分为结晶系薄膜式和非结晶系薄膜式(以下表示为 a-)两大类,而前者又分为单结晶型和多结晶型。

按材料可分为硅薄膜型、化合物半导体薄膜型和有机膜型,而化合物半导体薄膜型又分为非结晶型、Ⅲ-Ⅴ族(GaAs,InP 等)、Ⅱ-Ⅵ族(Cds 系)和磷化锌等。

太阳能电池根据所用材料的不同,可分为:硅太阳能电池、多元化合物薄膜太阳能电池、聚合物多层修饰电极型太阳能电池、纳米晶太阳能电池、有机太阳能电池,其中硅太阳能电池是目前发展最成熟的,在应用中居主导地位。

1) 硅太阳能电池

硅太阳能电池分为单晶硅太阳能电池、多晶硅薄膜太阳能电池和非晶硅薄膜太阳能电池三种。

单晶硅太阳能电池转换效率最高,技术也最为成熟,在实验室里最高的转换效率为24.7%,规模生产时的效率为15%,在大规模应用和工业生产中仍占据主导地位。但由于单晶硅成本价格高,大幅度降低其成本很困难,为了节省硅材料,发展了多晶硅薄膜和非晶硅薄膜作为单晶硅太阳能电池的替代产品。

多晶硅薄膜太阳能电池与单晶硅比较,成本低廉,而效率高于非晶硅薄膜电池,其实验室最高转换效率为18%,工业规模生产的转换效率为10%。因此,多晶硅薄膜电池不久将会在太阳能电池市场上占据主导地位。

非晶硅薄膜太阳能电池成本低、重量轻,转换效率较高,便于大规模生产,有极大的潜力。但受制于其材料引发的光电效率衰退效应,稳定性不高,直接影响了它的实际应用。如果能进一步解决稳定性问题及提高转换率问题,那么,非晶硅太阳能电池无疑是太阳能电池的主要发展产品之一。

2) 多元化合物薄膜太阳能电池

多元化合物薄膜太阳能电池材料为无机盐,其主要包括砷化镓Ⅲ-Ⅴ族化合物、硫化镉、硫化镉及铜铟硒薄膜电池等。

硫化镉、碲化镉多晶薄膜电池的效率较非晶硅薄膜太阳能电池效率高,成本较单晶硅电池低,并且也易于大规模生产,但由于镉有剧毒,会对环境造成严重的污染,因此,并不是晶体硅太阳能电池最理想的替代产品。

砷化镓(GaAs)Ⅲ-Ⅴ化合物电池的转换效率可达28%,GaAs化合物材料具有十分理想的光学带隙以及较高的吸收效率,抗辐照能力强,对热不敏感,适合于制造高效单结电池。但是GaAs材料的价格不菲,因而在很大程度上限制了用GaAs电池的普及。

铜铟硒薄膜电池(简称CIS)适合光电转换,不存在光致衰退问题,转换效率和多晶硅一样,具有价格低廉、性能良好和工艺简单等优点,将成为今后发展太阳能电池的一个重要方向。唯一的问题是材料的来源,由于铟和硒都是比较稀有的元素,因此,这类电池的发展又必然受到限制。

3) 聚合物多层修饰电极型太阳能电池

以有机聚合物代替无机材料是刚刚开始的一个太阳能电池制造的研究方向。由于有机材料柔性好,制作容易,材料来源广泛,成本低等优势,从而对大规模利用太阳能,提供廉价电能具有重要意义。但以有机材料制备太阳能电池的研究仅仅刚开始,不论是使用寿命,还是电池效率都不能和无机材料,特别是硅电池相比,能否发展成为具有实用意义的产品,还有待于进一步研究探索。

4) 纳米晶太阳能电池

纳米TiO_2晶体化学能太阳能电池是新近发展的,优点在于它廉价的成本和简单的工艺及稳定的性能。其光电效率稳定在10%以上,制作成本仅为硅太阳电池的1/5~1/10,寿命能达到20年以上。

此类电池的研究和开发刚刚起步,不久的将来会逐步走上市场。

5)有机太阳能电池

有机太阳能电池,就是由有机材料构成核心部分的太阳能电池。在太阳能电池里,95%以上是硅基的,而剩下的不到5%也是由其他无机材料制成的。

3. 太阳能电池(组件)的生产工艺

1)封装

组件线又称为封装线。封装是太阳能电池生产中的关键步骤,没有良好的封装工艺,多好的电池也生产不出好的组件板。电池的封装不仅可以使电池的寿命得到保证,而且还增强了电池的抗击强度。产品的高质量和高寿命是赢得客户满意的关键,所以组件板的封装质量非常重要。

2)流程

太阳能电池生产流程:电池检测—正面焊接—检验—背面串接—检验—敷设(玻璃清洗、材料切割、玻璃预处理、敷设)—层压—去毛边(去边、清洗)—装边框(涂胶、装角键、冲孔、装框、擦洗余胶)—焊接接线盒—高压测试—组件测试—外观检验—包装入库。

3)组件高效和高寿命的保证

(1)高转换效率、高质量的电池片。

(2)高质量的原材料,例如,高交联度 EVA、高粘结强度的封装剂(中性硅酮树脂胶)、高透光率高强度的钢化玻璃等。

(3)合理的封装工艺。

(4)员工严谨的工作作风。

由于太阳电池属于高科技产品,生产过程中一些细节问题,都会影响产品质量,所以除了制定合理的制作工艺外,员工的认真和严谨是非常重要的。

4)太阳能电池组装工艺

(1)电池测试。由于电池片制作条件的随机性,生产出来的电池性能不尽相同,所以为了有效地将性能一致或相近的电池组合在一起,所以应根据其性能参数进行分类。电池测试即通过测试电池的输出参数(电流和电压)的大小对其进行分类,以提高电池的利用率,做出质量合格的电池组件。

(2)正面焊接。正面焊接是将汇流带焊接到电池正面(负极)的主栅线上,汇流带为镀锡的铜带,可以使用的焊接机将焊带以多点的形式点焊在主栅线上。焊接用的热源为一个红外灯(利用红外线的热效应)。焊带的长度约为电池边长的2倍。多出的焊带在背面焊接时与后面的电池片的背面电极相连。

(3)背面串接。背面焊接是将36片电池串接在一起形成一个组件串。目前采用的工艺是手动的,电池的定位主要靠一个膜具板,上面有36个放置电池片的凹槽,槽的大小和电池的大小相对应,槽的位置已经设计好,不同规格的组件使用不同的模板,操作者使用电烙铁和焊锡丝将"前面电池"的正面电极(负极)焊接到"后面电池"的背面电极(正极)上,这样依次将36片串接在一起并在组件串的正负极焊接出引线。

(4)层压敷设。背面串接好且经过检验合格后,将组件串、玻璃和切割好的EVA、玻璃纤维、背板按照一定的层次敷设好，准备层压。玻璃事先涂一层试剂（primer）以增加玻璃和 EVA 的粘接强度。敷设时保证电池串与玻璃等材料的相对位置，调整好电池间的距离，为层压打好基础（敷设层次由下向上：钢化玻璃、EVA、电池片、EVA、玻璃纤维、背板）。

（5）组件层压。将敷设好的电池放入层压机内，通过抽真空将组件内的空气抽出，然后加热使 EVA 熔化，将电池、玻璃和背板粘接在一起，最后冷却取出组件。层压工艺是组件生产的关键一步，层压温度、层压时间根据 EVA 的性质决定。在使用快速固化 EVA 时，层压循环时间约为 25min，固化温度为 150℃。

（6）修边。层压时 EVA 熔化后由于压力而向外延伸固化形成毛边，所以层压完毕应将其切除。

（7）装框。类似与给玻璃装一个镜框，给玻璃组件装铝框，增加组件的强度，进一步密封电池组件，延长电池的使用寿命。边框和玻璃组件的缝隙用硅酮树脂填充，各边框间用角键连接。

（8）焊接接线盒。在组件背面引线处焊接一个盒子，以利于电池与其他设备或电池间的连接。

（9）高压测试。高压测试是指在组件边框和电极引线间施加一定的电压，测试组件的耐压性和绝缘强度，以保证组件在恶劣的自然条件（雷击等）下不被损坏。

（10）组件测试。测试的目的是对电池的输出功率进行标定，测试其输出特性，确定组件的质量等级。目前主要就是模拟太阳光的测试 Standardtestcondition（STC），一般一块电池板所需的测试时间在 7~8s 左右。

4. 新型太阳能电池

目前市场上的单晶与多晶硅的太阳能电池平均效率约在 15% 上下，也就是说，这样的太阳能电池只能将入射太阳光能转换成 15% 可用电能，其余的 85% 都浪费成无用的热能。所以严格地说，现今太阳能电池，也是某种形式的"浪费能源"。当然理论上，只要能有效地抑制太阳能电池内载子和声子的能量交换，就能有效地避免太阳能电池内无用的热能的产生，大幅地提高太阳能电池的效率，甚至达到超高效率的运作。超高效率的太阳能电池（第三代太阳能电池）的技术发展，除了运用新颖的元件结构设计，来尝试突破其物理限制外，也有可能因为新材料的引进，而达到大幅度增加转换效率的目的。

1）薄膜太阳能电池

薄膜太阳能电池包括非晶硅太阳能电池、CdTe 和 CIGS（copperindiumgalliumselenide）电池。虽然目前多数薄膜太阳能电池转换效率仍无法与晶硅太阳能电池抗衡，但是其低制造成本仍然使其在市场有一席之地，且未来市场占有率仍会持续增长。

2）染料感光太阳能电池

染料感光太阳能电池（Dye‐sensitizedsolarcell，DSSC）是最近被开发出来的一种崭新的太阳能电池。其构造与一般光伏特电池不同，它的基板通常是玻璃，也可以是透明且可弯曲的聚合箔（polymerfoil），玻璃上有一层透明导电的氧化物（transparentconductingoxide，TCO）通常是使用 FTO（SnO_2:F），然后有一层长约 10μm 厚的 porous 纳米尺寸的 TiO_2 粒子（约 10~20nm）形成一个 nano‐porous 薄膜。然后涂上一层染料附着于 TiO_2 的粒子上。通常染料是采用 rutheniumpolypyridylcomplex。上层的电极除了也是使用玻璃和 TCO 外,也镀上一层铂,当电解质反应的催化剂。二层电极间,则注入填满含有 iodide/triiodide 电解质。虽然目前 DSC 电池的最高转换效率约在 12% 左右(理论最高 29%),但是制造过程简单,可以大幅度降低生产成本,同时也降低每度电的电费。

3)串叠型电池

串叠型电池(TandemCell)属于一种运用新颖原件结构的电池。目前由理论计算可知,如果在结构中放入越多层数的电池,将可把电池效率逐步提升,甚至可达到 50% 的转换效率。

(二)太阳能发电

1. 太阳能发电的应用

太阳能发电虽受昼夜、晴雨、季节的影响,但可以分散地进行,所以它适于各家各户分散进行发电,而且可连接到供电网络上,使得各个家庭在电力富裕时可将其卖给电力公司,不足时又可从电力公司买入。实现这一点的技术不难解决,关键在于要有相应的法律保障。现在美国、日本等发达国家都已制定了相应法律,保证进行太阳能发电的家庭利益,鼓励家庭进行太阳能发电。

太阳能的使用主要分为几个方面:家庭用小型太阳能电站、大型并网电站、建筑一体化光伏玻璃幕墙、太阳能路灯、风光互补路灯、风光互补供电系统等,现在主要的应用方式为建筑一体化和风光互补系统。

2. 聚光太阳能发电

聚光太阳能发电(ConcentratingSolarPower)简称 CSP,准确地说应该是"聚光太阳能热发电"。

聚光太阳能发电的先行者是美国的吉尔伯特·科恩,在美国内华达州建造极具规模的聚光太阳能发电站,已经成功地为拉斯维加斯供应 22MW 的电力能源。

聚光太阳能发电继风能、光电池之后,已经开始崭露头角,有望成为解决能源匮乏、应对气候变暖的有效技术手段。

聚光太阳能发电的基本原理:聚光太阳能发电使用抛物镜将光线聚集到充有合成油的吸热管上,再将加热到约 400℃ 的合成油输送到热交换器里,将热量通过热交换器里的循环水,将水加热,产生水蒸气,推动涡轮转动,使发电机运转,以此来发电。

聚光太阳能发电与太阳能电池不同,太阳能电池使用太阳电池板将太阳能直接变成电能,可以在阴天操作,CSP 一般只能够在阳光充足、天气晴朗的地方进行。

不过,即使在没有太阳的夜晚,采用熔融盐储存热量的方法,也能解决全天候的供电问题。

(三)太阳能电池的应用

1. 通信卫星供电

20 世纪 60 年代,科学家们就已经将太阳电池应用于空间技术——通信卫星供电。太阳能电池不仅在空间应用,在众多领域中也大显身手。例如,太阳能庭院灯、太阳能发电用户系统、村寨供电的独立系统、光伏水泵(饮水或灌溉)、通信电源、石油输油管道阴极保护、光缆通信泵站电源、海水淡化系统、城镇中路标、高速公路路标等。欧美等先进国家,将光伏发电并入城市用电系统及边远地区自然村落供电系统纳入发展方向。太阳电池与建筑系统的结合已经形成产业化趋势。

2. 离网发电系统

太阳能发电控制器(光伏控制器和风光互补控制器)对所发的电能进行调节和控制,一方面把调整后的能量送往直流负载或交流负载,另一方面把多余的能量送往蓄电池组储存,当所发的电不能满足负载需要时,控制器又把蓄电池的电能送往负载。蓄电池充满电后,控制器要控制蓄电池不被过充电。当蓄电池所储存的电能放完时,控制器要控制蓄电池不被过放电,保护蓄电池。

蓄电池组的任务是储能,以便在夜间或阴雨天保证负载用电。

逆变器负责把直流电转换为交流电,供交流负荷使用。逆变器是光伏风力发电系统的核心部件。由于使用地区相对落后、偏僻,维护困难,为了提高光伏风力发电系统的整体性能,保证电站的长期稳定运行,对逆变器的可靠性提出了很高的要求。另外,由于新能源发电成本较高,逆变器的高效运行也显得非常重要。其产品包括光伏组件、风机、控制器、蓄电池组、逆变器、风力、光伏发电控制与逆变器一体化电源。

3. 并网发电系统

上海力友电气有限公司的可再生能源并网发电系统是将光伏阵列、风力机以及燃料电池等产生的可再生能源不经过蓄电池储能,通过并网逆变器直接反向馈入电网的发电系统。

因为直接将电能输入电网,免除配置蓄电池,省掉了蓄电池储能和释放的过程,可以充分利用可再生能源所发出的电力,减小能量损耗,降低系统成本。并网发电系统能够并行使用市电和可再生能源作为本地交流负载的电源,降低整个系统的负载缺电率。同时,可再生能源并网系统可以对公用电网起到调峰作用。并网发电系统是太阳能风力发电的发展方向,代表了21世纪最具吸引力的能源利用技术。其产品包括光伏并网逆变器、小型风力机并网逆变器、大型风机变流器(双馈变流器、全功率变流器)。

二、风能

地球表面大量空气流动所产生的动能称为风能。由于地面各处受太阳辐照后气温变化不同和空气中水蒸气的含量不同,因而引起各地气压的差异,在水平方向高压空气向低压地区流动,即形成风。风能资源决定于风能密度和可利用的风能年累积小时数。风能密度是单位迎风面积可获得的风的功率,与风速的三次方和空气密度成正比关系。

(一)风力发电的原理

风力发电的原理,是利用风力带动风车叶片旋转,再透过增速机将旋转的速度提升,来促使发电机发电。依据目前的风车技术,大约是 3m/s 的微风速度(微风的程度),便可以开始发电。风力发电正在世界上形成一股热潮,因为风力发电没有燃料问题,也不会产生辐射或空气污染。

风力发电在芬兰、丹麦等国家很流行,我国也在西部地区大力提倡。小型风力发电系统效率很高,但它不是只由一个发电机头组成的,而是一个有一定科技含量的小系统:风力发电机+充电器+数字逆变器。风力发电机由机头、转体、尾翼、叶片组成。各部分功能为:叶片用来接受风力并通过机头转为电能;尾翼使叶片始终对着来风的方向从而获得最大的风能;转体能使机头灵活地转动以实现尾翼调整方向的功能;机头的转子是永磁体,定子绕组切割磁力线产生电能。

(二)风力发电的输出

风力发电机因风量不稳定,故其输出的是13～25V变化的交流电,需经充电器整流,再对蓄电瓶充电,使风力发电机产生的电能变成化学能,然后用有保护电路的逆变电源,把电瓶里的化学能转变成交流220V市电,才能保证稳定使用。

通常人们认为,风力发电的功率完全由风力发电机的功率决定,总想选购大一点的风力发电机,而这是不正确的。目前的风力发电机只是给电瓶充电,而由电瓶把电能储存起来,人们最终使用电功率的大小与电瓶大小有更密切的关系。功率的大小夏主要取决于风量的大小,而不仅是机头功率的大小。在内地,小的风力发电机会比大的更合适。因为它更容易被小风量带动而发电,持续不断的小风,会比一时狂风更能供给较大的能量。当无风时人们还可以正常使用风力带来的电能,也就是说一台200W风力发电机也可以通过大电瓶与逆变器的配合使用,获得500W甚至1000W,乃至更大的功率输出。

(三)用风力发电机的节约程度

使用风力发电机,就是源源不断地把风能变成标准市电,其节约的程度是明显的。现在的风力发电机比几年前的性能有很大改进,以前只是在少数边远地区使用,风力发电机接一个15W的灯泡直接用电,一明一暗并会经常损坏灯泡。现在由于技术进步,采用先进的充电器、逆变器,风力发电成为有一定科技含量的小系统,并能在一定条件下代替正常的市电。山区可以借此系统做一个常年不花钱的路灯;高速公路可用它做夜晚的路标灯;山区的孩子可以在日光灯下晚自习;城市小高层楼顶也可用风力电机,这不但节约而且是真正的绿色电源。家庭用风力发电机,不但可以防止停电,而且还能增加生活情趣。在旅游景区、边防、学校、部队乃至落后的山区,风力发电机正在成为人们的采购热点。无线电爱好者可用自己的技术在风力发电方面为山区人民服务,使人们看电视及照明用电与城市同步,也能使自己劳动致富。

(四)风力发电机的分类

尽管风力发电机多种多样,但归纳起来可分为两类:水平轴风力发电机,风轮的旋转轴与风向平行;垂直轴风力发电机,风轮的旋转轴垂直于地面或者气流方向。

1. 水平轴风力发电机

水平轴风力发电机分为升力型和阻力型两类。升力型风力发电机选抓速度快,阻力型旋转速度慢。对于风力发电,多采用升力型水平轴风力发电机。大多数水平轴风力发电机具有对风装置,能随风向改变而转动。对于小型风力发电机,这种对风装置采用尾舵,而对于大型的风力发电机,则利用风向传感元件以及伺服电动机组成的传动机构。

风力机的风轮在塔架前面的称为上风向风力机,风轮在塔架后面的则成为下风向风机。水平轴风力发电机的式样很多,有的具有反转叶片的风轮,有的再一个塔架上安装多个风轮,以便在输出功率一定的条件下减少塔架的成本,还有的水平轴风力发电机在风轮周围产生漩涡,集中气流,增加气流速度。

2. 垂直轴风力发电机

垂直轴风力发电机在风向改变的时候无需对风,在这点上相对于水平轴风力发电机是一大优势,它不仅使结构设计简化,而且也减少了风轮对风时的陀螺力。

3. 达里厄式风轮

达里厄式风轮是法国 G.J.M 达里厄于 19 世纪 30 年代发明的。在 20 世纪 70 年代,加拿大国家科学研究院对此进行了大量的研究,现在是水平轴风力发电机的主要竞争者。达里厄式风轮是一种升力装置,弯曲叶片的剖面是翼形,它的启动力矩低,对于给定的风轮重量和成本,有较高的功率输出。现在有多种达里厄式风力发电机,如 Φ 型、Δ 型、Y 型和 H 型等。这些风轮可以设计成单叶片、双叶片、三叶片或者多叶片。

4. 其他形式的垂直轴风力发电机

有马格努斯效应风轮,他由自旋的圆柱体组成,当它在气流中工作时,产生的移动力是由于马格努斯效应引起的,其大小与风速成正比。有的垂直轴风轮使用管道或者漩涡发生器塔,通过套管或者扩压器使水平气流变成垂直气流,以增加速度,偶尔还利用太阳能或者燃烧某种燃料,使水平气流变成垂直方向的气流。

(五)风能市场概况

1. 全球风电市场状况

风能作为一种清洁的可再生能源,越来越受到世界各国的重视。其蕴量巨大,全球的风能约为 $2.74 \times 10^9 MW$,其中可利用的风能为 $2 \times 10^7 MW$,比地球上可开发利用的水能总量还要大 10 倍。中国风能储量很大、分布面广,仅陆地上的风能储量就有约 $2.53 \times 10^5 MW$。

随着全球经济的发展,风能市场也迅速发展起来。自 2004 年以来,全球风力发电能力翻了一番,随着技术进步和环保事业的发展,风能发电在商业上将完全可以与燃煤发电竞争。

2. 我国风电总体市场

我国的并网风电得到迅速发展。2006 年,我国风电累计装机容量已经达到 $2.6 \times 10^3 MW$,成为继欧洲、美国和印度之后发展风力发电的主要市场之一。2007 年我国风电产业规模延续暴发式增长态势,截至 2007 年底全国累计装机约 $6 \times 10^3 MW$。2008 年 8 月,我国风电装机总量已经达到 $7 \times 10^3 MW$,占我国发电总装机容量的 1%,位居世界第五,这也意味着我国已进入可再生能源大国行列。

3. 我国风电区域发展状况

从我国各地区发展来看,截止到 2009 年 12 月 31 日,我国风电累计装机超过 1000MW 的省份超过 9 个,其中超过 2000MW 的省份 4 个,分别为内蒙古(9196.2MW)、河北(2788.1MW)、辽宁(2425.3MW)和吉林(2063.9MW)。内蒙古 2009 年当年新增装机 5545.2MW,累计装机 9196.2MW,实现 150% 的大幅度增长。

(六)风能发电的优缺点

1. 优点

(1)清洁、环境效益好。

(2)可再生,永不枯竭。
(3)基建周期短、投资大。
(4)装机规模灵活。

2. 缺点

(1)占用大片土地。
(2)不稳定、不可控。
(3)目前成本仍然很高。

参 考 文 献

［1］商福恭．怎样快速查找电气故障．北京：中国电力出版社，2008．
［2］李保宏．电工常用电路解易通．北京：人民邮电出版社，2005．
［3］王尽余．防爆电器．北京：化学工业出版社，2006．
［4］张晔,王玉民．单片机原理及应用．北京：高等教育出版社，2006．
［5］张晔．单片机应用项目化教程．北京：石油工业出版社，2011．